2024

# Training

Abschlussprüfung

Realschule Bayern

## Mathematik I

**LÖSUNGEN**



STARK

13. ergänzte Auflage
www.stark-verlag.de

# Inhalt



Sobald die Original-Prüfungsaufgaben 2023 freigegeben sind, können die dazugehörigen Lösungen als PDF auf der Plattform MyStark heruntergeladen werden (Zugangscode vgl. Umschlaginnenseite).

# Vorwort

**Liebe Schülerin, lieber Schüler,**

dies ist das Lösungsbuch zu dem Band **Training Abschlussprüfung 2024, Mathematik I, Realschule, Bayern** (Bestell-Nr. D0910T). Es enthält zu allen Aufgaben von unseren Autoren ausgearbeitete Lösungen, die jeden Rechenschritt ausführlich erklären. Dabei wird besonderer Wert auf die Lösungsansätze und Vorüberlegungen gelegt. Zur Veranschaulichung und dem besseren Verständnis der Lösungen helfen dir zahlreiche Skizzen.

Versuche stets, jede Aufgabe zunächst selbstständig zu lösen, und dann deine Lösung mit den Lösungen im Buch zu vergleichen. Solltest du nicht weiterkommen, helfen dir die **Hinweise und Tipps**. Hast du eine Aufgabe nicht richtig gelöst, ist es ganz wichtig, diese zu einem späteren Zeitpunkt noch einmal durchzurechnen. Durch das Üben wirst du dich sicher fühlen und kannst beruhigt in die Prüfung gehen.

Wir wünschen dir viel Erfolg!

**Autoren:** Training Grundwissen und komplexe Aufgaben: Markus Hochholzer, Markus Schmidl
Aufgaben im Stil der Prüfung und Original-Abschlussprüfung: Alois Einhauser

# 1 Grundwissen 9. Klasse

## 1.1 Lineare Gleichungssysteme

**1** a)

$$\begin{vmatrix} & y = x - 2 \\ \wedge & y = -2x + 1 \end{vmatrix}$$

**Hinweise und Tipps**

g: $y = x - 2$
- $P(0\,|\,-2)$ liegt auf g, da der y-Achsenabschnitt $t = -2$.
- Von P aus „1 LE nach rechts, 1 LE nach oben“, da die Steigung $m = 1$.

h: $y = -2x + 1$
- $Q(0\,|\,1)$ liegt auf h, da $t = 1$.
- Von Q aus „1 LE nach rechts und 2 LE nach unten“, da $m = -2$.

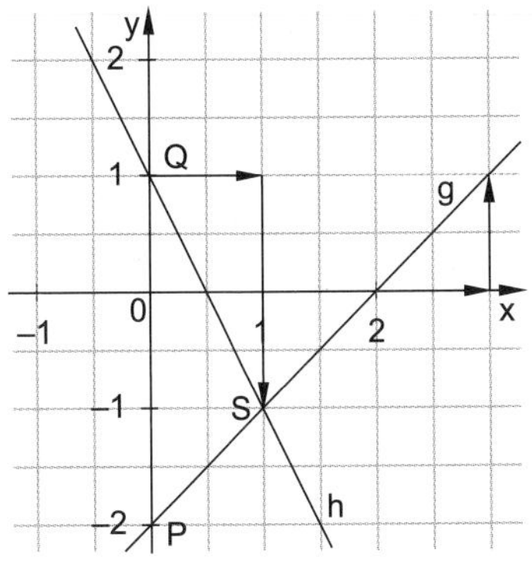


Ablesen des Schnittpunkts: $S(1\,|\,-1)$

Probe:

Einsetzen der Koordinaten in beide Gleichungen

$$\begin{vmatrix} & -1 = 1 - 2 & \text{(wahr)} \\ \wedge & -1 = -2 \cdot 1 + 1 & \text{(wahr)} \end{vmatrix}$$

$L = \{(1\,|\,-1)\}$

b)

Löse beide Gleichungen nach y auf.

$$\begin{vmatrix} & 2y + x = 4 \\ \wedge & 2y = x \end{vmatrix} \quad |-x$$

$$\Leftrightarrow \begin{vmatrix} & 2y = -x + 4 \\ \wedge & 2y = x \end{vmatrix} \quad \begin{matrix} |:2 \\ |:2 \end{matrix}$$

$$\Leftrightarrow \begin{vmatrix} & y = -0{,}5x + 2 \\ \wedge & y = 0{,}5x \end{vmatrix}$$

g: $y = -0{,}5x + 2$, also:
$t = 2$
$m = -0{,}5$ (1 LE nach rechts; 0,5 LE nach unten)

h: $y = 0{,}5x$, also:
$t = 0$ (Ursprungsgerade)
$m = 0{,}5$ (1 LE nach rechts; 0,5 LE nach oben)

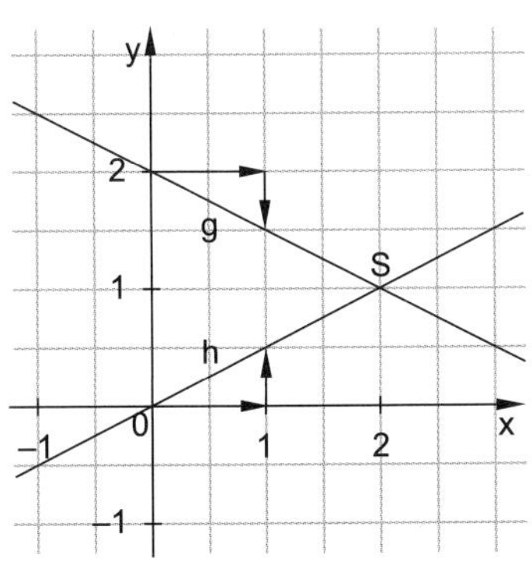


Ablesen des Schnittpunkts: $S(2\,|\,1)$

Probe:

Setze immer in das ursprüngliche Gleichungssystem ein, da beim Umformen Fehler passiert sein können.

$$\begin{vmatrix} & 2 \cdot 1 + 2 = 4 & \text{(wahr)} \\ \wedge & 2 \cdot 1 = 2 & \text{(wahr)} \end{vmatrix}$$

$L = \{(2\,|\,1)\}$

Hinweise und Tipps

**2** a)

$$\left| \begin{array}{l} y = \mathbf{x-2} \\ \wedge\ y = \mathbf{-2x+1} \end{array} \right.$$

Setze Gleichung I und Gleichung II gleich.

$$\Leftrightarrow \left| \begin{array}{l} \mathbf{x-2} = \mathbf{-2x+1} \quad (I = II) \quad |+2x+2 \\ \wedge\ y = -2x+1 \end{array} \right.$$

Bringe die Variable x auf eine Seite.

$$\Leftrightarrow \left| \begin{array}{l} 3x = 3 \quad |:3 \\ \wedge\ y = -2x+1 \end{array} \right.$$

$$\Leftrightarrow \left| \begin{array}{l} x = 1 \\ \wedge\ y = -2\mathbf{x}+1 \end{array} \right.$$

Setze x = 1 für x in Gleichung II ein.

$$\Leftrightarrow \left| \begin{array}{l} x = 1 \\ \wedge\ y = -2 \cdot \mathbf{1}+1 \end{array} \right.$$

$$\Leftrightarrow \left| \begin{array}{l} x = 1 \\ \wedge\ y = -1 \end{array} \right.$$

$L = \{(1|-1)\}$

b)

$$\left| \begin{array}{l} x = \mathbf{3-y} \\ \wedge\ x = \mathbf{4+2y} \end{array} \right.$$

Setze Gleichung I und Gleichung II gleich.

$$\Leftrightarrow \left| \begin{array}{l} \mathbf{3-y} = \mathbf{4+2y} \quad (I = II) \quad |-2y-3 \\ \wedge\ x = 4+2y \end{array} \right.$$

Zuerst alle Strichumformungen, …

$$\Leftrightarrow \left| \begin{array}{l} -3y = 1 \quad |:(-3) \\ \wedge\ x = 4+2y \end{array} \right.$$

dann die Punktumformung.

$$\Leftrightarrow \left| \begin{array}{l} y = -\frac{1}{3} \\ \wedge\ x = 4+2\mathbf{y} \end{array} \right.$$

Setze $y = -\frac{1}{3}$ für y in Gleichung II ein.

$$\Leftrightarrow \left| \begin{array}{l} y = -\frac{1}{3} \\ \wedge\ x = 4+2\left(-\mathbf{\frac{1}{3}}\right) \end{array} \right.$$

$$\Leftrightarrow \left| \begin{array}{l} y = -\frac{1}{3} \\ \wedge\ x = 3\frac{1}{3} \end{array} \right.$$

$L = \left\{\left(3\frac{1}{3} \middle| -\frac{1}{3}\right)\right\}$

Angabe der Lösungsmenge

c)

$$\left| \begin{array}{l} 4x = \mathbf{3y-7} \\ \wedge\ 4x = \mathbf{3y-2} \end{array} \right.$$

Setze Gleichung I und Gleichung II gleich.

$$\Leftrightarrow \left| \begin{array}{l} \mathbf{3y-7} = \mathbf{3y-2} \quad (I = II) \quad |-3y+7 \\ \wedge\ 4x = 3y-2 \end{array} \right.$$

$$\Leftrightarrow \left| \begin{array}{l} 0 = 5 \\ \wedge\ 4x = 3y-2 \end{array} \right.$$

Gleichung I enthält eine falsche Aussage.

$L = \varnothing$

Dieses Gleichungssystem hat keine Lösung!
(parallele Geraden)

Hinweise und Tipps

d)
$$\begin{array}{l|l} 0{,}4x-5{,}2y=1{,}4 & +5{,}2y \\ \wedge\ 2{,}1x=2{,}52+3{,}15y & :2{,}1 \end{array}$$

Löse beide Gleichungen nach derselben Variablen auf, z. B. nach x

$$\Leftrightarrow \begin{array}{l|l} 0{,}4x=1{,}4+5{,}2y & :0{,}4 \\ \wedge\ x=1{,}2+1{,}5y & \end{array}$$

$$\Leftrightarrow \begin{array}{l} x=\mathbf{3{,}5+13y} \\ \wedge\ x=\mathbf{1{,}2+1{,}5y} \end{array}$$

Setze Gleichung I und Gleichung II gleich.

$$\Leftrightarrow \begin{array}{l|l} \mathbf{3{,}5+13y}=\mathbf{1{,}2+1{,}5y}\ \ (I=II) & -3{,}5-1{,}5y \\ \wedge\ x=1{,}2+1{,}5y & \end{array}$$

$$\Leftrightarrow \begin{array}{l|l} 11{,}5y=-2{,}3 & :11{,}5 \\ \wedge\ x=1{,}2+1{,}5y & \end{array}$$

$$\Leftrightarrow \begin{array}{l} y=-0{,}2 \\ \wedge\ x=1{,}2+1{,}5\mathbf{y} \end{array}$$

Setze y = –0,2 für y in Gleichung II ein.

$$\Leftrightarrow \begin{array}{l} y=-0{,}2 \\ \wedge\ x=1{,}2+1{,}5\mathbf{(-0{,}2)} \end{array}$$

$$\Leftrightarrow \begin{array}{l} y=-0{,}2 \\ \wedge\ x=0{,}9 \end{array}$$

$L=\{(0{,}9\,|\,-0{,}2)\}$

Angabe der Lösungsmenge

---

**3** a)
$$\begin{array}{l} 6x+4\mathbf{y}=3 \\ \wedge\ y=\mathbf{4x-2} \end{array}$$

Setze den Rechtsterm von Gleichung II in Gleichung I ein.

$$\Leftrightarrow \begin{array}{l} 6x+4(\mathbf{4x-2})=3\ \ (II\ in\ I) \\ \wedge\ y=4x-2 \end{array}$$

Gleichung I enthält nur mehr die Variable x, nach der im Folgenden aufgelöst wird.

$$\Leftrightarrow \begin{array}{l} 6x+16x-8=3 \\ \wedge\ y=4x-2 \end{array}$$

$$\Leftrightarrow \begin{array}{l|l} 22x-8=3 & +8 \\ \wedge\ y=4x-2 & \end{array}$$

$$\Leftrightarrow \begin{array}{l|l} 22x=11 & :22 \\ \wedge\ y=4x-2 & \end{array}$$

$$\Leftrightarrow \begin{array}{l} x=0{,}5 \\ \wedge\ y=4\mathbf{x}-2 \end{array}$$

Setze x = 0,5 für x in Gleichung II ein.

$$\Leftrightarrow \begin{array}{l} x=0{,}5 \\ \wedge\ y=4\cdot\mathbf{0{,}5}-2 \end{array}$$

$$\Leftrightarrow \begin{array}{l} x=0{,}5 \\ \wedge\ y=0 \end{array}$$

$L=\{(0{,}5\,|\,0)\}$

Angabe der Lösungsmenge

b)
$$\begin{array}{l} 4\mathbf{x}-4y=2 \\ \wedge\ x=\mathbf{3-y} \end{array}$$

Setze den Rechtsterm von Gleichung II in Gleichung I ein.

$$\Leftrightarrow \begin{array}{l} 4(\mathbf{3-y})-4y=2\ \ (II\ in\ I) \\ \wedge\ x=3-y \end{array}$$

Gleichung I enthält nur mehr die Variable y, nach der im Folgenden aufgelöst wird.

Hinweise und Tipps

$$\Leftrightarrow \begin{vmatrix} 12-4y-4y=2 \\ \wedge \quad x=3-y \end{vmatrix}$$

$$\Leftrightarrow \begin{vmatrix} 12-8y=2 & |-12 \\ \wedge \quad x=3-y \end{vmatrix}$$

$$\Leftrightarrow \begin{vmatrix} -8y=-10 & |:(-8) \\ \wedge \quad x=3-y \end{vmatrix}$$

$$\Leftrightarrow \begin{vmatrix} y=1,25 \\ \wedge \quad x=3-\mathbf{y} \end{vmatrix}$$

Setze y = 1,25 für y in Gleichung II ein.

$$\Leftrightarrow \begin{vmatrix} y=1,25 \\ \wedge \quad x=3-\mathbf{1,25} \end{vmatrix}$$

$$\Leftrightarrow \begin{vmatrix} y=1,25 \\ \wedge \quad x=1,75 \end{vmatrix}$$

$L=\{(1,75\,|\,1,25)\}$

Angabe der Lösungsmenge

c)

$$\begin{vmatrix} 0,5y=0,6x+0,3 \\ \wedge \quad 0,4x-2,2-y=0 & |+y \end{vmatrix}$$

Löse Gleichung II nach y auf.

$$\Leftrightarrow \begin{vmatrix} 0,5\mathbf{y}=0,6x+0,3 \\ \wedge \quad \mathbf{0,4x-2,2}=y \end{vmatrix}$$

Setze den Linksterm von Gleichung II in Gleichung I ein.

$$\Leftrightarrow \begin{vmatrix} 0,5(\mathbf{0,4x-2,2})=0,6x+0,3 & \text{(II in I)} \\ \wedge \quad 0,4x-2,2=y \end{vmatrix}$$

Gleichung I enthält nur mehr die Variable x, nach der im Folgenden aufgelöst wird.

$$\Leftrightarrow \begin{vmatrix} 0,2x-1,1=0,6x+0,3 & |-0,6x+1,1 \\ \wedge \quad 0,4x-2,2=y \end{vmatrix}$$

$$\Leftrightarrow \begin{vmatrix} -0,4x=1,4 & |:(-0,4) \\ \wedge \quad 0,4x-2,2=y \end{vmatrix}$$

$$\Leftrightarrow \begin{vmatrix} x=-3,5 \\ \wedge \quad 0,4\mathbf{x}-2,2=y \end{vmatrix}$$

Setze x = –3,5 für x in Gleichung II ein.

$$\Leftrightarrow \begin{vmatrix} x=-3,5 \\ \wedge \quad 0,4(\mathbf{-3,5})-2,2=y \end{vmatrix}$$

$$\Leftrightarrow \begin{vmatrix} x=-3,5 \\ \wedge \quad y=-3,6 \end{vmatrix}$$

$L=\{(-3,5\,|\,-3,6)\}$

Angabe der Lösungsmenge

d)

$$\begin{vmatrix} 0,6y+2,58=2,7x & |-2,58 \\ \wedge \quad 3y-1,5x=3,9 \end{vmatrix}$$

Löse Gleichung I nach y auf.

$$\Leftrightarrow \begin{vmatrix} 0,6y=2,7x-2,58 & |:0,6 \\ \wedge \quad 3y-1,5x=3,9 \end{vmatrix}$$

$$\Leftrightarrow \begin{vmatrix} y=\mathbf{4,5x-4,3} \\ \wedge \quad 3\mathbf{y}-1,5x=3,9 \end{vmatrix}$$

Setze den Rechtsterm von Gleichung I in Gleichung II ein.

$$\Leftrightarrow \begin{vmatrix} y=4,5x-4,3 \\ \wedge \quad 3(\mathbf{4,5x-4,3})-1,5x=3,9 & \text{(I in II)} \end{vmatrix}$$

Gleichung II enthält nur mehr die Variable x, nach der im Folgenden aufgelöst wird.

$$\Leftrightarrow \begin{vmatrix} y=4,5x-4,3 \\ \wedge \quad 13,5x-12,9-1,5x=3,9 \end{vmatrix}$$

Hinweise und Tipps

$$\Leftrightarrow \left|\begin{array}{l} y = 4{,}5x - 4{,}3 \\ \wedge\ 12x - 12{,}9 = 3{,}9 \end{array}\right. \quad |+12{,}9$$

$$\Leftrightarrow \left|\begin{array}{l} y = 4{,}5x - 4{,}3 \\ \wedge\ 12x = 16{,}8 \end{array}\right. \quad |:12$$

$$\Leftrightarrow \left|\begin{array}{l} y = 4{,}5\mathbf{x} - 4{,}3 \\ \wedge\ x = 1{,}4 \end{array}\right.$$

Setze x = 1,4 für x in Gleichung I ein.

$$\Leftrightarrow \left|\begin{array}{l} y = 4{,}5 \cdot \mathbf{1{,}4} - 4{,}3 \\ \wedge\ x = 1{,}4 \end{array}\right.$$

$$\Leftrightarrow \left|\begin{array}{l} y = 2 \\ \wedge\ x = 1{,}4 \end{array}\right.$$

$L = \{(1{,}4 \mid 2)\}$

Angabe der Lösungsmenge

---

**4** a)

$$\left|\begin{array}{l} 4x + 6y = -3 \\ \wedge\ 5x - 3y = -2 \end{array}\right. \quad |\cdot 2$$

Stelle betragsgleiche Koeffizienten mit unterschiedlichen Vorzeichen her.

$$\Leftrightarrow \left|\begin{array}{l} 4x \mathbf{+ 6y} = -3 \\ \wedge\ 10x \mathbf{- 6y} = -4 \end{array}\right.$$

Addition bewirkt Wegfallen von y

$$\Leftrightarrow \left|\begin{array}{l} 14x = -7 \quad (I + II) \\ \wedge\ 10x - 6y = -4 \end{array}\right. \quad |:14$$

Gleichung I enthält nur mehr die Variable x, nach der im Folgenden aufgelöst wird.

$$\Leftrightarrow \left|\begin{array}{l} x = -0{,}5 \\ \wedge\ 10\mathbf{x} - 6y = -4 \end{array}\right.$$

Setze x = –0,5 für x in Gleichung II ein.

$$\Leftrightarrow \left|\begin{array}{l} x = -0{,}5 \\ \wedge\ 10(\mathbf{-0{,}5}) - 6y = -4 \end{array}\right.$$

$$\Leftrightarrow \left|\begin{array}{l} x = -0{,}5 \\ \wedge\ -5 - 6y = -4 \end{array}\right. \quad |+5$$

$$\Leftrightarrow \left|\begin{array}{l} x = -0{,}5 \\ \wedge\ -6y = 1 \end{array}\right. \quad |:(-6)$$

$$\Leftrightarrow \left|\begin{array}{l} x = -0{,}5 \\ \wedge\ y = -\frac{1}{6} \end{array}\right.$$

$L = \left\{\left(-\frac{1}{2} \,\middle|\, -\frac{1}{6}\right)\right\}$

Angabe der Lösungsmenge

b)

$$\left|\begin{array}{l} 3x - 0{,}5y + 2 = 4 \quad |-2 \\ \wedge\ 4x + 2y + 4 = 0 \quad |-4 \end{array}\right.$$

Ordne und fasse zusammen.

$$\Leftrightarrow \left|\begin{array}{l} 3x - 0{,}5y = 2 \\ \wedge\ 4x + 2y = -4 \end{array}\right. \quad |\cdot 4$$

Stelle betragsgleiche Koeffizienten her.

$$\Leftrightarrow \left|\begin{array}{l} 12x \mathbf{- 2y} = 8 \\ \wedge\ 4x \mathbf{+ 2y} = -4 \end{array}\right.$$

Addiere die beiden Linksterme und die beiden Rechtsterme.

$$\Leftrightarrow \left|\begin{array}{l} 16x = 4 \quad (I + II) \\ \wedge\ 4x + 2y = -4 \end{array}\right. \quad |:16$$

Hinweise und Tipps

$$\Leftrightarrow \begin{array}{|r} x = 0{,}25 \\ \wedge\ 4\mathbf{x} + 2y = -4 \end{array}$$

Setze $x = 0{,}25$ für x in Gleichung II ein.

$$\Leftrightarrow \begin{array}{|r} x = 0{,}25 \\ \wedge\ 4 \cdot \mathbf{0{,}25} + 2y = -4 \end{array}$$

$$\Leftrightarrow \begin{array}{|r} x = 0{,}25 \\ \wedge\ 1 + 2y = -4 \end{array} \quad |-1$$

$$\Leftrightarrow \begin{array}{|r} x = 0{,}25 \\ \wedge\ 2y = -5 \end{array} \quad |:2$$

$$\Leftrightarrow \begin{array}{|r} x = 0{,}25 \\ \wedge\ y = -2{,}5 \end{array}$$

$L = \{(0{,}25 \mid -2{,}5)\}$

Angabe der Lösungsmenge

c)

$$\begin{array}{|r} -1{,}3x + 4y = 2 \\ \wedge\ 5{,}2x - 16y = 5 \end{array} \quad |\cdot 4$$

Stelle betragsgleiche Koeffizienten her.

$$\Leftrightarrow \begin{array}{|r} \mathbf{-5{,}2x + 16y} = 8 \\ \wedge\ \mathbf{5{,}2x - 16y} = 5 \end{array}$$

Addition bewirkt Wegfallen von x und y

$$\Leftrightarrow \begin{array}{|r} 0 = 13 \\ \wedge\ 5{,}2x - 16y = 5 \end{array} \quad (I + II)$$

Eine falsche Aussage in Gleichung I:
Das Gleichungssystem hat keine Lösung!

$L = \emptyset$

Angabe der Lösungsmenge

d)

$$\begin{array}{|r} -0{,}4x - 0{,}5y = 3 \\ \wedge\ -0{,}1y + 1{,}2x = 9 \end{array}$$

Ordne zuerst.

$$\Leftrightarrow \begin{array}{|r} -0{,}4x - 0{,}5y = 3 \\ \wedge\ 1{,}2x - 0{,}1y = 9 \end{array} \quad |\cdot 3$$

Dann: Stelle betragsgleiche Koeffizienten her.

$$\Leftrightarrow \begin{array}{|r} \mathbf{-1{,}2x} - 1{,}5y = 9 \\ \wedge\ \mathbf{1{,}2x} - 0{,}1y = 9 \end{array}$$

Addiere die beiden Linksterme und die beiden Rechtsterme.

$$\Leftrightarrow \begin{array}{|r} -1{,}6y = 18 \\ \wedge\ 1{,}2x - 0{,}1y = 9 \end{array} \quad (I + II) \quad |:(-1{,}6)$$

$$\Leftrightarrow \begin{array}{|r} y = -11{,}25 \\ \wedge\ 1{,}2x - 0{,}1\mathbf{y} = 9 \end{array}$$

Setze $y = -11{,}25$ für y in Gleichung II ein.

$$\Leftrightarrow \begin{array}{|r} y = -11{,}25 \\ \wedge\ 1{,}2x - 0{,}1(\mathbf{-11{,}25}) = 9 \end{array}$$

$$\Leftrightarrow \begin{array}{|r} y = -11{,}25 \\ \wedge\ 1{,}2x + 1{,}125 = 9 \end{array} \quad |-1{,}125$$

$$\Leftrightarrow \begin{array}{|r} y = -11{,}25 \\ \wedge\ 1{,}2x = 7{,}875 \end{array} \quad |:1{,}2$$

$$\Leftrightarrow \begin{array}{|r} y = -11{,}25 \\ \wedge\ x = 6{,}5625 \end{array}$$

$L = \{(6{,}5625 \mid -11{,}25)\}$

Angabe der Lösungsmenge

Hinweise und Tipps

## 1.2 Reelle Zahlen

**5** a) $x^2 = 8 \quad |\sqrt{\ }$

$\Leftrightarrow |x| = \sqrt{8}$

$x_1 = -\sqrt{8} \lor x_2 = \sqrt{8}$

$L = \{-\sqrt{8}; \sqrt{8}\}$

In der Grundmenge $\mathbb{R}$ gibt es zwei Lösungen.

b) $2x^2 = 32 \quad |:2$

$\Leftrightarrow x^2 = 16 \quad |\sqrt{\ }$

$\Leftrightarrow |x| = \sqrt{16}$

$x_1 = -\sqrt{16} = -4 \lor x_2 = \sqrt{16} = 4$

$L = \{-4; 4\}$

Für den Betrag $|x|$ einer reellen Zahl x gilt:

$$|x| = \begin{cases} +x & \text{für } x > 0 \\ 0 & \text{für } x = 0 \\ -x & \text{für } x < 0 \end{cases}$$

c) $-8x^2 + 4 = -6 \quad |-4$

$\Leftrightarrow -8x^2 = -10 \quad |:(-8)$

$\Leftrightarrow x^2 = 1{,}25 \quad |\sqrt{\ }$

$\Leftrightarrow |x| = \sqrt{1{,}25}$

$x_1 = -\sqrt{1{,}25} \lor x_2 = \sqrt{1{,}25}$

$L = \{-\sqrt{1{,}25}; \sqrt{1{,}25}\}$

Löse nach $x^2$ auf.

d) $12x^2 = -24 \quad |:12$

$\Leftrightarrow x^2 = -2$

$L = \varnothing$

Die Wurzel aus einer negativen Zahl ist in $\mathbb{R}$ nicht definiert. Es gibt keine reelle Zahl, die mit sich selbst multipliziert eine negative Zahl ergibt!

e) $-\frac{1}{2}x^2 + 15 = 2{,}5 \quad |-15$

$\Leftrightarrow -\frac{1}{2}x^2 = -12{,}5 \quad |\cdot(-2)$

$\Leftrightarrow x^2 = 25 \quad |\sqrt{\ }$

$\Leftrightarrow |x| = \sqrt{25}$

$x_1 = -\sqrt{25} = -5 \lor x_2 = \sqrt{25} = 5$

$L = \{-5; 5\}$

Löse nach $x^2$ auf.

f) $\frac{3}{4}x^2 - \frac{1}{8} = \frac{29}{24} \quad \left|+\frac{1}{8}\right.$ bzw. $+\frac{3}{24}$

$\Leftrightarrow \frac{3}{4}x^2 = \frac{32}{24}$

$\Leftrightarrow \frac{3}{4}x^2 = \frac{4}{3} \quad \left|\cdot\frac{4}{3}\right.$

$\Leftrightarrow x^2 = \frac{16}{9} \quad |\sqrt{\ }$

$\Leftrightarrow |x| = \sqrt{\frac{16}{9}}$

$x_1 = -\sqrt{\frac{16}{9}} = -\frac{4}{3} \lor x_2 = \sqrt{\frac{16}{9}} = \frac{4}{3}$

$L = \left\{-\frac{4}{3}; \frac{4}{3}\right\}$

Zuerst die Strichumformung, …

dann die Punktumformung.

Beachte: $\sqrt{\frac{16}{9}} = \frac{\sqrt{16}}{\sqrt{9}} = \frac{\sqrt{4^2}}{\sqrt{3^2}} = \frac{\sqrt{4}^2}{\sqrt{3}^2} = \frac{4}{3}$

Hinweise und Tipps

**6** a) $5\sqrt{x}-3\sqrt{x}=(5-3)\sqrt{x}=2\sqrt{x}$

Ausklammern von $\sqrt{x}$

b) $6\sqrt{x}+9\sqrt{x}-4\sqrt{y}-2\sqrt{y}=(6+9)\sqrt{x}+(-4-2)\sqrt{y}$
$=15\sqrt{x}+(-6)\sqrt{y}$
$=15\sqrt{x}-6\sqrt{y}$

Dieser Schritt dient nur zur rechnerischen Begründung. Rechne künftig einfach: $-4\sqrt{y}-2\sqrt{y}=-6\sqrt{y}$

c) $\sqrt{3}-2\sqrt{6}+4\sqrt{3}+3\sqrt{6}=\sqrt{3}+4\sqrt{3}-2\sqrt{6}+3\sqrt{6}$
$=5\sqrt{3}+\sqrt{6}$

Zuerst ordnen!
$\sqrt{3}+4\sqrt{3}=1\sqrt{3}+4\sqrt{3}=5\sqrt{3}$; $-2\sqrt{6}+3\sqrt{6}=1\sqrt{6}=\sqrt{6}$

d) $-9\sqrt{x}+4\sqrt{3}-8\sqrt{x}-10\sqrt{3}=-9\sqrt{x}-8\sqrt{x}+4\sqrt{3}-10\sqrt{3}$
$=-17\sqrt{x}-6\sqrt{3}$

Ordnen!
$-9-8=-17$; $+4-10=-6$

---

**7** a) $5\sqrt{27}\cdot 3\sqrt{3}=5\cdot 3\cdot\sqrt{27}\cdot\sqrt{3}$
$=15\cdot\sqrt{27\cdot 3}$
$=15\cdot\sqrt{81}$
$=15\cdot 9$
$=135$

Ordnen der Faktoren
Wurzeln multiplizieren durch Multiplikation der Radikanden
$\sqrt{81}=\sqrt{9^2}=9$

b) $\sqrt{xy^2}\cdot\sqrt{25x}=\sqrt{xy^2\cdot 25x}=\sqrt{25x^2y^2}=5xy$

Radikanden multiplizieren und aus jedem Faktor die Wurzel ziehen
$\sqrt{25}=5\quad\sqrt{x^2}=x\quad\sqrt{y^2}=y$

c) $\sqrt{49t^2s^2}\cdot\sqrt{2t^2}=\sqrt{49t^2s^2\cdot 2t^2}=\sqrt{2\cdot 49t^4s^2}=7\cdot t^2s\cdot\sqrt{2}$

Achte bei Potenzen auf gerade Exponenten!
$\sqrt{t^4}=t^2$, denn $t^2\cdot t^2=t^4$
Aus jedem Faktor die Wurzel ziehen $\sqrt{2}$ bleibt stehen.

d) $\dfrac{\sqrt{5y^3}\cdot\sqrt{6xy}}{\sqrt{30xy^2}}=\sqrt{\dfrac{5y^3\cdot 6xy}{30xy^2}}=\sqrt{\dfrac{30xy^4}{30xy^2}}=\sqrt{y^2}=y$

Wenn kein + oder – vorkommt, darf man alles unter eine Wurzel schreiben.
Kürzen

e) $\dfrac{5x\cdot\sqrt{3x}}{4\sqrt{xy}}:\dfrac{\sqrt{yx}}{\sqrt{xy^2}}=\dfrac{5x\cdot\sqrt{3x}}{4\sqrt{xy}}\cdot\dfrac{\sqrt{xy^2}}{\sqrt{yx}}$

Mit dem Kehrbruch multiplizieren
Auf einen Bruchstrich schreiben und Radikanden multiplizieren

$=\dfrac{5x\cdot\sqrt{3x\cdot xy^2}}{4\sqrt{xy\cdot yx}}$

$=\dfrac{5x\cdot\sqrt{3x^2y^2}}{4\cdot\sqrt{x^2y^2}}$

Schreibe die Radikanden unter eine Wurzel und kürze.

$=\dfrac{5x}{4}\cdot\sqrt{\dfrac{3x^2y^2}{x^2y^2}}$

$=\dfrac{5x}{4}\cdot\sqrt{3}$

f) $\dfrac{24\sqrt{27g}}{6\sqrt{3k^2g^3}}\cdot\left(\dfrac{\sqrt{5k}}{\sqrt{4g^4}}\right)^2=4\cdot\sqrt{\dfrac{27g}{3k^2g^3}}\cdot\left(\sqrt{\dfrac{5k}{4g^4}}\right)^2$

Bringe die Radikanden unter eine Wurzel und kürze, wenn möglich.

Hinweise und Tipps

$$= 4 \cdot \sqrt{\frac{9}{k^2g^2} \cdot \frac{5k}{4g^4}}$$

$$= 4 \cdot \frac{3}{kg} \cdot \frac{5k}{4g^4}$$

$$= \frac{15}{g^5}$$

Das Wurzelzeichen fällt beim Quadrieren weg: $\sqrt{a}^2 = a$

Fasse die restlichen Faktoren zusammen und kürze.

---

**8** a) $\sqrt{18} = \sqrt{9 \cdot 2} = \sqrt{9} \cdot \sqrt{2} = 3\sqrt{2}$

b) $\sqrt{45x^3} = \sqrt{9 \cdot 5 \cdot x^2 \cdot x} = 3x\sqrt{5x}$

Zerlege die Potenzen so, dass gerade Exponenten entstehen.

c) $\sqrt{90x^5y^3} = \sqrt{9 \cdot 10 \cdot x^4 \cdot x \cdot y^2 \cdot y} = 3x^2y\sqrt{10xy}$

d) $7\sqrt{18} - 6\sqrt{32} + 5\sqrt{50} = 7\sqrt{9 \cdot 2} - 6\sqrt{16 \cdot 2} + 5\sqrt{25 \cdot 2}$

$= 7 \cdot 3\sqrt{2} - 6 \cdot 4\sqrt{2} + 5 \cdot 5\sqrt{2}$

$= 21\sqrt{2} - 24\sqrt{2} + 25\sqrt{2}$

$= 22\sqrt{2}$

Wurzeln mit gleichem Radikanden werden addiert, indem man die Koeffizienten addiert: $21 - 24 + 25 = 22$

e) $x\sqrt{6x^3} - \sqrt{24x^5} - 4x^2\sqrt{54x}$

$= x\sqrt{6xx^2} - \sqrt{4 \cdot 6x^4x} - 4x^2\sqrt{9 \cdot 6x}$

$= x^2\sqrt{6x} - 2x^2\sqrt{6x} - 12x^2\sqrt{6x}$

$= -13x^2\sqrt{6x}$

Gleicher Radikand: $x^2 - 2x^2 - 12x^2 = -13x^2$

f) $2xy\sqrt{7y} - \sqrt{63x^2y^3} - \sqrt{175x^2y}$

$= 2xy\sqrt{7y} - \sqrt{7 \cdot 9x^2y^2y} - \sqrt{25 \cdot 7x^2y}$

$= 2xy\sqrt{7y} - 3xy\sqrt{7y} - 5x\sqrt{7y}$

$= -xy\sqrt{7y} - 5x\sqrt{7y}$

Weiter kann man nicht zusammenfassen, da $-xy - 5x$ nicht gleichartig sind.

---

**9** a) $\frac{5}{\sqrt{8}} = \frac{5 \cdot \sqrt{8}}{\sqrt{8} \cdot \sqrt{8}} = \frac{5\sqrt{8}}{8} = \frac{5}{8}\sqrt{8}$

b) $\frac{6}{\sqrt{5} - \sqrt{3}} = \frac{6 \cdot (\sqrt{5} + \sqrt{3})}{(\sqrt{5} - \sqrt{3}) \cdot (\sqrt{5} + \sqrt{3})}$

Wende die 3. binomische Formel an.

$= \frac{6\sqrt{5} + 6\sqrt{3}}{5 - 3}$

$= \frac{6\sqrt{5} + 6\sqrt{3}}{2}$

Klammere im Zähler den Faktor 2 aus und kürze anschließend.

$= \frac{2 \cdot (3\sqrt{5} + 3\sqrt{3})}{2}$

$= 3\sqrt{5} + 3\sqrt{3}$

c) $\frac{\sqrt{7}}{\sqrt{x} + \sqrt{y}} = \frac{\sqrt{7} \cdot (\sqrt{x} - \sqrt{y})}{(\sqrt{x} + \sqrt{y}) \cdot (\sqrt{x} - \sqrt{y})} = \frac{\sqrt{7x} - \sqrt{7y}}{x - y}$

d) $\frac{\sqrt{3}}{4 + \sqrt{3}} = \frac{\sqrt{3} \cdot (4 - \sqrt{3})}{(4 + \sqrt{3}) \cdot (4 - \sqrt{3})} = \frac{4\sqrt{3} - 3}{16 - 3} = \frac{4\sqrt{3} - 3}{13}$

Hinweise und Tipps

## 1.3 Quadratische Funktionen

**10** a) $P\left(\frac{1}{2}\middle|1\right) \in f: 1 = a \cdot \left(\frac{1}{2}\right)^2$

$\Leftrightarrow \quad 1 = a \cdot \frac{1}{4} \quad | \cdot 4$

$\Leftrightarrow \quad a = 4$

also: f: $y = 4x^2$

Koordinaten des Punktes P in die Funktionsgleichung $y = ax^2$ eingesetzt

Löse die Gleichung nach a auf.

b) $P(-3\,|\,6) \in f: 6 = a \cdot (-3)^2$

$\Leftrightarrow \quad 6 = a \cdot 9 \quad \left| \cdot \frac{1}{9}\right.$

$\Leftrightarrow \quad a = \frac{2}{3}$

also: f: $y = \frac{2}{3}x^2$

Koordinaten des Punktes P in die Funktionsgleichung $y = ax^2$ eingesetzt

Löse die Gleichung nach a auf.

**11** a) $p_1: y = 3{,}5x^2$
- Die Parabel ist nach oben geöffnet, da $a > 0$.
- Es handelt sich um eine gestreckte Parabel, da $|a| > 1$.
- Der Scheitelpunkt hat die Koordinaten $S(0\,|\,0)$.
- Die y-Achse ist Symmetrieachse mit der Gleichung s: $x = 0$.
- $D = \mathbb{R}$; $W = \mathbb{R}_0^+$

b) $p_2: y = -0{,}6x^2$
- Die Parabel ist nach unten geöffnet, da $a < 0$.
- Es handelt sich um eine gestauchte Parabel, da $|a| < 1$.
- Der Scheitelpunkt hat die Koordinaten $S(0\,|\,0)$.
- Die y-Achse ist Symmetrieachse mit der Gleichung s: $x = 0$.
- $D = \mathbb{R}$; $W = \mathbb{R}_0^-$

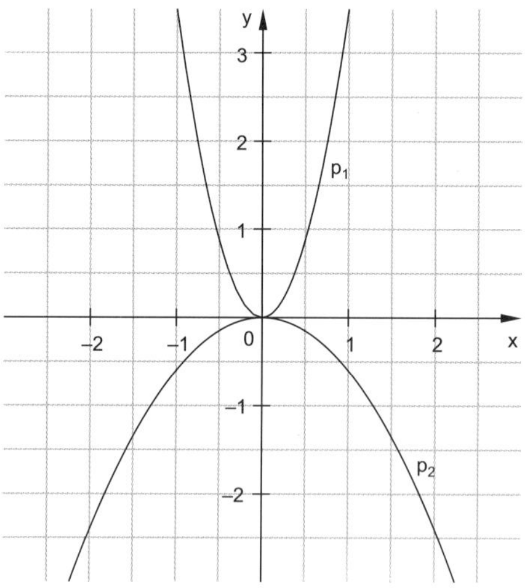


**12** a)

| t | 0,0 | 1,0 | 2,0 | 3,0 | 4,0 | 5,0 | 6,0 |
|---|---|---|---|---|---|---|---|
| $y_{Sonne}$ | 0 | 137,0 | 548 | 1 233 | 2 192 | 3 425 | 4 932 |
| $y_{Erde}$ | 0 | 4,91 | 19,62 | 44,15 | 78,48 | 122,63 | 176,58 |
| $y_{Mond}$ | 0 | 0,81 | 3,24 | 7,29 | 12,96 | 20,25 | 29,16 |

Sonne: $y = 0{,}5 \cdot 274 \cdot t^2$
Erde: $y = 0{,}5 \cdot 9{,}81 \cdot t^2$
Mond: $y = 0{,}5 \cdot 1{,}62 \cdot t^2$

Hinweise und Tipps

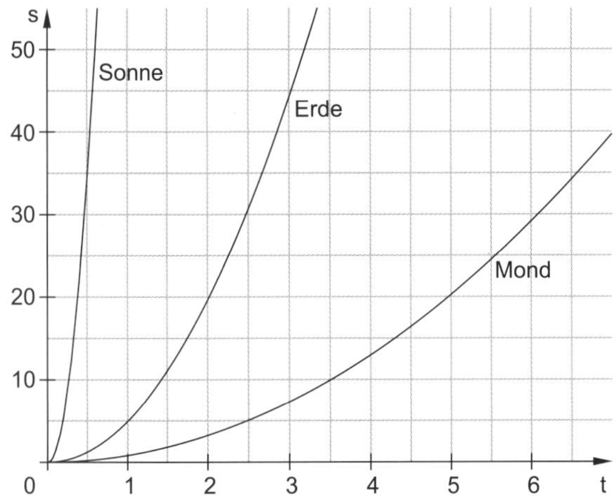


b) Fallzeit auf der Erde:

$$s = \frac{1}{2} \cdot g_{Erde} \cdot t^2$$

$$\Leftrightarrow \quad 100\text{ m} = \frac{1}{2} \cdot 9{,}81\,\frac{\text{m}}{\text{s}^2} \cdot t^2 \quad \left|\cdot \frac{2}{1}\right. \left|\cdot \frac{1}{9{,}81\,\frac{\text{m}}{\text{s}^2}}\right.$$

$$\Leftrightarrow \quad t^2 = 20{,}39\text{ s}^2 \quad |\sqrt{\ }$$

$$\Rightarrow \quad t = 4{,}52\text{ s}$$

Setze die Konstante g in die Gleichung ein.
Setze den gegebenen Wert s = 100 m ein.

Fallzeit auf dem Mond:

$$s = \frac{1}{2} \cdot g_{Mond} \cdot t^2$$

$$\Leftrightarrow \quad 100\text{ m} = \frac{1}{2} \cdot 1{,}62\,\frac{\text{m}}{\text{s}^2} \cdot t^2 \quad \left|\cdot \frac{2}{1}\right. \left|\cdot \frac{1}{1{,}62\,\frac{\text{m}}{\text{s}^2}}\right.$$

$$\Leftrightarrow \quad t^2 = 123{,}46\text{ s}^2 \quad |\sqrt{\ }$$

$$\Rightarrow \quad t = 11{,}11\text{ s}$$

Fallzeit auf der Sonne:

$$s = \frac{1}{2} \cdot g_{Sonne} \cdot t^2$$

$$\Leftrightarrow \quad 100\text{ m} = \frac{1}{2} \cdot 274\,\frac{\text{m}}{\text{s}^2} \cdot t^2 \quad \left|\cdot \frac{2}{1}\right. \left|\cdot \frac{1}{274\,\frac{\text{m}}{\text{s}^2}}\right.$$

$$\Leftrightarrow \quad t^2 = 0{,}73\text{ s}^2 \quad |\sqrt{\ }$$

$$\Rightarrow \quad t = 0{,}85\text{ s}$$

---

**13** a) $p\colon y = -\frac{1}{4}x^2 \xmapsto{\vec{v} = \binom{-3}{4}} p'\colon y = -\frac{1}{4}(x - (\mathbf{-3}))^2 + \mathbf{4}$

$$y = -\frac{1}{4}(x+3)^2 + 4$$

- Die Parabel ist nach unten geöffnet, da $a < 0$.
- Die Parabel ist gestaucht, da $|a| < 1$.
- Der Scheitelpunkt hat die Koordinaten $S(-3\,|\,4)$.
- Die Symmetrieachse hat die Gleichung: s: $x = -3$
- $D = \mathbb{R}$; $W = \{y\,|\,y \leq 4\}$

Hinweise und Tipps

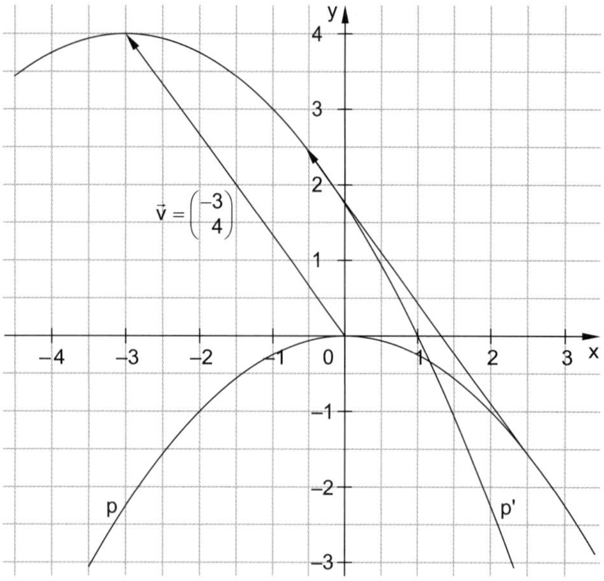


b) p: $y = 3{,}5x^2 \xmapsto{\vec{v} = \binom{2}{-5}} p'\colon y = 3{,}5(x - \mathbf{2})^2 \mathbf{- 5}$

- Die Parabel ist nach oben geöffnet, da $a > 0$.
- Die Parabel ist gestreckt, da $|a| > 1$.
- Der Scheitelpunkt hat die Koordinaten $S(2\,|\,-5)$.
- Die Symmetrieachse hat die Gleichung: s: $x = 2$
- $D = \mathbb{R}$; $W = \{y\,|\,y \geq -5\}$

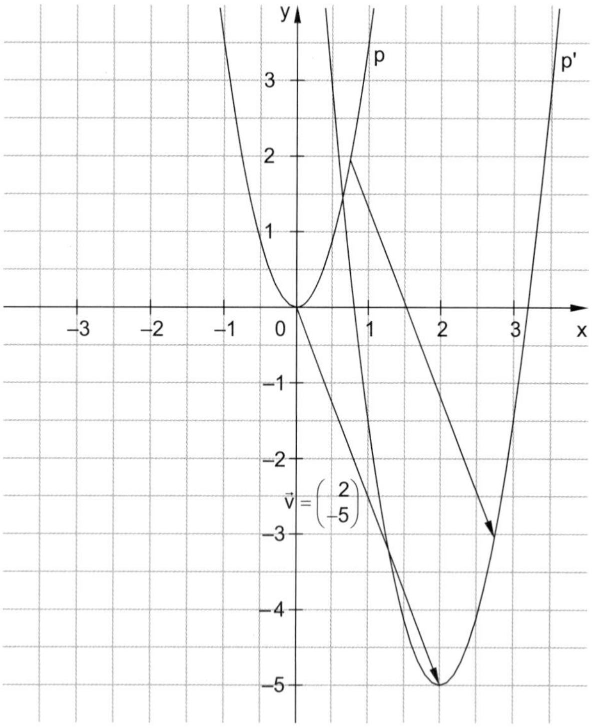

Hinweise und Tipps

**14** a) $W=\{y \mid y \leq 5\}$; s: $x=2$

Die Parabel ist nach unten geöffnet und $y_S=5$.

p: $y=-\frac{1}{8}(x-2)^2+5$

Beachte Potenz vor Punkt vor Strich. Wende die 2. binomische Formel an.

$y=-\frac{1}{8}(x^2-4x+4)+5$

Multipliziere mit dem Faktor $-\frac{1}{8}$. Beachte dabei das Vorzeichen.

$y=-\frac{1}{8}x^2+\frac{1}{2}x-\frac{1}{2}+5$

Fasse zusammen.

$y=-\frac{1}{8}x^2+\frac{1}{2}x+4\frac{1}{2}$

b) $W=\left\{y \,\middle|\, y \geq -\frac{2}{3}\right\}$; s: $x=-\frac{1}{2}$

Die Parabel ist nach oben geöffnet und $y_S=-\frac{2}{3}$.

p: $y=\frac{1}{3}\left(x+\frac{1}{2}\right)^2-\frac{2}{3}$

Beachte Potenz vor Punkt vor Strich. Wende die 1. binomische Formel an.

$y=\frac{1}{3}\left(x^2+x+\frac{1}{4}\right)-\frac{2}{3}$

Multipliziere aus.

$y=\frac{1}{3}x^2+\frac{1}{3}x+\frac{1}{12}-\frac{2}{3}$

Fasse zusammen.

$y=\frac{1}{3}x^2+\frac{1}{3}x-\frac{7}{12}$

---

**15** a) p: $y=5x^2-15x+2{,}5$

Klammere den Koeffizient 5 aus.

$y=5[x^2-3x+0{,}5]$

Ergänze quadratisch.

$y=5[x^2-3x+1{,}5^2-1{,}5^2+0{,}5]$

Wende die 2. binomische Formel an.

$y=5[(x-1{,}5)^2-1{,}75]$

Vereinfachen des Terms

$y=5(x-1{,}5)^2-8{,}75$

Scheitelform angeben

also: $S(1{,}5 \mid -8{,}75)$

b) p: $y=-\frac{1}{4}x^2-\frac{1}{2}x-1\frac{3}{4}$

Klammere den Faktor $-\frac{1}{4}$ aus.

$y=-\frac{1}{4}[x^2+2x+7]$

Ergänze quadratisch.

$y=-\frac{1}{4}[x^2+2x+1^2-1^2+7]$

Erzeuge das Binom.

$y=-\frac{1}{4}[(x+1)^2+6]$

Vereinfachen des Terms

$y=-\frac{1}{4}(x+1)^2-1\frac{1}{2}$

Scheitelform angeben

also: $S(-1 \mid -1{,}5)$

---

**16** a) Ansatz über die Scheitelform:

$S(-4 \mid 6) \in$ p: $y=a(x+4)^2+6$

Koordinaten von S für $x_S$ und $y_S$ eingesetzt

$P(-6 \mid -2) \in$ p: $-2=a(-6+4)^2+6$

Koordinaten von P für x und y eingesetzt

$\Leftrightarrow \quad -2=4a+6 \quad |-6$

Löse nach a auf.

$\Leftrightarrow \quad 4a=-8 \quad |:4$

$\Leftrightarrow \quad a=-2$

Hinweise und Tipps

somit:

$p:\ y=-2(x+4)^2+6$ — Gleichung von p in Scheitelform

$\Leftrightarrow\ y=-2(x^2+8x+16)+6$ — Beachte das Minuszeichen vor der Klammer.

$\Leftrightarrow\ y=-2x^2-16x-32+6$

$\Leftrightarrow\ y=-2x^2-16x-26$ — Gleichung von p in allgemeiner Form

b) Ansatz über die allgemeine Form:

$a=0,5$: $\quad p:\ y=0,5\cdot x^2+bx+c$ — Setze $a=0,5$ in die allgemeine Form $y=ax^2+bx+c$ ein.

$P(-1\,|\,0)\in p: 0=0,5(-1)^2+b\cdot(-1)+c$ — Koordinaten von P für x und y eingesetzt

$\Leftrightarrow\quad 0=0,5-b+c$

$\Leftrightarrow\quad \mathbf{-0,5=-b+c}$

$\wedge$

$Q(3\,|\,0)\in p: 0=0,5\cdot 3^2+b\cdot 3+c$ — Koordinaten von Q für x und y eingesetzt

$\Leftrightarrow\quad 0=4,5+3b+c$

$\Leftrightarrow\quad \mathbf{-4,5=3b+c}$

$\Leftrightarrow\ \left|\begin{array}{l} -0,5=-b+c \\ \wedge\ -4,5=3b+c \end{array}\right.$ — Gleichungssystem lösen (z. B. Gleichsetzungsverfahren): Löse beide Gleichungen nach c auf.

$\Leftrightarrow\ \left|\begin{array}{l} c=-0,5+b \\ \wedge\ c=-4,5-3b \end{array}\right.$ — Gleichsetzen

$\Leftrightarrow\ \left|\begin{array}{l} -0,5+b=-4,5-3b \quad (I=II) \\ \wedge\ c=-0,5+b \end{array}\right.$ — Löse die Gleichung nach b auf.

$\Leftrightarrow\ \left|\begin{array}{l} 4b=-4 \\ \wedge\ c=-0,5+b \end{array}\right.$

$\Leftrightarrow\ \left|\begin{array}{l} b=-1 \\ \wedge\ c=-1,5 \end{array}\right.$ — $b=-1$ eingesetzt in $c=-0,5+b$

$p:\ y=0,5x^2-1x-1,5$ — a, b und c in die allgemeine Form einsetzen und gesuchte Gleichung angeben

c) Ansatz über die allgemeine Form:

$a=-1;\ b=6:\quad p:\quad y=-1x^2+6x+c$ — Setze $a=-1$ und $b=6$ in die allgemeine Form $y=ax^2+bx+c$ ein.

$A(5,5\,|\,1,75)\in p: 1,75=-(5,5)^2+6\cdot 5,5+c$ — Setze die Koordinaten von A ein und löse die Gleichung nach c auf.

$\Leftrightarrow\quad 1,75=5,5\cdot(-5,5+6)+c$ — Vereinfache.

$\Leftrightarrow\quad 1,75=5,5\cdot 0,5+c$

$\Leftrightarrow\quad 1,75=2,75+c \qquad |-2,75$

$\Leftrightarrow\quad c=-1$

also: $p:\ y=-x^2+6x-1$ — Gesuchte Gleichung angeben

d) Ansatz über die allgemeine Form:

$b=0,5$: $\quad p:\ y=ax^2+0,5x+c$ — Setze $b=0,5$ in die allgemeine Form $y=ax^2+bx+c$ ein.

$P(-1\,|-4)\in p: -4=a\cdot(-1)^2+0,5\cdot(-1)+c$ — Koordinaten von P eingesetzt

$\Leftrightarrow\quad -4=a-0,5+c$ — Vereinfache.

$\Leftrightarrow\quad \mathbf{-3,5=a+c}$

$\wedge$

$Q(5\,|-7)\in p: -7=a\cdot 5^2+0,5\cdot 5+c$ — Koordinaten von Q eingesetzt

$\Leftrightarrow\quad -7=25a+2,5+c$ — Fasse zusammen.

$\Leftrightarrow\quad \mathbf{-9,5=25a+c}$

Hinweise und Tipps

$$\Leftrightarrow \left| \begin{array}{l} -3{,}5 = a + c \\ \wedge\ -9{,}5 = 25a + c \end{array} \right.$$

Gleichungssystem lösen: Löse beide Gleichungen nach c auf.

$$\Leftrightarrow \left| \begin{array}{l} c = -3{,}5 - a \\ \wedge\ c = -9{,}5 - 25a \end{array} \right.$$

$$\Leftrightarrow \left| \begin{array}{l} -3{,}5 - a = -9{,}5 - 25a \quad (I = II) \\ \wedge\ c = -3{,}5 - a \end{array} \right.$$

Gleichsetzen

$$\Leftrightarrow \left| \begin{array}{l} 6 = -24a \\ \wedge\ c = -3{,}5 - a \end{array} \right.$$

Löse die Gleichung nach a auf.

$$\Leftrightarrow \left| \begin{array}{l} a = -0{,}25 \\ \wedge\ c = -3{,}25 \end{array} \right.$$

$a = -0{,}25$ eingesetzt in $c = -3{,}5 - a$

$p\colon y = -0{,}25x^2 + 0{,}5x - 3{,}25$

Gesuchte Gleichung angeben

e) Ansatz über die Scheitelform:

$S(-1\,|\,5) \in p\colon \quad y = a(x+1)^2 + 5$

Koordinaten von S für $x_S$ und $y_S$ eingesetzt

$A(-7\,|-4) \in p\colon -4 = a(-7+1)^2 + 5$

Einsetzen der x- und der y-Koordinate des zweiten Punktes A in die Scheitelgleichung

$\Leftrightarrow \quad -4 = 36a + 5$

Berechne a.

$\Leftrightarrow \quad 36a = -9$

$\Leftrightarrow \quad a = -\frac{1}{4}$

somit:

$p\colon \quad y = -\frac{1}{4}(x+1)^2 + 5$

Gleichung von p in Scheitelform
Wende die 1. binomische Formel an.

$\Leftrightarrow \quad y = -\frac{1}{4}(x^2 + 2x + 1) + 5$

Multipliziere aus.

$\Leftrightarrow \quad y = -\frac{1}{4}x^2 - \frac{1}{2}x - \frac{1}{4} + 5$

Fasse zusammen.

$\Leftrightarrow \quad y = -\frac{1}{4}x^2 - \frac{1}{2}x + 4\frac{3}{4}$

Gleichung von p in allgemeiner Form

f) $c = 5\colon \quad y = ax^2 + bx + 5$

Setze $c = 5$ in die allgemeine Form $y = ax^2 + bx + c$ ein.

$P(2\,|-1) \in p\colon -1 = a \cdot 2^2 + b \cdot 2 + 5$

x- und y-Koordinaten der Punkte E und P einsetzen und vereinfachen

$\Leftrightarrow \quad -1 = 4a + 2b + 5$

$\Leftrightarrow \quad \mathbf{-6 = 4a + 2b}$

$\wedge$

$E(-4\,|\,5) \in p\colon \quad 5 = a \cdot (-4)^2 + b \cdot (-4) + 5$

$\Leftrightarrow \quad 5 = 16a - 4b + 5$

$\Leftrightarrow \quad \mathbf{0 = 16a - 4b}$

$$\Leftrightarrow \left| \begin{array}{l} -6 = 4a + 2b \quad |\cdot 2 \\ \wedge\ 0 = 16a - 4b \end{array} \right.$$

Gleichungssystem lösen:
Hier empfiehlt sich das Additionsverfahren.

$$\Leftrightarrow \left| \begin{array}{l} -12 = 8a + 4b \\ \wedge\ 0 = 16a - 4b \end{array} \right.$$

Durch Addition entsteht eine Gleichung, die nur noch a enthält.

$$\Leftrightarrow \left| \begin{array}{l} -12 = 24a \quad (I + II) \\ \wedge\ 4b = 16a \end{array} \right.$$

Löse Gleichung I nach a auf.

$$\Leftrightarrow \left| \begin{array}{l} a = -\frac{1}{2} \\ \wedge\ 4b = 16 \cdot \left(-\frac{1}{2}\right) \end{array} \right.$$

$a = -\frac{1}{2}$ eingesetzt in $4b = 16a$

Hinweise und Tipps

$\Leftrightarrow \left| \begin{array}{l} a = -\frac{1}{2} \\ \wedge\ 4b = -8 \end{array} \right.$

$\Leftrightarrow \left| \begin{array}{l} a = -\frac{1}{2} \\ \wedge\ b = -2 \end{array} \right.$

$p: y = -\frac{1}{2}x^2 - 2x + 5$ — Gesuchte Gleichung angeben

---

**17** a) $p: y = x^2 - 8x + 20$ — Ergänze quadratisch.

$y = x^2 - 8x + 4^2 - 4^2 + 20$ — Erzeuge das Binom.

$y = (x-4)^2 + 4$ — Lies die Scheitelpunktskoordinaten ab.

also: $S(4|4)$

b) $A(-1|5) \overset{?}{\in} p: 5 = (-1)^2 - 8(-1) + 20$ — Koordinaten von A in die allgemeine Form *oder* in die Scheitelform einsetzen (Hier wurde in die allgemeine Form eingesetzt.)

$\Leftrightarrow\ 5 = 1 + 8 + 20$

$\Leftrightarrow\ 5 = 29 \quad (f)$

also: $A \notin p$

$B(2|8) \overset{?}{\in} p: 8 = (2-4)^2 + 4$ — Koordinaten des Punktes B einsetzen (Hier wurde in die Scheitelform eingesetzt.)

$\Leftrightarrow\ 8 = (-2)^2 + 4$

$\Leftrightarrow\ 8 = 4 + 4$

$\Leftrightarrow\ 8 = 8 \quad (w)$

also: $B \in p$

---

**18** $a = -0{,}5$: $p: y = -0{,}5x^2 + bx + c$ — Setze $a = -0{,}5$ in die allgemeine Form $y = ax^2 + bx + c$ ein.

$P(-3|5) \in p: 5 = -0{,}5(-3)^2 + b \cdot (-3) + c$ — x- und y-Koordinaten des Punktes P eingesetzt

$\Leftrightarrow\ 5 = -4{,}5 - 3b + c$ — Vereinfache.

$\Leftrightarrow\ \mathbf{9{,}5 = -3b + c}$

$\wedge$

$Q(3|1) \in p: 1 = -0{,}5 \cdot 3^2 + b \cdot 3 + c$ — x- und y-Koordinaten des Punktes Q eingesetzt

$\Leftrightarrow\ 1 = -4{,}5 + 3b + c$

$\Leftrightarrow\ \mathbf{5{,}5 = 3b + c}$

$\Leftrightarrow \left| \begin{array}{l} 9{,}5 = -3b + c \\ \wedge\ 5{,}5 = 3b + c \end{array} \right.$ — Gleichungssystem lösen: Hier empfiehlt sich das Gleichsetzungsverfahren.

$\Leftrightarrow \left| \begin{array}{l} c = 9{,}5 + 3b \\ \wedge\ c = 5{,}5 - 3b \end{array} \right.$

$\Leftrightarrow \left| \begin{array}{l} 9{,}5 + 3b = 5{,}5 - 3b \quad (I = II) \\ \wedge\ c = 5{,}5 - 3b \end{array} \right.$ — Löse Gleichung I nach b auf.

$\Leftrightarrow \left| \begin{array}{l} 6b = -4 \\ \wedge\ c = 5{,}5 - 3b \end{array} \right.$

$\Leftrightarrow \left| \begin{array}{l} b = -\frac{2}{3} \\ \wedge\ c = 7{,}5 \end{array} \right.$ — $b = -\frac{2}{3}$ eingesetzt in $c = 5{,}5 - 3b$

$p: y = -\frac{1}{2}x^2 - \frac{2}{3}x + 7\frac{1}{2}$ — Parabelgleichung p

Hinweise und Tipps

Berechnung von S:

$$p\colon y=-\frac{1}{2}x^2-\frac{2}{3}x+7\frac{1}{2}$$

Klammer den Faktor $-\frac{1}{2}$ aus und ergänze quadratisch.

$$y=-\frac{1}{2}\left[x^2+\frac{4}{3}x+\left(\frac{2}{3}\right)^2-\left(\frac{2}{3}\right)^2-15\right]$$

Bilde das Binom.

$$y=-\frac{1}{2}\left[\left(x+\frac{2}{3}\right)^2-15\frac{4}{9}\right]$$

Multipliziere aus.

$$y=-\frac{1}{2}\left(x+\frac{2}{3}\right)^2+7\frac{13}{18}$$

Lies aus der Scheitelform die Scheitelpunktskoordinaten ab.

also: $S\left(-\frac{2}{3}\,\middle|\,7\frac{13}{18}\right)$

---

**19**

$$|\overline{A_nB_n}|=(y_{B_n}-y_{A_n})\text{ LE}$$

$y_{\text{oben}}-y_{\text{unten}}$

Da $A_n$ und $B_n$ die gleiche Abszisse haben, gilt für $|\overline{A_nB_n}|(x)$:

Die y-Koordinaten sind durch die Funktionsgleichungen der Parabeln festgelegt.

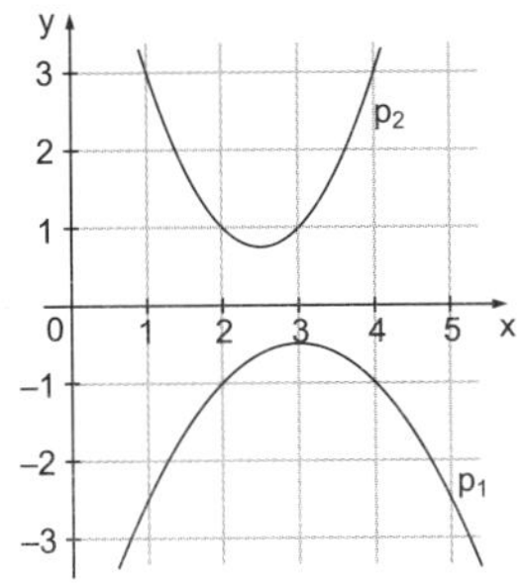


$$|\overline{A_nB_n}|(x)=\left[x^2-5x+7-\left(-\frac{1}{2}x^2+3x-5\right)\right]\text{ LE}$$

Vereinfache.

$$|\overline{A_nB_n}|(x)=\left[x^2-5x+7+\frac{1}{2}x^2-3x+5\right]\text{ LE}$$

$$|\overline{A_nB_n}|(x)=\left(1\frac{1}{2}x^2-8x+12\right)\text{ LE}$$

Berechnung von $|\overline{A_1B_1}|$:

$$|\overline{A_nB_n}|(x)=\left(\frac{3}{2}x^2-8x+12\right)\text{ LE}$$

Klammer den Faktor $\frac{3}{2}$ aus.

$$|\overline{A_nB_n}|(x)=\frac{3}{2}\left[x^2-5\frac{1}{3}x+8\right]\text{ LE}$$

Ergänze quadratisch.

$$|\overline{A_nB_n}|(x)=\frac{3}{2}\left[x^2-5\frac{1}{3}x+\left(2\frac{2}{3}\right)^2-\left(2\frac{2}{3}\right)^2+8\right]\text{ LE}$$

Bilde das Binom.

$$|\overline{A_nB_n}|(x)=\frac{3}{2}\left[\left(x-2\frac{2}{3}\right)^2-\frac{64}{9}+\frac{72}{9}\right]\text{ LE}$$

Fasse zusammen und multipliziere aus.

$$|\overline{A_nB_n}|(x)=\left[\frac{3}{2}\left(x-2\frac{2}{3}\right)^2+1\frac{1}{3}\right]\text{ LE}$$

Gib die minimale Streckenlänge und zugehörigen Wert von x an.

$$|\overline{A_1B_1}|=1\frac{1}{3}\text{ LE für }x=2\frac{2}{3}$$

$$A_1\in p_1\colon\ A_1\left(2\frac{2}{3}\,\middle|\,-\frac{1}{2}\left(2\frac{2}{3}\right)^2+3\cdot 2\frac{2}{3}-5\right)=A_1\left(2\frac{2}{3}\,\middle|\,-\frac{5}{9}\right)$$

$$B_1\in p_2\colon\ B_1\left(2\frac{2}{3}\,\middle|\,\left(2\frac{2}{3}\right)^2-5\cdot 2\frac{2}{3}+7\right)=B_1\left(2\frac{2}{3}\,\middle|\,\frac{7}{9}\right)$$

Durch Einsetzen von $x=2\frac{2}{3}$ in die Parabelgleichung $p_1$ für den Punkt $A_1$ bzw. in $p_2$ für $B_1$ erhält man die zugehörigen y-Koordinaten der Punkte $A_1$ und $B_1$.

Hinweise und Tipps

**20** a)

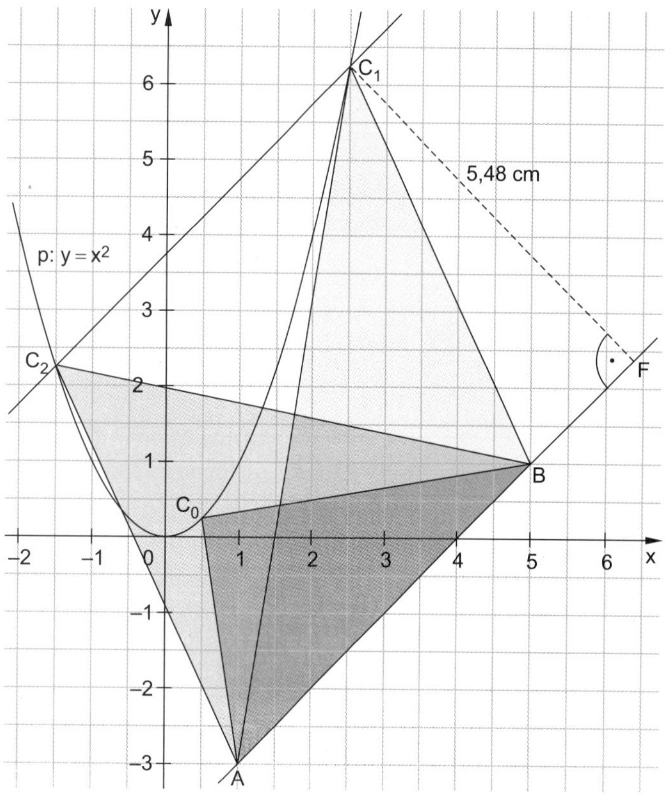


p: $y = x^2$
$C_1(2{,}5 \mid 2{,}5^2)$
$C_1(2{,}5 \mid 6{,}25)$

b) $\overrightarrow{AB} = \begin{pmatrix} 5-1 \\ 1-(-3) \end{pmatrix} = \begin{pmatrix} 4 \\ 4 \end{pmatrix}$; $\overrightarrow{AC_n} = \begin{pmatrix} x-1 \\ x^2-(-3) \end{pmatrix} = \begin{pmatrix} x-1 \\ x^2+3 \end{pmatrix}$

Berechne zunächst die aufspannenden Vektoren zum Einsetzen in die Determinante.
Es gilt: $C_n(x \mid x^2)$

Berechnung von $A_{\Delta ABC_n}(x)$:

$$A_{\Delta ABC_n}(x) = \frac{1}{2} \cdot \begin{vmatrix} 4 & x-1 \\ 4 & x^2+3 \end{vmatrix} \text{ FE}$$

$$A_{\Delta ABC_n}(x) = \frac{1}{2} \cdot [4 \cdot (x^2+3) - 4 \cdot (x-1)] \text{ FE}$$

Löse die runden Klammern auf.

$$A_{\Delta ABC_n}(x) = \frac{1}{2} \cdot [4x^2 + 12 - 4x + 4] \text{ FE}$$

Fasse zusammen.

$$A_{\Delta ABC_n}(x) = \frac{1}{2} \cdot (4x^2 - 4x + 16) \text{ FE}$$

$$A_{\Delta ABC_n}(x) = (2x^2 - 2x + 8) \text{ FE}$$

Berechnung von $A_{\Delta ABC_1}$ für $x = 2{,}5$:

$$A_{\Delta ABC_1} = (2 \cdot 2{,}5^2 - 2 \cdot 2{,}5 + 8) \text{ FE} = 15{,}5 \text{ FE}$$

c) Berechnung von $A_{min}$:

Bestimme den Extremwert durch quadratische Ergänzung.

$$A_{\Delta ABC_n}(x) = (2x^2 - 2x + 8) \text{ FE}$$

$$A_{\Delta ABC_n}(x) = 2[x^2 - x + 4] \text{ FE}$$

$$A_{\Delta ABC_n}(x) = 2\left[x^2 - x + \left(\frac{1}{2}\right)^2 - \left(\frac{1}{2}\right)^2 + 4\right] \text{ FE}$$

$$A_{\Delta ABC_n}(x) = 2\left[\left(x - \frac{1}{2}\right)^2 - \frac{1}{4} + 4\right] \text{ FE}$$

Hinweise und Tipps

$$A_{\Delta ABC_n}(x) = 2\left[\left(x-\frac{1}{2}\right)^2 + 3\frac{3}{4}\right] \text{FE}$$

$$A_{\Delta ABC_n}(x) = \left[2\left(x-\frac{1}{2}\right)^2 + 7\frac{1}{2}\right] \text{FE}$$

$$A_{min} = 7\frac{1}{2} \text{ FE für } x = \frac{1}{2} \quad \Rightarrow \quad C_0\left(\frac{1}{2} \,\middle|\, \frac{1}{4}\right)$$

Einsetzen von $x = \frac{1}{2}$ in $y = x^2$

d) Der Abstand $|\overline{C_1F}|$ des Punktes $C_1$ zur Geraden AB entspricht der Höhe des Dreiecks $ABC_1$.

Berechnung von $|\overline{AB}|$:

$$\overrightarrow{AB} = \begin{pmatrix} 5-1 \\ 1-(-3) \end{pmatrix} = \begin{pmatrix} 4 \\ 4 \end{pmatrix} \quad \Rightarrow \quad |\overline{AB}| = \sqrt{4^2+4^2} \text{ LE} = 5{,}66 \text{ LE}$$

Berechnung von $\overline{C_1F}$ mithilfe der Flächenformel:

$$A_{\Delta ABC_1} = \frac{1}{2} \cdot g \cdot h$$

$$A_{\Delta ABC_1} = \frac{1}{2} \cdot |\overline{AB}| \cdot |\overline{C_1F}|$$

$$15{,}5 \text{ FE} = \frac{1}{2} \cdot 5{,}66 \text{ LE} \cdot |\overline{C_1F}| \quad |:2{,}83 \text{ LE}$$

$$|\overline{C_1F}| = 5{,}48 \text{ LE}$$

Der Abstand beträgt 5,48 LE.

e) Da $|\overline{AB}|$ konstant und der Flächeninhalt 15,5 FE vorgegeben ist, muss der Punkt $C_2$ auf einer Parallelen zu AB durch $C_1$ liegen, denn die Höhe des Dreiecks $ABC_2$ auf die Grundlinie $\overline{AB}$ muss ebenfalls 5,48 LE betragen! Der Schnittpunkt der Parallelen mit dem Parabelgraphen ist der gesuchte Punkt $C_2$.

---

**21** a) Berechnung von $p_1$:

$$a = \frac{1}{2}: \qquad p\text{: } y = \frac{1}{2}x^2 + bx + c$$

Einsetzen von $a = \frac{1}{2}$ in die Parabelgleichung

$$A(0\,|\,6) \in p_1\text{:} \quad 6 = \frac{1}{2} \cdot 0^2 + b \cdot 0 + c$$

Einsetzen der Koordinaten von A für x und y

$\wedge$

$$B(5\,|\,8{,}5) \in p_1\text{:} \; 8{,}5 = \frac{1}{2} \cdot 5^2 + b \cdot 5 + c$$

Einsetzen der Koordinaten von B für x und y

$$\Leftrightarrow \quad c = 6 \;\wedge\; 8{,}5 = 12{,}5 + 5b + c$$

$$\Leftrightarrow \quad c = 6 \;\wedge\; 5b = -c - 4$$

$$\Leftrightarrow \quad c = 6 \;\wedge\; 5b = -10 \quad \text{(I in II)}$$

Einsetzen von $c = 6$ in Gleichung II

$$\Leftrightarrow \quad c = 6 \;\wedge\; b = -2$$

also: $p_1\text{: } y = \frac{1}{2}x^2 - 2x + 6$

Hinweise und Tipps

Berechnung der Koordinaten von $S_1$:

$p_1: y = \frac{1}{2}x^2 - 2x + 6$

$y = \frac{1}{2}[x^2 - 4x + 12]$

$y = \frac{1}{2}[x^2 - 4x + 2^2 - 2^2 + 12]$

$y = \frac{1}{2}[(x-2)^2 + 8]$

$y = \frac{1}{2}(x-2)^2 + 4$

$S_1(2|4)$

b)

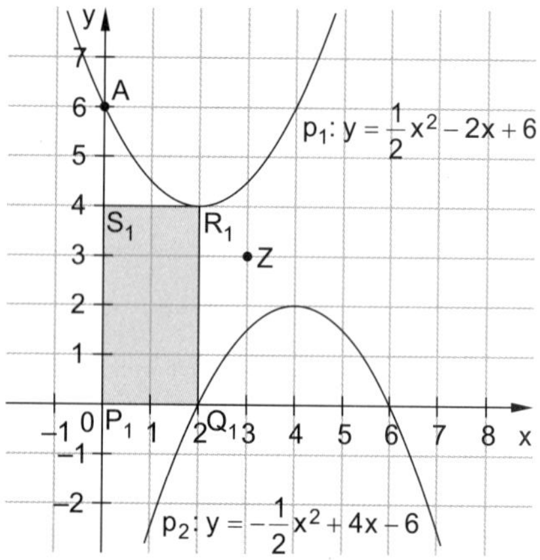


c) Zeichnung siehe Teilaufgabe a

d) Berechnung von $|\overline{Q_nR_n}|(x)$:

$|\overline{Q_nR_n}| = (y_{R_n} - y_{Q_n})$ LE — $y_{oben} - y_{unten}$

$|\overline{Q_nR_n}|(x) = \left[\frac{1}{2}x^2 - 2x + 6 - \left(-\frac{1}{2}x^2 + 4x - 6\right)\right]$ LE — Klammern setzen

$|\overline{Q_nR_n}|(x) = \left[\frac{1}{2}x^2 - 2x + 6 + \frac{1}{2}x^2 - 4x + 6\right]$ LE

$|\overline{Q_nR_n}|(x) = (x^2 - 6x + 12)$ LE

Berechnung von u(x):

$u(x) = 2 \cdot \left[|\overline{P_nQ_n}|(x) + |\overline{Q_nR_n}|(x)\right]$ LE — Die Länge von $\overline{P_nQ_n}$ entspricht der Abszisse von $Q_n$: $|\overline{P_nQ_n}|(x) = x$

$u(x) = 2(x + x^2 - 6x + 12)$ LE

$u(x) = (2x^2 - 10x + 24)$ LE

e) $u(x) = (2x^2 - 10x + 24)$ LE

$u(x) = 2[x^2 - 5x + 12]$ LE

$u(x) = 2\left[x^2 - 5x + 2{,}5^2 - 2{,}5^2 + 12\right]$ LE — Beachte: $-2{,}5^2 \neq (-2{,}5)^2$

$u(x) = 2\left[(x - 2{,}5)^2 - 6{,}25 + 12\right]$ LE

$u(x) = 2\left[(x - 2{,}5)^2 + 5{,}75\right]$ LE

$u(x) = \left[2(x - 2{,}5)^2 + 11{,}5\right]$ LE

$u_{min} = 11{,}5$ LE für $x = 2{,}5$

Hinweise und Tipps

**22** a) Berechnung der Scheitelkoordinaten in Abhängigkeit von a:

$p(a)\colon\; y = ax^2 + 4x + 6$ — Klammere den Faktor a aus.

$y = a\left[x^2 + \frac{4}{a}x + \frac{6}{a}\right]$ — Ergänze quadratisch.

$y = a\left[x^2 + \frac{4}{a}x + \left(\frac{2}{a}\right)^2 - \left(\frac{2}{a}\right)^2 + \frac{6}{a}\right]$ — Wende die binomische Formel an.

$y = a\left[\left(x + \frac{2}{a}\right)^2 - \frac{4}{a^2} + \frac{6}{a}\right]$ — Löse die eckige Klammer auf.

$y = a\left(x + \frac{2}{a}\right)^2 - \frac{4}{a^2}\cdot a + \frac{6}{a}\cdot a$ — Kürze den Faktor a.

$y = a\left(x + \frac{2}{a}\right)^2 - \frac{4}{a} + 6$

$y = a\left[x - \underbrace{\left(-\frac{2}{a}\right)}_{x_{S_a}}\right]^2 \underbrace{- \frac{4}{a} + 6}_{y_{S_a}}$

also: $S_a\left(-\frac{2}{a}\,\middle|\,-\frac{4}{a}+6\right)$ — Parameterdarstellung der Scheitelpunktskoordinaten

b) Berechnung von $S_{0,5}$:

$S_a\left(-\frac{2}{a}\,\middle|\,-\frac{4}{a}+6\right)$ — Setze a = 0,5 ein.

$S_{0,5}\left(-\frac{2}{0,5}\,\middle|\,-\frac{4}{0,5}+6\right) = S_{0,5}(-4\,|\,-2)$

$p(a)\colon\quad y = a\cdot(x - x_{S_a})^2 + y_{S_a}$

$p(0,5)\colon\; y = 0,5\cdot(x+4)^2 - 2$

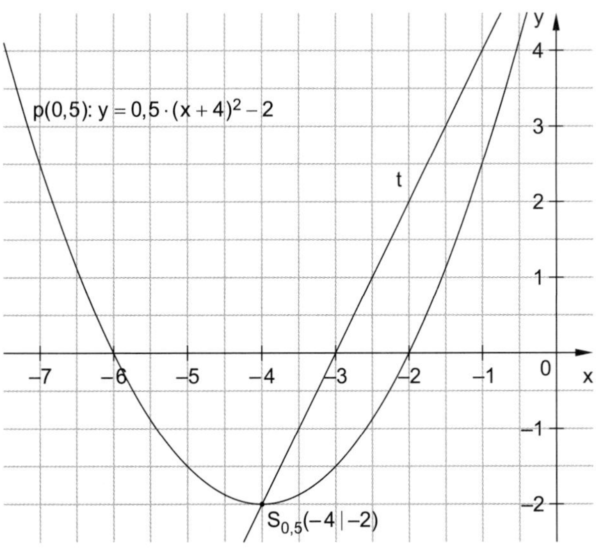

Hinweise und Tipps

c) $S(x\,|\,y) = S_a\left(-\frac{2}{a}\,\middle|\,6-\frac{4}{a}\right)$

$\Leftrightarrow \quad x = -\frac{2}{a} \quad \Big|\cdot\frac{a}{x} \quad \wedge \quad y = 6-\frac{4}{a}$

Löse Gleichung I nach a auf.

$\Leftrightarrow \quad a = -\frac{2}{x} \quad \wedge \quad y = 6-\frac{4}{\left(-\frac{2}{x}\right)} \quad \text{(I in II)}$

Einsetzen von $-\frac{2}{x}$ für a in Gleichung II

$\Leftrightarrow \quad a = -\frac{2}{x} \quad \wedge \quad y = 6-4\cdot\left(-\frac{x}{2}\right)$

Beachte: $4:\left(-\frac{2}{x}\right) = 4\cdot\left(-\frac{x}{2}\right)$

$\Leftrightarrow \quad a = -\frac{2}{x} \quad \wedge \quad y = 6+2x$

$\Leftrightarrow \quad t\colon y = 2x+6$

Gleichung des Trägergraphen

Die Scheitelpunkte aller Scharparabeln liegen auf einer Geraden mit der Gleichung $y = 2x+6$.

---

**23** Berechnung der Scheitelkoordinaten in Abhängigkeit von a:

$p(a)\colon\ y = x^2 - 2x + 2ax + a^2$

$y = x^2 - x\cdot(2-2a) + a^2$ — $x\cdot(2-2a) = 2\cdot x\cdot(1-a)$

$y = x^2 - 2\cdot x\cdot(1-a) + a^2$ — Ergänze quadratisch.

$y = \underbrace{x^2 - 2\cdot x\cdot(1-a) + (1-a)^2}\ -\ \underbrace{(1-a)^2}\ + a^2$ — Binom bilden

$y = [x-(1-a)]^2 - (1-2a+a^2) + a^2$

$y = [x-(1-a)]^2 - 1 + 2a - a^2 + a^2$ — Fasse zusammen.

$y = [x - \underbrace{(1-a)}_{x_{S_a}}]^2 \underbrace{+\,2a-1}_{y_{S_a}}$

also: $S_a(1-a\,|\,2a-1)$

Parameterdarstellung der Scheitelpunktskoordinaten

---

**24** a) Berechnung der Scheitelkoordinaten in Abhängigkeit von a:

$p(a)\colon\ y = x^2 - ax + 2a$ — Ergänze quadratisch.

$y = x^2 - ax + \left(\frac{a}{2}\right)^2 - \left(\frac{a}{2}\right)^2 + 2a$ — Bilde das Binom.

$y = \left(x - \underbrace{\frac{a}{2}}_{x_{S_a}}\right)^2 \underbrace{-\frac{a^2}{4} + 2a}_{y_{S_a}}$

also: $S_a\left(\frac{a}{2}\,\middle|\,-\frac{a^2}{4}+2a\right)$

✐ Hinweise und Tipps

b) Berechnung des Trägergraphen der Scheitelpunkte der Scharparabeln:

$S(x \mid y) = S_a\left(\frac{a}{2} \,\middle|\, -\frac{a^2}{4} + 2a\right)$

$\Leftrightarrow \quad x = \frac{a}{2} \quad | \cdot 2 \quad \wedge \quad y = -\frac{a^2}{4} + 2a$

Löse Gleichung I nach a auf.

$\Leftrightarrow \quad a = 2x \quad \wedge \quad y = -\frac{(2x)^2}{4} + 2 \cdot 2x$

2x für a in Gleichung II eingesetzt

$\Leftrightarrow \quad a = 2x \quad \wedge \quad y = -\frac{4x^2}{4} + 4x$

Kürze den Faktor 4.

$\Leftrightarrow \quad a = 2x \quad \wedge \quad y = -x^2 + 4x$

$\Leftrightarrow \quad t\colon y = -x^2 + 4x$

Gleichung des Trägergraphen

Die Scheitelpunkte aller Scharparabeln liegen auf einer Parabel mit der Gleichung $y = -x^2 + 4x$.

c) $P_1(-1 \mid 4) \in p(a)\colon y = x^2 - ax + 2a$

Einsetzen der Punktkoordinaten

$\Leftrightarrow \quad 4 = (-1)^2 - a(-1) + 2a$

$\Leftrightarrow \quad 4 = 1 + a + 2a$

$\Leftrightarrow \quad 4 = 1 + 3a \quad | -1$

$\Leftrightarrow \quad 3a = 3 \quad | :3$

$\Leftrightarrow \quad a = 1$

also: $p_1 = p(1)\colon y = x^2 - x + 2$

Gleichung der Scharparabel

$P_2(0 \mid 6) \in p(a)\colon y = x^2 - ax + 2a$

Setze die Punktkoordinaten ein.

$\Leftrightarrow \quad 6 = 0^2 - a \cdot 0 + 2a$

$\Leftrightarrow \quad 6 = 2a \quad | :2$

$\Leftrightarrow \quad a = 3$

also: $p_2 = p(3)\colon y = x^2 - 3x + 6$

Gleichung der Scharparabel

$P_3(1{,}5 \mid 4{,}75) \in p(a)\colon y = x^2 - ax + 2a$

Setze die Punktkoordinaten ein.

$\Leftrightarrow \quad 4{,}75 = 1{,}5^2 - a \cdot 1{,}5 + 2a$

$\Leftrightarrow \quad 4{,}75 = 2{,}25 - 1{,}5a + 2a \quad | -2{,}25$

$\Leftrightarrow \quad 2{,}5 = 0{,}5a \quad | :0{,}5$

$\Leftrightarrow \quad a = 5$

also: $p_3 = p(5)\colon y = x^2 - 5x + 10$

Gleichung der Scharparabel

$P_4(1 \mid 8) \in p(a)\colon y = x^2 - ax + 2a$

Setze die Punktkoordinaten ein.

$\Leftrightarrow \quad 8 = 1^2 - a \cdot 1 + 2a$

$\Leftrightarrow \quad 8 = 1 + a \quad | -1$

$\Leftrightarrow \quad a = 7$

also: $p_4 = p(7)\colon y = x^2 - 7x + 14$

Gleichung der Scharparabel

Hinweise und Tipps

Zeichnung:

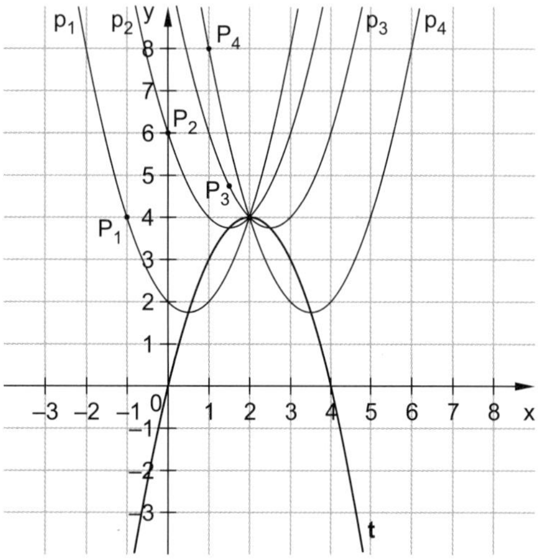


**25** a) Berechnung der Scheitelkoordinaten in Abhängigkeit von c:

$p(c) = x^2 - 2cx + c^2 - 2c + 1 = (x - c)^2 - 2c + 1$

also: $S_c(c \mid -2c + 1)$

Parameterdarstellung der Scheitelpunktskoordinaten

Berechnung des Trägergraphen der Scheitelpunkte der Scharparabeln:

$S(x \mid y) = S_c(c \mid -2c + 1)$

$\Leftrightarrow \quad \begin{array}{|l} x = c \\ \wedge \ y = -2c + 1 \end{array}$

x für c in Gleichung II eingesetzt

$\Leftrightarrow \quad \begin{array}{|l} c = x \\ \wedge \ y = -2x + 1 \end{array}$

also: t: $y = -2x + 1$

Gleichung des Trägergraphen

Die Scheitelpunkte aller Scharparabeln liegen auf einer Geraden mit der Gleichung $y = -2x + 1$.

b) $p(c) = (x - c)^2 - 2c + 1$

$p(-3) = (x - (-3))^2 - 2 \cdot (-3) + 1 = (x + 3)^2 + 7$

$p(-2) = (x - (-2))^2 - 2 \cdot (-2) + 1 = (x + 2)^2 + 5$

$p(-1) = (x - (-1))^2 - 2 \cdot (-1) + 1 = (x + 1)^2 + 3$

$p(0) = (x - 0)^2 - 2 \cdot 0 + 1 = x^2 + 1$

$p(1) = (x - 1)^2 - 2 \cdot 1 + 1 = (x - 1)^2 - 1$

$p(2) = (x - 2)^2 - 2 \cdot 2 + 1 = (x - 2)^2 - 3$

Hinweise und Tipps

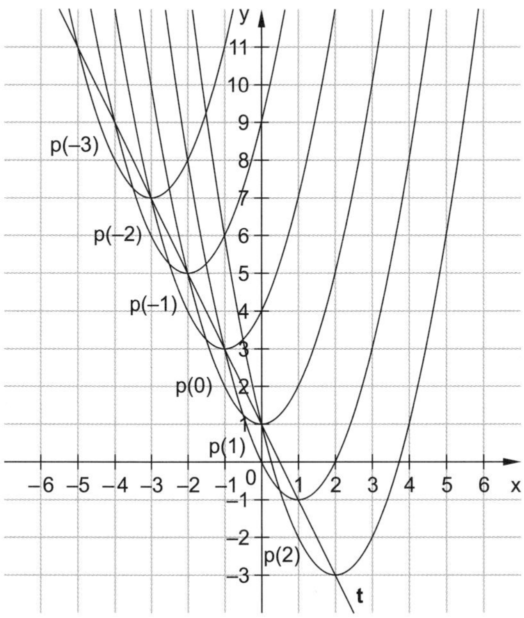


**26** Es gilt:

$$p\colon y=-3x^2 \xmapsto{\vec{v}=\binom{-2}{0{,}25}} p'$$

$$P(x\,|\,-3x^2) \xmapsto{\vec{v}=\binom{-2}{0{,}25}} P'(x'\,|\,y')$$

Vektorvergleich:

$$\overrightarrow{PP'}=\vec{v} \quad \text{mit} \quad P'(x'\,|\,y')$$

$$\Leftrightarrow \begin{pmatrix} x'-x \\ y'-(-3x^2) \end{pmatrix} = \begin{pmatrix} -2 \\ 0{,}25 \end{pmatrix}$$

$$\Leftrightarrow \begin{array}{|l} x'-x=-2 \\ \wedge\ y'+3x^2=0{,}25 \end{array}$$

Löse nach x auf.
Löse nach y' auf.

$$\Leftrightarrow \begin{array}{|l} x=x'+2 \\ \wedge\ y'=-3x^2+0{,}25 \end{array}$$

$$\Leftrightarrow \begin{array}{|l} x=x'+2 \\ \wedge\ y'=-3(x'+2)^2+0{,}25 \end{array}$$

x = x' + 2 aus Gleichung I in Gleichung II eingesetzt

also: $p'\colon y=-3(x+2)^2+0{,}25$ — Scheitelform der Parabelgleichung

$y=-3(x^2+4x+4)+0{,}25$

$y=-3x^2-12x-12+0{,}25$

$y=-3x^2-12x-11{,}75$ — Allgemeine Form der Parabelgleichung

**27** a) $p\colon y=-\frac{2}{3}x^2 \xmapsto{\vec{v}=\binom{4}{1{,}5}} p'\colon y=-\frac{2}{3}(x-4)^2+1{,}5$

Bei der Parallelverschiebung wird der Scheitelpunkt S(0 | 0) der Parabel p durch den Vektor $\vec{v}$ auf S' mit den Koordinaten $(v_x\,|\,v_y)=(4\,|\,1{,}5)$ abgebildet. Die Form und die Öffnung der Parabel ändern sich bei der Abbildung nicht. Somit bleibt der Formfaktor gleich.

b) $p\colon y=2{,}45x^2 \xmapsto{\vec{v}=\binom{-0{,}5}{12}} p'\colon y=2{,}45[x-(-0{,}5)]^2+12$

$y=2{,}45(x+0{,}5)^2+12$

Hinweise und Tipps

c) p: $y = 0{,}\overline{3}x^2 \xmapsto{\vec{v}=\binom{-2}{-0{,}6}} p'\colon y = 0{,}\overline{3}[x-(-2)]^2 - 0{,}6$

$y = \frac{1}{3}(x+2)^2 - 0{,}6$

Beachte: $0{,}\overline{3} = \frac{3}{9} = \frac{1}{3}$

d) p: $y = 2x^2 \xmapsto{\vec{v}=\binom{0}{-7}} p'\colon y = 2(x-0)^2 - 7$

$y = 2x^2 - 7$

---

**28** a) p: $y = 2x^2 + 12x + 16 \xmapsto{\vec{v}=\binom{7}{4}} p'$

$P(x \mid 2x^2 + 12x + 16) \xmapsto{\vec{v}=\binom{7}{4}} P'(x' \mid y')$

Vektorvergleich:

$$\overrightarrow{PP'} = \vec{v}$$

$$\Leftrightarrow \begin{pmatrix} x' - x \\ y' - (2x^2 + 12x + 16) \end{pmatrix} = \begin{pmatrix} 7 \\ 4 \end{pmatrix}$$

Klammern setzen!

$$\Leftrightarrow \begin{pmatrix} x' - x \\ y' - 2x^2 - 12x - 16 \end{pmatrix} = \begin{pmatrix} 7 \\ 4 \end{pmatrix}$$

$$\Leftrightarrow \left| \begin{array}{l} x' - x = 7 \\ \wedge\ y' - 2x^2 - 12x - 16 = 4 \end{array} \right.$$

Löse Gleichung I nach x auf.

$$\Leftrightarrow \left| \begin{array}{l} x = x' - 7 \\ \wedge\ y' = 2x^2 + 12x + 20 \end{array} \right.$$

Setze $x' - 7$ für x in Gleichung II ein.

$$\Leftrightarrow \left| \begin{array}{l} x = x' - 7 \\ \wedge\ y' = 2(x'-7)^2 + 12(x'-7) + 20 \quad \text{(I in II)} \end{array} \right.$$

$$\Leftrightarrow \left| \begin{array}{l} x = x' - 7 \\ \wedge\ y' = 2(x'^2 - 14x' + 49) + 12x' - 84 + 20 \end{array} \right.$$

$$\Leftrightarrow \left| \begin{array}{l} x = x' - 7 \\ \wedge\ y' = 2x'^2 - 28x' + 98 + 12x' - 64 \end{array} \right.$$

$$\Leftrightarrow \left| \begin{array}{l} x = x' - 7 \\ \wedge\ y' = 2x'^2 - 16x' + 34 \end{array} \right.$$

also: $p'\colon y = 2x^2 - 16x + 34$

Umbenennen von x' in x und y' in y: Gleichung der Bildparabel

b) Berechnung der Koordinaten der Scheitelpunkte S und S':

p: $y = 2x^2 + 12x + 16$

$y = 2[x^2 + 6x + 8]$

$y = 2[x^2 + 6x + 3^2 - 3^2 + 8]$

$y = 2[(x+3)^2 - 9 + 8]$

$y = 2[(x+3)^2 - 1]$

$y = 2(x+3)^2 - 2$

also: $S(-3 \mid -2)$

Hinweise und Tipps

$$\begin{aligned} p'\colon y &= 2x^2-16x+34 && \text{Klammere den Faktor 2 aus.}\\ y &= 2[x^2-8x+17] && \text{Ergänze quadratisch.}\\ y &= 2[x^2-8x+4^2-4^2+17] && \text{Bilde das Binom.}\\ y &= 2[(x-4)^2-16+17] && \text{Fasse zusammen.}\\ y &= 2[(x-4)^2+1] && \text{Löse die eckige Klammer auf.}\\ y &= 2(x-4)^2+2 \end{aligned}$$

also: $S'(4\,|\,2)$ — Angabe der Scheitelpunktkoordinaten

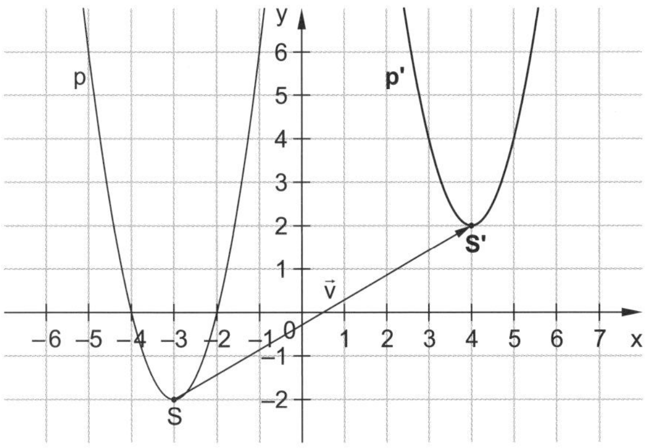


**29** a) $p\colon y=-\frac{1}{4}x^2+2x-7 \xmapsto{\vec{v}=\binom{-5}{3}} p'$

$P\left(x \,\middle|\, -\frac{1}{4}x^2+2x-7\right) \xmapsto{\vec{v}=\binom{-5}{3}} P'(x'\,|\,y')$

Vektorvergleich:

$$\overrightarrow{PP'}=\vec{v}$$

$$\Leftrightarrow \begin{pmatrix} x'-x \\ y'-\left(-\frac{1}{4}x^2+2x-7\right) \end{pmatrix} = \begin{pmatrix} -5 \\ 3 \end{pmatrix}$$ Klammern setzen!

$$\Leftrightarrow \begin{pmatrix} x'-x \\ y'+\frac{1}{4}x^2-2x+7 \end{pmatrix} = \begin{pmatrix} -5 \\ 3 \end{pmatrix}$$

$$\Leftrightarrow \left| \begin{array}{l} x'-x=-5 \\ \wedge\ y'+\frac{1}{4}x^2-2x+7=3 \end{array} \right.$$

$$\Leftrightarrow \left| \begin{array}{l} x=x'+5 \\ \wedge\ y'=-\frac{1}{4}x^2+2x-4 \end{array} \right.$$ Löse Gleichung I nach x auf.

$$\Leftrightarrow \left| \begin{array}{l} x=x'+5 \\ \wedge\ y'=-\frac{1}{4}(x'+5)^2+2(x'+5)-4 \quad \text{(I in II)} \end{array} \right.$$ $x'+5$ für x in Gleichung II eingesetzt

$$\Leftrightarrow \left| \begin{array}{l} x=x'+5 \\ \wedge\ y'=-\frac{1}{4}(x'^2+10x'+25)+2x'+10-4 \end{array} \right.$$

Hinweise und Tipps

$$\Leftrightarrow \left| \begin{array}{l} x = x'+5 \\ \wedge\ y' = -\frac{1}{4}x'^2 - \frac{5}{2}x' - \frac{25}{4} + 2x' + 6 \end{array} \right.$$

Fasse gleichartige Summanden zusammen.

$$\Leftrightarrow \left| \begin{array}{l} x = x'+5 \\ \wedge\ y' = -\frac{1}{4}x'^2 - \frac{1}{2}x' - \frac{1}{4} \end{array} \right.$$

also: p': $y = -\frac{1}{4}x^2 - \frac{1}{2}x - \frac{1}{4}$

Umbenennen von x' in x und y' in y: Gleichung der Bildparabel

b) Berechnung der Koordinaten der Scheitelpunkte S und S':

p: $y = -\frac{1}{4}x^2 + 2x - 7$

Klammere den Faktor $-\frac{1}{4}$ aus.

$$y = -\frac{1}{4}[x^2 - 8x + 28]$$

$$y = -\frac{1}{4}[x^2 - 8x + 4^2 - 4^2 + 28]$$

$$y = -\frac{1}{4}[(x-4)^2 - 16 + 28]$$

$$y = -\frac{1}{4}[(x-4)^2 + 12]$$

$$y = -\frac{1}{4}(x-4)^2 - 3$$

also: S(4 | –3)

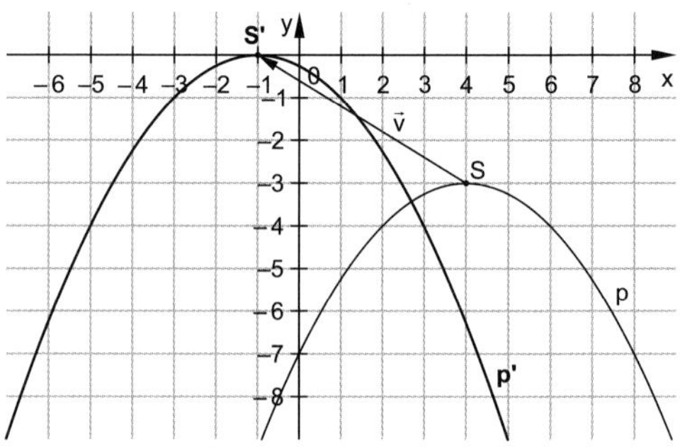


p': $y = -\frac{1}{4}x^2 - \frac{1}{2}x - \frac{1}{4}$

$$y = -\frac{1}{4}[x^2 + 2x + 1]$$

$$y = -\frac{1}{4}[x^2 + 2x + 1^2 - 1^2 + 1]$$

$$y = -\frac{1}{4}[(x+1)^2 - 1 + 1]$$

$$y = -\frac{1}{4}(x+1)^2$$

also: S'(–1 | 0)

## 1.4 Quadratische Gleichungen

**30** a)

$$\sqrt{2}x^2 - \sqrt{72} = 0 \quad \left| + \sqrt{72} \right.$$

Forme äquivalent um.

$$\Leftrightarrow \quad \sqrt{2}x^2 = \sqrt{72} \quad \left| \cdot \frac{1}{\sqrt{2}} \right.$$

$$\Leftrightarrow \quad x^2 = \frac{\sqrt{72}}{\sqrt{2}}$$

Beachte: $\frac{\sqrt{a}}{\sqrt{b}} = \sqrt{\frac{a}{b}}$

$$\Leftrightarrow \quad x^2 = \sqrt{\frac{72}{2}}$$

Hinweise und Tipps

$\Leftrightarrow \quad x^2 = \sqrt{36}$

$\Leftrightarrow \quad x^2 = 6 \qquad |\sqrt{\ }$ — Radiziere Links- und Rechtsterm.

$\Leftrightarrow \quad |x| = \sqrt{6}$ — Es existieren zwei Zahlen mit dem Betrag $\sqrt{6}$.

$x_1 = -\sqrt{6} \;\vee\; x_2 = +\sqrt{6}$ — Darum ist $x = -\sqrt{6}$ *oder* (in Zeichen: $\vee$) $x = +\sqrt{6}$.

$L = \{-\sqrt{6}; +\sqrt{6}\}$ — Lösungsmenge angeben

b)

$(x-3)(x+3) + (x-4)(x+4) = 25$ — Wende die 3. binomische Formel an.

$\Leftrightarrow \quad x^2 - 9 + x^2 - 16 = 25$ — Fasse zusammen.

$\Leftrightarrow \quad 2x^2 - 25 = 25 \qquad |+25$ — Forme äquivalent um.

$\Leftrightarrow \quad 2x^2 = 50 \qquad \left|\cdot\frac{1}{2}\right.$

$\Leftrightarrow \quad x^2 = 25 \qquad |\sqrt{\ }$ — Radiziere Links- und Rechtsterm.

$\Leftrightarrow \quad |x| = 5$

$x_1 = -5 \;\vee\; x_2 = 5$

$L = \{-5; 5\}$ — Lösungsmenge angeben

c)

$\frac{y-6}{y-5} = \frac{2y+8}{y+4}$ — „Überkreuz-Multiplikation"

$\Leftrightarrow \quad (y-6)\cdot(y+4) = (2y+8)\cdot(y-5)$ — Multipliziere aus.

$\Leftrightarrow \quad y^2 + 4y - 6y - 24 = 2y^2 - 10y + 8y - 40$ — Fasse zusammen.

$\Leftrightarrow \quad y^2 - 2y - 24 = 2y^2 - 2y - 40 \qquad |-2y^2 + 2y$ — Forme äquivalent um.

$\Leftrightarrow \quad -y^2 - 24 = -40 \qquad |+24$

$\Leftrightarrow \quad -y^2 = -16 \qquad |\cdot(-1)$

$\Leftrightarrow \quad y^2 = 16 \qquad |\sqrt{\ }$

$\Leftrightarrow \quad |y| = 4$

$(y_1 = -4 \;\vee)\; y_2 = 4$ — Für $y = -4$ ist der Bruchterm $\frac{2y+8}{y+4}$ nicht definiert.

$L = \{4\}$ — (Die Division durch 0 ist nicht definiert.)

d)

$\frac{5+3a}{a} = \frac{7a-7}{4a-9}$ — „Überkreuz-Multiplikation"

$\Leftrightarrow \quad (5+3a)(4a-9) = a(7a-7)$ — Multipliziere aus.

$\Leftrightarrow \quad 20a - 45 + 12a^2 - 27a = 7a^2 - 7a$ — Fasse zusammen.

$\Leftrightarrow \quad 12a^2 - 7a - 45 = 7a^2 - 7a \qquad |-7a^2 + 7a$ — Forme äquivalent um.

$\Leftrightarrow \quad 5a^2 - 45 = 0 \qquad |+45$

$\Leftrightarrow \quad 5a^2 = 45 \qquad \left|\cdot\frac{1}{5}\right.$

$\Leftrightarrow \quad a^2 = 9 \qquad |\sqrt{\ }$

$\Leftrightarrow \quad |a| = 3$

$a_1 = -3 \;\vee\; a_2 = 3$

$L = \{-3; 3\}$

---

**31** a) $1x^2 - \frac{1}{6}x - \frac{7}{6} = 0$ — Bestimme den Wert der Diskriminante. $a = 1;\ b = -\frac{1}{6};\ c = -\frac{7}{6}$

$D = b^2 - 4ac = \left(-\frac{1}{6}\right)^2 - 4\cdot 1\cdot\left(-\frac{7}{6}\right) = 4\frac{25}{36}$ — Da $D > 0$ ist, existieren 2 Lösungselemente.

$\Leftrightarrow \quad x_{1/2} = \frac{\frac{1}{6} \pm \sqrt{4\frac{25}{36}}}{2\cdot 1}$ — Wende die Lösungsformel $x_{1/2} = \frac{-b \pm \sqrt{D}}{2a}$ an.

Hinweise und Tipps

$x_1 = 1\frac{1}{6} \quad \vee \quad x_2 = -1$

$L = \left\{-1; 1\frac{1}{6}\right\}$ — Lösungsmenge angeben

b) $3x - 65 = -2x^2 \quad |+2x^2$ — Bringe die Gleichung mittels Äquivalenzumformung auf die Form $ax^2 + bx + c = 0$.

$\Leftrightarrow \quad 2x^2 + 3x - 65 = 0$ — $a = 2;\ b = 3;\ c = -65$

$D = 3^2 - 4 \cdot 2 \cdot (-65) = 529$ — Werte der Variablen a, b, c in die Diskriminante eingesetzt

$\Leftrightarrow \quad x_{1/2} = \frac{-3 \pm \sqrt{529}}{2 \cdot 2}$

$x_1 = 5 \quad \vee \quad x_2 = -6\frac{1}{2}$

$L = \left\{-6\frac{1}{2}; 5\right\}$ — Lösungsmenge angeben

c) $\frac{1}{2}y^2 + 7 = \frac{1}{4}(6+y)^2 + 1$ — Wende die 1. binomische Formel an.

$\Leftrightarrow \quad \frac{1}{2}y^2 + 7 = \frac{1}{4}(36 + 12y + y^2) + 1$ — Ausmultiplizieren: Löse die Klammer auf.

$\Leftrightarrow \quad \frac{1}{2}y^2 + 7 = 9 + 3y + \frac{1}{4}y^2 + 1$

$\Leftrightarrow \quad \frac{1}{2}y^2 + 7 = \frac{1}{4}y^2 + 3y + 10 \quad \left| -\frac{1}{4}y^2 - 3y - 10\right.$ — Bringe die Gleichung mittels Äquivalenzumformung auf die Form $ax^2 + bx + c = 0$.

$\Leftrightarrow \quad \frac{1}{4}y^2 - 3y - 3 = 0$ — $a = \frac{1}{4};\ b = -3;\ c = -3$

$D = (-3)^2 - 4 \cdot \frac{1}{4} \cdot (-3) = 12$ — Da $D > 0$ ist, gibt es (vorläufig) zwei Lösungen $y_1$ und $y_2$.

$\Leftrightarrow \quad y_{1/2} = \frac{3 \pm \sqrt{12}}{2 \cdot \frac{1}{4}}$

$(y_1 = 12{,}93 \quad \vee) \quad y_2 = -0{,}93$ — Bedingung (Grundmenge) $y < 10$ beachten!

$L = \{-0{,}93\}$ — Die Lösungsmenge enthält nur das Lösungselement $-0{,}93$.

d) $\frac{1}{4}(x-7)^2 = \frac{1}{2}x - 3\frac{3}{4}$ — Wende die 2. binomische Formel an.

$\Leftrightarrow \quad \frac{1}{4}(x^2 - 14x + 49) = \frac{1}{2}x - 3\frac{3}{4}$ — Löse die Klammer auf.

$\Leftrightarrow \quad \frac{1}{4}x^2 - 3\frac{1}{2}x + 12\frac{1}{4} = \frac{1}{2}x - 3\frac{3}{4} \quad \left| -\frac{1}{2}x + 3\frac{3}{4}\right.$ — Bringe die Gleichung mittels Äquivalenzumformung auf die Form $ax^2 + bx + c = 0$.

$\Leftrightarrow \quad \frac{1}{4}x^2 - 4x + 16 = 0$ — $a = \frac{1}{4};\ b = -4;\ c = 16$

$D = (-4)^2 - 4 \cdot \frac{1}{4} \cdot 16 = 0$ — Da $D = 0$ ist, besitzt die Gleichung nur eine Lösung. Diese wird mit der Lösungsformel $x = \frac{-b}{2a}$ berechnet.

$\Leftrightarrow \quad x = \frac{4}{2 \cdot \frac{1}{4}} = 8$

$L = \{8\}$

Hinweise und Tipps

e) $-(4+x)=\frac{10}{2x} \quad |\cdot 2x$

$\Leftrightarrow \quad -2x(4+x)=10$

$\Leftrightarrow \quad -8x-2x^2=10 \quad |-10$

$\Leftrightarrow \quad -2x^2-8x-10=0$

$D=(-8)^2-4\cdot(-2)\cdot(-10)=-16$

$L=\varnothing$

Bringe auf die Form $ax^2+bx+c=0$.

$a=-2;\ b=-8;\ c=-10$

Da $D<0$ ist, gibt es keine Lösung.

---

**32** Länge der kürzeren Seite: x cm
Länge der längeren Seite: (x + 5) cm

Flächeninhalt des Rechtecks in Abhängigkeit von x:
$A(x)=x\cdot(x+5)\ cm^2$

Flächeninhalt des Rechtecks gemäß Angabe:
$A=104\ cm^2$

Gleichsetzen der Flächeninhalte:

$x\cdot(x+5)\ cm^2=104\ cm^2 \quad \left|\cdot\frac{1}{cm^2}\right.$

$\Leftrightarrow \quad x^2+5x=104 \quad |-104$

$\Leftrightarrow \quad x^2+5x-104=0$

$D=5^2-4\cdot1\cdot(-104)=441$

$\Leftrightarrow \quad x_{1/2}=\frac{-5\pm\sqrt{441}}{2\cdot1}$

$x_1=8 \quad (\vee \quad x_2=-13)$

$L=\{8\}$

Die Seiten sind 8 cm bzw. 13 cm lang.

Beseitige die Maßeinheiten.

$a=1;\ b=5;\ c=-104$

Da $D>0$ ist, gibt es (vorläufig) zwei Lösungen $x_1$ und $x_2$.

Die Lösung $x=-13$ ist bei einer gesuchten Seitenlänge nicht sinnvoll.
Die Lösungsmenge enthält nur das Lösungselement $x_1=8$.

---

**33** Längere Seite: 21 m
Kürzere Seite: 8 m

Verkürzen der längeren Seite um x m: (21 – x) m
Verlängern der kürzeren Seite um x m: (8 + x) m

Flächeninhalt des veränderten Rechtecks in Abhängigkeit von x:

$A(x)=(21-x)\cdot(8+x)\ m^2$

$A(x)=(168+21x-8x-x^2)\ m^2$

$A(x)=(-x^2+13x+168)\ m^2$

Flächeninhalt gemäß Angabe:
$A=210\ m^2$

Gleichsetzen der Flächeninhalte:

$(-x^2+13x+168)\ m^2=210\ m^2 \quad \left|\cdot\frac{1}{m^2}\right.$

$\Leftrightarrow \quad -x^2+13x+168=210 \quad |-210$

$\Leftrightarrow \quad -x^2+13x-42=0$

$D=13^2-4\cdot(-1)\cdot(-42)=1$

$\Leftrightarrow \quad x_{1/2}=\frac{-13\pm\sqrt{1}}{2\cdot(-1)}$

$x_1=6 \quad \vee \quad x_2=7$

$L=\{6;7\}$

$a=-1;\ b=13;\ c=-42$

Hinweise und Tipps

Berechnung der Seitenlängen:
$21\text{ m}-6\text{ m}=15\text{ m};\quad 8\text{ m}+6\text{ m}=14\text{ m}$

$21\text{ m}-7\text{ m}=14\text{ m};\quad 8\text{ m}+7\text{ m}=15\text{ m}$

Das Rechteck hat die Seitenlängen 14 m und 15 m.

---

**34** a) $-\frac{1}{2}x^2+2x-2=0$

$D=b^2-4ac=2^2-4\cdot\left(-\frac{1}{2}\right)\cdot(-2)=0$

$\Leftrightarrow\quad x=\frac{-b}{2a}=\frac{-2}{2\cdot\left(-\frac{1}{2}\right)}=2$

$L=\{2\}$

also: $N(2\,|\,0)$

Der y-Wert wird gleich null gesetzt.

$a=-\frac{1}{2};\ b=2;\ c=-2$

Da $D=0$ ist, hat die Gleichung nur eine Lösung, folglich hat die Parabel nur eine Nullstelle.

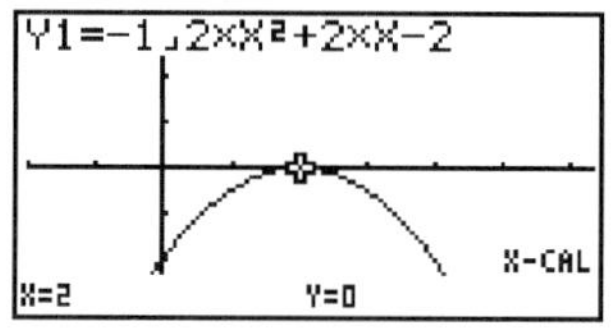


Die Nullstelle hat den Wert $x=2$.

b) $-\frac{1}{4}x^2+\frac{1}{2}x-3\frac{1}{4}=0$

$D=\left(\frac{1}{2}\right)^2-4\cdot\left(-\frac{1}{4}\right)\cdot\left(-3\frac{1}{4}\right)=-3$

$L=\varnothing$

$a=-\frac{1}{4};\ b=\frac{1}{2};\ c=-3\frac{1}{4}$

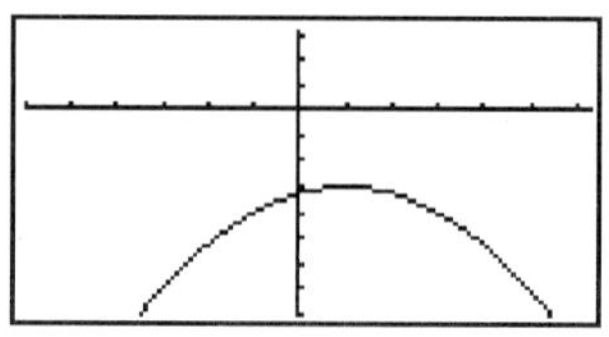

Da $D<0$ ist, hat die Parabel keine Nullstelle.

c) $-\frac{1}{8}x^2+x=0$

$D=1^2-4\cdot\left(-\frac{1}{8}\right)\cdot 0=1$

$\Leftrightarrow\quad x_{1/2}=\frac{-1\pm1}{2\cdot\left(-\frac{1}{8}\right)}$

$x_1=0\ \vee\ x_2=8$

$L=\{0;8\}$

$N_1(0\,|\,0);\ N_2(8\,|\,0)$

$a=-\frac{1}{8};\ b=1;\ c=0$

Da $D>0$ ist, hat die Parabel zwei Nullstellen $x_1$ und $x_2$.

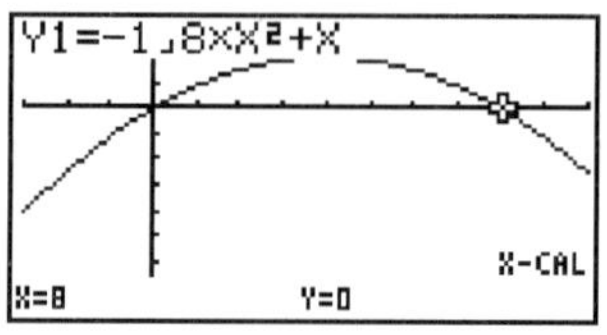


---

**35** Schnittpunktbedingung:

$$\begin{array}{l|l} p: & y=\frac{1}{2}x^2-3x+2\frac{1}{2} \\ g: & \wedge\ y=\frac{1}{2}x-3\frac{5}{8} \end{array}$$

Gleichungssystem aufstellen

$\Rightarrow\quad \frac{1}{2}x^2-3x+2\frac{1}{2}=\frac{1}{2}x-3\frac{5}{8}\quad (\text{I}=\text{II})\quad \left|-\frac{1}{2}x+3\frac{5}{8}\right.$

Gleichsetzen der Funktionsterme

$\Leftrightarrow\quad \frac{1}{2}x^2-3\frac{1}{2}x+6\frac{1}{8}=0$

In die allgemeine Form bringen

$a=\frac{1}{2};\ b=-3\frac{1}{2};\ c=6\frac{1}{8}$

$D=\left(-3\frac{1}{2}\right)^2-4\cdot\frac{1}{2}\cdot6\frac{1}{8}=12\frac{1}{4}-12\frac{1}{4}=0$

Diskriminantenwert bestimmen

Da $D=0$ ist, hat die Gleichung nur eine Lösung, folglich ist g Tangente an p.

$\Leftrightarrow\quad x=\frac{3\frac{1}{2}}{2\cdot\frac{1}{2}}=3\frac{1}{2}$

Berechnung der x-Koordinate des Berührpunktes B.

$L=\left\{3\frac{1}{2}\right\}$

Hinweise und Tipps

Wegen $D=0$ haben die Gerade g und die Parabel p genau den Berührpunkt

$$B\left(\mathbf{3\frac{1}{2}}\,\middle|\,\frac{1}{2}\cdot\mathbf{3\frac{1}{2}}-3\frac{5}{8}\right)=B\left(3\frac{1}{2}\,\middle|\,-1\frac{7}{8}\right)$$

gemeinsam.

Berechnung der y-Koordinate von B: Setze den x-Wert $3\frac{1}{2}$ in die einfacher zu berechnende Funktionsgleichung ein (gewöhnlich ist dies die Geradengleichung).

---

**36** Schnittpunktbedingung:

$$\begin{array}{ll|l} \text{p:} & y=-\frac{1}{4}x^2+\frac{1}{2}x+5 \\ \text{g:} & \wedge\ y=\frac{1}{2}x+4 \end{array}$$

Gleichungssystem aufstellen

$$\begin{aligned}
&\Rightarrow & -\frac{1}{4}x^2+\frac{1}{2}x+5&=\frac{1}{2}x+4 \quad (\text{I}=\text{II}) & &\left|-\frac{1}{2}x-4\right.\\
&\Leftrightarrow & -\frac{1}{4}x^2+1&=0 & &|-1\\
&\Leftrightarrow & -\frac{1}{4}x^2&=-1 & &\left|\cdot\left(-\frac{4}{1}\right)\right.\\
&\Leftrightarrow & x^2&=4 & &|\sqrt{\ }\\
&\Leftrightarrow & |x|&=2
\end{aligned}$$

Gleichsetzen der Funktionsterme

Es liegt hier eine reinquadratische Gleichung vor, die auch ohne Lösungsformel gelöst werden kann.

$x_1=-2 \vee x_2=2$

$L=\{-2;\,2\}$

$$S_1\left(\mathbf{-2}\,\middle|\,\frac{1}{2}\cdot(\mathbf{-2})+4\right)=S_1(-2\,|\,3)$$

$$S_2\left(\mathbf{2}\,\middle|\,\frac{1}{2}\cdot\mathbf{2}+4\right)=S_2(2\,|\,5)$$

Berechnung der y-Koordinaten: Setze die x-Werte in die einfacher zu berechnende Funktionsgleichung ein (gewöhnlich ist dies die Geradengleichung).

---

**37** Schnittpunktbedingung:

$$\begin{array}{ll|l} \text{p:} & y=-(x+6)^2+3 \\ \text{g:} & \wedge\ y=\frac{1}{3}x+6 \end{array}$$

Gleichungssystem aufstellen

$$\begin{aligned}
&\Rightarrow & -(x+6)^2+3&=\frac{1}{3}x+6 \quad (\text{I}=\text{II})\\
&\Leftrightarrow & -(x^2+12x+36)+3&=\frac{1}{3}x+6\\
&\Leftrightarrow & -x^2-12x-36+3&=\frac{1}{3}x+6 & &\left|-\frac{1}{3}x-6\right.\\
&\Leftrightarrow & -x^2-12\frac{1}{3}x-39&=0
\end{aligned}$$

Gleichsetzen der Funktionsterme
Wende die 2. binomische Formel an.

Beachte: Steht ein Minuszeichen vor der Klammer, so …

Bringe die Gleichung in die allgemeine Form.

$a=-1;\ b=-12\frac{1}{3};\ c=-39$

$$D=\left(-12\frac{1}{3}\right)^2-4\cdot(-1)\cdot(-39)=-3\frac{8}{9}$$

Wegen $D<0$ haben die Gerade g und die Parabel p keinen Punkt gemeinsam.

Diskriminantenwert berechnen

Da $D<0$ ist, haben die Gerade g und die Parabel p keinen Schnitt- bzw. Berührpunkt gemeinsam; g ist also eine Passante bzgl. p.

✎ Hinweise und Tipps

**38** Schnittpunktbedingung:

$$\begin{array}{l|l} p_1: & y=-\frac{1}{4}x^2-\frac{1}{2}x-1 \\ p_2: & \wedge\ y=-x^2+2x-5 \end{array}$$

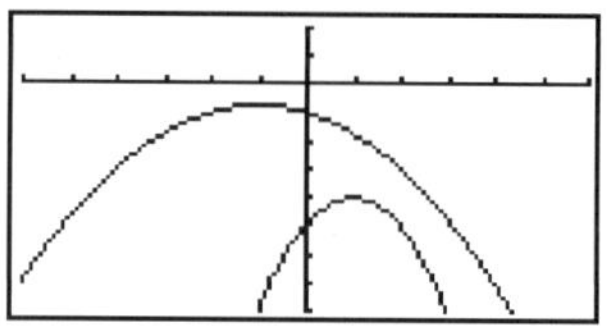

$\Rightarrow\quad -\frac{1}{4}x^2-\frac{1}{2}x-1=-x^2+2x-5 \quad (\text{I}=\text{II}) \quad |+x^2-2x+5$

$\Leftrightarrow\quad \frac{3}{4}x^2-\frac{5}{2}x+4=0$

$a=\frac{3}{4};\ b=-\frac{5}{2};\ c=4$

$D=\left(-\frac{5}{2}\right)^2-4\cdot\frac{3}{4}\cdot 4=-5\frac{3}{4}$

Diskriminantenwert berechnen

Wegen $D<0$ schneiden (und berühren) sich die Parabeln nicht.

---

**39** Schnittpunktbedingung:

$$\begin{array}{l|l} p_1: & y=\frac{1}{2}x^2-\frac{1}{2}x-2 \\ p_2: & \wedge\ y=-x^2+4x+4 \end{array}$$

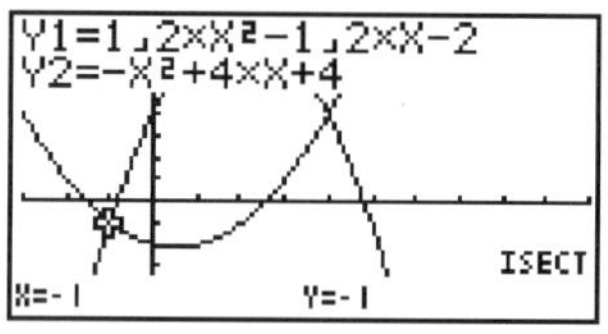


$\Rightarrow\quad \frac{1}{2}x^2-\frac{1}{2}x-2=-x^2+4x+4 \quad (\text{I}=\text{II}) \quad |+x^2-4x-4$

$\Leftrightarrow\quad \frac{3}{2}x^2-\frac{9}{2}x-6=0$

$a=\frac{3}{2};\ b=-\frac{9}{2};\ c=-6$

$D=\left(-\frac{9}{2}\right)^2-4\cdot\frac{3}{2}\cdot(-6)=56,25$

Diskriminantenwert berechnen und Lösungsformel anwenden

$\Leftrightarrow\quad x_{1/2}=\dfrac{\frac{9}{2}\pm\sqrt{56,25}}{2\cdot\frac{3}{2}}$

$x_1=4 \quad \vee \quad x_2=-1$

$L=\{-1;\,4\}$

$S_1(\mathbf{4}\,|\,-\mathbf{4}^2+4\cdot\mathbf{4}+4)=S_1(4\,|\,4)$

$S_2(\mathbf{-1}\,|\,-(\mathbf{-1})^2+4\cdot(\mathbf{-1})+4)=S_2(-1\,|\,-1)$

---

**40** Schnittpunktbedingung:

$$\begin{array}{l|l} p_1: & y=-\frac{3}{2}x^2+9x-8\frac{1}{2} \\ p_2: & \wedge\ y=\frac{2}{3}x^2-4x+11 \end{array}$$

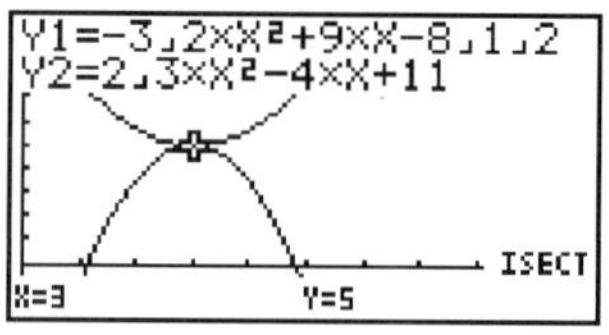


$\Rightarrow\quad -\frac{3}{2}x^2+9x-8\frac{1}{2}=\frac{2}{3}x^2-4x+11 \quad (\text{I}=\text{II}) \quad \left|-\frac{2}{3}x^2+4x-11\right.$

$\Leftrightarrow\quad -\frac{13}{6}x^2+13x-19\frac{1}{2}=0$

$a=-\frac{13}{6};\ b=13;\ c=-19\frac{1}{2}$

$D=13^2-4\cdot\left(-\frac{13}{6}\right)\cdot\left(-19\frac{1}{2}\right)=13^2-169=0$

Diskriminantenwert berechnen und Lösungsformel anwenden.

$\Leftrightarrow\quad x=\dfrac{-13}{2\cdot\left(-\frac{13}{6}\right)}=3$

$L=\{3\}$

$B\left(\mathbf{3}\,\middle|\,\frac{2}{3}\cdot\mathbf{3}^2-4\cdot\mathbf{3}+11\right)=B(3\,|\,5)$

Hinweise und Tipps

**41** a) Berechnung von $S_2$:

$$p_2:\ y = \frac{1}{4}x^2 - x + 5$$
$$y = \frac{1}{4}[x^2 - 4x + 20]$$
$$y = \frac{1}{4}[x^2 - 4x + 2^2 - 2^2 + 20]$$
$$y = \frac{1}{4}[(x-2)^2 + 16]$$
$$y = \frac{1}{4}(x-2)^2 + 4$$

$S_2(2|4)$

Ablesen von $S_1$:

$S_1(4|2)$

$$p_1:\ y = -(x-4)^2 + 2$$
$$y = -(x^2 - 8x + 16) + 2$$
$$y = -x^2 + 8x - 16 + 2$$
$$y = -x^2 + 8x - 14$$

Bringe in die Scheitelform.

$p_1$ ist bereits in der Scheitelform gegeben.

b)

| x | 2 | 3 | 4 | 5 | 6 |
|---|---|---|---|---|---|
| $p_1$: $y=-(x-4)^2+2$ | −2 | 1 | 2 | 1 | −2 |

| x | −1 | 0 | 1 | 2 | 3 | 4 | 5 |
|---|---|---|---|---|---|---|---|
| $p_2$: $y=\frac{1}{4}x^2-x+5$ | 6,25 | 5 | 4,25 | 4 | 4,25 | 5 | 6,25 |

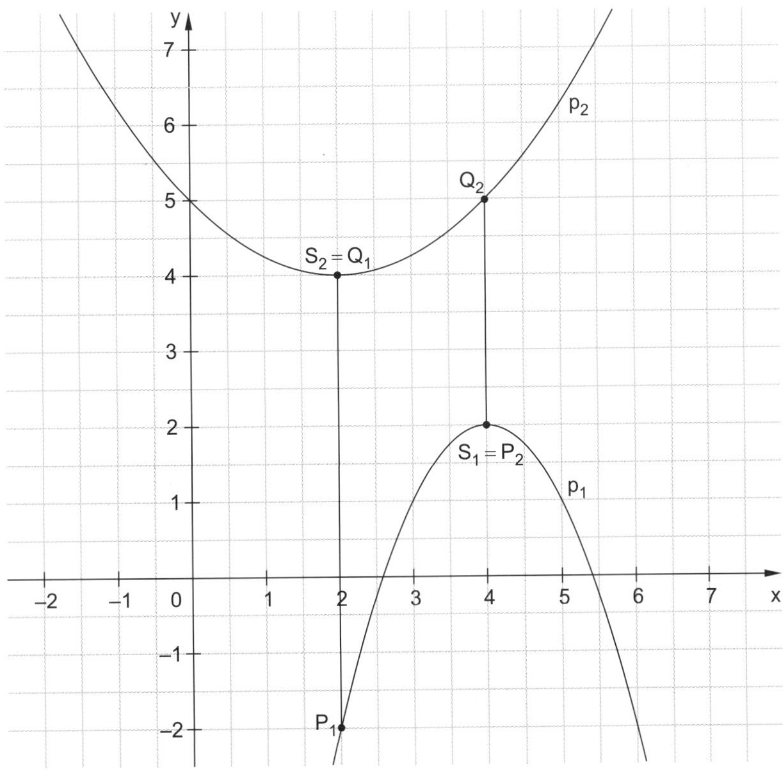


c) Siehe Zeichnung in Teilaufgabe b

Hinweise und Tipps

d) $|\overline{P_nQ_n}|(x) = (y_{Q_n} - y_{P_n})$ LE

$y_{oben} - y_{unten}$

$|\overline{P_nQ_n}|(x) = \left[\frac{1}{4}x^2 - x + 5 - (-x^2 + 8x - 14)\right]$ LE

Benutze die allgemeine Form von $p_1$.

$|\overline{P_nQ_n}|(x) = \left[\frac{1}{4}x^2 - x + 5 + x^2 - 8x + 14\right]$ LE

$|\overline{P_nQ_n}|(x) = \left(\frac{5}{4}x^2 - 9x + 19\right)$ LE

$|\overline{P_nQ_n}|(x) = \left(1\frac{1}{4}x^2 - 9x + 19\right)$ LE

e) $|\overline{P_nQ_n}|(x) = (1{,}25x^2 - 9x + 19)$ LE

$|\overline{P_nQ_n}|(x) = 1{,}25\left[x^2 - 7{,}2x + 15{,}2\right]$ LE

$|\overline{P_nQ_n}|(x) = 1{,}25\left[x^2 - 7{,}2x + 3{,}6^2 - 3{,}6^2 + 15{,}2\right]$ LE

$|\overline{P_nQ_n}|(x) = 1{,}25\left[(x - 3{,}6)^2 - 12{,}96 + 15{,}2\right]$ LE

$|\overline{P_nQ_n}|(x) = 1{,}25\left[(x - 3{,}6)^2 + 2{,}24\right]$ LE

$|\overline{P_nQ_n}|(x) = \left[1{,}25(x - 3{,}6)^2 + 2{,}8\right]$ LE

$|\overline{P_0Q_0}| = 2{,}8$ LE für $x = 3{,}6$

$P_0(\mathbf{3{,}6} \mid -\mathbf{3{,}6}^2 + 8 \cdot \mathbf{3{,}6} - 14) = P_0(3{,}6 \mid 1{,}84)$

$Q_0\left(\mathbf{3{,}6} \;\middle|\; \frac{1}{4} \cdot \mathbf{3{,}6}^2 - \mathbf{3{,}6} + 5\right) = Q_0(3{,}6 \mid 4{,}64)$

---

**42** a) Schnittpunktbedingung:

$$\begin{array}{l|l} p: & y = x^2 + 3x - 1 \\ g(d): & \wedge\; y = x + d \end{array}$$

$\Rightarrow \quad x^2 + 3x - 1 = x + d \quad (I = II) \quad | - x - d$

$\Leftrightarrow \quad x^2 + 3x - 1 - x - d = 0$

$\Leftrightarrow \quad x^2 + 2x - 1 - d = 0$

$a = 1;\ b = 2;\ c = -1 - d$

Tangentenbedingung $D = 0$:

Wenn $D = 0$ gilt, ist g(d) Tangente.

$b^2 - 4ac = 0$

$\Leftrightarrow \quad 2^2 - 4 \cdot 1 \cdot (-1 - d) = 0$

$\Leftrightarrow \quad 4 + 4 + 4d = 0 \quad | -8$

$\Leftrightarrow \quad 4d = -8 \quad | :4$

$\Leftrightarrow \quad d = -2$

$L = \{-2\}$

also: $t$: $y = x - 2$

Für $d = -2$ ist $g = t$ Tangente an p.

Die Gleichung der Tangente erhält man, wenn man die Variable d in der Schargleichung $y = x + d$ mit der Zahl −2 belegt.

Berechnung der Berührpunktkoordinaten:

$d = -2$ in $x^2 + 2x - 1 - d = 0$ einsetzen:

Um die x-Koordinate des Berührpunktes B zu berechnen, belegt man die Variable d in der Gleichung $x^2 + 2x - 1 - d = 0$ mit der Zahl −2.

$x^2 + 2x - 1 - (-2) = 0$

$\Leftrightarrow \quad x^2 + 2x + 1 = 0$

$a = 1;\ b = 2;\ c = 1$

$D = 0$

Hinweise und Tipps

$$x_B = \frac{-2}{2 \cdot 1} = -1$$

$L = \{-1\}$

also: $B(-1 \mid -1-2) = B(-1 \mid -3)$

Wird die Variable x in der Tangentengleichung mit der Zahl –1 belegt, erhält man die y-Koordinate des Berührpunktes B.

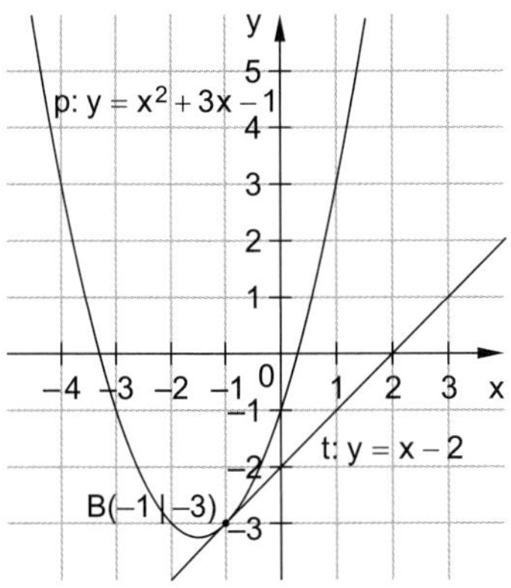


b) Schnittpunktbedingung:

$$\begin{array}{l|l} p: & y = -\frac{1}{4}x^2 - 2 \\ g(d): & \wedge \; y = -\frac{1}{2}x - 2d \end{array}$$

$$\Rightarrow \; -\frac{1}{4}x^2 - 2 = -\frac{1}{2}x - 2d \quad (I = II) \quad \left| +\frac{1}{2}x + 2d \right.$$

$$\Leftrightarrow \; -\frac{1}{4}x^2 - 2 + \frac{1}{2}x + 2d = 0$$

$$\Leftrightarrow \; -\frac{1}{4}x^2 + \frac{1}{2}x + 2d - 2 = 0$$

$a = -\frac{1}{4};\; b = \frac{1}{2};\; c = 2d - 2$

Tangentenbedingung $D = 0$:

$$b^2 - 4ac = 0$$

Berechnung von d so, dass g = t Tangente an p ist.

$$\Leftrightarrow \; \left(\frac{1}{2}\right)^2 - 4 \cdot \left(-\frac{1}{4}\right) \cdot (2d - 2) = 0$$

$$\Leftrightarrow \; \frac{1}{4} + 2d - 2 = 0 \quad \left| +\frac{7}{4} \right.$$

$$\Leftrightarrow \; 2d = \frac{7}{4} \quad \left| \cdot \frac{1}{2} \right.$$

$$\Leftrightarrow \; d = \frac{7}{8}$$

$$L = \left\{\frac{7}{8}\right\}$$

Für $d = \frac{7}{8}$ ist g = t Tangente an p.

also: t: $y = -\frac{1}{2}x - 2 \cdot \frac{7}{8}$

$$y = -\frac{1}{2}x - 1\frac{3}{4}$$

Die Gleichung der Tangente erhält man, wenn man die Variable d in der Schargleichung $y = \frac{1}{2}x - 2d$ mit der Zahl $\frac{7}{8}$ belegt.

Berechnung der Berührpunktkoordinaten:

$d = \frac{7}{8}$ in $-\frac{1}{4}x^2 + \frac{1}{2}x + 2d - 2 = 0$ einsetzen:

$$-\frac{1}{4}x^2 + \frac{1}{2}x + 2 \cdot \frac{7}{8} - 2 = 0$$

Um die x-Koordinate des Berührpunktes B zu berechnen, belegt man die Variable d in der Gleichung $-\frac{1}{4}x^2 + \frac{1}{2}x + 2d - 2 = 0$ mit der Zahl $\frac{7}{8}$.

Hinweise und Tipps

$\Leftrightarrow \quad -\frac{1}{4}x^2+\frac{1}{2}x+\frac{7}{4}-2=0$

$\Leftrightarrow \quad -\frac{1}{4}x^2+\frac{1}{2}x-\frac{1}{4}=0 \quad |\cdot(-4)$

Durch Multiplikation mit −4 bringt man die Gleichung in eine einfachere Form.

$\Leftrightarrow \quad x^2-2x+1=0$

$a=1;\ b=-2;\ c=1$

$D=0$

$x_B=\frac{2}{2\cdot 1}=1$

$L=\{1\}$

also: $B\left(1\,\middle|\,-\frac{1}{2}\cdot 1-1\frac{3}{4}\right)=B\left(1\,\middle|\,-2\frac{1}{4}\right)$

Wird die Variable x in der Tangentengleichung mit der Zahl 1 belegt, erhält man die y-Koordinate des Berührpunktes B.

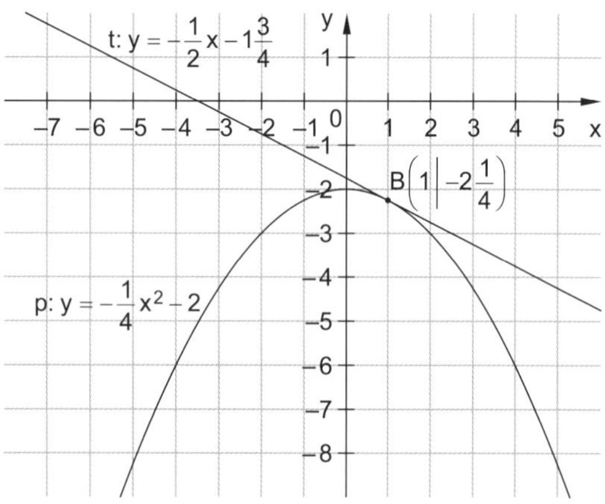


c) Schnittpunktbedingung:

$$\begin{array}{ll|l} p: & & y=-6x^2-8\frac{1}{2}x+4 \\ g(d): & \wedge & y=-\frac{1}{2}x-2d \end{array}$$

$\Rightarrow \quad -6x^2-8\frac{1}{2}x+4=-\frac{1}{2}x-2d \quad (I=II) \quad \left|+\frac{1}{2}x+2d\right.$

$\Leftrightarrow \quad -6x^2-8\frac{1}{2}x+4+\frac{1}{2}x+2d=0$

$\Leftrightarrow \quad -6x^2-8x+4+2d=0$

$a=-6;\ b=-8;\ c=4+2d$

Tangentenbedingung $D=0$:

Berechnung von d so, dass g = t Tangente an p ist.

$b^2-4ac=0$

$\Leftrightarrow \quad (-8)^2-4\cdot(-6)\cdot(4+2d)=0$

$\Leftrightarrow \quad 64+96+48d=0 \quad |-160$

$\Leftrightarrow \quad 48d=-160 \quad |:48$

$\Leftrightarrow \quad d=-3\frac{1}{3}$

$L=\left\{-3\frac{1}{3}\right\}$

Für $d=-3\frac{1}{3}$ ist g = t Tangente an p.

also: t: $y=-\frac{1}{2}x-2\cdot\left(-3\frac{1}{3}\right)$

$y=-\frac{1}{2}x+6\frac{2}{3}$

Die Gleichung der Tangente erhält man, wenn man die Variable d in der Schargleichung $y=-\frac{1}{2}x-2d$ mit der Zahl $-3\frac{1}{3}$ belegt.

Hinweise und Tipps

Berechnung der Berührpunktkoordinaten:

$d = -3\frac{1}{3}$ in $-6x^2 - 8x + 4 + 2d = 0$ einsetzen:

$$-6x^2 - 8x + 4 + 2 \cdot \left(-3\frac{1}{3}\right) = 0$$

$$\Leftrightarrow \quad -6x^2 - 8x + 4 - 6\frac{2}{3} = 0$$

$$\Leftrightarrow \quad -6x^2 - 8x - 2\frac{2}{3} = 0$$

$D = 0$

$$x_B = \frac{8}{2 \cdot (-6)} = -\frac{2}{3}$$

$$L = \left\{-\frac{2}{3}\right\}$$

also: $B\left(-\frac{2}{3} \middle| -\frac{1}{2} \cdot \left(-\frac{2}{3}\right) + 6\frac{2}{3}\right) = B\left(-\frac{2}{3} \middle| 7\right)$

Um die x-Koordinate des Berührpunktes B zu berechnen, belegt man die Variable d in der Gleichung $-6x^2 - 8x + 4 + 2d = 0$ mit der Zahl $-3\frac{1}{3}$.

Wird die Variable x in der Tangentengleichung mit der Zahl $-\frac{2}{3}$ belegt, erhält man die y-Koordinate des Berührpunktes B.

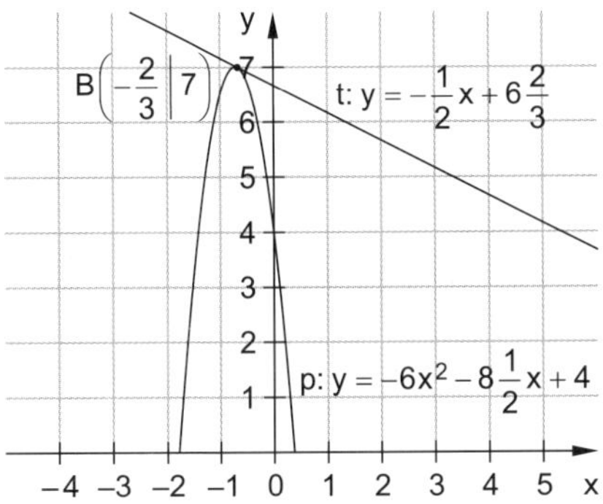


**43** a) $3 - x = \sqrt{2x - 6} \quad |^2 \qquad D = \{x \mid x \geq 3\}$

$\Rightarrow \quad (3 - x)^2 = 2x - 6$

$\Leftrightarrow \quad 9 - 6x + x^2 = 2x - 6 \quad | -2x + 6$

$\Leftrightarrow \quad x^2 - 8x + 15 = 0$

$D = (-8)^2 - 4 \cdot 1 \cdot 15 = 64 - 60 = 4$

$\Leftrightarrow \quad x_{1/2} = \frac{8 \pm \sqrt{4}}{2}$

$x_1 = 5 \lor x_2 = 3$

Probe: $x_1 = 5$: $3 - \mathbf{5} = \sqrt{2 \cdot \mathbf{5} - 6}$ $\quad x_2 = 3$: $3 - \mathbf{3} = \sqrt{2 \cdot \mathbf{3} - 6}$

$-2 = 2 \quad (f) \qquad 0 = 0 \quad (w)$

$L = \{3\}$

Quadriere Links- und Rechtsterm der Gleichung.

Löse die quadratische Gleichung durch Anwendung der Lösungsformel: $a = 1$; $b = -8$; $c = 15$

Da $D > 0$ ist, existieren zwei Lösungselemente.

b) $D_1$: $2x + 19 \geq 0$ $\qquad D_2$: $7x + 4 \geq 0$

$\Leftrightarrow \quad x \geq -9{,}5 \qquad \Leftrightarrow \quad x \geq -\frac{4}{7}$

$D_1 = \{x \mid x \geq -9{,}5\}$ $\qquad D_2 = \left\{x \middle| x \geq -\frac{4}{7}\right\}$

$$D = D_1 \cap D_2 = \left\{x \middle| x \geq -\frac{4}{7}\right\}$$

Hinweise und Tipps

$$\sqrt{2x+19}=\sqrt{7x+4} \quad |^2$$
$$\Rightarrow \quad 2x+19=7x+4 \quad |-7x-19$$
$$\Leftrightarrow \quad -5x=-15 \quad \left|\cdot\left(-\frac{1}{5}\right)\right.$$
$$\Leftrightarrow \quad x=3$$

Quadriere Links- und Rechtsterm der Gleichung.

Isoliere x.

Probe: $x=3$: $\sqrt{2\cdot\mathbf{3}+19}=\sqrt{7\cdot\mathbf{3}+4}$

$5=5$ (w)

$L=\{3\}$

c) $-5+\sqrt{25+x}=x \quad |+5 \qquad D=\{x \mid x\ge -25\}$

$$\Leftrightarrow \quad \sqrt{25+x}=x+5 \quad |^2$$
$$\Rightarrow \quad 25+x=(x+5)^2$$
$$\Leftrightarrow \quad 25+x=x^2+10x+25 \quad |-25$$
$$\Leftrightarrow \quad x=x^2+10x \quad |-x$$
$$\Leftrightarrow \quad x^2+9x=0$$
$$\Leftrightarrow \quad x(x+9)=0$$

Isoliere den Wurzelterm.

Quadriere.

Wende die 1. binomische Formel an.

Faktorisiere.

$x_1=0 \vee x_2=-9$

Probe: $x_1=0$: $-5+\sqrt{25+\mathbf{0}}=\mathbf{0}$

$\Leftrightarrow \quad 0=0$ (w)

$x_2=-9$: $-5+\sqrt{25+(\mathbf{-9})}=\mathbf{-9}$

$\Leftrightarrow \quad -1=-9$ (f)

$L=\{0\}$

d) $12-4x\ge 0 \quad |-12$

$$\Leftrightarrow \quad -4x\ge -12 \quad |:(-4)$$
$$\Leftrightarrow \quad x\le 3$$

Inversionsgesetz beachten!

$D=\{x \mid x\le 3\}$

$$\sqrt{12-4x}=x \quad |^2$$
$$\Rightarrow \quad 12-4x=x^2 \quad |-12+4x$$
$$\Leftrightarrow \quad x^2+4x-12=0$$

Quadriere die Wurzelgleichung.

$a=1;\ b=4;\ c=-12$

$D=4^2-4\cdot 1\cdot(-12)=16+48=64$

$$\Leftrightarrow \quad x_{1/2}=\frac{-4\pm\sqrt{64}}{2}$$

$x_1=2 \vee x_2=-6$

Probe: $x_1=2$: $\sqrt{12-4\cdot\mathbf{2}}=\mathbf{2}$

$\Leftrightarrow \quad \sqrt{4}=2$

$\Leftrightarrow \quad 2=2$ (w)

$x_2=-6$: $\sqrt{12-4\cdot(\mathbf{-6})}=\mathbf{-6}$

$\Leftrightarrow \quad \sqrt{36}=-6$

$\Leftrightarrow \quad 6=-6$ (f)

$L=\{2\}$

Hinweise und Tipps

e) $D_1$: $4-1\frac{1}{2}x \geq 0$ $D_2$: $-2x+5 \geq 0$

$\Leftrightarrow -\frac{3}{2}x \geq -4$ $\Leftrightarrow x \leq \frac{5}{2}$

Beachte das Inversionsgesetz!

$\Leftrightarrow x \leq \frac{8}{3}$ $D_2 = \left\{x \,\middle|\, x \leq 2\frac{1}{2}\right\}$

$D_1 = \left\{x \,\middle|\, x \leq 2\frac{2}{3}\right\}$

$D = D_1 \cap D_2 = \left\{x \,\middle|\, x \leq 2\frac{1}{2}\right\}$

$\sqrt{4-1\frac{1}{2}x} - \sqrt{-2x+5} = 0 \quad |+\sqrt{-2x+5}$

$\Leftrightarrow \sqrt{4-1\frac{1}{2}x} = \sqrt{-2x+5} \quad |^2$

Quadriere die Wurzelgleichung.

$\Rightarrow 4-1\frac{1}{2}x = -2x+5 \quad |+2x-4$

$\Leftrightarrow \frac{1}{2}x = 1 \quad |\cdot 2$

$\Leftrightarrow x = 2$

Probe: $x=2$: $\sqrt{4-1\frac{1}{2}\cdot\mathbf{2}} - \sqrt{-2\cdot\mathbf{2}+5} = 0$

$\Leftrightarrow 0 = 0$ (w)

$L = \{2\}$

f) $D_1$: $x-1 \geq 0$ $D_2$: $6+x \geq 0$

$\Leftrightarrow x \geq 1$ $\Leftrightarrow x \geq -6$

$D_1 = \{x \mid x \geq 1\}$ $D_2 = \{x \mid x \geq -6\}$

$D = D_1 \cap D_2 = \{x \mid x \geq 1\}$

$\sqrt{x-1} - \sqrt{6+x} = -1 \quad |+1+\sqrt{6+x}$

$\Leftrightarrow \sqrt{x-1}+1 = \sqrt{6+x} \quad |^2$

Quadriere.

$\Rightarrow (\sqrt{x-1}+1)^2 = 6+x$

Wende die 1. binomische Formel an.

$\Leftrightarrow x-1+2\cdot\sqrt{x-1}\cdot 1+1 = 6+x$

Fasse zusammen.

$\Leftrightarrow x+2\sqrt{x-1} = 6+x \quad |-x$

$\Leftrightarrow 2\sqrt{x-1} = 6 \quad |:2$

$\Leftrightarrow \sqrt{x-1} = 3 \quad |^2$

Hier muss erneut quadriert werden.

$\Rightarrow x-1 = 9 \quad |+1$

$\Leftrightarrow x = 10$

Probe: $x=10$: $\sqrt{\mathbf{10}-1} - \sqrt{6+\mathbf{10}} = -1$

$\Leftrightarrow 3-4 = -1$

$\Leftrightarrow -1 = -1$ (w)

$L = \{10\}$

g) $D_1$: $x^2-6x+9 \geq 0$ $D_2$: $3x-17 \geq 0$

$\Leftrightarrow (x-3)^2 \geq 0$ $\Leftrightarrow x \geq \frac{17}{3}$

Der Term $(x-3)^2$ liefert nur Werte $\geq 0$.

$D_1 = \mathbb{R}$ $D_2 = \left\{x \,\middle|\, x \geq 5\frac{2}{3}\right\}$

$D = D_1 \cap D_2 = \left\{x \,\middle|\, x \geq 5\frac{2}{3}\right\}$

Hinweise und Tipps

$\sqrt{x^2-6x+9} = 2\sqrt{3x-17} \quad |\,^2$ — Quadriere Links- und Rechtsterm der Gleichung.

$\Rightarrow \quad x^2-6x+9 = 4\cdot(3x-17)$ — Löse die „wurzelfreie" Gleichung.

$\Leftrightarrow \quad x^2-6x+9 = 12x-68 \quad |-12x+68$

$\Leftrightarrow \quad x^2-18x+77 = 0$ — Löse die quadratische Gleichung durch Anwendung der Lösungsformel: a = 1; b = –18; c = 77

$D = (-18)^2-4\cdot1\cdot77 = 324-308 = 16$ — Da D > 0 ist, existieren zwei Lösungselemente.

$\Leftrightarrow \quad x_{1/2} = \dfrac{18\pm\sqrt{16}}{2}$

$x_1 = 11 \lor x_2 = 7$

Probe: $x_1 = 11$: $\sqrt{\mathbf{11}^2-6\cdot\mathbf{11}+9} = 2\sqrt{3\cdot\mathbf{11}-17}$

$\sqrt{121-66+9} = 2\sqrt{16}$

$8 = 8 \quad (w)$

$x_2 = 7$: $\sqrt{\mathbf{7}^2-6\cdot\mathbf{7}+9} = 2\sqrt{3\cdot\mathbf{7}-17}$

$\sqrt{49-42+9} = 2\sqrt{4}$

$4 = 4 \quad (w)$

$L = \{7;\ 11\}$

h) $D_1$: $7-2x \geq 0$ $\qquad$ $D_2$: $5x+6 \geq 0$

$\Leftrightarrow \quad 2x \leq 7$ $\qquad$ $\Leftrightarrow \quad x \geq -\dfrac{6}{5}$

$\Leftrightarrow \quad x \leq 3{,}5$

$D_1 = \left\{x \,\middle|\, x \leq 3\frac{1}{2}\right\}$ $\qquad$ $D_2 = \left\{x \,\middle|\, x \geq -1\frac{1}{5}\right\}$

$D = D_1 \cap D_2 = \left\{x \,\middle|\, -1\frac{1}{5} \leq x \leq 3\frac{1}{2}\right\}$

$\sqrt{7-2x}+\sqrt{5x+6} = 4 \quad |-\sqrt{5x+6}$

$\Leftrightarrow \quad \sqrt{7-2x} = 4-\sqrt{5x+6} \quad |\,^2$ — Quadriere.

$\Rightarrow \quad 7-2x = (4-\sqrt{5x+6})^2$ — Wende die 2. binomische Formel an.

$\Leftrightarrow \quad 7-2x = 16-2\cdot4\cdot\sqrt{5x+6}+5x+6$ — Fasse zusammen.

$\Leftrightarrow \quad 7-2x = 22+5x-8\cdot\sqrt{5x+6} \quad |-22-5x$

$\Leftrightarrow \quad -15-7x = -8\cdot\sqrt{5x+6} \quad |\cdot(-1)$

$\Leftrightarrow \quad 7x+15 = 8\cdot\sqrt{5x+6} \quad |\,^2$ — Hier muss erneut quadriert werden.

$\Rightarrow \quad 49x^2+210x+225 = 64\cdot(5x+6)$

$\Leftrightarrow \quad 49x^2+210x+225 = 320x+384 \quad |-320x-384$

$\Leftrightarrow \quad 49x^2-110x-159 = 0$ — a = 49; b = –110; c = –159

$D = (-110)^2-4\cdot49\cdot(-159) = 43\,264$

$\Leftrightarrow \quad x_{1/2} = \dfrac{110\pm\sqrt{43\,264}}{98}$

$x_1 = 3{,}24 \lor x_2 = -1$

Probe: $x_1 = 3{,}24$: $\sqrt{7-2\cdot\mathbf{3{,}24}}+\sqrt{5\cdot\mathbf{3{,}24}+6} = 4$

$\sqrt{0{,}52}+\sqrt{22{,}2} = 4$

$5{,}43 = 4 \quad (f)$

$x_2 = -1$: $\sqrt{7-2\cdot(\mathbf{-1})}+\sqrt{5\cdot(\mathbf{-1})+6} = 4$

$\sqrt{9}+\sqrt{1} = 4$

$4 = 4 \quad (w)$

$L = \{-1\}$

Hinweise und Tipps

## 1.5 Abbildung durch zentrische Streckung

**44**

| | | | |
|---|---|---|---|
| ☐ $\frac{\lvert\overline{ZC}\rvert}{\lvert\overline{ZD}\rvert}=\frac{\lvert\overline{ZA}\rvert}{\lvert\overline{ZB}\rvert}$ | ☒ $\frac{\lvert\overline{EF}\rvert}{\lvert\overline{BC}\rvert}=\frac{\lvert\overline{ZF}\rvert}{\lvert\overline{ZC}\rvert}$ | ☐ $\frac{\lvert\overline{ZD}\rvert}{\lvert\overline{ZE}\rvert}=\frac{\lvert\overline{ZA}\rvert}{\lvert\overline{ZF}\rvert}$ | ☒ $\frac{\lvert\overline{AD}\rvert}{\lvert\overline{EF}\rvert}=\frac{\lvert\overline{ZA}\rvert}{\lvert\overline{ZE}\rvert}$ |
| ☐ $\frac{\lvert\overline{DC}\rvert}{\lvert\overline{ZD}\rvert}=\frac{\lvert\overline{AB}\rvert}{\lvert\overline{ZB}\rvert}$ | ☐ $\frac{\lvert\overline{EF}\rvert}{\lvert\overline{BC}\rvert}=\frac{\lvert\overline{ZE}\rvert}{\lvert\overline{ZA}\rvert}$ | ☐ $\frac{\lvert\overline{AB}\rvert}{\lvert\overline{ZA}\rvert}=\frac{\lvert\overline{BC}\rvert}{\lvert\overline{AD}\rvert}$ | ☒ $\frac{\lvert\overline{ZE}\rvert}{\lvert\overline{ZB}\rvert}=\frac{\lvert\overline{ZF}\rvert}{\lvert\overline{ZC}\rvert}$ |
| ☒ $\frac{\lvert\overline{AB}\rvert}{\lvert\overline{ZE}\rvert}=\frac{\lvert\overline{CD}\rvert}{\lvert\overline{ZF}\rvert}$ | ☒ $\frac{\lvert\overline{AD}\rvert}{\lvert\overline{BC}\rvert}=\frac{\lvert\overline{ZA}\rvert}{\lvert\overline{ZB}\rvert}$ | ☒ $\frac{\lvert\overline{ZA}\rvert}{\lvert\overline{AE}\rvert}=\frac{\lvert\overline{ZD}\rvert}{\lvert\overline{DF}\rvert}$ | ☐ $\frac{\lvert\overline{ZC}\rvert}{\lvert\overline{ZD}\rvert}=\frac{\lvert\overline{ZA}\rvert}{\lvert\overline{ZB}\rvert}$ |

$\frac{\lvert\overline{AB}\rvert}{\lvert\overline{CD}\rvert}=\frac{\lvert\overline{ZA}\rvert}{\lvert\overline{ZD}\rvert}=\frac{\lvert\overline{ZE}\rvert}{\lvert\overline{ZF}\rvert}$

$\Rightarrow \frac{\lvert\overline{AB}\rvert}{\lvert\overline{ZE}\rvert}=\frac{\lvert\overline{CD}\rvert}{\lvert\overline{ZF}\rvert}$

---

**45**

$$\frac{\lvert\overline{E'F'}\rvert}{\lvert\overline{EF}\rvert}=\frac{\lvert\overline{GE'}\rvert}{\lvert\overline{GE}\rvert}$$

$$\Leftrightarrow \frac{\lvert\overline{E'F'}\rvert}{4{,}5\text{ m}}=\frac{7\cancel{\text{m}}}{2\cancel{\text{m}}} \quad \lvert\cdot 4{,}5\text{ m}$$

$$\Leftrightarrow \lvert\overline{E'F'}\rvert=\frac{7}{2}\cdot 4{,}5\text{ m}$$

$$\Leftrightarrow \lvert\overline{E'F'}\rvert=15{,}75\text{ m}$$

Ansatz mit dem 2. Strahlensatz (Zentrum = G)
Setze die bekannten Streckenlängen ein.

Löse die Verhältnisgleichung nach der gesuchten Streckenlänge $\lvert\overline{E'F'}\rvert$ auf.

---

**46**

$$\frac{291{,}28\cancel{\text{m}}}{0{,}08\cancel{\text{m}}}=\frac{x}{0{,}4\text{ m}}$$

$$\Leftrightarrow 3\,641=\frac{x}{0{,}4\text{ m}} \quad \lvert\cdot 0{,}4\text{ m}$$

$$\Leftrightarrow x=3\,641\cdot 0{,}4\text{ m}$$

$$\Leftrightarrow x=1\,456{,}4\text{ m}$$

Der Tourist ist 1 456,4 m vom Turm entfernt.

Ansatz mit dem 2. Strahlensatz (Zentrum = „Auge"). Einsetzen der bekannten Streckenlängen

Löse die Verhältnisgleichung nach der gesuchten Streckenlänge x auf.

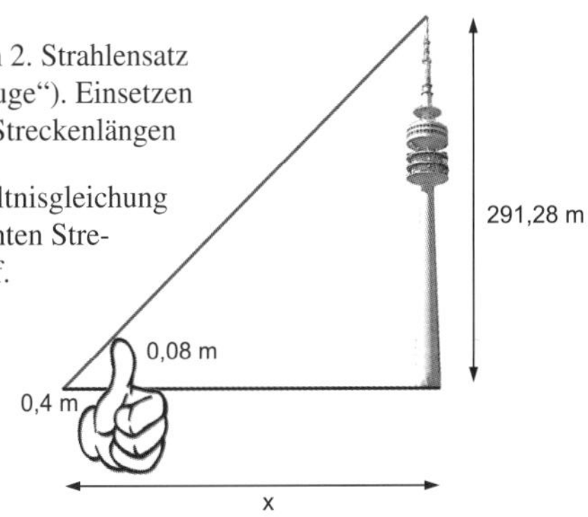


---

**47** Sei x die Entfernung des Tormanns zum Schützen, dann gilt:

$$\frac{7{,}32\cancel{\text{m}}}{2{,}05\cancel{\text{m}}}=\frac{16\text{ m}}{x}$$

$$\Leftrightarrow 7{,}32\cdot x=16\text{ m}\cdot 2{,}05 \quad \lvert :7{,}32$$

$$\Leftrightarrow x=32{,}8\text{m}:7{,}32$$

$$\Leftrightarrow x=4{,}48\text{ m}$$

Der Tormann muss (16 – 4,48) m = 11,52 m aus dem Tor laufen, um das Tor komplett abzudecken.

Ansatz mit dem 2. Strahlensatz (Zentrum = „Schussposition")
Einsetzen der bekannten Streckenlängen
Löse die Verhältnisgleichung nach der gesuchten Streckenlänge x auf.

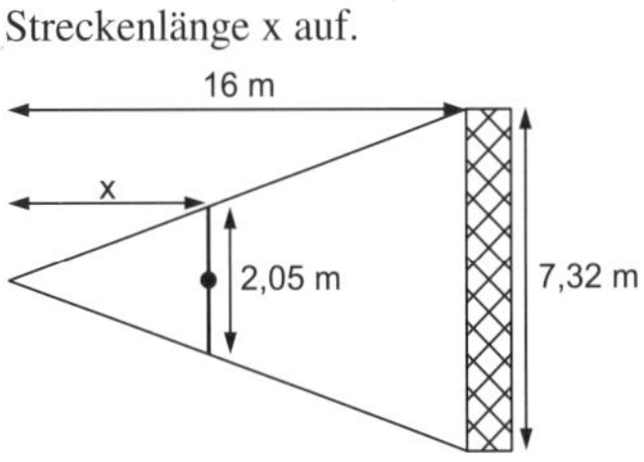

Hinweise und Tipps

**48** Es gelten:

$$\frac{|\overline{EA}|}{|\overline{ZE}|}=\frac{8}{4}=2 \quad \text{und} \quad \frac{|\overline{FD}|}{|\overline{ZF}|}=\frac{6}{3}=2$$

$$\Rightarrow \quad \frac{|\overline{EA}|}{|\overline{ZE}|}=\frac{|\overline{FD}|}{|\overline{ZF}|}$$

Der 1. Strahlensatz ist erfüllt.
Damit sind $\overline{EF}$ und $\overline{AD}$ parallel.

Überprüfe, ob der 1. Strahlensatz (Zentrum = Z) erfüllt ist, indem du die Verhältnisse auf der linken und der rechten Seite der Verhältnisgleichung berechnest.

---

**49** a) $x \in \,]0; 8[$

b) Berechnung von $|\overline{E_nF_n}|(x)$:

$$\frac{|\overline{AB}|}{|\overline{E_nF_n}|(x)}=\frac{|\overline{CM}|}{|\overline{CD_n}|}$$

$$\Leftrightarrow \quad \frac{4\text{ cm}}{|\overline{E_nF_n}|(x)}=\frac{8\cancel{\text{ cm}}}{(8-x)\cancel{\text{ cm}}}$$

$$\Leftrightarrow \quad |\overline{E_nF_n}|(x)\cdot 8=4\cdot(8-x)\text{ cm} \quad \Big|\cdot\frac{1}{8}$$

$$\Leftrightarrow \quad |\overline{E_nF_n}|(x)=\frac{1}{2}\cdot(8-x)\text{ cm}$$

$$\Leftrightarrow \quad |\overline{E_nF_n}|(x)=\left(4-\frac{1}{2}x\right)\text{cm}$$

Zur Berechnung des Flächeninhaltes der Dreiecke $E_nF_nM$ muss zunächst die Länge der Grundlinie $\overline{E_nF_n}$ in Abhängigkeit von x bestimmt werden: Ansatz mit dem 2. Strahlensatz (Zentrum = C).
$\overline{AB} \parallel \overline{E_nF_n}$, da $E_nF_nM$ gleichschenklig
Einsetzen der bekannten Streckenlängen
Löse die Verhältnisgleichung nach der gesuchten Streckenlänge $|\overline{E_nF_n}|(x)$ auf.

Berechnung von $A_{\Delta E_nF_nM}$:

$$A_{\Delta E_nF_nM}=\frac{1}{2}\cdot g\cdot h$$

$$A_{\Delta E_nF_nM}(x)=\frac{1}{2}\cdot|\overline{E_nF_n}|(x)\cdot|\overline{MD_n}|(x)$$

$$A_{\Delta E_nF_nM}(x)=\frac{1}{2}\cdot\left(4-\frac{1}{2}x\right)\cdot x\text{ cm}^2$$

$$A_{\Delta E_nF_nM}(x)=\left(-\frac{1}{4}x^2+2x\right)\text{cm}^2$$

Berechnung des Flächeninhalts (Flächeninhaltsformel Dreieck)

Vereinfache.

c) Berechnung von $A_{max}$:

$$A_{\Delta E_nF_nM}(x)=\left(-\frac{1}{4}x^2+2x\right)\text{cm}^2$$

$$A_{\Delta E_nF_nM}(x)=-\frac{1}{4}\cdot[x^2-8x]\text{ cm}^2$$

$$A_{\Delta E_nF_nM}(x)=-\frac{1}{4}\cdot[x^2-8x+\mathbf{4^2}-\mathbf{4^2}]\text{ cm}^2$$

$$A_{\Delta E_nF_nM}(x)=-\frac{1}{4}\cdot[(x-4)^2-16]\text{ cm}^2$$

$$A_{\Delta E_nF_nM}(x)=\left[-\frac{1}{4}(x-4)^2+4\right]\text{cm}^2$$

$A_{max}=4\text{ cm}^2$ für $x=4$

Klammere den Faktor $-\frac{1}{4}$ aus, beachte dabei die Umkehrung der Vorzeichen in der Klammer.

Ergänze quadratisch.

Wende die binomische Formel an.

Gib den Extremwert an.

**50** a)

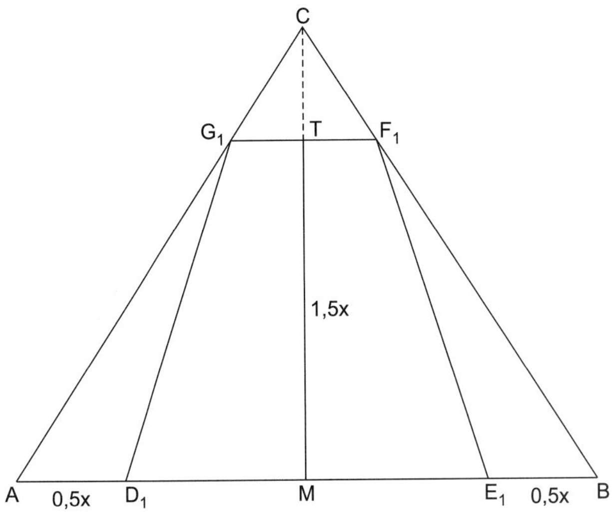


Hinweise und Tipps

- Zeichne ABC und rücke von A und B aus jeweils $0{,}5 \cdot 3\text{ cm} = 1{,}5\text{ cm}$ ein.
- Zeichne dann eine Parallele zu AB im Abstand $1{,}5 \cdot 3\text{ cm} = 4{,}5\text{ cm}$.
- Die Schnittpunkte dieser Parallelen mit $\overline{CA}$ und $\overline{BC}$ ergeben $G_1$ und $F_1$.

b) Benötigte Seitenlängen:

$$|\overline{D_nE_n}|(x) = (8 - 2 \cdot 0{,}5x)\text{ cm} = (8 - x)\text{ cm}$$

$|\overline{G_nF_n}|(x)$ wird mit dem 2. Strahlensatz berechnet:

$$\frac{|\overline{G_nF_n}|(x)}{|\overline{AB}|} = \frac{|\overline{CT}|}{|\overline{CM}|}$$

$$|\overline{G_nF_n}|(x) = \frac{|\overline{CT}|}{|\overline{CM}|} \cdot |\overline{AB}|$$

$|\overline{CT}| = (6 - 1{,}5x)\text{ cm}$

$$|\overline{G_nF_n}|(x) = \frac{(6 - 1{,}5x)\text{ cm}}{6\text{ cm}} \cdot 8\text{ cm}$$

$$|\overline{G_nF_n}|(x) = \frac{4}{3} \cdot \left(6 - \frac{3}{2}x\right)\text{cm} = (8 - 2x)\text{ cm}$$

Die Höhe h des Trapezes ist der Abstand der beiden Seiten $\overline{G_nF_n}$ und $\overline{AB}$: $h(x) = 1{,}5x$

Damit ergibt sich für den Flächeninhalt des Trapezes:

$$A(x) = \frac{1}{2} \cdot \left[\,|\overline{D_nE_n}|(x) + |\overline{G_nF_n}|(x)\right] \cdot h(x)$$

$$A(x) = \frac{1}{2} \cdot [8 - x + 8 - 2x] \cdot 1{,}5x\text{ cm}^2$$

$$A(x) = \frac{1}{2} \cdot (16 - 3x) \cdot 1{,}5x\text{ cm}^2$$

$$A(x) = \left(8 - \frac{3}{2}x\right) \cdot \frac{3}{2}x\text{ cm}^2$$

$$A(x) = \left(-\frac{9}{4}x^2 + 12x\right)\text{cm}^2$$

c) Extremwertbestimmung mit quadratischer Ergänzung:

$$A(x) = -\frac{9}{4}\left[x^2 - \frac{16}{3}x\right]\text{cm}^2$$

$$A(x) = -\frac{9}{4}\left[x^2 - \frac{16}{3}x + \left(\frac{8}{3}\right)^2 - \left(\frac{8}{3}\right)^2\right]\text{cm}^2$$

$$A(x) = -\frac{9}{4}\left[\left(x - \frac{8}{3}\right)^2 - \frac{64}{9}\right]\text{cm}^2$$

Hinweise und Tipps

$$A(x) = \left[-\frac{9}{4}\left(x - 2\frac{2}{3}\right)^2 + 16\right] \text{cm}^2$$

$$A_{max} = 16 \text{ cm}^2 \text{ für } x = 2\frac{2}{3}$$

---

**51** a) $S\left(\frac{x_U + x_V + x_W}{3} \,\middle|\, \frac{y_U + y_V + y_W}{3}\right)$

$S\left(\frac{-4+1+4}{3} \,\middle|\, \frac{-3+(-6)+0}{3}\right)$

$S\left(\frac{1}{3} \,\middle|\, -3\right)$

Setze die Koordinaten der Punkte U, V und W ein.

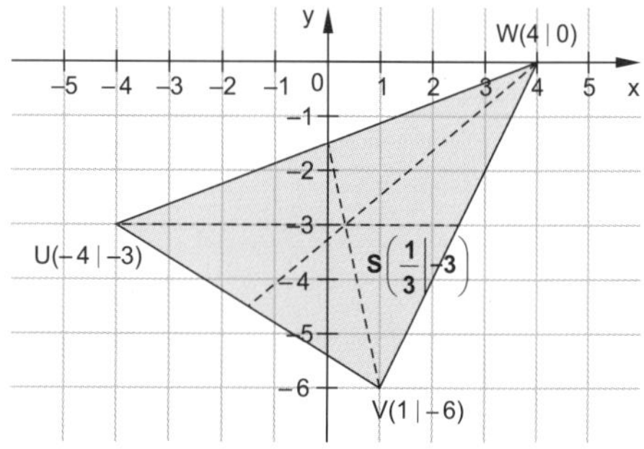


b) $S\left(\frac{x_A + x_B + x_C}{3} \,\middle|\, \frac{y_A + y_B + y_C}{3}\right)$

$S\left(\frac{3{,}5+2+(-2{,}5)}{3} \,\middle|\, \frac{-0{,}5+5+1{,}5}{3}\right)$

$S(1 \mid 2)$

Setze die Koordinaten der Punkte A, B und C ein.

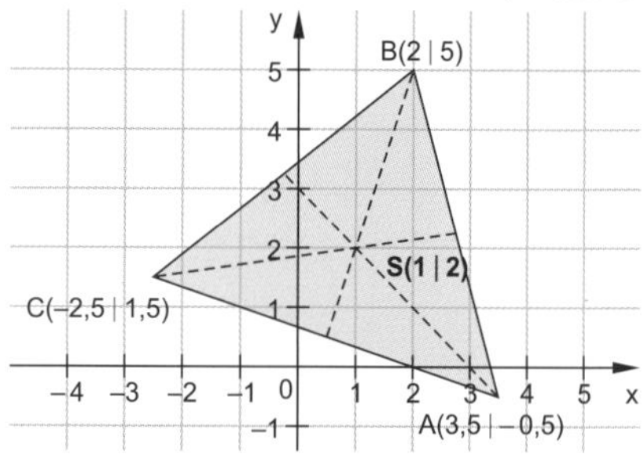


---

**52** a)

$$x_S = \frac{x_A + x_B + x_C}{3} \qquad y_S = \frac{y_A + y_B + y_C}{3}$$

$\Leftrightarrow\; 3x_S = x_A + x_B + x_C \qquad \Leftrightarrow\; 3y_S = y_A + y_B + y_C$

$\Leftrightarrow\; x_A = 3x_S - x_B - x_C \qquad \Leftrightarrow\; y_A = 3y_S - y_B - y_C$

$\Leftrightarrow\; x_A = 3 \cdot 4 - 8 - 3 \qquad \Leftrightarrow\; y_A = 3 \cdot 3 - 2 - 6$

$\Leftrightarrow\; x_A = 1 \qquad \Leftrightarrow\; y_A = 1$

also: $A(1 \mid 1)$

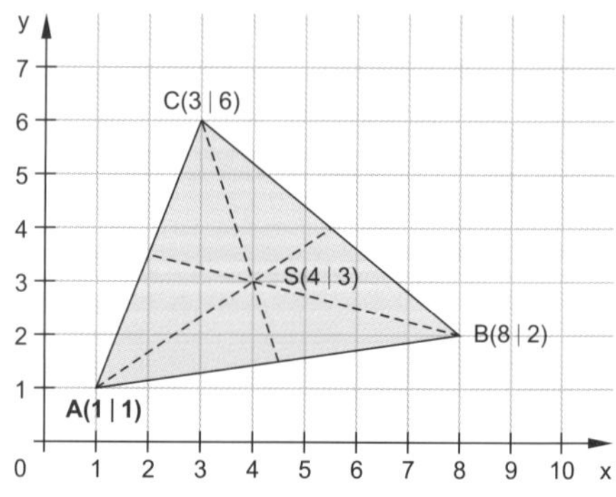


b)

$$x_S = \frac{x_A + x_B + x_C}{3} \qquad y_S = \frac{y_A + y_B + y_C}{3}$$

$\Leftrightarrow\; 3x_S = x_A + x_B + x_C \qquad \Leftrightarrow\; 3y_S = y_A + y_B + y_C$

$\Leftrightarrow\; x_C = 3x_S - x_A - x_B \qquad \Leftrightarrow\; y_C = 3y_S - y_A - y_B$

$\Leftrightarrow\; x_C = 3 \cdot 1 - (-2) - 4 \qquad \Leftrightarrow\; y_C = 3 \cdot \left(-\frac{1}{3}\right) - (-4) - (-2)$

$\Leftrightarrow\; x_C = 1 \qquad \Leftrightarrow\; y_C = 5$

also: $C(1 \mid 5)$

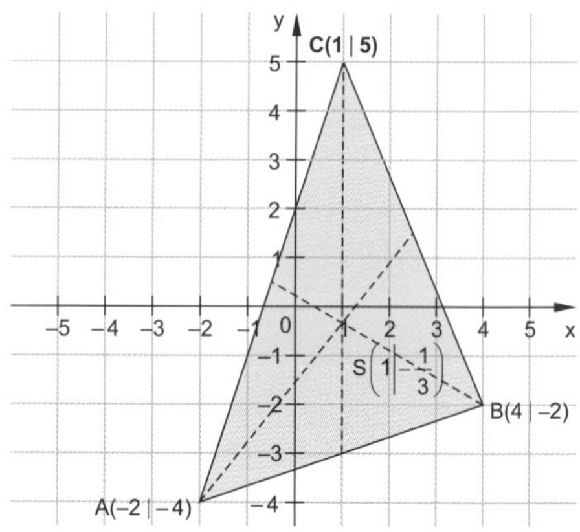

Hinweise und Tipps

**53** $\overline{PQ} \xmapsto{Z;\,k=-3} \overline{P'Q'}$

Berechnung der Koordinaten des Streckungszentrums Z:

$$\overrightarrow{ZP'} = k \cdot \overrightarrow{ZP} \quad \text{mit} \quad Z(x_Z \mid y_Z)$$

$$\Leftrightarrow \begin{pmatrix} x'-x_Z \\ y'-y_Z \end{pmatrix} = k \cdot \begin{pmatrix} x-x_Z \\ y-y_Z \end{pmatrix}$$

Setze die Werte von P, P' und k in die Vektorgleichung ein

$$\Leftrightarrow \begin{pmatrix} -5-x_Z \\ 7-y_Z \end{pmatrix} = -3 \cdot \begin{pmatrix} 7-x_Z \\ 3-y_Z \end{pmatrix}$$

Skalarmultiplikation

$$\Leftrightarrow \begin{pmatrix} -5-x_Z \\ 7-y_Z \end{pmatrix} = \begin{pmatrix} -3(7-x_Z) \\ -3(3-y_Z) \end{pmatrix}$$

Koordinatengleichung

$$\Leftrightarrow \left| \begin{array}{ll} -5-x_Z = -21+3x_Z & |+x_Z+21 \\ \wedge\ \ 7-y_Z = -9+3y_Z & |+y_Z+9 \end{array} \right.$$

$$\Leftrightarrow \left| \begin{array}{ll} 16 = 4x_Z & |:4 \\ \wedge\ \ 16 = 4y_Z & |:4 \end{array} \right.$$

$$\Leftrightarrow \left| \begin{array}{l} x_Z = 4 \\ \wedge\ \ y_Z = 4 \end{array} \right.$$

$L = \{(4 \mid 4)\}$
also: $Z(4 \mid 4)$

Berechnung der Koordinaten des Punktes Q':

$$\overrightarrow{ZQ'} = k \cdot \overrightarrow{ZQ} \quad \text{mit} \quad Q'(x' \mid y')$$

$$\Leftrightarrow \begin{pmatrix} x'-x_Z \\ y'-y_Z \end{pmatrix} = k \cdot \begin{pmatrix} x-x_Z \\ y-y_Z \end{pmatrix}$$

Setze die Werte von Q, Z und k in die Vektorgleichung ein.

$$\Leftrightarrow \begin{pmatrix} x'-4 \\ y'-4 \end{pmatrix} = -3 \cdot \begin{pmatrix} 6-4 \\ 5-4 \end{pmatrix}$$

$$\Leftrightarrow \begin{pmatrix} x'-4 \\ y'-4 \end{pmatrix} = -3 \cdot \begin{pmatrix} 2 \\ 1 \end{pmatrix}$$

$$\Leftrightarrow \begin{pmatrix} x'-4 \\ y'-4 \end{pmatrix} = \begin{pmatrix} -3 \cdot 2 \\ -3 \cdot 1 \end{pmatrix}$$

$$\Leftrightarrow \left| \begin{array}{ll} x'-4 = -6 & |+4 \\ \wedge\ \ y'-4 = -3 & |+4 \end{array} \right.$$

$$\Leftrightarrow \left| \begin{array}{l} x' = -2 \\ \wedge\ \ y' = 1 \end{array} \right.$$

$L = \{(-2 \mid 1)\}$
also: $Q'(-2 \mid 1)$

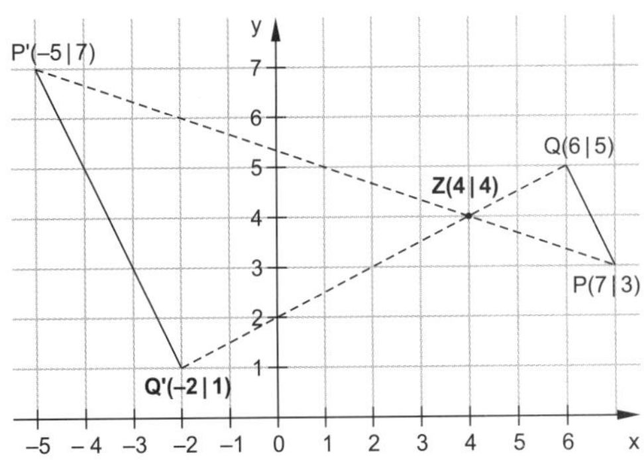


**54** Berechnung des Streckungsfaktors k:

$$\overrightarrow{P'Q'} = k \cdot \overrightarrow{PQ}$$

$$\begin{pmatrix} x_{Q'}-x_{P'} \\ y_{Q'}-y_{P'} \end{pmatrix} = k \cdot \begin{pmatrix} x_Q-x_P \\ y_Q-y_P \end{pmatrix}$$

Setze die Werte von P, P', Q und Q' in die Vektorgleichung ein.

$$\Leftrightarrow \begin{pmatrix} 1-(-5) \\ 4-2 \end{pmatrix} = k \cdot \begin{pmatrix} 6-(-3) \\ 5-2 \end{pmatrix}$$

$$\Leftrightarrow \begin{pmatrix} 6 \\ 2 \end{pmatrix} = k \cdot \begin{pmatrix} 9 \\ 3 \end{pmatrix}$$

$$\Leftrightarrow \left| \begin{array}{ll} 6 = 9k & |:9 \\ \wedge\ \ 2 = 3k & |:3 \end{array} \right.$$

Löse die Gleichungen nach k auf.

Hinweise und Tipps

$$\Leftrightarrow \left| \begin{array}{l} k = \frac{2}{3} \\ \wedge\ k = \frac{2}{3} \end{array} \right.$$

$L = \left\{\frac{2}{3}\right\}$

also: $k = \frac{2}{3}$

Berechnung der Koordinaten von Z mittels der Koordinaten von P und P':

$$\overrightarrow{ZP'} = k \cdot \overrightarrow{ZP} \quad \text{mit} \quad Z(x_Z \mid y_Z)$$

$$\Leftrightarrow \begin{pmatrix} x' - x_Z \\ y' - y_Z \end{pmatrix} = k \cdot \begin{pmatrix} x - x_Z \\ y - y_Z \end{pmatrix}$$

$$\Leftrightarrow \begin{pmatrix} -5 - x_Z \\ 2 - y_Z \end{pmatrix} = \frac{2}{3} \cdot \begin{pmatrix} -3 - x_Z \\ 2 - y_Z \end{pmatrix}$$

$$\Leftrightarrow \left| \begin{array}{ll} -5 - x_Z = -2 - \frac{2}{3} x_Z & \left| + \frac{2}{3} x_Z + 5 \right. \\ \wedge\ 2 - y_Z = \frac{4}{3} - \frac{2}{3} y_Z & \left| + \frac{2}{3} y_Z - 2 \right. \end{array} \right.$$

Löse die Gleichungen nach $x_Z$ bzw. $y_Z$ auf.

$$\Leftrightarrow \left| \begin{array}{ll} -\frac{1}{3} x_Z = 3 & \left| \cdot (-3) \right. \\ \wedge\ -\frac{1}{3} y_Z = -\frac{2}{3} & \left| \cdot (-3) \right. \end{array} \right.$$

$$\Leftrightarrow \left| \begin{array}{l} x_Z = -9 \\ \wedge\ y_Z = 2 \end{array} \right.$$

$L = \{(-9 \mid 2)\}$

also: $Z(-9 \mid 2)$

oder:

Berechnung der Koordinaten von Z mittels der Koordinaten von Q und Q':

$$\overrightarrow{ZQ'} = k \cdot \overrightarrow{ZQ} \quad \text{mit} \quad Z(x_Z \mid y_Z)$$

$$\Leftrightarrow \begin{pmatrix} x' - x_Z \\ y' - y_Z \end{pmatrix} = k \cdot \begin{pmatrix} x - x_Z \\ y - y_Z \end{pmatrix}$$

$$\Leftrightarrow \begin{pmatrix} 1 - x_Z \\ 4 - y_Z \end{pmatrix} = \frac{2}{3} \cdot \begin{pmatrix} 6 - x_Z \\ 5 - y_Z \end{pmatrix}$$

$$\Leftrightarrow \left| \begin{array}{ll} 1 - x_Z = 4 - \frac{2}{3} x_Z & \left| + \frac{2}{3} x_Z - 1 \right. \\ \wedge\ 4 - y_Z = \frac{10}{3} - \frac{2}{3} y_Z & \left| + \frac{2}{3} y_Z - 4 \right. \end{array} \right.$$

Löse die Gleichungen nach $x_Z$ bzw. $y_Z$ auf.

$$\Leftrightarrow \left| \begin{array}{ll} -\frac{1}{3} x_Z = 3 & \left| \cdot (-3) \right. \\ \wedge\ -\frac{1}{3} y_Z = -\frac{2}{3} & \left| \cdot (-3) \right. \end{array} \right.$$

$$\Leftrightarrow \left| \begin{array}{l} x_Z = -9 \\ \wedge\ y_Z = 2 \end{array} \right.$$

$L = \{(-9 \mid 2)\}$

also: $Z(-9 \mid 2)$

✐ Hinweise und Tipps

**55** a)

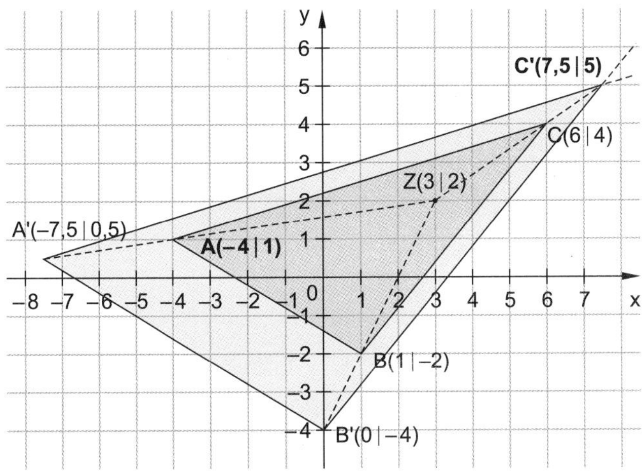


b) $\Delta ABC \xmapsto{Z(3|2);\,k} \Delta A'B'C'$

Berechnung von k aus den gegebenen Werten von B, B' und Z:

$$\overrightarrow{ZB'} = k \cdot \overrightarrow{ZB}$$

Aufstellen der Vektorgleichung

$$\Leftrightarrow \begin{pmatrix} x'-x_Z \\ y'-y_Z \end{pmatrix} = k \cdot \begin{pmatrix} x-x_Z \\ y-y_Z \end{pmatrix}$$

Setze die Werte von B, B' und Z ein.

$$\Leftrightarrow \begin{pmatrix} 0-3 \\ -4-2 \end{pmatrix} = k \cdot \begin{pmatrix} 1-3 \\ -2-2 \end{pmatrix}$$

$$\Leftrightarrow \begin{pmatrix} -3 \\ -6 \end{pmatrix} = k \cdot \begin{pmatrix} -2 \\ -4 \end{pmatrix}$$

$$\Leftrightarrow \left| \begin{array}{ll} -3 = -2k & |:(-2) \\ \wedge\ -6 = -4k & |:(-4) \end{array} \right.$$

Löse die Koordinatengleichung.
Löse die Gleichungen nach k (Streckungsfaktor) auf.

$$\Leftrightarrow \left| \begin{array}{l} k = 1{,}5 \\ \wedge\ k = 1{,}5 \end{array} \right.$$

Zur Berechnung von k genügt eine Gleichung. Das Einsetzen in die zweite Gleichung kann als Kontrolle dienen.

$L = \{1{,}5\}$
also: $k = 1{,}5$

c) Berechnung der Koordinaten des Urpunktes A:

$$\overrightarrow{ZA'} = k \cdot \overrightarrow{ZA} \quad \text{mit} \quad A(x \mid y)$$

$$\Leftrightarrow \begin{pmatrix} x'-x_Z \\ y'-y_Z \end{pmatrix} = k \cdot \begin{pmatrix} x-x_Z \\ y-y_Z \end{pmatrix}$$

$k = 1{,}5$ aus Teilaufgabe b

$$\Leftrightarrow \begin{pmatrix} -7{,}5-3 \\ 0{,}5-2 \end{pmatrix} = 1{,}5 \cdot \begin{pmatrix} x-3 \\ y-2 \end{pmatrix}$$

$$\Leftrightarrow \begin{pmatrix} -10{,}5 \\ -1{,}5 \end{pmatrix} = \begin{pmatrix} 1{,}5 \cdot (x-3) \\ 1{,}5 \cdot (y-2) \end{pmatrix}$$

$$\Leftrightarrow \left| \begin{array}{ll} -10{,}5 = 1{,}5x - 4{,}5 & |+4{,}5 \\ \wedge\ -1{,}5 = 1{,}5y - 3 & |+3 \end{array} \right.$$

Löse die Gleichungen nach x bzw. y auf.

$$\Leftrightarrow \left| \begin{array}{ll} -6 = 1{,}5x & |:1{,}5 \\ \wedge\ 1{,}5 = 1{,}5y & |:1{,}5 \end{array} \right. \quad \text{bzw.} \left| \cdot \frac{2}{3} \right.$$

$$\Leftrightarrow \left| \begin{array}{l} x = -4 \\ \wedge\ y = 1 \end{array} \right.$$

$L = \{(-4 \mid 1)\}$
also: $A(-4 \mid 1)$

Hinweise und Tipps

d) Einzeichnen des Punktes C'

Der Bildpunkt C' liegt auf der Parallelen zu $\overline{AC}$ durch A' und auf der Parallelen zu $\overline{BC}$ durch B'.

**56** a) Berechnung der Koordinaten eines Punktes P auf g:

$P \in g: y = 0{,}5x - 3$

$P(0\,|\,?) \in g: \quad y = 0{,}5x - 3$

$\Leftrightarrow \quad y = 0{,}5 \cdot 0 - 3$

$\Leftrightarrow \quad y = -3$

also: $P(0\,|-3)$

Berechnung der Koordinaten des Punktes P':

$$\overrightarrow{ZP'} = k \cdot \overrightarrow{ZP} \quad \text{mit} \quad P'(x'\,|\,y')$$

$$\Leftrightarrow \quad \begin{pmatrix} x' - x_Z \\ y' - y_Z \end{pmatrix} = k \cdot \begin{pmatrix} x - x_Z \\ y - y_Z \end{pmatrix}$$

Setze die Werte von P, Z und k in die Vektorgleichung ein.

$$\Leftrightarrow \quad \begin{pmatrix} x' - (-1) \\ y' - (-2) \end{pmatrix} = 3 \cdot \begin{pmatrix} 0 - (-1) \\ -3 - (-2) \end{pmatrix}$$

$$\Leftrightarrow \quad \begin{pmatrix} x' + 1 \\ y' + 2 \end{pmatrix} = 3 \cdot \begin{pmatrix} 1 \\ -1 \end{pmatrix}$$

$$\Leftrightarrow \quad \left| \begin{array}{ll} x' + 1 = 3 & |-1 \\ \wedge \;\; y' + 2 = -3 & |-2 \end{array} \right.$$

Löse die Gleichungen nach x' und y' auf.

$$\Leftrightarrow \quad \left| \begin{array}{l} x' = 2 \\ \wedge \;\; y' = -5 \end{array} \right.$$

$L = \{(2\,|-5)\}$

also: $P'(2\,|-5)$

Koordinaten des Bildpunktes P'

b) Wird eine Gerade $g: y = mx + t$ durch zentrische Streckung abgebildet, so ist die Bildgerade g' parallel zur Urgeraden g. Folglich gehören g und g' zu einer Parallelenschar g(t). Für den Steigungsfaktor von g' gilt folglich:

Parallelentreue der zentrischen Streckung

$m_{g'} = m_g = 0{,}5$

Bestimmung der Gleichung von g':

$P'(2\,|-5) \in g': \quad y = m_{g'} \cdot x + t$

Einsetzen in die Normalform der Geradengleichung

$\Leftrightarrow \quad -5 = 0{,}5 \cdot 2 + t$

$\Leftrightarrow \quad t = -6$

also: $g': y = 0{,}5x - 6$

c)

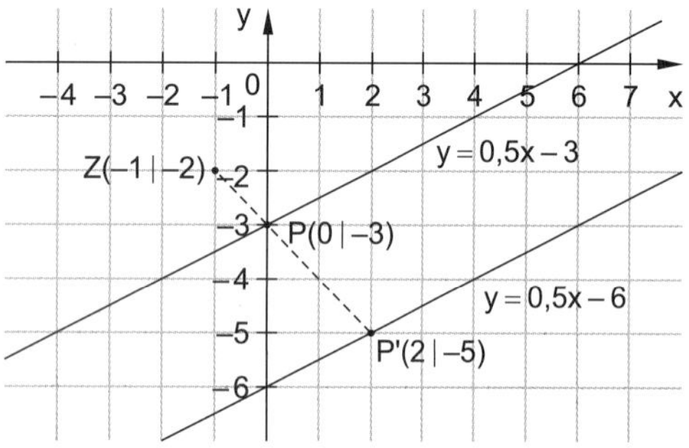

✎ Hinweise und Tipps

**57** a) $\Delta ABC \xmapsto{Z(2|1);\, k=-2} \Delta A'B'C'$

Berechnung der Koordinaten von A':

$$\overrightarrow{ZA'} = k \cdot \overrightarrow{ZA} \quad \text{mit } A'(x'|y')$$

$$\Leftrightarrow \begin{pmatrix} x'-x_Z \\ y'-y_Z \end{pmatrix} = k \cdot \begin{pmatrix} x-x_Z \\ y-y_Z \end{pmatrix}$$

Setze die Werte von A, Z und k in die Vektorgleichung ein.

$$\Leftrightarrow \begin{pmatrix} x'-2 \\ y'-1 \end{pmatrix} = -2 \cdot \begin{pmatrix} -4-2 \\ -1-1 \end{pmatrix}$$

$$\Leftrightarrow \begin{pmatrix} x'-2 \\ y'-1 \end{pmatrix} = -2 \cdot \begin{pmatrix} -6 \\ -2 \end{pmatrix}$$

$$\Leftrightarrow \begin{array}{|l} x'-2=12 \quad |+2 \\ \wedge\ y'-1=4 \quad |+1 \end{array}$$

Löse die Gleichungen nach x' bzw. y' auf.

$$\Leftrightarrow \begin{array}{|l} x'=14 \\ \wedge\ y'=5 \end{array}$$

$L=\{(14|5)\}$

also: A'(14|5)

Koordinaten des Bildpunktes A'

Berechnung der Koordinaten von B':

$$\overrightarrow{ZB'} = k \cdot \overrightarrow{ZB} \quad \text{mit } B'(x'|y')$$

$$\Leftrightarrow \begin{pmatrix} x'-x_Z \\ y'-y_Z \end{pmatrix} = k \cdot \begin{pmatrix} x-x_Z \\ y-y_Z \end{pmatrix}$$

Setzen die Werte von B, Z und k in die Vektorgleichung ein.

$$\Leftrightarrow \begin{pmatrix} x'-2 \\ y'-1 \end{pmatrix} = -2 \cdot \begin{pmatrix} 2-2 \\ -2-1 \end{pmatrix}$$

$$\Leftrightarrow \begin{pmatrix} x'-2 \\ y'-1 \end{pmatrix} = -2 \cdot \begin{pmatrix} 0 \\ -3 \end{pmatrix}$$

$$\Leftrightarrow \begin{array}{|l} x'-2=0 \quad |+2 \\ \wedge\ y'-1=6 \quad |+1 \end{array}$$

Löse die Gleichungen nach x' bzw. y' auf.

$$\Leftrightarrow \begin{array}{|l} x'=2 \\ \wedge\ y'=7 \end{array}$$

$L=\{(2|7)\}$

also: B'(2|7)

Koordinaten des Bildpunktes B'

Berechnung der Koordinaten von C':

$$\overrightarrow{ZC'} = k \cdot \overrightarrow{ZC} \quad \text{mit } C'(x'|y')$$

$$\Leftrightarrow \begin{pmatrix} x'-x_Z \\ y'-y_Z \end{pmatrix} = k \cdot \begin{pmatrix} x-x_Z \\ y-y_Z \end{pmatrix}$$

Setze die Werte von C, Z und k in die Vektorgleichung ein.

$$\Leftrightarrow \begin{pmatrix} x'-2 \\ y'-1 \end{pmatrix} = -2 \cdot \begin{pmatrix} 1-2 \\ 3-1 \end{pmatrix}$$

$$\Leftrightarrow \begin{pmatrix} x'-2 \\ y'-1 \end{pmatrix} = -2 \cdot \begin{pmatrix} -1 \\ 2 \end{pmatrix}$$

$$\Leftrightarrow \begin{array}{|l} x'-2=2 \quad |+2 \\ \wedge\ y'-1=-4 \quad |+1 \end{array}$$

Koordinatengleichung
Löse die Gleichungen nach x' bzw. y' auf.

$$\Leftrightarrow \begin{array}{|l} x'=4 \\ \wedge\ y'=-3 \end{array}$$

$L=\{(4|-3)\}$

also: C'(4|-3)

Koordinaten des Bildpunktes C'

✎ Hinweise und Tipps

b)

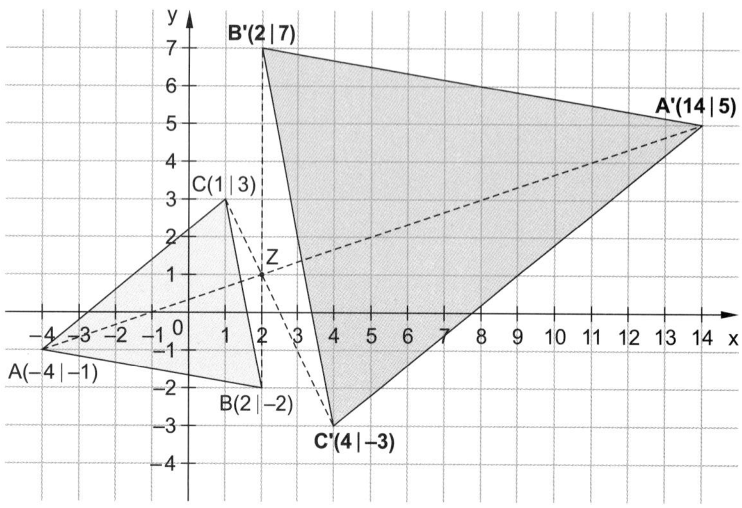


c) Berechnung der aufspannenden Vektoren $\overrightarrow{AB}$ und $\overrightarrow{AC}$:

$$\overrightarrow{AB} = \begin{pmatrix} 2-(-4) \\ -2-(-1) \end{pmatrix} = \begin{pmatrix} 6 \\ -1 \end{pmatrix}; \quad \overrightarrow{AC} = \begin{pmatrix} 1-(-4) \\ 3-(-1) \end{pmatrix} = \begin{pmatrix} 5 \\ 4 \end{pmatrix}$$

Berechnung von $A_{\Delta ABC}$:

$$A_{\Delta ABC} = \frac{1}{2} \cdot |\overrightarrow{AB} \quad \overrightarrow{AC}|$$

Einsetzen der Vektoren gegen den Uhrzeigersinn in die Determinante

$$A_{\Delta ABC} = \frac{1}{2} \cdot \begin{vmatrix} 6 & 5 \\ -1 & 4 \end{vmatrix} \text{ FE}$$

$$A_{\Delta ABC} = \frac{1}{2} \cdot (6 \cdot 4 - (-1) \cdot 5) \text{ FE}$$

$$A_{\Delta ABC} = \frac{1}{2} \cdot (24 + 5) \text{ FE}$$

$$A_{\Delta ABC} = 14{,}5 \text{ FE}$$

Berechnung von $A_{\Delta A'B'C'}$:

$$A_{\Delta A'B'C'} = k^2 \cdot A_{\Delta ABC} = (-2)^2 \cdot 14{,}5 \text{ FE} = 58 \text{ FE}$$

Bei der zentrischen Streckung gilt allgemein: $A_{\text{Bildfigur}} = k^2 \cdot A_{\text{Urfigur}}$

---

**58** $g: y = -2x + 4 \xmapsto{Z(-1|2);\, k=-0{,}5} g'$

$$P(x \,|\, -2x+4) \xmapsto{Z(-1|2);\, k=-0{,}5} P'(x' \,|\, y')$$

Es gilt: $\overrightarrow{ZP'} = k \cdot \overrightarrow{ZP}$ mit $P(x \,|\, -2x+4) \in g$

$$\Leftrightarrow \begin{pmatrix} x' - x_Z \\ y' - y_Z \end{pmatrix} = k \cdot \begin{pmatrix} x - x_Z \\ y - y_Z \end{pmatrix}$$

Setze die Werte von $P(x \,|\, -2x+4)$, $Z(-1 \,|\, 2)$ und $k = -0{,}5$ in die Vektorgleichung ein.

$$\Leftrightarrow \begin{pmatrix} x' - (-1) \\ y' - 2 \end{pmatrix} = -0{,}5 \cdot \begin{pmatrix} x - (-1) \\ -2x + 4 - 2 \end{pmatrix}$$

$$\Leftrightarrow \begin{pmatrix} x' + 1 \\ y' - 2 \end{pmatrix} = -0{,}5 \cdot \begin{pmatrix} x + 1 \\ -2x + 2 \end{pmatrix}$$

$$\Leftrightarrow \begin{pmatrix} x' + 1 \\ y' - 2 \end{pmatrix} = \begin{pmatrix} -0{,}5 \cdot (x+1) \\ -0{,}5 \cdot (-2x+2) \end{pmatrix}$$

$$\Leftrightarrow \left| \begin{array}{l} x' + 1 = -0{,}5x - 0{,}5 \quad | +0{,}5 \\ \wedge \; y' - 2 = x - 1 \quad | +2 \end{array} \right.$$

Löse die Gleichungen nach x bzw. y' auf.

$$\Leftrightarrow \left| \begin{array}{l} x' + 1{,}5 = -0{,}5x \quad | \cdot (-2) \\ \wedge \; y' = x + 1 \end{array} \right.$$

$$\Leftrightarrow \left| \begin{array}{l} x = -2x' - 3 \\ \wedge\ y' = -2x' - 3 + 1 \end{array} \right.$$

$$\Leftrightarrow \left| \begin{array}{l} x = -2x' - 3 \\ \wedge\ y' = -2x' - 2 \end{array} \right.$$

Gleichung der Bildgeraden:
g': y = –2x – 2

Hinweise und Tipps

Einsetzen von –2x' – 3für x in Gleichung II

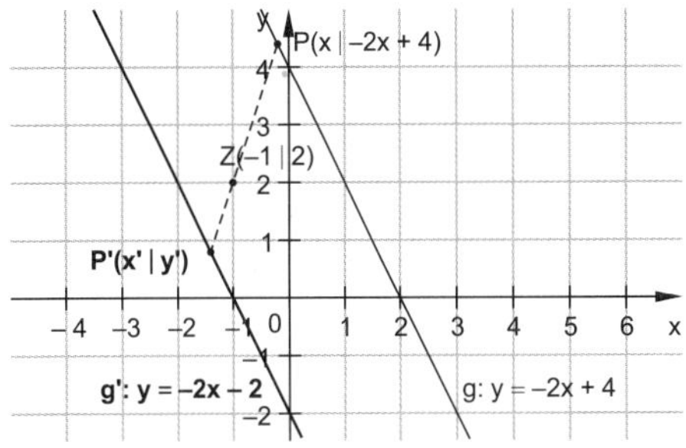


---

**59** $g\colon y = \frac{2}{3}x - 1 \xmapsto{Z(4|1);\, k=-4} g'$

$$P\left(x \,\middle|\, \frac{2}{3}x - 1\right) \xmapsto{Z(4|1);\, k=-4} P'(x' | y')$$

Es gilt: $\overrightarrow{ZP'} = k \cdot \overrightarrow{ZP}$ mit $P\left(x \,\middle|\, \frac{2}{3}x - 1\right) \in g$

$$\Leftrightarrow \begin{pmatrix} x' - x_Z \\ y' - y_Z \end{pmatrix} = k \cdot \begin{pmatrix} x - x_Z \\ y - y_Z \end{pmatrix}$$

Setze die Werte von $P\left(x \,\middle|\, \frac{2}{3}x - 1\right)$, Z(4 | 1) und k = –4 in die Vektorgleichung ein.

$$\Leftrightarrow \begin{pmatrix} x' - 4 \\ y' - 1 \end{pmatrix} = -4 \cdot \begin{pmatrix} x - 4 \\ \frac{2}{3}x - 1 - 1 \end{pmatrix}$$

$$\Leftrightarrow \begin{pmatrix} x' - 4 \\ y' - 1 \end{pmatrix} = -4 \cdot \begin{pmatrix} x - 4 \\ \frac{2}{3}x - 2 \end{pmatrix}$$

$$\Leftrightarrow \begin{pmatrix} x' - 4 \\ y' - 1 \end{pmatrix} = \begin{pmatrix} -4 \cdot (x - 4) \\ -4 \cdot \left(\frac{2}{3}x - 2\right) \end{pmatrix}$$

$$\Leftrightarrow \left| \begin{array}{ll} x' - 4 = -4x + 16 & |-16 \\ \wedge\ y' - 1 = -\frac{8}{3}x + 8 & |+1 \end{array} \right.$$

Löse die Gleichungen nach x bzw. y' auf.

$$\Leftrightarrow \left| \begin{array}{ll} x' - 20 = -4x & \left| \cdot \left(-\frac{1}{4}\right) \right. \\ \wedge\ y' = -\frac{8}{3}x + 9 & \end{array} \right.$$

$$\Leftrightarrow \left| \begin{array}{l} x = -\frac{1}{4}x' + 5 \\ \wedge\ y' = -\frac{8}{3}\left(-\frac{1}{4}x' + 5\right) + 9 \end{array} \right.$$

Einsetzen von $-\frac{1}{4}x' + 5$ für x in Gleichung II

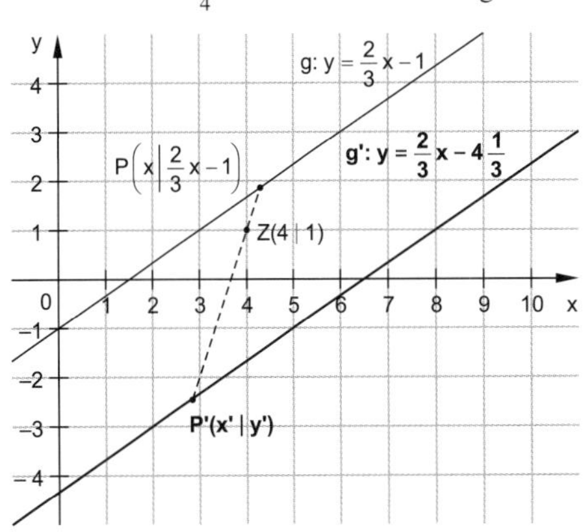


$$\Leftrightarrow \left| \begin{array}{l} x = -\frac{1}{4}x' + 5 \\ \wedge\ y' = \frac{2}{3}x' - \frac{40}{3} + 9 \end{array} \right. \quad \text{mit } -\frac{40}{3} = -13\frac{1}{3}$$

$$\Leftrightarrow \left| \begin{array}{l} x = -\frac{1}{4}x' + 5 \\ \wedge\ y' = \frac{2}{3}x' - 4\frac{1}{3} \end{array} \right.$$

Gleichung der Bildgeraden:
$g'\colon y = \frac{2}{3}x - 4\frac{1}{3}$

Hinweise und Tipps

**60**

$$p\colon y = x^2 + 5 \xmapsto{Z(-1\,|\,3);\; k = 0{,}5} p'$$

$$P(x\,|\,x^2+5) \xmapsto{Z(-1\,|\,3);\; k = 0{,}5} P'(x'\,|\,y')$$

$$\overrightarrow{ZP'} = k \cdot \overrightarrow{ZP} \quad \text{mit} \quad P(x\,|\,x^2+5) \in p$$

$$\Leftrightarrow \begin{pmatrix} x' - x_Z \\ y' - y_Z \end{pmatrix} = k \cdot \begin{pmatrix} x - x_Z \\ y - y_Z \end{pmatrix}$$

Setze die Werte von P(x | x² + 5), Z(−1 | 3) und k = 0,5 in die Vektorgleichung ein.

$$\Leftrightarrow \begin{pmatrix} x' - (-1) \\ y' - 3 \end{pmatrix} = 0{,}5 \cdot \begin{pmatrix} x - (-1) \\ x^2 + 5 - 3 \end{pmatrix}$$

$$\Leftrightarrow \begin{pmatrix} x' + 1 \\ y' - 3 \end{pmatrix} = 0{,}5 \cdot \begin{pmatrix} x + 1 \\ x^2 + 2 \end{pmatrix}$$

$$\Leftrightarrow \begin{pmatrix} x' + 1 \\ y' - 3 \end{pmatrix} = \begin{pmatrix} 0{,}5 \cdot (x+1) \\ 0{,}5 \cdot (x^2+2) \end{pmatrix}$$

Löse die Gleichungen nach x bzw. y' auf.

$$\Leftrightarrow \left| \begin{array}{ll} x' + 1 = 0{,}5x + 0{,}5 & \quad |-0{,}5 \\ \wedge\; y' - 3 = 0{,}5x^2 + 1 & \quad |+3 \end{array} \right.$$

$$\Leftrightarrow \left| \begin{array}{ll} x' + 0{,}5 = 0{,}5x & \quad |\cdot 2 \\ \wedge\; y' = 0{,}5x^2 + 4 & \end{array} \right.$$

Einsetzen von x = 2x' + 1 in Gleichung II

Wende die 1. binomische Formel an.

$$\Leftrightarrow \left| \begin{array}{l} x = 2x' + 1 \\ \wedge\; y' = 0{,}5(2x'+1)^2 + 4 \end{array} \right.$$

Multipliziere aus und vereinfache.

$$\Leftrightarrow \left| \begin{array}{l} x = 2x' + 1 \\ \wedge\; y' = 0{,}5(4x'^2 + 4x' + 1) + 4 \end{array} \right.$$

$$\Leftrightarrow \left| \begin{array}{l} x = 2x' + 1 \\ \wedge\; y' = 2x'^2 + 2x' + 0{,}5 + 4 \end{array} \right.$$

$$\Leftrightarrow \left| \begin{array}{l} x = 2x' + 1 \\ \wedge\; y' = 2x'^2 + 2x' + 4{,}5 \end{array} \right.$$

Gleichung der Bildparabel:
p': $y = 2x^2 + 2x + 4{,}5$

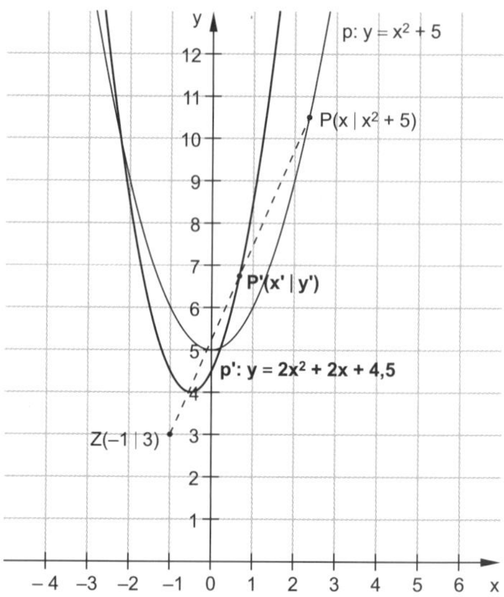


**61**

$$p\colon y = \frac{1}{2}x^2 \xmapsto{Z(0\,|\,4);\; k = -\frac{3}{2}} p'$$

$$P\left(x \,\middle|\, \frac{1}{2}x^2\right) \xmapsto{Z(0\,|\,4);\; k = -\frac{3}{2}} P'(x'\,|\,y')$$

Es gilt: $\overrightarrow{ZP'} = k \cdot \overrightarrow{ZP}$ mit $P\left(x \,\middle|\, \frac{1}{2}x^2\right) \in p$

Setze die Koordinaten von P und P' (allgemeine Koordinaten) sowie den Wert des Streckungsfaktors k ein.

$$\Leftrightarrow \begin{pmatrix} x' - x_Z \\ y' - y_Z \end{pmatrix} = k \cdot \begin{pmatrix} x - x_Z \\ y - y_Z \end{pmatrix}$$

Hinweise und Tipps

$$\Leftrightarrow \quad \begin{pmatrix} x'-0 \\ y'-4 \end{pmatrix} = -\frac{3}{2} \cdot \begin{pmatrix} x-0 \\ \frac{1}{2}x^2-4 \end{pmatrix}$$

$$\Leftrightarrow \quad \begin{pmatrix} x' \\ y'-4 \end{pmatrix} = \begin{pmatrix} -\frac{3}{2} \cdot x \\ -\frac{3}{2} \cdot \left(\frac{1}{2}x^2-4\right) \end{pmatrix}$$

$$\Leftrightarrow \quad \left| \begin{array}{ll} x' = -\frac{3}{2}x & \Big| \cdot \left(-\frac{2}{3}\right) \\ \wedge\ y'-4 = -\frac{3}{4}x^2+6 & \big| +4 \end{array} \right.$$

Löse die Gleichungen nach x bzw. y' auf.

$$\Leftrightarrow \quad \left| \begin{array}{l} x = -\frac{2}{3}x' \\ \wedge\ y' = -\frac{3}{4}x^2+10 \end{array} \right.$$

$$\Leftrightarrow \quad \left| \begin{array}{l} x = -\frac{2}{3}x' \\ \wedge\ y' = -\frac{3}{4}\left(-\frac{2}{3}x'\right)^2+10 \end{array} \right.$$

Einsetzen von $-\frac{2}{3}x'$ für x in Gleichung II

$$\Leftrightarrow \quad \left| \begin{array}{l} x = -\frac{2}{3}x' \\ \wedge\ y' = -\frac{3}{4}\left(\frac{4}{9}x'^2\right)+10 \end{array} \right.$$

$$\Leftrightarrow \quad \left| \begin{array}{l} x = -\frac{2}{3}x' \\ \wedge\ y' = -\frac{1}{3}x'^2+10 \end{array} \right.$$

Gleichung der Bildparabel:

$p'\colon y = -\frac{1}{3}x^2+10$

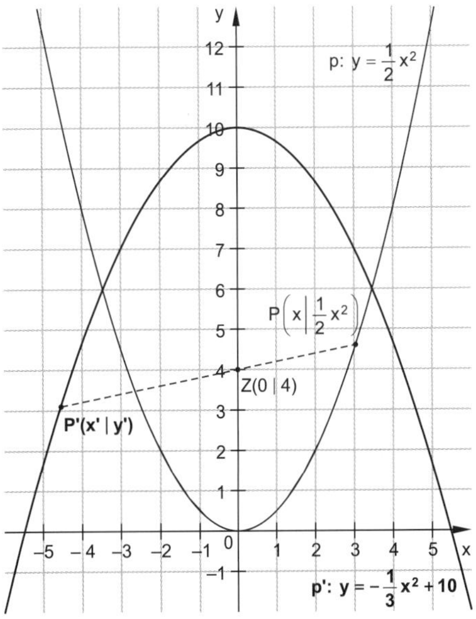


**62** a) Berechnung der Parabelgleichung:

$P(-6\,|\,1) \in p\colon \quad y = -0{,}5x^2+bx+c$

$\Leftrightarrow \quad 1 = -0{,}5 \cdot (-6)^2 + b \cdot (-6) + c$

Koordinaten des Punktes P in die allgemeine Form $y = ax^2+bx+c$ eingesetzt

$\Leftrightarrow \quad 1 = -18-6b+c \qquad \big| +18+6b$

Löse nach c auf.

$\Leftrightarrow \quad c = 6b+19$

$\wedge$

$Q(0\,|\,-5) \in p\colon \quad y = -0{,}5x^2+bx+c$

$\Leftrightarrow \quad -5 = -0{,}5 \cdot 0^2 + b \cdot 0 + c$

Koordinaten des Punktes Q in die allgemeine Form $y = ax^2+bx+c$ eingesetzt

$\Leftrightarrow \quad c = -5$

$$\Leftrightarrow \quad \left| \begin{array}{l} c = 6b+19 \\ \wedge\ c = -5 \end{array} \right.$$

Hinweise und Tipps

$$\Leftrightarrow \left| \begin{array}{l} c=-5 \\ \wedge\ -5=6b+19 \end{array} \right. \quad (I=II) \quad |-19$$

Gleichsetzen von I und II

$$\Leftrightarrow \left| \begin{array}{l} c=-5 \\ \wedge\ 6b=-24 \end{array} \right. \quad |:6$$

$$\Leftrightarrow \left| \begin{array}{l} c=-5 \\ \wedge\ b=-4 \end{array} \right.$$

also: p: $y=-0{,}5x^2-4x-5$

b) Berechnung der Koordinaten des Scheitelpunktes S:

p: $y=-0{,}5x^2-4x-5$

$y=-0{,}5[x^2+8x+10]$ — Klammere den Faktor –0,5 aus.

$y=-0{,}5[x^2+8x+4^2-4^2+10]$ — Ergänze quadratisch.

$y=-0{,}5[(x+4)^2-16+10]$ — Wende die binomische Formel an.

$y=-0{,}5[(x+4)^2-6]$

$y=-0{,}5(x+4)^2+3$ — Multipliziere aus.

also: S(–4 | 3)

c)

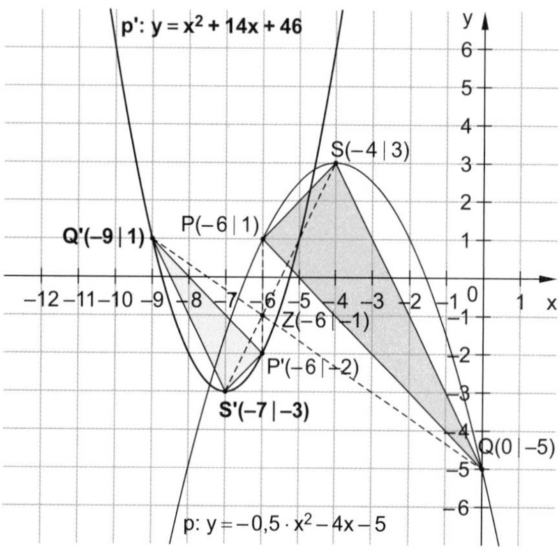


d) Berechnung von k:

Es gilt:

$$\text{p: } y=-0{,}5x^2-4x-5 \xmapsto{Z(-6|-1);\,k} p'$$

$$P(-6|1) \xmapsto{Z(-6|-1);\,k} P'(-6|-2)$$

Berechnung von k mithilfe der Abbildungsvorschrift $\overrightarrow{ZP'}=k\cdot\overrightarrow{ZP}$:

$$\overrightarrow{ZP'}=k\cdot\overrightarrow{ZP}$$

$$\Leftrightarrow \begin{pmatrix} -6-(-6) \\ -2-(-1) \end{pmatrix} = k\cdot\begin{pmatrix} -6-(-6) \\ 1-(-1) \end{pmatrix}$$

Werte von P, P' und Z in die Vektorgleichung eingesetzt

$$\Leftrightarrow \begin{pmatrix} 0 \\ -1 \end{pmatrix} = k\cdot\begin{pmatrix} 0 \\ 2 \end{pmatrix}$$

$$\Leftrightarrow \left| \begin{array}{l} 0=0 \\ \wedge\ -1=2k \end{array} \right. \quad |:2$$

Hinweise und Tipps

$\Leftrightarrow \left| \begin{array}{l} 0=0 \\ \wedge\ k=-\frac{1}{2} \end{array} \right.$

$L=\left\{-\frac{1}{2}\right\}$

also: $k=-\frac{1}{2}$

Der Streckungsfaktor hat den Wert $-\frac{1}{2}$.

e) Berechnung der Koordinaten von S' mithilfe der Abbildungsvorschrift $\overrightarrow{ZS'}=k\cdot\overrightarrow{ZS}$:

$S(-4\,|\,3) \xmapsto{Z(-6|-1);\ k=-\frac{1}{2}} S'(x'\,|\,y')$

$\overrightarrow{ZS'}=k\cdot\overrightarrow{ZS}$ mit $S'(x'\,|\,y')$

$\Leftrightarrow \begin{pmatrix} x'-x_Z \\ y'-y_Z \end{pmatrix}=k\cdot\begin{pmatrix} x-x_Z \\ y-y_Z \end{pmatrix}$

Setze die Werte von S, Z und k in die Vektorgleichung ein.

$\Leftrightarrow \begin{pmatrix} x'-(-6) \\ y'-(-1) \end{pmatrix}=-\frac{1}{2}\cdot\begin{pmatrix} -4-(-6) \\ 3-(-1) \end{pmatrix}$

$\Leftrightarrow \begin{pmatrix} x'+6 \\ y'+1 \end{pmatrix}=-\frac{1}{2}\cdot\begin{pmatrix} 2 \\ 4 \end{pmatrix}$

$\Leftrightarrow \left| \begin{array}{ll} x'+6=-1 & |-6 \\ \wedge\ y'+1=-2 & |-1 \end{array} \right.$

Löse die Gleichungen nach x' bzw. y' auf.

$\Leftrightarrow \left| \begin{array}{l} x'=-7 \\ \wedge\ y'=-3 \end{array} \right.$

$L=\{(-7\,|\,-3)\}$
also: $S'(-7\,|\,-3)$

Berechnung der Koordinaten von Q' mithilfe der Abbildungsvorschrift $\overrightarrow{ZQ'}=k\cdot\overrightarrow{ZQ}$:

$Q(0\,|\,-5) \xmapsto{Z(-6|-1);\ k=-\frac{1}{2}} Q'(x'\,|\,y')$

$\overrightarrow{ZQ'}=k\cdot\overrightarrow{ZQ}$ mit $Q'(x'\,|\,y')$

$\Leftrightarrow \begin{pmatrix} x'-x_Z \\ y'-y_Z \end{pmatrix}=k\cdot\begin{pmatrix} x-x_Z \\ y-y_Z \end{pmatrix}$

Setze die bekannten Koordinaten in die Abbildungsgleichung ein.

$\Leftrightarrow \begin{pmatrix} x'-(-6) \\ y'-(-1) \end{pmatrix}=-\frac{1}{2}\cdot\begin{pmatrix} 0-(-6) \\ -5-(-1) \end{pmatrix}$

$\Leftrightarrow \begin{pmatrix} x'+6 \\ y'+1 \end{pmatrix}=-\frac{1}{2}\cdot\begin{pmatrix} 6 \\ -4 \end{pmatrix}$

$\Leftrightarrow \left| \begin{array}{ll} x'+6=-3 & |-6 \\ \wedge\ y'+1=2 & |-1 \end{array} \right.$

$\Leftrightarrow \left| \begin{array}{l} x'=-9 \\ \wedge\ y'=1 \end{array} \right.$

$L=\{(-9\,|\,1)\}$
also: $Q'(-9\,|\,1)$

Koordinaten des Bildpunktes Q'

Hinweise und Tipps

f) Berechnung der Gleichung von p':

Berechnung des Streckungs-/Stauchungsfaktors a:

$S'(-7\,|\,-3) \in p'$: $\quad y = a \cdot (x - x_{S'})^2 + y_{S'}$

$\Leftrightarrow \quad y = a \cdot (x+7)^2 - 3$

Setze die Koordinaten von S' in die Scheitelform ein.

$Q'(-9\,|\,1) \in p'$: $\quad y = a \cdot (x+7)^2 - 3$

$\Leftrightarrow \quad 1 = a \cdot (-9+7)^2 - 3$

$\Leftrightarrow \quad 1 = a \cdot 4 - 3 \qquad |+3$

$\Leftrightarrow \quad 4a = 4 \qquad |:4$

$\Leftrightarrow \quad a = 1$

Setze die Koordinaten von Q' ein.

somit: $p'$: $y = 1 \cdot (x+7)^2 - 3$

$y = (x+7)^2 - 3$ — Scheitelform der Parabelgleichung

$y = x^2 + 14x + 49 - 3$

$y = x^2 + 14x + 46$ — Allgemeine Form der Parabelgleichung

oder:

Es gilt:

$$p\colon y = -0{,}5x^2 - 4x - 5 \xmapsto{Z(-6\,|\,-1);\; k=-\frac{1}{2}} p'$$

$$P(x\,|\,-0{,}5x^2 - 4x - 5) \xmapsto{Z(-6\,|\,-1);\; k=-\frac{1}{2}} P'(x'\,|\,y')$$

Berechnung von P' mithilfe der Abbildungsvorschrift $\overrightarrow{ZP'} = k \cdot \overrightarrow{ZP}$:

$$\overrightarrow{ZP'} = k \cdot \overrightarrow{ZP}$$

$$\Leftrightarrow \begin{pmatrix} x' - x_Z \\ y' - y_Z \end{pmatrix} = k \cdot \begin{pmatrix} x - x_Z \\ y - y_Z \end{pmatrix}$$

Setze $P(x\,|\,-0{,}5x^2 - 4x - 5)$, $Z(-6\,|\,-1)$ und $k = -\frac{1}{2}$ in die Vektorgleichung ein.

$$\Leftrightarrow \begin{pmatrix} x' - (-6) \\ y' - (-1) \end{pmatrix} = -\frac{1}{2} \cdot \begin{pmatrix} x - (-6) \\ -0{,}5x^2 - 4x - 5 - (-1) \end{pmatrix}$$

$$\Leftrightarrow \begin{pmatrix} x' + 6 \\ y' + 1 \end{pmatrix} = -\frac{1}{2} \cdot \begin{pmatrix} x + 6 \\ -0{,}5x^2 - 4x - 4 \end{pmatrix}$$

$$\Leftrightarrow \begin{pmatrix} x' + 6 \\ y' + 1 \end{pmatrix} = \begin{pmatrix} -\frac{1}{2} \cdot (x+6) \\ -\frac{1}{2} \cdot (-\frac{1}{2}x^2 - 4x - 4) \end{pmatrix}$$

$$\Leftrightarrow \left| \begin{array}{ll} x' + 6 = -\frac{1}{2}x - 3 & |+3 \\ \wedge\; y' + 1 = \frac{1}{4}x^2 + 2x + 2 & |-1 \end{array} \right.$$

Löse Gleichung I nach x auf.

Löse Gleichung II nach y' auf.

$$\Leftrightarrow \left| \begin{array}{ll} -\frac{1}{2}x = x' + 9 & |\cdot(-2) \\ \wedge\; y' = \frac{1}{4}x^2 + 2x + 1 & \end{array} \right.$$

$$\Leftrightarrow \left| \begin{array}{l} x = -2x' - 18 \\ \wedge\; y' = \frac{1}{4}x^2 + 2x + 1 \end{array} \right.$$

Setze den Term für x in Gleichung II ein.

$$\Leftrightarrow \left| \begin{array}{l} x = -2x' - 18 \\ \wedge\; y' = \frac{1}{4}(-2x' - 18)^2 + 2(-2x' - 18) + 1 \end{array} \right.$$

Wende die 2. binomische Formel an.

Hinweise und Tipps

$$\Leftrightarrow \left| \begin{array}{l} x = -2x' - 18 \\ \wedge\ y' = \frac{1}{4}(4x'^2 + 72x' + 324) - 4x' - 36 + 1 \end{array} \right.$$

Löse die runde Klammer auf.

$$\Leftrightarrow \left| \begin{array}{l} x = -2x' - 18 \\ \wedge\ y' = x'^2 + 18x' + 81 - 4x' - 35 \end{array} \right.$$

Fasse zusammen.

$$\Leftrightarrow \left| \begin{array}{l} x = -2x' - 18 \\ \wedge\ y' = x'^2 + 14x' + 46 \end{array} \right.$$

also: p': $y = x^2 + 14x + 46$

g) Berechnung von $A_{\Delta PQS}$:

$$\overrightarrow{PQ} = \begin{pmatrix} 0-(-6) \\ -5-1 \end{pmatrix} = \begin{pmatrix} 6 \\ -6 \end{pmatrix};\ \overrightarrow{PS} = \begin{pmatrix} -4-(-6) \\ 3-1 \end{pmatrix} = \begin{pmatrix} 2 \\ 2 \end{pmatrix}$$

Berechnung der aufspannenden Vektoren

$$A_{\Delta PQS} = \frac{1}{2} \cdot |\overrightarrow{PQ}\ \ \overrightarrow{PS}|$$

$$A_{\Delta PQS} = \frac{1}{2} \cdot \begin{vmatrix} 6 & 2 \\ -6 & 2 \end{vmatrix} \text{FE}$$

$$A_{\Delta PQS} = \frac{1}{2} \cdot [6 \cdot 2 - (-6) \cdot 2] \text{ FE}$$

$$A_{\Delta PQS} = \frac{1}{2} \cdot [12 + 12] \text{ FE}$$

$$A_{\Delta PQS} = 12 \text{ FE}$$

Berechnung von $A_{\Delta P'Q'S'}$:

$$A_{\Delta P'Q'S'} = k^2 \cdot A_{\Delta PQS} = \left(-\frac{1}{2}\right)^2 \cdot 12 \text{ FE} = \frac{1}{4} \cdot 12 \text{ FE} = 3 \text{ FE}$$

---

**63** a) Berechnung der Gleichung von p':

Es gilt:

$$p\colon y = -0{,}5x^2 + 4{,}5 \xmapsto{Z(4\,|\,0{,}5);\ k = 0{,}5} p'$$

$$P(x\,|\,-0{,}5x^2 + 4{,}5) \xmapsto{Z(4\,|\,0{,}5);\ k = 0{,}5} P'(x'\,|\,y')$$

Berechnung von P' mithilfe der Abbildungsvorschrift $\overrightarrow{ZP'} = k \cdot \overrightarrow{ZP}$:

$$\overrightarrow{ZP'} = k \cdot \overrightarrow{ZP}$$

$$\Leftrightarrow \begin{pmatrix} x' - x_Z \\ y' - y_Z \end{pmatrix} = k \cdot \begin{pmatrix} x - x_Z \\ y - y_Z \end{pmatrix}$$

Setze $P(x\,|\,-0{,}5x^2 + 4{,}5)$, $Z(4\,|\,0{,}5)$ und $k = 0{,}5$ in die Vektorgleichung ein.

$$\Leftrightarrow \begin{pmatrix} x' - 4 \\ y' - 0{,}5 \end{pmatrix} = 0{,}5 \cdot \begin{pmatrix} x - 4 \\ -0{,}5x^2 + 4{,}5 - 0{,}5 \end{pmatrix}$$

$$\Leftrightarrow \begin{pmatrix} x' - 4 \\ y' - 0{,}5 \end{pmatrix} = 0{,}5 \cdot \begin{pmatrix} x - 4 \\ -0{,}5x^2 + 4 \end{pmatrix}$$

$$\Leftrightarrow \left| \begin{array}{ll} x' - 4 = 0{,}5x - 2 & |+2 \\ \wedge\ y' - 0{,}5 = -0{,}25x^2 + 2 & |+0{,}5 \end{array} \right.$$

Löse Gleichung I nach x auf.

Löse Gleichung II nach y' auf.

$$\Leftrightarrow \left| \begin{array}{ll} 0{,}5x = x' - 2 & |\cdot 2 \\ \wedge\ y' = -0{,}25x^2 + 2{,}5 & \end{array} \right.$$

Setzt den sich ergebenden Term für x in Gleichung II ein.

Hinweise und Tipps

$$\Leftrightarrow \left| \begin{array}{l} x = 2x' - 4 \\ \wedge\ y' = -0{,}25(2x' - 4)^2 + 2{,}5 \end{array} \right.$$

$$\Leftrightarrow \left| \begin{array}{l} x = 2x' - 4 \\ \wedge\ y' = -0{,}25(4x'^2 - 16x' + 16) + 2{,}5 \end{array} \right.$$

Vereinfache.

$$\Leftrightarrow \left| \begin{array}{l} x = 2x' - 4 \\ \wedge\ y' = -x'^2 + 4x' - 4 + 2{,}5 \end{array} \right.$$

Fasse zusammen.

$$\Leftrightarrow \left| \begin{array}{l} x = 2x' - 4 \\ \wedge\ y' = -x'^2 + 4x' - 1{,}5 \end{array} \right.$$

Gleichung der Bildparabel:
p': $y = -x^2 + 4x - 1{,}5$

b) Berechnung der Koordinaten der Scheitelpunkte S und S':
p: $y = -0{,}5x^2 + 4{,}5$
$y = \underbrace{-0{,}5(x-0)^2 + 4{,}5}_{\text{Scheitelform}}$
also: S(0 | 4,5)

p': $y = -x^2 + 4x - 1{,}5$
$y = -[x^2 - 4x + 1{,}5]$ — Klammere –1 aus.
$y = -[x^2 - 4x + 2^2 - 2^2 + 1{,}5]$ — Ergänze quadratisch.
$y = -[(x-2)^2 - 4 + 1{,}5]$ — Wende die binomische Formel an.
$y = -[(x-2)^2 - 2{,}5]$ — Fasse zusammen.
$y = -(x-2)^2 + 2{,}5$
also: S'(2 | 2,5)

Zeichnung:

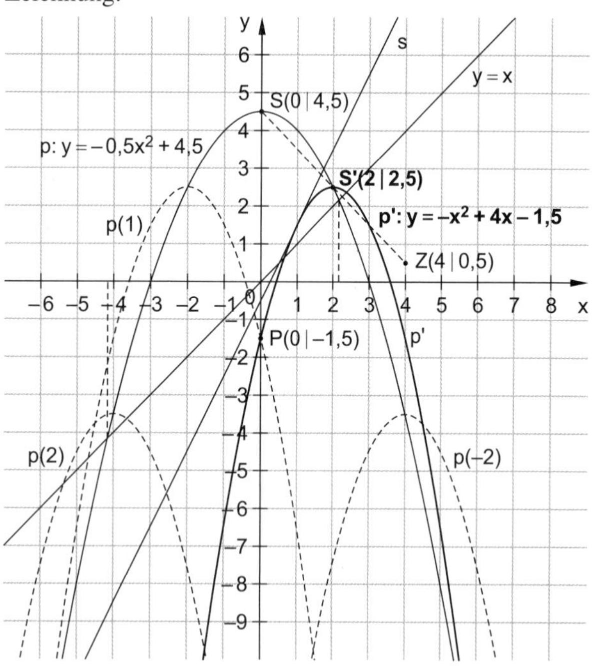


c) Es ist zu zeigen, dass die Tangentenbedingung D = 0 nicht erfüllt ist.
p: $y = -0{,}5x^2 + 4{,}5$ — Gleichung der Parabel p
g(m): $y = m(x - 0) - 1{,}5$ — Gleichung des Geradenbüschels mit dem Büschelpunkt P(0 | –1,5)

Hinweise und Tipps

Schnittpunktbedingung:

$$\begin{array}{l|l} p: & y=-0{,}5x^2+4{,}5 \\ g(m): & \wedge\ y=m(x-0)-1{,}5 \end{array}$$

$$\Leftrightarrow \quad \begin{array}{|l} y=-0{,}5x^2+4{,}5 \\ \wedge\ y=mx-1{,}5 \end{array}$$

$\Rightarrow \quad -0{,}5x^2+4{,}5=mx-1{,}5 \quad (I=II) \quad |-mx+1{,}5$ — Gleichsetzungsverfahren

$\Leftrightarrow \quad -0{,}5x^2-mx+6=0 \quad |\cdot(-2)$

$\Leftrightarrow \quad 1x^2+2mx-12=0$ — $a=1;\ b=m;\ c=-6$

$D(m)=b^2-4ac=(2m)^2-4\cdot1\cdot(-12)=4m^2+48$ — Diskriminante

Tangentenbedingung $D=0$:

$4m^2+48=0 \quad |-48$

$\Leftrightarrow \quad 4m^2=-48 \quad |:4$

$\Leftrightarrow \quad m^2=-12$

$\Rightarrow \quad L=\varnothing$

Es gibt keine Tangente von P an p.

d) Zu berechnen ist der y-Achsenabschnitt t der Parallelenschar mit der Gleichung g(t): $y=2x+t$ für den g(t) Tangente an p' ist:

p': $y=-x^2+4x-1{,}5$ — Gleichung der Parabel p'

g(t): $y=2x+t$ — Gleichung der Parallelenschar g(t)

Schnittpunktbedingung:

$$\begin{array}{l|l} p': & y=-x^2+4x-1{,}5 \\ g(t): & \wedge\ y=2x+t \end{array}$$

$\Rightarrow \quad -x^2+4x-1{,}5=2x+t \quad (I=II) \quad |-2x-t$ — Gleichsetzungsverfahren

$\Leftrightarrow \quad -x^2+2x-1{,}5-t=0 \quad |\cdot(-1)$

$\Leftrightarrow \quad 1x^2-2x+1{,}5+t=0$ — $a=1;\ b=-2;\ c=1{,}5+t$

$D(t)=b^2-4ac=(-2)^2-4\cdot1\cdot(1{,}5+t)=-2-4t$

Tangentenbedingung $D=0$:

$-2-4t=0 \quad |+4t$

$\Leftrightarrow \quad 4t=-2 \quad |:4$

$\Leftrightarrow \quad t=-0{,}5$

somit: s: $y=2x-0{,}5$

e) $p(a):\ y=-x^2\underbrace{-4ax}_{I}\ \underbrace{-6a^2+4{,}5}_{II}$

$p':\ y=-x^2+4x \quad -1{,}5$

$-4a=4 \quad \wedge \quad -6a^2+4{,}5=-1{,}5$

$\Leftrightarrow \quad a=-1 \quad \wedge \quad -6a^2=-6$

$\Leftrightarrow \quad a=-1 \quad \wedge \quad a^2=1$

$\Leftrightarrow \quad a=-1 \quad \wedge \quad |a|=1$

$\Leftrightarrow \quad a=-1 \quad \wedge \quad a=-1 \vee a=1$

$\Leftrightarrow \quad L_1=\{-1\} \quad \wedge \quad L_2=\{-1;1\}$

$L=L_1\cap L_2=\{-1\}$

Hinweise und Tipps

p(−1): $y = -x^2 - 4\cdot(-1)\cdot x - 6\cdot(-1)^2 + 4{,}5$

$\Leftrightarrow\ y = -x^2 + 4x - 6 + 4{,}5$

$\Leftrightarrow\ y = -x^2 + 4x - 1{,}5$

somit gilt: $p' = p(-1) \in p(a)$

f) p(a): $y = -x^2 - 4ax - 6a^2 + 4{,}5$

$y = -[x^2 + 4ax + 6a^2 - 4{,}5]$

$y = -[x^2 + 4ax + (2a)^2 - (2a)^2 + 6a^2 - 4{,}5]$

$y = -[(x + 2a)^2 - 4a^2 + 6a^2 - 4{,}5]$

$y = -(x + 2a)^2 - 2a^2 + 4{,}5$

also: $S_a(-2a \mid -2a^2 + 4{,}5)$

Die Schargleichung $y = -x^2 - 4ax - 6a^2 + 4{,}5$ ist durch quadratische Ergänzung auf Scheitelform zu bringen.

Scheitelkoordinaten in Abhängigkeit von a

g) $S_a(-2a \mid -2a^2 + 4{,}5)$

$S_{-2}(-2\cdot(-2) \mid -2\cdot(-2)^2 + 4{,}5) = S_{-2}(4 \mid -3{,}5)$

$S_1(-2\cdot 1 \mid -2\cdot 1^2 + 4{,}5) = S_1(-2 \mid 2{,}5)$

$S_2(-2\cdot 2 \mid -2\cdot 2^2 + 4{,}5) = S_2(-4 \mid -3{,}5)$

h) $S(x \mid y) = S_a(-2a \mid -2a^2 + 4{,}5)$

$\Leftrightarrow \left| \begin{array}{l} x = -2a \quad |:(-2) \\ \wedge\ y = -2a^2 + 4{,}5 \end{array} \right.$

$\Leftrightarrow \left| \begin{array}{l} a = -0{,}5x \\ \wedge\ y = -2(-0{,}5x)^2 + 4{,}5 \end{array} \right.$

$\Leftrightarrow \left| \begin{array}{l} a = -0{,}5x \\ \wedge\ y = -2\cdot 0{,}25x^2 + 4{,}5 \end{array} \right.$

$\Leftrightarrow \left| \begin{array}{l} a = -0{,}5x \\ \wedge\ y = -0{,}5x^2 + 4{,}5 \end{array} \right.$

also: $y = -0{,}5x^2 + 4{,}5$

Einsetzen von $a = -0{,}5x$ in Gleichung II

Damit ist die Funktionsgleichung von p bestätigt.

i) Zu bestimmen sind die Werte von a, die die Bedingung $-2a < -2a^2 + 4{,}5$ erfüllen:

Zugehörige quadratische Gleichung:

$-2a = -2a^2 + 4{,}5 \quad | +2a^2 - 4{,}5$

$\Leftrightarrow\ 2a^2 - 2a - 4{,}5 = 0$

a = 2; b = −2; c = −4,5

$D = (-2)^2 - 4\cdot 2\cdot(-4{,}5) = 40$

Da D > 0, existieren zwei Lösungselemente.

$\Leftrightarrow\ a_{1/2} = \dfrac{2 \pm \sqrt{40}}{4}$

$a_1 = 2{,}08 \ \vee\ a_2 = -1{,}08$

$L^* = \{-1{,}08;\ 2{,}08\}$

Zerlegung in Linearfaktoren:

$(a - 2{,}08)(a + 1{,}08) < 0$

$\Leftrightarrow\ (a - 2{,}08 > 0 \ \wedge\ a + 1{,}08 < 0) \ \vee\ (a - 2{,}08 < 0 \ \wedge\ a + 1{,}08 > 0)$

$\Leftrightarrow\ (a > 2{,}08 \ \wedge\ a < -1{,}08) \ \vee\ (a < 2{,}08 \ \wedge\ a > -1{,}08)$

$L_1 = \emptyset \qquad L_2 = ]-1{,}08;\ 2{,}08[$

$L = L_1 \cup L_2 = ]-1{,}08;\ 2{,}08[$ bzw. $a \in ]-1{,}08;\ 2{,}08[$

Hinweise und Tipps

oder:

Gleichsetzen von p und $y = x$:

$$-0{,}5x^2 + 4{,}5 = x \quad | - x$$

$$\Leftrightarrow \quad -0{,}5x^2 - x + 4{,}5 = 0$$

$$\Leftrightarrow \quad x_{1/2} = \frac{1 \pm \sqrt{1+9}}{-1}$$

$$\Leftrightarrow \quad x_{1/2} = -1 \mp \sqrt{10}$$

$$x_1 = -4{,}16 \quad \vee \quad x_2 = 2{,}16$$

Da die Parabel p Trägergraph der Scheitelpunkte aller Scharparabeln ist, liegen die x-Koordinaten der gesuchten Scheitel $S_a(-2a \mid -2a^2 + 4{,}5)$ im Intervall $]x_1; x_2[$.
Es folgt:
$-2a \in ]-4{,}16; 2{,}16[ \;\Leftrightarrow\; a \in ]-1{,}08; 2{,}08[$

Alle Punkte, deren x-Koordinate kleiner als die y-Koordinate ist, liegen oberhalb der Geraden $y = x$.

## 1.6 Rechtwinklige Dreiecke

**64**

$$|\overline{EF}|^2 = |\overline{FG}|^2 + |\overline{GE}|^2 \quad |\sqrt{\phantom{x}}$$

$$\Rightarrow \quad |\overline{EF}| = \sqrt{|\overline{FG}|^2 + |\overline{GE}|^2}$$

$$\Leftrightarrow \quad 13\text{ cm} = \sqrt{12^2 + 5^2}\text{ cm}$$

$$\Leftrightarrow \quad 13\text{ cm} = \sqrt{169}\text{ cm}$$

$$\Leftrightarrow \quad 13\text{ cm} = 13\text{ cm} \qquad (w)$$

Das Dreieck EFG ist rechtwinklig.

Um zu zeigen, dass das Dreieck EFG rechtwinklig ist, genügt es, die Gültigkeit des Satzes des Pythagoras nachzuweisen. In allen rechtwinkligen Dreiecken ist die längste Seite die Hypotenuse.

**65** a)

$$c^2 = a^2 + b^2 \quad |\sqrt{\phantom{x}}$$

$$\Rightarrow \quad c = \sqrt{a^2 + b^2}$$

$$\Leftrightarrow \quad c = \sqrt{12^2 + 5^2}\text{ cm}$$

$$\Leftrightarrow \quad c = \sqrt{169}\text{ cm}$$

$$\Leftrightarrow \quad c = 13\text{ cm}$$

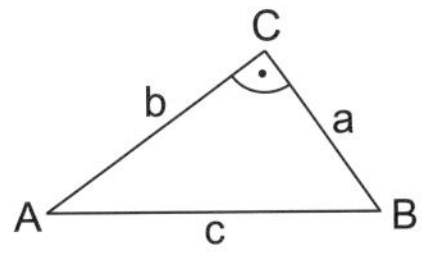


Satz des Pythagoras anwenden (Die Hypotenuse liegt dem rechten Winkel gegenüber.)
Setze die gegebenen Werte ein.

b)

$$b^2 = a^2 + c^2 \quad | - c^2$$

$$\Leftrightarrow \quad a^2 = b^2 - c^2 \quad |\sqrt{\phantom{x}}$$

$$\Rightarrow \quad a = \sqrt{b^2 - c^2}$$

$$\Leftrightarrow \quad a = \sqrt{30^2 - 12^2}\text{ cm}$$

$$\Leftrightarrow \quad a = \sqrt{756}\text{ cm}$$

$$\Leftrightarrow \quad a = 27{,}50\text{ cm}$$

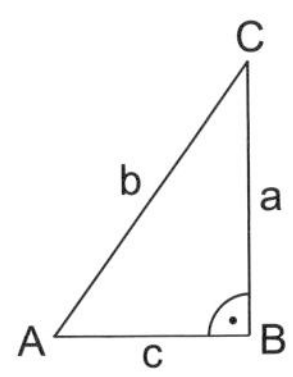


Satz des Pythagoras anwenden (b ist die Hypotenuse)
Die Länge einer Kathete ist zu berechnen, also entsprechend umformen.
Setze die gegebenen Werte ein (3 dm = 30 cm).

Forme um.

**66** Die Länge des Schenkels $|\overline{DA}|$ (bzw. $|\overline{BC}|$) ist zu berechnen.

$$|\overline{AE}| = \frac{|\overline{AB}| - |\overline{DC}|}{2} = \frac{14-9}{2}\text{ cm} = 2{,}5\text{ cm}$$

Hinweise und Tipps

Planfigur:

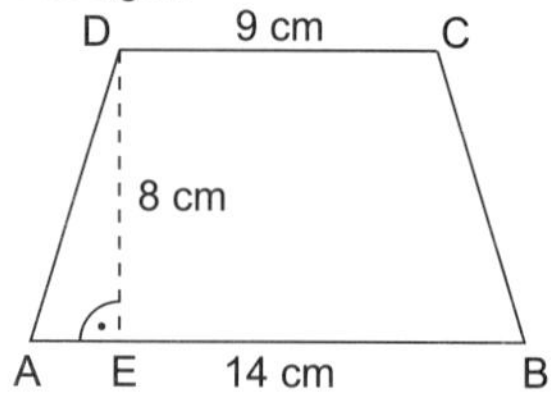


Betrachte das in E rechtwinklige Dreieck AED:

$|\overline{DA}| = \sqrt{|\overline{AE}|^2 + |\overline{ED}|^2} = \sqrt{2{,}5^2 + 8^2}\ \text{cm} = \sqrt{70{,}25}\ \text{cm} = |\overline{BC}|$

Damit gilt:

$u_{ABCD} = |\overline{AB}| + |\overline{BC}| + |\overline{CD}| + |\overline{DA}|$

$u_{ABCD} = |\overline{AB}| + 2 \cdot |\overline{DA}| + |\overline{CD}|$

$u_{ABCD} = (14 + 2 \cdot \sqrt{70{,}25} + 9)\ \text{cm}$

$u_{ABCD} = 39{,}76\ \text{cm}$

$|\overline{BC}| = |\overline{DA}|$, da es sich um ein gleichschenkliges Trapez handelt.

---

**67** Der Punkt A liegt auf dem Thaleskreis über der Strecke $\overline{BC}$, somit ist das Dreieck ABC rechtwinklig in A.

Gesucht ist die Länge der Hypotenuse $\overline{BC}$:

$|\overline{BC}| = \sqrt{|\overline{AB}|^2 + |\overline{CA}|^2} = \sqrt{5^2 + 7^2}\ \text{cm} = 8{,}60\ \text{cm}$

---

**68** Berechnung von f:

Im rechtwinkligen Dreieck SCD gilt:

$$\frac{f}{2} = \sqrt{a^2 - \left(\frac{e}{2}\right)^2} = \sqrt{5^2 - \left(\frac{3}{2}\right)^2}\ \text{cm} = 4{,}77\ \text{cm}$$

$\Rightarrow\ f = 9{,}54\ \text{cm}$

Berechnung von $A_{Raute}$:

$$A_{Raute} = \frac{1}{2} \cdot e \cdot f = \frac{1}{2} \cdot 3 \cdot 9{,}54\ \text{cm}^2 = 14{,}31\ \text{cm}^2$$

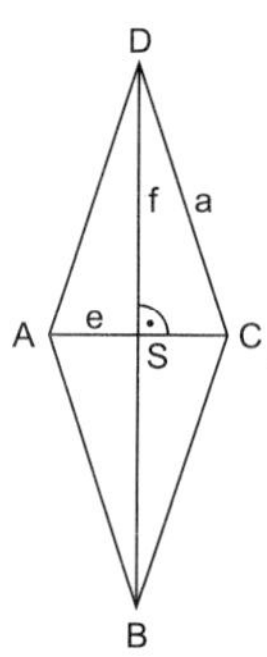


---

**69** a) $\overline{EC}$ ist die maximale Höhe. $\overline{CD}$ ist die Breite des Lkw. Die Strecke $\overline{ME}$ ist der Tunnelradius.

Im Dreieck CME gilt:

$|\overline{EC}| = \sqrt{|\overline{ME}|^2 - |\overline{CM}|^2} = \sqrt{(5\ \text{m})^2 - (1{,}25\ \text{m})^2}$

$= 4{,}84\ \text{m}$

Der Lkw kann höchstens 4,84 m hoch sein.

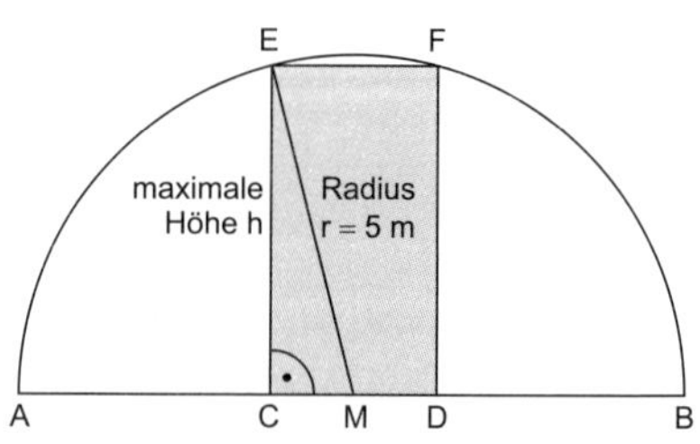


Breite des Lastwagens: b = 2,50 m

b) Es gilt ein Sicherheitsabstand von 50 cm zur Decke. Der Radius des Halbkreises beträgt also nur noch 4,50 m!

$|\overline{GC}| = \sqrt{|\overline{MG}|^2 - |\overline{CM}|^2} = \sqrt{(4{,}5\ \text{m})^2 - (1{,}25\ \text{m})^2}$

$= 4{,}32\ \text{m}$

Der Lkw kann bei Einhaltung des Sicherheitsabstands höchstens 4,32 m hoch sein.

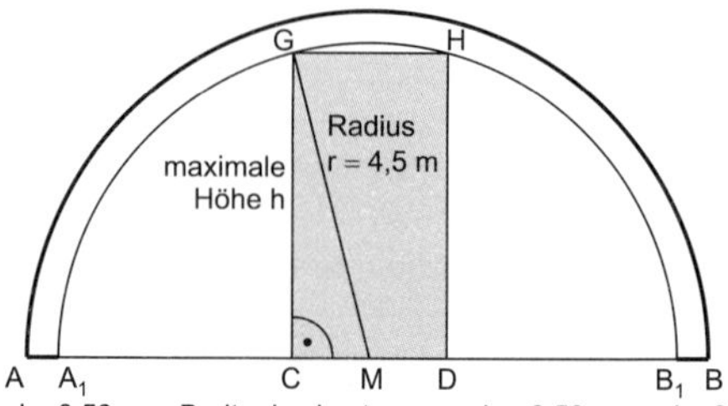


d = 0,50 m Breite des Lastwagens: b = 2,50 m d = 0,50 m

Hinweise und Tipps

**70** Berechnung der Höhe:

$h = \frac{a}{2}\sqrt{3} = \frac{6}{2}\sqrt{3}\text{ cm} = 3\sqrt{3}\text{ cm}$

oder: $h = \sqrt{a^2 - \left(\frac{a}{2}\right)^2} = \sqrt{(6\text{ cm})^2 - (3\text{ cm})^2}$

$= \sqrt{27}\text{ cm} = \sqrt{9 \cdot 3}\text{ cm} = 3\sqrt{3}\text{ cm}$

Berechnung des Flächeninhalts:

$A_\Delta = \frac{1}{2} \cdot g \cdot h = \frac{1}{2} \cdot a \cdot h = \frac{1}{2} \cdot 6 \cdot 3\sqrt{3}\text{ cm}^2 = 9\sqrt{3}\text{ cm}^2$

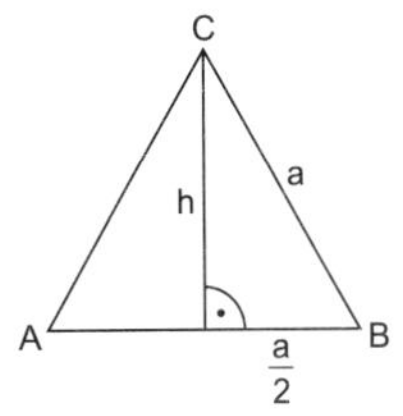


---

**71** a) $|\overline{AC}| = |\overline{AB}|\sqrt{2} = 6\sqrt{2}\text{ cm} = 8{,}49\text{ cm}$

Formel für die Länge der Diagonale im Quadrat anwenden

$|\overline{AE}| = \frac{1}{2}|\overline{AC}| = \frac{1}{2}6\sqrt{2}\text{ cm} = 3\sqrt{2}\text{ cm} = 4{,}24\text{ cm}$

$|\overline{SA}| = \sqrt{|\overline{AE}|^2 + |\overline{ES}|^2} = \sqrt{(3\sqrt{2})^2 + 10^2}\text{ cm} = 10{,}86\text{ cm}$

Bestimme die Länge von $\overline{AS}$ mithilfe des Satzes des Pythagoras im in E rechtwinkligen Dreieck AES.

$|\overline{MS}| = \sqrt{|\overline{EM}|^2 + |\overline{SE}|^2} = \sqrt{3^2 + 10^2}\text{ cm} = 10{,}44\text{ cm}$

Bestimme die Länge von $\overline{MS}$ mithilfe des Satzes des Pythagoras im in E rechtwinkligen Dreieck EMS.

b) $\frac{|\overline{BD}|}{|\overline{GH}|} = \frac{|\overline{ES}|}{|\overline{FS}|}$

2. Strahlensatz mit Zentrum S anwenden ($|\overline{BD}| = |\overline{AC}|$)

$\Leftrightarrow \quad \frac{6\sqrt{2}\text{ cm}}{|\overline{GH}|} = \frac{10\text{ cm}}{4\text{ cm}}$

$\Leftrightarrow \quad |\overline{GH}| = 6\sqrt{2} \cdot \frac{2}{5}\text{ cm}$

$\Leftrightarrow \quad |\overline{GH}| = 3{,}39\text{ cm}$

$|\overline{GS}| = \sqrt{|\overline{SF}|^2 + |\overline{FG}|^2} = \sqrt{4^2 + 1{,}70^2}\text{ cm} = 4{,}35\text{ cm}$

---

**72** a) $|\vec{a}| = \sqrt{(-2)^2 + 3^2} = \sqrt{4+9} = \sqrt{13}$

b) $|\vec{b}| = \sqrt{12^2 + (-5)^2} = \sqrt{144+25} = \sqrt{169} = 13$

---

**73** a) $\overrightarrow{EF} = \begin{pmatrix} 10-(-4) \\ 5-3 \end{pmatrix} = \begin{pmatrix} 14 \\ 2 \end{pmatrix} \Rightarrow |\overrightarrow{EF}| = \sqrt{14^2 + 2^2}\text{ LE} = 14{,}14\text{ LE}$

b) $\overrightarrow{EF} = \begin{pmatrix} -9\frac{1}{4} - 1\frac{1}{2} \\ 2\frac{1}{8} - \left(-6\frac{3}{4}\right) \end{pmatrix} = \begin{pmatrix} -10\frac{3}{4} \\ 8\frac{7}{8} \end{pmatrix}$

$\Rightarrow |\overrightarrow{EF}| = \sqrt{\left(-10\frac{3}{4}\right)^2 + \left(8\frac{7}{8}\right)^2}\text{ LE} = 13{,}94\text{ LE}$

---

**74** $\overrightarrow{MP} = \begin{pmatrix} 5-1 \\ 5-2 \end{pmatrix} = \begin{pmatrix} 4 \\ 3 \end{pmatrix} \Rightarrow |\overrightarrow{MP}| = \sqrt{4^2 + 3^2}\text{ LE} = 5\text{ LE}$

Berechne die Länge der Strecke $\overline{MP}$, um den Radius des Kreises zu erhalten.

$\overrightarrow{MQ} = \begin{pmatrix} -4-1 \\ 2-2 \end{pmatrix} = \begin{pmatrix} -5 \\ 0 \end{pmatrix} \Rightarrow |\overrightarrow{MQ}| = \sqrt{(-5)^2}\text{ LE} = 5\text{ LE}$

Der Punkt Q liegt auf der Kreislinie von k.

Die Länge der Strecke $\overline{MQ}$ beträgt 5 LE, also ist der Punkt Q auch 5 LE von M entfernt und befindet sich genau auf der Kreislinie.

Hinweise und Tipps

**75** $\overrightarrow{AB} = \begin{pmatrix} 5-(-3) \\ 0-(-2) \end{pmatrix} = \begin{pmatrix} 8 \\ 2 \end{pmatrix} \Rightarrow |\overrightarrow{AB}| = \sqrt{8^2+2^2} = \sqrt{68}$

$\Rightarrow |\overrightarrow{AB}| = \sqrt{68}$ LE

$\overrightarrow{BC} = \begin{pmatrix} 4-5 \\ 6-0 \end{pmatrix} = \begin{pmatrix} -1 \\ 6 \end{pmatrix} \Rightarrow |\overrightarrow{BC}| = \sqrt{(-1)^2+6^2} = \sqrt{37}$

$\Rightarrow |\overrightarrow{BC}| = \sqrt{37}$ LE

$\overrightarrow{CA} = \begin{pmatrix} -3-4 \\ -2-6 \end{pmatrix} = \begin{pmatrix} -7 \\ -8 \end{pmatrix} \Rightarrow |\overrightarrow{CA}| = \sqrt{(-7)^2+(-8)^2} = \sqrt{113}$

$\Rightarrow |\overrightarrow{CA}| = \sqrt{113}$ LE

$u_{\Delta ABC} = |\overline{AB}| + |\overline{BC}| + |\overline{CA}|$

$u_{\Delta ABC} = \sqrt{68}\text{ LE} + \sqrt{37}\text{ LE} + \sqrt{113}\text{ LE}$

$u_{\Delta ABC} = 24{,}96$ LE

**76** Berechnung von $|\overline{BD}|$ im rechtwinkligen Dreieck ABD mit dem Satz des Pythagoras:

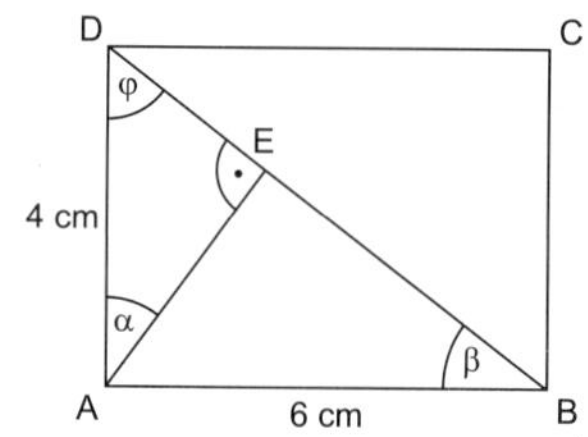


$|\overline{BD}| = \sqrt{|\overline{AB}|^2 + |\overline{DA}|^2} = \sqrt{6^2+4^2}\text{ cm} = 7{,}21\text{ cm}$

Berechnung von β im Dreieck ABD:

$\tan\beta = \dfrac{|\overline{DA}|}{|\overline{AB}|}$

$\tan\beta = \dfrac{4\text{ cm}}{6\text{ cm}}$

$\tan\beta = \dfrac{2}{3}$

$\beta = 33{,}69°$

Berechnung von φ im rechtwinkligen Dreieck ABD:

$\varphi = 180° - 90° - \beta = 180° - 90° - 33{,}69° = 56{,}31°$

Winkelsumme im Dreieck ABD

Berechnung von α im rechtwinkligen Dreieck AED:

$\alpha = 180° - 90° - \varphi° = 180° - 90° - 56{,}31° = 33{,}69°$

Winkelsumme im Dreieck AED

Berechnung von $|\overline{ED}|$ im Dreieck AED:

Berechnung mit cos φ wäre auch möglich.

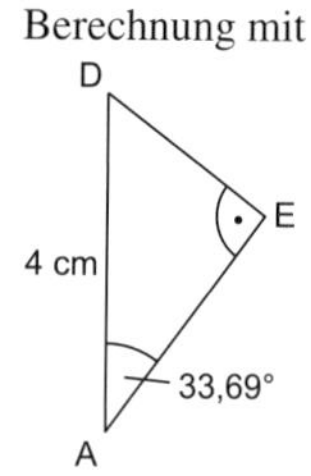


$\sin\alpha = \dfrac{|\overline{ED}|}{|\overline{DA}|}$

$\sin 33{,}69° = \dfrac{|\overline{ED}|}{4\text{ cm}} \quad |\cdot 4\text{ cm}$

$|\overline{ED}| = 4\text{ cm}\cdot\sin 33{,}69°$

$|\overline{ED}| = 2{,}22\text{ cm}$

Berechnung von $|\overline{AE}|$ im Dreieck AED:

$\sin\varphi = \dfrac{|\overline{AE}|}{|\overline{DA}|}$

$\sin 56{,}31° = \dfrac{|\overline{AE}|}{4\text{ cm}} \quad |\cdot 4\text{ cm}$

$|\overline{AE}| = 4\text{ cm}\cdot\sin 56{,}31°$

$|\overline{AE}| = 3{,}33\text{ cm}$

Die Berechnung von $|\overline{AE}|$ mithilfe von cos α, tan α, tan φ oder cos φ im Dreieck AED oder sin β im Dreieck ABE wäre auch möglich. Natürlich auch mit dem Satz des Pythagoras im Dreieck AED.

Hinweise und Tipps

**77** Planfigur:

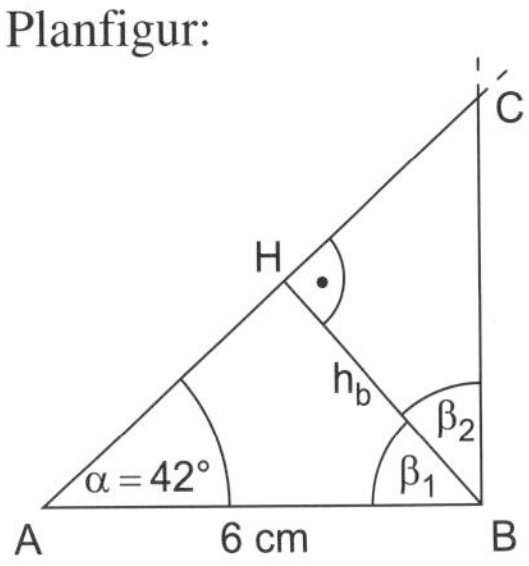


- Zeichne $\overline{AB}$.
- Zeichne den Winkel BAC mit 42°.
- Zeichne die Senkrechte zu $\overline{AB}$ im Punkt B.
- C ist der Schnittpunkt des Schenkels [AC mit der Senkrechten.
- Zeichne $h_b$.

Berechnung von $|\overline{BC}|$ im Dreieck ABC:

$$\tan\alpha = \frac{|\overline{BC}|}{|\overline{AB}|}$$

$$\tan 42° = \frac{|\overline{BC}|}{6\text{ cm}} \qquad |\cdot 6\text{ cm}$$

$$|\overline{BC}| = 6\text{ cm}\cdot\tan 42°$$

$$|\overline{BC}| = 5{,}40\text{ cm}$$

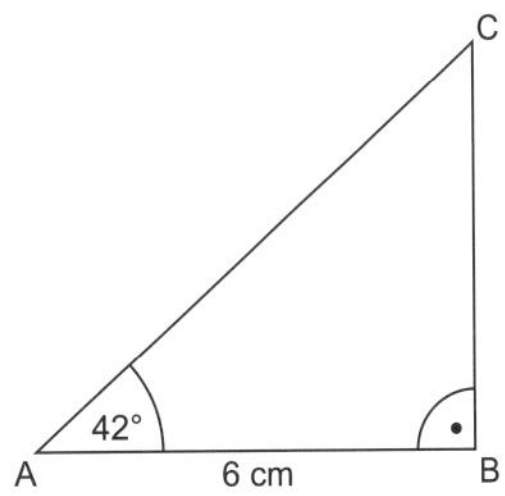


Berechnung von $|\overline{CA}|$ mit dem Satz des Pythagoras:

$$|\overline{CA}| = \sqrt{|\overline{AB}|^2 + |\overline{BC}|^2} = \sqrt{6^2 + 5{,}40^2}\text{ cm} = 8{,}07\text{ cm}$$

Berechnung mit $\sin\alpha$ oder $\cos\alpha$ wäre auch möglich.

Berechnung von $h_b$ im Dreieck ABH:

Die Höhe $h_b$ zerlegt das Dreieck ABC in die in H rechtwinkligen Dreiecke ABH und BCH.

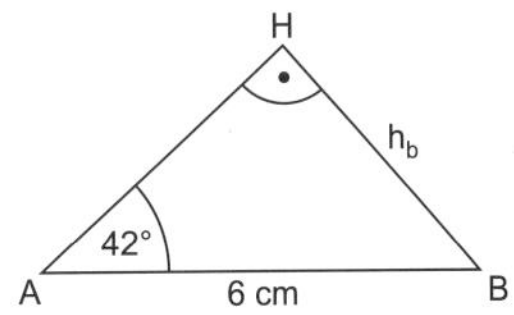


$$\sin\alpha = \frac{h_b}{|\overline{AB}|}$$

$$\sin 42° = \frac{h_b}{6\text{ cm}} \qquad |\cdot 6\text{ cm}$$

$$h_b = 6\text{ cm}\cdot\sin 42°$$

$$h_b = 4{,}01\text{ cm}$$

Berechnung von $\beta_1$:

$\beta_1 = 180° - 90° - 42° = 48°$

Winkelsumme im Dreieck ABH; Berechnung mit $\cos\beta_1$ wäre auch möglich.

Berechnung von $\beta_2$:

$\beta_2 = 90° - \beta_1 = 42°$

$\beta_1$ und $\beta_2$ ergänzen sich zu 90°.

---

**78** a) Berechnung der Basiswinkel im Dreieck ADC:

Basiswinkel sind maßgleich.

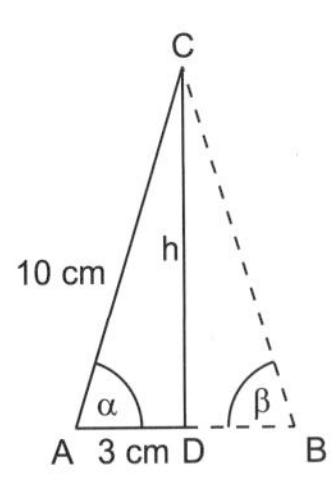


$$\cos\alpha = \frac{|\overline{AD}|}{|\overline{CA}|}$$

$$\cos\alpha = \frac{3\text{ cm}}{10\text{ cm}}$$

$$\cos\alpha = 0{,}3$$

$$\alpha = 72{,}54° = \beta$$

Berechnung der Höhe h im Dreieck ADC:

$$h = \sqrt{|\overline{CA}|^2 - |\overline{AD}|^2} = \sqrt{10^2 - 3^2}\text{ cm} = 9{,}54\text{ cm}$$

Satz des Pythagoras

b) Berechnung vom Inkreisradius $r = |\overline{DE}|$ im Dreieck ADE:

$$\tan\frac{\alpha}{2} = \frac{|\overline{DE}|}{|\overline{AD}|}$$

$$\tan 36{,}27° = \frac{|\overline{DE}|}{3\text{ cm}} \qquad |\cdot 3\text{ cm}$$

$$|\overline{DE}| = 3\text{ cm}\cdot\tan 36{,}27°$$

$$|\overline{DE}| = 2{,}20\text{ cm}$$

$$r = 2{,}20\text{ cm}$$

**Hinweise und Tipps**

E ist der Schnittpunkt der Winkelhalbierenden von $\alpha$ mit der Strecke $\overline{DC}$.

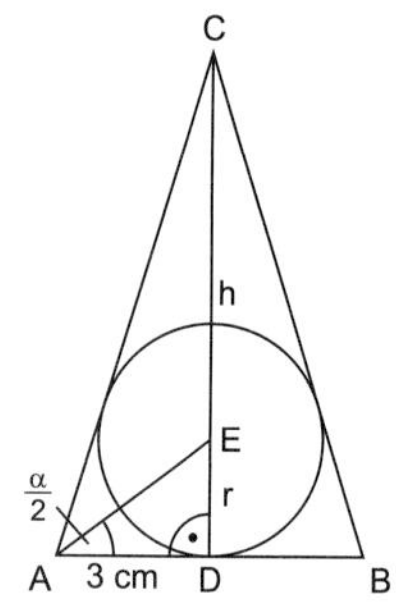


**79** Berechnung der Längen der Diagonalen:
Zunächst Berechnung von $|\overline{AE}|$ im Dreieck AED:

$$\sin\frac{\delta}{2} = \frac{|\overline{AE}|}{|\overline{DA}|}$$

$$\sin 37{,}5° = \frac{|\overline{AE}|}{6\text{ cm}} \qquad |\cdot 6\text{ cm}$$

$$|\overline{AE}| = 6\text{ cm}\cdot\sin 37{,}5°$$

$$|\overline{AE}| = 3{,}65\text{ cm}$$

Die Diagonale $\overline{DB}$ halbiert den 75°-Winkel und steht senkrecht auf $\overline{AC}$.

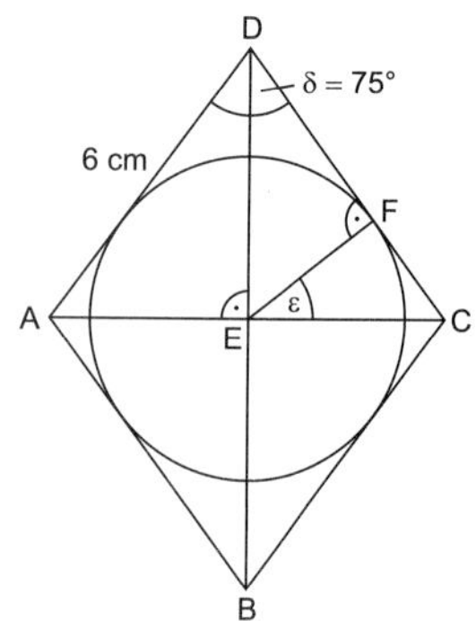


Berechnung von $|\overline{AC}|$:
$|\overline{AC}| = 2\cdot|\overline{AE}| = 2\cdot 3{,}65\text{ cm} = 7{,}30\text{ cm}$

Die Diagonalen halbieren sich in einer Raute gegenseitig.

Berechnung von $|\overline{ED}|$ im Dreieck AED:
$|\overline{ED}| = \sqrt{|\overline{DA}|^2 - |\overline{AE}|^2} = \sqrt{6^2 - 3{,}65^2}\text{ cm} = 4{,}76\text{ cm}$

Satz des Pythagoras

Berechnung von $|\overline{BD}|$:

$|\overline{BD}| = 2\cdot|\overline{ED}| = 2\cdot 4{,}76\text{ cm} = 9{,}52\text{ cm}$

Berechnung des Innenwinkels $\alpha$ über die Winkelsumme im Viereck ABCD:
$\alpha = \sphericalangle BAD = \sphericalangle DCB = (360° - 2\cdot 75°) : 2 = 105°$

Gegenüberliegende Winkel sind maßgleich. Die Winkelsumme im Viereck beträgt 360°. Außerdem gilt: $\sphericalangle CBA = \sphericalangle ADC = 75°$

Berechnung des Inkreisradius $r = |\overline{EF}|$ im rechtwinkligen Dreieck EFD:

$$\sin\frac{\delta}{2} = \frac{r}{|\overline{DE}|}$$

$$\sin 37{,}5° = \frac{r}{4{,}76\text{ cm}} \qquad |\cdot 4{,}76\text{ cm}$$

$$r = 4{,}76\text{ cm}\cdot\sin 37{,}5°$$

$$r = 2{,}90\text{ cm}$$

$\sphericalangle DFE = 90°$ (Berührradius an die Tangente $\overline{CD}$)

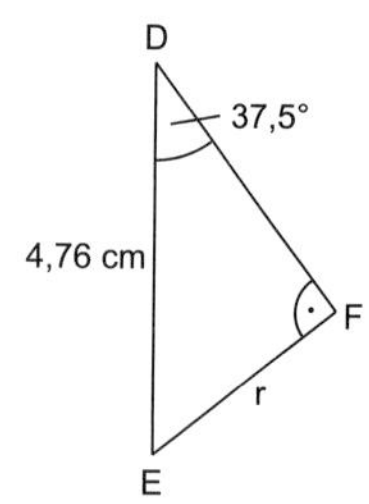


Berechnung von $\varepsilon$ im rechtwinkligen Dreieck ECF:

$$\cos\varepsilon = \frac{|\overline{FE}|}{|\overline{EC}|}$$

$$\cos\varepsilon = \frac{2{,}90\text{ cm}}{3{,}65\text{ cm}}$$

$$\varepsilon = 37{,}39°$$

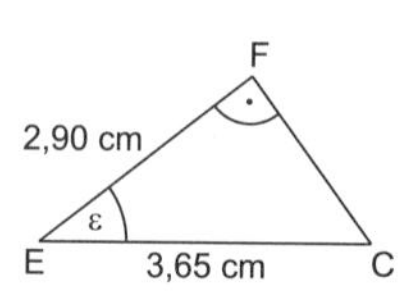

Hinweise und Tipps

## 1.7 Berechnungen am Kreis

**80**

$$A = r^2 \cdot \pi$$

Setze den Flächeninhalt in die Flächenformel ein.

$$20\text{ cm}^2 = r^2 \cdot \pi \quad \bigg|:\pi$$

Löse nach r auf.

$$r^2 = \frac{20\text{ cm}^2}{\pi} \quad \bigg|\sqrt{\phantom{x}}$$

Verwende den Taschenrechnerwert für π!

$$r = \sqrt{6{,}37}\text{ cm}$$

Runde auf zwei Stellen.

$$r = 2{,}52\text{ cm}$$

$$d = 2 \cdot r = 5{,}04\text{ cm}$$

$$u = d \cdot \pi = 15{,}83\text{ cm}$$

---

**81** $u = 2 \cdot r \cdot \pi = 2 \cdot 6\,370\text{ km} \cdot \pi = 40\,023{,}89\text{ km}$

Gesucht ist der Umfang am Äquator.

---

**82**

$$\left| \begin{array}{l} u = 10\text{ m} \\ \wedge \; u = 2 \cdot r \cdot \pi \end{array} \right.$$

$$\Rightarrow \quad 10\text{ m} = 2 \cdot r \cdot \pi \quad (\text{I} = \text{II}) \; \big|:2\pi$$

$$\Leftrightarrow \quad r = 1{,}59\text{ m}$$

Beim Eingeben in den Taschenrechner entweder Klammern um 2 · π machen oder in zwei Schritten : 2 anschließend : π.

---

**83**

$$b = \frac{\varphi}{180°} \cdot r \cdot \pi$$

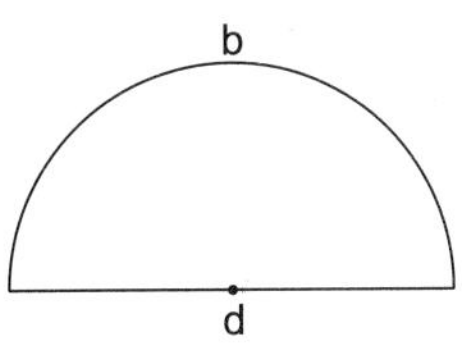


$$100\text{ cm} = \frac{180°}{180°} \cdot r \cdot \pi$$

Der Mittelpunktswinkel eines Halbkreises misst 180°.

$$100\text{ cm} = r \cdot \pi \quad \big|:\pi$$

$$r = 31{,}83\text{ cm}$$

Berechnung des Flächeninhalts:

$$A = \frac{1}{2} \cdot r^2 \cdot \pi = \frac{1}{2} \cdot (31{,}83\text{ cm})^2 \cdot \pi = 1\,591{,}45\text{ cm}^2$$

Halbkreis, deshalb Vorfaktor $\frac{1}{2}$

Berechnung des Umfangs:

$$u = b + d = 100\text{ cm} + 2 \cdot 31{,}83\text{ cm} = 163{,}66\text{ cm}$$

Beachte: Der Umfang einer Figur ist die Summe aller Begrenzungslinien. Beim Halbkreis also Bogenlänge und Durchmesser.

---

**84** Berechnung des Radius mithilfe des Zusammenhangs zwischen Sektorfläche und Bogenlänge:

$$A = \frac{1}{2} \cdot b \cdot r$$

Setze A = 50 cm² und b = 10 cm ein und löse nach r auf.

$$50\text{ cm}^2 = \frac{1}{2} \cdot 10\text{ cm} \cdot r \quad \big|:5\text{ cm}$$

$$r = 10\text{ cm}$$

Berechnung des Mittelpunktswinkels:

$$A = \frac{\varphi}{360°} \cdot r^2 \cdot \pi \quad \bigg| \cdot \frac{360°}{r^2 \cdot \pi}$$

Da A und r jetzt bekannt sind, löse nach φ auf.

$$\varphi = \frac{A \cdot 360°}{r^2 \cdot \pi}$$

$$\varphi = \frac{50\text{ cm}^2 \cdot 360°}{100\text{ cm}^2 \cdot \pi}$$

Beim Eingeben in den Taschenrechner muss eine Klammer um den Nenner gemacht werden.

$$\varphi = 57{,}30°$$

Berechnung des Umfangs:
$u = b + 2 \cdot r = 10\text{ cm} + 2 \cdot 10\text{ cm} = 30\text{ cm}$

Hinweise und Tipps

Der Umfang ist die Summe aller Begrenzungslinien. Beim Sektor also die Bogenlänge b und 2-mal der Radius r.

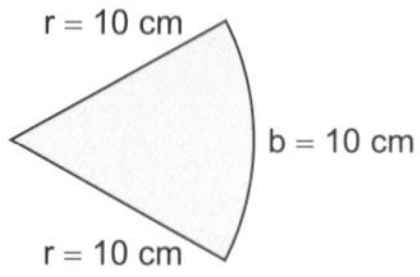


---

**85** Formel zur Berechnung des Flächeninhalts:
$A_{\text{Pilz}} = A_{\text{Viertelkreis}} - 2 \cdot A_{\text{Sektor HBE}} - A_{\Delta AEF}$

Der Sektor BAD ist ein Viertelkreis mit Mittelpunktswinkel $\varphi = 90°$.

Berechnung der Teilflächen:

$$A_{\text{Viertelkreis}} = \frac{1}{4} \cdot r^2 \cdot \pi = \frac{1}{4} \cdot (4\text{ cm})^2 \cdot \pi = 4\pi\text{ cm}^2$$

$$A_{\text{Sektor HBE}} = \frac{\varphi}{360°} \cdot r^2 \cdot \pi = \frac{45°}{360°} \cdot (2\text{ cm})^2 \cdot \pi = \frac{1}{2}\pi\text{ cm}^2$$

$r = |\overline{EB}| = \frac{1}{2}|\overline{AB}| = 2\text{ cm}$ und $\varphi = \sphericalangle HBE = 45°$, da die Diagonale $\overline{BD}$ den 90°-Winkel halbiert.

$$A_{\Delta AEF} = \frac{1}{2} \cdot g \cdot h = \frac{1}{2} \cdot 2\text{ cm} \cdot 2\text{ cm} = 2\text{ cm}^2$$

Berechnung des Flächeninhalts:

$$A_{\text{Pilz}} = A_{\text{Viertelkreis}} - 2 \cdot A_{\text{Sektor HBE}} - A_{\Delta AEF}$$

$$A_{\text{Pilz}} = 4\pi\text{ cm}^2 - 2 \cdot \frac{1}{2}\pi\text{ cm}^2 - 2\text{ cm}^2$$

$$A_{\text{Pilz}} = (3\pi - 2)\text{ cm}^2$$

$$A_{\text{Pilz}} = 7{,}42\text{ cm}^2$$

Formel zur Berechnung des Umfangs:

$$u = |\overline{FE}| + \overset{\frown}{HE} + |\overline{HB}| + \overset{\frown}{BD} + |\overline{DG}| + \overset{\frown}{FG}$$

Summe aller Begrenzungslinien

Berechnung der Teilstücke:

$$|\overline{FE}| = \sqrt{(2\text{ cm})^2 + (2\text{ cm})^2} = \sqrt{8}\text{ cm} = 2{,}83\text{ cm}$$

Satz des Pythagoras im Dreieck AEF

$$\overset{\frown}{HE} = \frac{\varphi}{180°} \cdot r \cdot \pi = \frac{45°}{180°} \cdot 2\text{ cm} \cdot \pi = \frac{1}{2}\pi\text{ cm} = \overset{\frown}{FG}$$

$$|\overline{HB}| = 2\text{ cm} = |\overline{DG}|$$

Radius des Sektors HBE = 2 cm

$$\overset{\frown}{BD} = \frac{90°}{180°} \cdot 4\text{ cm} \cdot \pi = 2\pi\text{ cm} = 6{,}28\text{ cm}$$

Bogenlänge mit $r = 4$ cm und $\varphi = 90°$

Berechnung des Umfangs:

$$u = |\overline{FE}| + 2 \cdot \overset{\frown}{HE} + 2 \cdot |\overline{HB}| + \overset{\frown}{BD}$$

$$u = \sqrt{8}\text{ cm} + 2 \cdot \frac{1}{2}\pi\text{ cm} + 2 \cdot 2\text{ cm} + 2\pi\text{ cm}$$

$$u = \sqrt{8}\text{ cm} + 3\pi\text{ cm} + 4\text{ cm}$$

$$u = 16{,}25\text{ cm}$$

Hinweise und Tipps

## 1.8 Raumgeometrie

**86** Zeichnung:

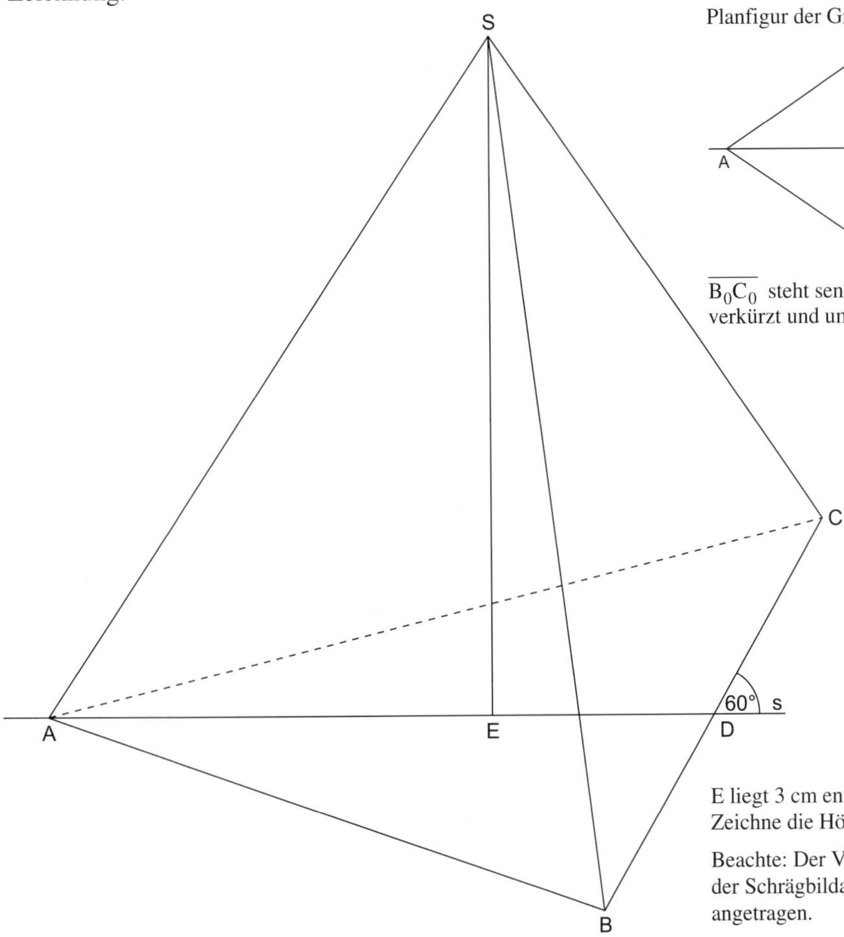


Planfigur der Grundfläche:

$\overline{B_0C_0}$ steht senkrecht auf s, wird also mit $q = \frac{1}{2}$ verkürzt und um $\omega = 60°$ verzerrt.

E liegt 3 cm entfernt von D auf $\overline{AD}$.
Zeichne die Höhe $\overline{ES}$ in Originallänge ein.

Beachte: Der Verzerrungswinkel ω wird immer von der Schrägbildachse aus gegen den Uhrzeigersinn angetragen.

---

**87** Zeichnung:

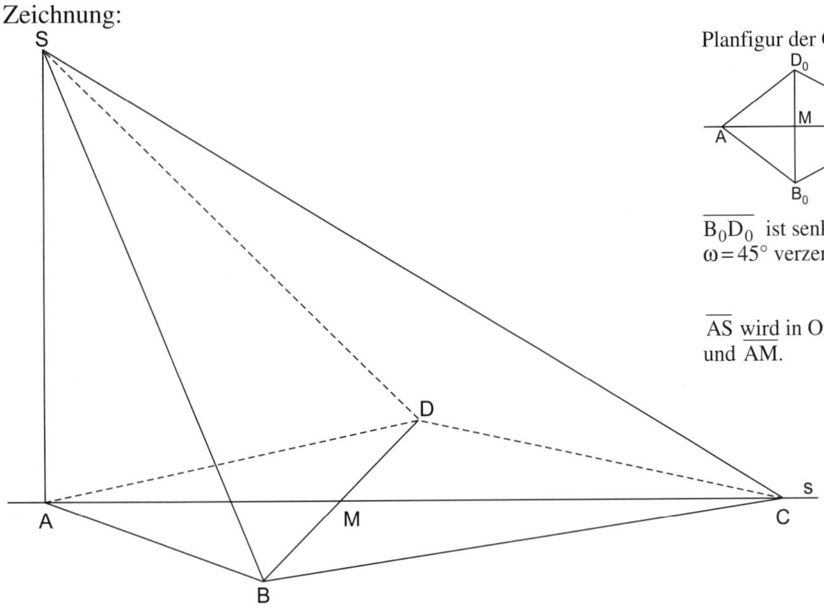


Planfigur der Grundfläche:

$\overline{B_0D_0}$ ist senkrecht zu s und wird mit $q = \frac{1}{2}$ und $\omega = 45°$ verzerrt und verkürzt.

$\overline{AS}$ wird in Originallänge eingezeichnet, ebenso $\overline{AC}$ und $\overline{AM}$.

**88** a)

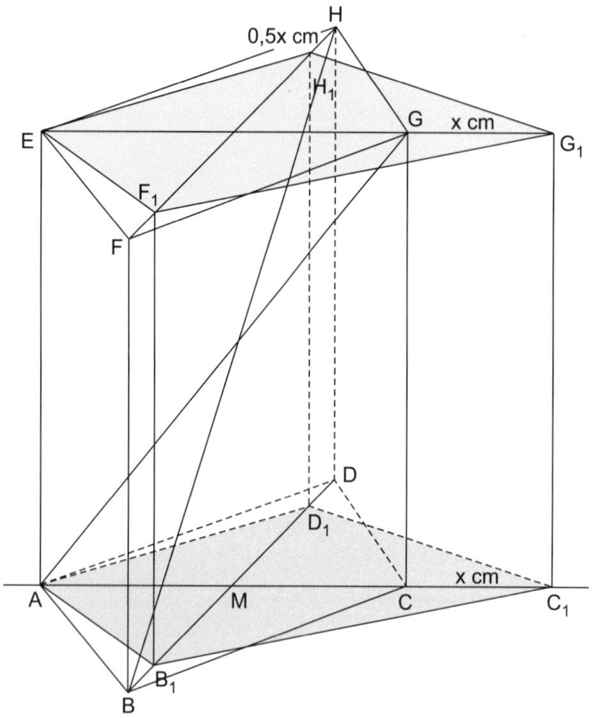


*Hinweise und Tipps*

- Zeichne $\overline{AC}$ in Originalgröße auf s.
- $\overline{BD}$ wird mit $\omega = 45°$ und $q = 0{,}5$ verzerrt und verkürzt.

$|\overline{AE}| = 6\text{ cm} = |\overline{DH}| = |\overline{BF}| = |\overline{CG}|$

b) $|\overline{AG}|$ im Dreieck ACG (rechtwinklig):

$$|\overline{AG}| = \sqrt{|\overline{AC}|^2 + |\overline{CG}|^2} = \sqrt{5^2 + 6^2}\text{ cm} = 7{,}81\text{ cm}$$

Ebenso $\overline{HB}$ im Dreieck BDH:

$$|\overline{HB}| = \sqrt{|\overline{BD}|^2 + |\overline{DH}|^2} = \sqrt{8^2 + 6^2}\text{ cm} = 10\text{ cm}$$

c) $V = A_G \cdot h = \frac{1}{2} \cdot 5\text{ cm} \cdot 8\text{ cm} \cdot 6\text{ cm} = 120\text{ cm}^3$

$A_G = \frac{1}{2} \cdot |\overline{AC}| \cdot |\overline{BD}|$ (Raute)

$A_O = 4 \cdot A_{ABFE} + 2 \cdot A_G$

Die Seiten der Raute sind gleich lang, also sind alle Seitenflächen gleich große Rechtecke.

$A_O = 4 \cdot |\overline{AB}| \cdot |\overline{BF}| + 2 \cdot \frac{1}{2} \cdot 5\text{ cm} \cdot 8\text{ cm}$

Berechne $|\overline{AB}|$ im rechtwinkligen Dreieck ABM.

$A_O = 4 \cdot \sqrt{4^2 + 2{,}5^2}\text{ cm} \cdot 6\text{ cm} + 40\text{ cm}^2$

$A_O = 4 \cdot 4{,}72\text{ cm} \cdot 6\text{ cm} + 40\text{ cm}^2$

$A_O = 153{,}28\text{ cm}^2$

d) Siehe Zeichnung in Teilaufgabe a

$|\overline{CC_1}| = 2$ cm wird in Originalgröße eingezeichnet. $|\overline{BB_1}| = |\overline{DD_1}| = 1$ cm wird um den Faktor $q = 0{,}5$ verkürzt gezeichnet. In der Zeichnung ist die Strecke also nur 0,5 cm lang!

e) $V = A_G \cdot h$

Welche Strecken sind abhängig von x?

$V = \frac{1}{2} \cdot |\overline{AC}|(x) \cdot |\overline{BD}|(x) \cdot h$

$|\overline{AC}|$ wird um x cm verlängert: $|\overline{AC}|(x) = (5 + x)$ cm

$|\overline{BD}|$ wird um $2 \cdot 0{,}5x$ cm verkürzt:

$|\overline{BD}|(x) = (8 - 2 \cdot 0{,}5x)\text{ cm} = (8 - x)$ cm

$V(x) = \frac{1}{2} \cdot (5 + x)\text{ cm} \cdot (8 - x)\text{ cm} \cdot 6\text{ cm}$

Die Höhe h ändert sich nicht!

$V(x) = 3 \cdot (5 + x) \cdot (8 - x)\text{ cm}^3$

$V(x) = 3 \cdot (40 - 5x + 8x - x^2)\text{ cm}^3$

Hinweise und Tipps

$V(x) = 3 \cdot (-x^2 + 3x + 40)\ \text{cm}^3$

$V(x) = (-3x^2 + 9x + 120)\ \text{cm}^3$

f) Extremwertbestimmung mit quadratischer Ergänzung:

$V(x) = -3[x^2 - 3x - 40]\ \text{cm}^3$

$V(x) = -3[x^2 - 3x + 1{,}5^2 - 1{,}5^2 - 40]\ \text{cm}^3$

$V(x) = -3[(x - 1{,}5)^2 - 42{,}25]\ \text{cm}^3$

$V(x) = [-3(x - 1{,}5)^2 + 126{,}75]\ \text{cm}^3$

$V_{max} = 126{,}75\ \text{cm}^3$ für $x = 1{,}5$

g) $\begin{array}{|ll} & V(x) = (-3x^2 + 9x + 120)\ \text{cm}^3 \\ \wedge & V = 126\ \text{cm}^3 \\ \hline \end{array}$

$\Rightarrow\ -3x^2 + 9x + 120 = 126 \quad (\text{I} = \text{II}) \qquad |-126$

$\Leftrightarrow\ -3x^2 + 9x - 6 = 0$

Ausgangsform für die Lösungsformel
$a = -3;\ b = 9;\ c = -6$

$D = 9^2 - 4 \cdot (-3) \cdot (-6) = 9$

$\Leftrightarrow\ x_{1/2} = \dfrac{-9 \pm \sqrt{9}}{2 \cdot (-3)}$

$x_1 = 1 \ \vee\ x_2 = 2$

$L = \{1; 2\}$

Für die x-Werte 1 und 2 entstehen Prismen mit einem Volumen von $126\ \text{cm}^3$.

---

**89** a) Zeichnung:

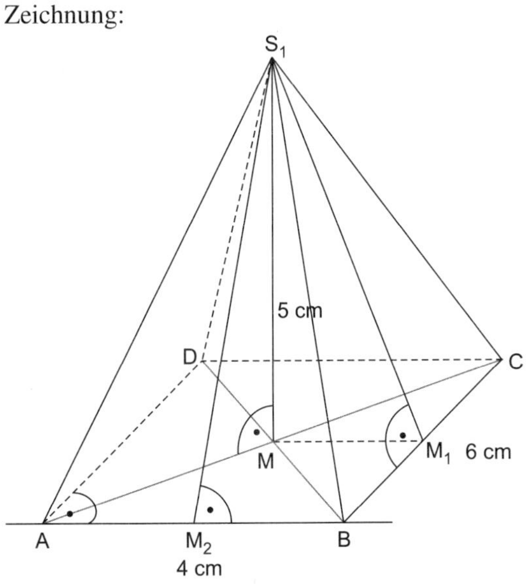


- Zeichne $\overline{AB}$ in Originallänge auf s.
- $\overline{BC}$ wird mit $\omega = 45°$ und $q = \frac{1}{2}$ verzerrt und verkürzt.
- Zeichne $\overline{MS_1}$ in Originallänge.

b) $|\overline{S_1A}| = |\overline{S_1B}| = |\overline{S_1C}| = |\overline{S_1D}|$

Gerade Pyramide $\Rightarrow$ alle Seitenkanten gleich lang

Berechnung der Länge der Diagonale $\overline{AC}$ im Dreieck ABC:

$|\overline{AC}| = \sqrt{4^2 + 6^2}\ \text{cm} = \sqrt{52}\ \text{cm} \ \Rightarrow\ |\overline{AM}| = \frac{1}{2} \cdot \sqrt{52}\ \text{cm}$

Berechnung von $|\overline{S_1A}|$ im Dreieck $AMS_1$:

$|\overline{S_1A}| = \sqrt{|\overline{AM}|^2 + |\overline{MS_1}|^2} = \sqrt{\left(\frac{1}{2} \cdot \sqrt{52}\right)^2 + 5^2}\ \text{cm} = 6{,}16\ \text{cm}$

Hinweise und Tipps

Berechnung der Oberfläche:

$A_O = A_G + M$

$A_{\Delta BCS_1} = \frac{1}{2} \cdot |\overline{BC}| \cdot |\overline{M_1S_1}|$

Dreiecksbezeichnungen wie im Schrägbild

Berechnung von $|\overline{M_1S_1}|$ im Dreieck $BM_1S_1$:

$BM_1S_1$ ist rechtwinklig in $M_1$.

$|\overline{M_1S_1}| = \sqrt{|\overline{S_1B}|^2 - |\overline{BM_1}|^2} = \sqrt{6{,}16^2 - 3^2}\ \text{cm} = 5{,}38\ \text{cm}$

Im Dreieck $BM_1S_1$ ist $\overline{M_1S_1}$ Kathete und nicht Hypotenuse.

$A_{\Delta BCS_1} = \frac{1}{2} \cdot 6\ \text{cm} \cdot 5{,}38\ \text{cm} = 16{,}14\ \text{cm}^2$

Möglich wäre auch die Berechnung im Dreieck $MM_1S_1$.

Berechnung von $|\overline{S_1M_2}|$ im Dreieck $M_2MS_1$:

$|\overline{S_1M_2}| = \sqrt{|\overline{M_2M}|^2 + |\overline{MS_1}|^2} = \sqrt{3^2 + 5^2}\ \text{cm} = \sqrt{34}\ \text{cm}$

oder im Dreieck $M_2BS_1$:

$|\overline{S_1M_2}| = \sqrt{|\overline{BS_1}|^2 - |\overline{M_2B}|^2} = \sqrt{6{,}16^2 - 2^2}\ \text{cm} = 5{,}83\ \text{cm}$

Die Abweichung zur anderen Lösungsvariante ist rundungsbedingt.

$A_{\Delta ABS_1} = \frac{1}{2} \cdot 4\ \text{cm} \cdot \sqrt{34}\ \text{cm} = 2 \cdot \sqrt{34}\ \text{cm}^2$

$A_O = A_G + M$

$A_O = A_{ABCD} + 2 \cdot A_{\Delta BCS_1} + 2 \cdot A_{\Delta ABS_1}$

$A_O = 4\ \text{cm} \cdot 6\ \text{cm} + 2 \cdot 16{,}14\ \text{cm}^2 + 2 \cdot 2 \cdot \sqrt{34}\ \text{cm}^2$

$A_O = 79{,}60\ \text{cm}^2$

Berechnung des Volumens:

$V = \frac{1}{3} \cdot A_G \cdot h = \frac{1}{3} \cdot 24\ \text{cm}^2 \cdot 5\ \text{cm} = 40\ \text{cm}^3$

Vergleiche das Ergebnis mit dem Ergebnis der nachfolgenden Aufgabe.

---

**90** a) Zeichnung:

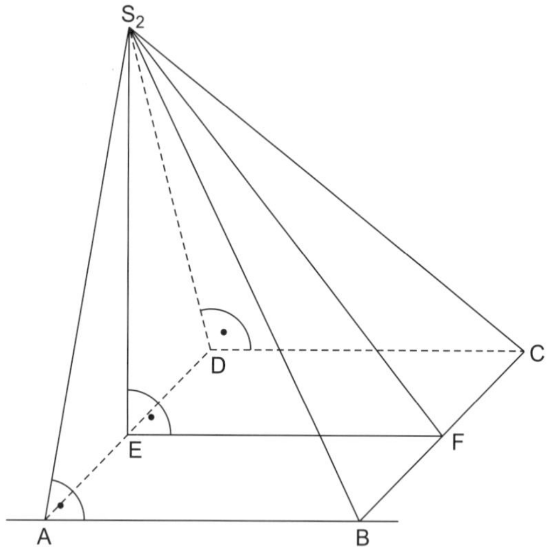


b) Länge der Seitenkanten:

Dreieck $ADS_2$ ist gleichschenklig, also $|\overline{S_2A}| = |\overline{S_2D}|$.

Dreieck $BCS_2$ ist gleichschenklig, also $|\overline{S_2B}| = |\overline{S_2C}|$.

Im Dreieck $AES_2$ gilt:

$|\overline{S_2A}| = \sqrt{|\overline{AE}|^2 + |\overline{ES_2}|^2} = \sqrt{3^2 + 5^2}\ \text{cm} = \sqrt{34}\ \text{cm}$

Hinweise und Tipps

Im Dreieck $ABS_2$ gilt:

$|\overline{BS_2}| = \sqrt{|\overline{AB}|^2 + |\overline{S_2A}|^2} = \sqrt{4^2 + \sqrt{34}^2}\text{ cm} = 7{,}07\text{ cm}$

Obwohl das Schrägbild die Anschauung trügt, ist Dreieck $ABS_2$ rechtwinklig bei A!

Berechnung der Teilflächen der Mantelfläche:

$A_{\Delta ABS_2} = A_{\Delta DCS_2}$

Die Dreiecke $ABS_2$ und $DCS_2$ sind gleich groß und rechtwinklig.

$A_{\Delta ABS_2} = \frac{1}{2} \cdot |\overline{AB}| \cdot |\overline{S_2A}| = \frac{1}{2} \cdot 4\text{ cm} \cdot \sqrt{34}\text{ cm} = 2 \cdot \sqrt{34}\text{ cm}^2$

$A_{\Delta ADS_2} = \frac{1}{2} \cdot |\overline{AD}| \cdot |\overline{S_2E}| = \frac{1}{2} \cdot 6\text{ cm} \cdot 5\text{ cm} = 15\text{ cm}^2$

$A_{\Delta BCS_2} = \frac{1}{2} \cdot |\overline{BC}| \cdot |\overline{S_2F}|$

Berechnung von $|\overline{FS_2}|$ im Dreieck $EFS_2$:

Betrachte das Schrägbild!

$|\overline{FS_2}| = \sqrt{|\overline{EF}|^2 + |\overline{S_2E}|^2} = \sqrt{4^2 + 5^2}\text{ cm} = 6{,}40\text{ cm}$

$A_{\Delta BCS_2} = \frac{1}{2} \cdot 6\text{ cm} \cdot 6{,}40\text{ cm} = 19{,}2\text{ cm}^2$

Berechnung der Oberfläche:

$A_O = A_M + A_G$

$A_O = 2 \cdot A_{\Delta ABS_2} + A_{\Delta BCS_2} + A_{\Delta ADS_2} + A_G$

$A_O = 2 \cdot 2 \cdot \sqrt{34}\text{ cm}^2 + 19{,}2\text{ cm}^2 + 15\text{ cm}^2 + 24\text{ cm}^2$

$A_O = 81{,}52\text{ cm}^2$

Berechnung des Volumens:

$V = \frac{1}{3} \cdot A_G \cdot h = \frac{1}{3} \cdot 24\text{ cm}^2 \cdot 5\text{ cm} = 40\text{ cm}^3$

Vergleiche das Ergebnis mit dem Ergebnis der vorhergehenden Aufgabe.
Beide Pyramiden haben die gleiche Grundfläche und die gleiche Höhe. Nach dem Satz des Cavalieri also auch das gleiche Volumen.

---

**91** a) Zeichnung:

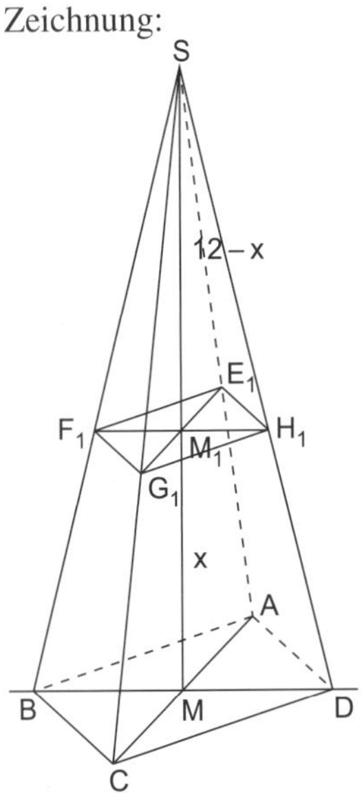


(Verkleinerte Darstellung im Maßstab 1 : 2)

Alle Kanten der Schnittfläche sind parallel zu den Kanten der Grundfläche.

- Zeichne $M_1$ 5 cm über M ein.
- Zeichne $\overline{G_1E_1}$ parallel zu $\overline{CA}$ durch $M_1$.
- Zeichne $\overline{F_1H_1}$ parallel zu $\overline{BD}$ durch $M_1$.
- Zeichne die Raute $E_1F_1G_1H_1$ ein.

b) Einzeichnen des Pyramidenstumpfes $ABCDE_1F_1G_1H_1$

Hinweise und Tipps

c) Berechnung der Diagonalen mithilfe des Strahlensatzes:

$$\frac{|\overline{F_1H_1}|}{|\overline{BD}|} = \frac{|\overline{SM_1}|}{|\overline{SM}|} \quad |\cdot|\overline{BD}|$$

$$|\overline{F_1H_1}| = \frac{7\text{ cm}}{12\text{ cm}} \cdot 6\text{ cm}$$

$$|\overline{F_1H_1}| = 3{,}5\text{ cm}$$

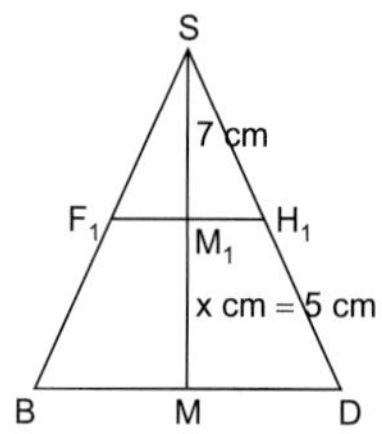


Analog gilt:

$$\frac{|\overline{G_1E_1}|}{|\overline{CA}|} = \frac{|\overline{SM_1}|}{|\overline{SM}|} \quad |\cdot|\overline{CA}|$$

$$|\overline{G_1E_1}| = \frac{7\text{ cm}}{12\text{ cm}} \cdot 8\text{ cm}$$

$$|\overline{G_1E_1}| = 4\frac{2}{3}\text{ cm}$$

Berechnung der Seitenlängen der Schnittfläche:
Satz des Pythagoras im Dreieck $G_1H_1M_1$:

$$|\overline{G_1H_1}| = \sqrt{|\overline{M_1G_1}|^2 + |\overline{H_1M_1}|^2} = \sqrt{2{,}34^2 + 1{,}75^2}\text{ cm} = 2{,}92\text{ cm}$$

In einer Raute stehen die Diagonalen aufeinander senkrecht.
$|\overline{M_1G_1}| = \frac{1}{2} \cdot |\overline{G_1E_1}|$; $|\overline{H_1M_1}| = \frac{1}{2} \cdot |\overline{F_1H_1}|$

oder:

Satz des Pythagoras im Dreieck CDM:

$$|\overline{CD}| = \sqrt{|\overline{DM}|^2 + |\overline{MC}|^2} = \sqrt{3^2 + 4^2}\text{ cm} = 5\text{ cm}$$

Strahlensatz für parallele Ebenen:

$$\frac{|\overline{G_1H_1}|}{|\overline{CD}|} = \frac{|\overline{SM_1}|}{|\overline{SM}|} \quad |\cdot|\overline{CD}|$$

$$|\overline{G_1H_1}| = \frac{7\text{ cm}}{12\text{ cm}} \cdot 5\text{ cm}$$

$$|\overline{G_1H_1}| = 2\frac{11}{12} = 2{,}92\text{ cm}$$

$E_1F_1G_1H_1$ ist eine Raute wie ABCD und somit sind alle Seiten gleich lang.

d) Volumen des Pyramidenstumpfes:

Schneidet eine zur Grundfläche parallele Ebene einer Pyramide die Spitze ab, so nennt man den entstehenden Restkörper Pyramidenstumpf.

$$V_{\text{Stumpf}} = V_{ABCDS} - V_{E_1F_1G_1H_1S}$$

$$V_{\text{Stumpf}} = \frac{1}{3} \cdot \underbrace{\frac{1}{2} \cdot |\overline{CA}| \cdot |\overline{BD}|}_{A_G} \cdot \underbrace{|\overline{MS}|}_{h} - \frac{1}{3} \cdot \underbrace{\frac{1}{2} \cdot |\overline{G_1E_1}| \cdot |\overline{F_1H_1}|}_{A_G} \cdot \underbrace{|\overline{M_1S}|}_{h}$$

$$V_{\text{Stumpf}} = \frac{1}{6} \cdot 8\text{ cm} \cdot 6\text{ cm} \cdot 12\text{ cm} - \frac{1}{6} \cdot 4\frac{2}{3}\text{ cm} \cdot 3{,}5\text{ cm} \cdot 7\text{ cm}$$

$$V_{\text{Stumpf}} = 76{,}94\text{ cm}^3$$

e) Strahlensatz für parallele Ebenen mit Zentrum S:

$$\frac{|\overline{G_nH_n}|}{|\overline{CD}|} = \frac{|\overline{SM_n}|}{|\overline{SM}|}$$

$$\frac{|\overline{G_nH_n}|}{5\text{ cm}} = \frac{(12-x)\text{ cm}}{12\text{ cm}} \quad |\cdot 5\text{ cm}$$

$$|\overline{G_nH_n}| = \frac{12-x}{12} \cdot 5\text{ cm}$$

Hinweise und Tipps

$|\overline{G_nH_n}| = \frac{60-5x}{12}$ cm

Kürze mit 12.

$|\overline{G_nH_n}| = \left(5 - \frac{5}{12}x\right)$ cm

f) Berechnung von $|\overline{D_nH_n}|$ in Abhängigkeit von x:

Zuerst: $|\overline{DS}| = \sqrt{|\overline{SM}|^2 + |\overline{MD}|^2} = \sqrt{12^2+3^2}$ cm $= \sqrt{153}$ cm

Rechtwinkliges Dreieck MDS

1. Strahlensatz:

$$\frac{|\overline{SM_n}|}{|\overline{SM}|} = \frac{|\overline{SH_n}|}{|\overline{SD}|}$$

$$\frac{(12-x)\text{ cm}}{12\text{ cm}} = \frac{|\overline{SH_n}|}{\sqrt{153}\text{ cm}}$$

$$|\overline{SH_n}| = \frac{12-x}{12} \cdot \sqrt{153}\text{ cm}$$

$$|\overline{SH_n}| = \frac{\sqrt{153}}{12} \cdot (12-x)\text{ cm}$$

$$|\overline{H_nD}| = |\overline{SD}| - |\overline{SH_n}|$$

$$|\overline{H_nD}|(x) = \sqrt{153}\text{ cm} - \sqrt{153} \cdot \frac{12-x}{12}\text{ cm}$$

Klammere $\sqrt{153}$ aus.

$$|\overline{H_nD}|(x) = \sqrt{153} \cdot \left(1 - \frac{12-x}{12}\right)\text{ cm} = \sqrt{153} \cdot \frac{x}{12}\text{ cm}$$

**92** $V = r_i^2 \cdot \pi \cdot h$

$V = (8\text{ cm})^2 \cdot \pi \cdot 100\text{ cm}$

$V = 20\,106{,}20\text{ cm}^3$ $\quad | 1\text{ dm}^3 = 1\,000\text{ cm}^3$

$V = 20{,}11\text{ dm}^3$ $\quad | 1\text{ dm}^3 = 1\ \ell$

$V = 20{,}11\ \ell$

Für das Fassungsvermögen ist der Hohlraum entscheidend. Sein Radius ist $r_i = 8$ cm.

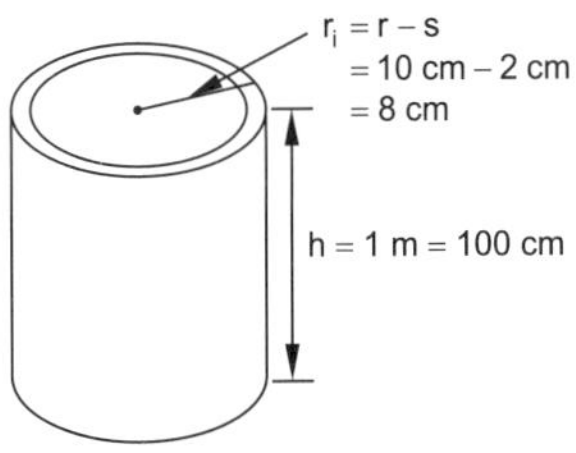


$A_{Kreisring} = r^2 \cdot \pi - r_i^2 \cdot \pi = (10\text{ cm})^2 \cdot \pi - (8\text{ cm})^2 \cdot \pi = 113{,}10\text{ cm}^2$

$A_{M_i} = 2 \cdot r_i \cdot \pi \cdot h = 2 \cdot 8\text{ cm} \cdot \pi \cdot 100\text{ cm} = 5\,026{,}55\text{ cm}^2$

$A_{M_a} = 2 \cdot r \cdot \pi \cdot h = 2 \cdot 10\text{ cm} \cdot \pi \cdot 100\text{ cm} = 6\,283{,}19\text{ cm}^2$

$O = 2 \cdot A_{Kreisring} + A_{M_i} + A_{M_a} = 11\,535{,}94\text{ cm}^2 = 115{,}36\text{ dm}^2 = 1{,}15\text{ m}^2$

Die Oberfläche ist die Summe aller Begrenzungsflächen. Dazu gehören 2 Kreisringe („oben und unten") sowie die Mantelflächen innen und außen.

**93** Die Banderole ist um 1 cm länger als der Umfang:

$u = 23\text{ cm} - 1\text{ cm} = 22\text{ cm}$

Die Banderole ist der rechteckige Papierstreifen, der um die Dose gewickelt wird. Beachte: Die Enden des Streifens überlappen 1 cm.

Berechnung des Radius der Dose:

$u = 2 \cdot r \cdot \pi$ $\quad | : 2\pi$

$\Rightarrow \quad r = \frac{u}{2 \cdot \pi} = \frac{22\text{ cm}}{2 \cdot \pi} = 3{,}50\text{ cm}$

Das Volumen des „gefüllten" Zylinders beträgt $0{,}33\ \ell = 0{,}33\text{ dm}^3 = 330\text{ cm}^3$:

$V = r^2 \cdot \pi \cdot h_F$ $\quad | : (r^2 \cdot \pi)$

$\Rightarrow \quad h_F = \frac{V}{r^2 \cdot \pi} = \frac{330\text{ cm}^3}{(3{,}5\text{ cm})^2 \cdot \pi} = 8{,}57\text{ cm}$

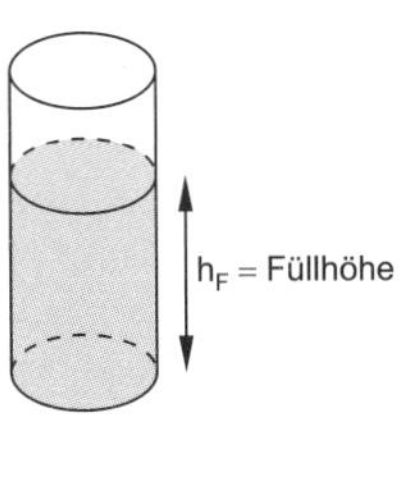


Gesamtvolumen der Dose:

$V_{Dose} = r^2 \cdot \pi \cdot h = (3{,}5\text{ cm})^2 \cdot \pi \cdot 12\text{ cm} = 461{,}81\text{ cm}^3$

Hinweise und Tipps

Berechnung des Prozentsatzes mithilfe der Prozentformel:

$$\frac{PW}{GW} = \frac{p}{100}$$

$PW = 330\ cm^3$; $GW = 461{,}81\ cm^3$

$$\Rightarrow \quad p = \frac{PW}{GW} \cdot 100 = \frac{330\ cm^3}{461{,}81\ cm^3} \cdot 100 = 71{,}46$$

Die Dose ist zu 71,46 % gefüllt.

---

**94** a) Axialschnitt:

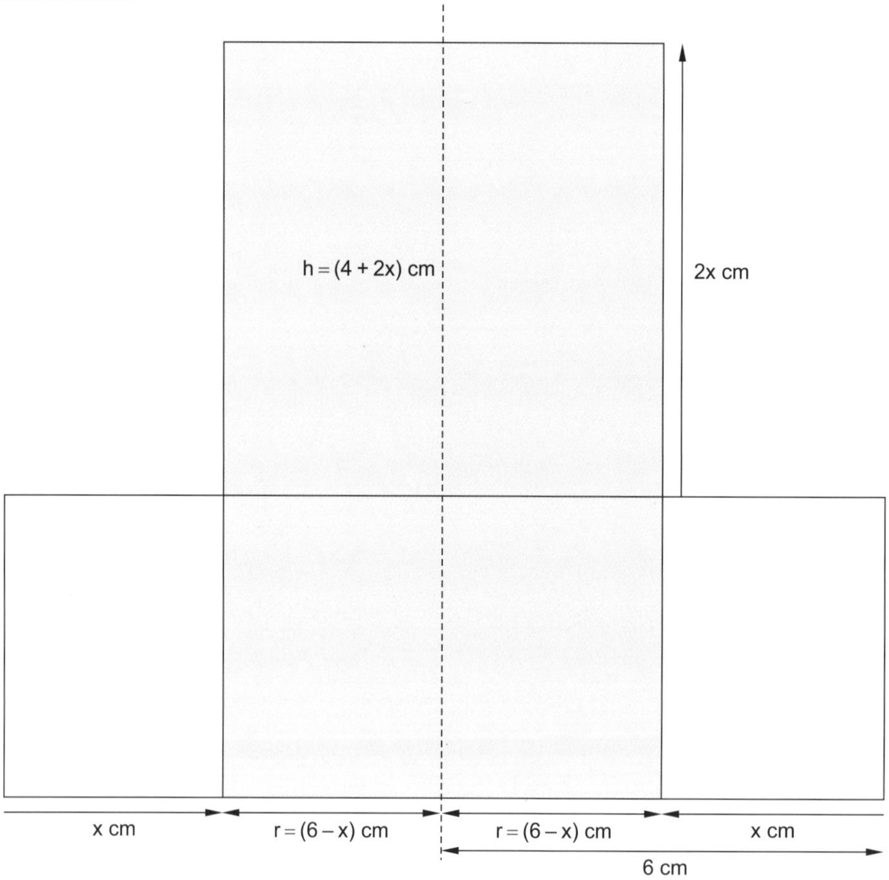


b)
$$A_M = 2 \cdot r \cdot \pi \cdot h$$
$$A_M(x) = 2 \cdot (6-x) \cdot \pi \cdot (4+2x)\ cm^2$$
$$A_M(x) = (12-2x) \cdot (4+2x) \cdot \pi\ cm^2$$
$$A_M(x) = (48+24x-8x-4x^2) \cdot \pi\ cm^2$$
$$A_M(x) = (-4x^2+16x+48) \cdot \pi\ cm^2$$

c)
$$A_M(x) = \{-4x^2+16x+48\} \cdot \pi\ \ cm^2$$
$$A_M(x) = \{-4 \cdot [x^2-4x-12]\} \cdot \pi\ \ cm^2$$
$$A_M(x) = \{-4 \cdot [x^2-4x+2^2-2^2-12]\} \cdot \pi\ \ cm^2$$
$$A_M(x) = \{-4 \cdot [(x-2)^2-16]\} \cdot \pi\ \ cm^2$$
$$A_M(x) = \{-4 \cdot (x-2)^2+64\} \cdot \pi\ \ cm^2$$

Extremwertbestimmung innerhalb der geschweiften Klammer!

$$A_{M_{max}} = 64\pi\ cm^2 \text{ für } x = 2$$

Der Extremwert in der Klammer wird noch mit π multipliziert.

d)
$$\begin{array}{|l} A_M(x) = (-4x^2+16x+48) \cdot \pi\ cm^2 \\ \wedge \quad A_M = 150\ cm^2 \end{array}$$

$$\Rightarrow \quad (-4x^2+16x+48) \cdot \pi = 150 \quad (I = II) \quad |:\pi$$

Berechnung ohne Maßeinheiten

$\Leftrightarrow \quad -4x^2+16x+48=47{,}75 \quad |-47{,}75$

$\Leftrightarrow \quad -4x^2+16x+0{,}25=0$

$D=16^2-4\cdot(-4)\cdot 0{,}25=260$

$\Leftrightarrow \quad x_{1/2}=\dfrac{-16\pm\sqrt{260}}{-8}$

$(x_1=-0{,}02 \;\vee)\; x_2=4{,}02$

$L=\{4{,}02\}$

Hinweise und Tipps

Ausgangsform für die Lösungsformel
$a=-4;\ b=16;\ c=0{,}25$

Die Diskriminante $D=260$ ist größer als null
$\Rightarrow$ 2 Lösungen

Die Lösung $x_1$ scheidet aus. x wäre sonst eine negative Streckenlänge.

---

**95** a) Berechnung der Mantelfläche:
$A_M=r\cdot\pi\cdot m=2{,}5\text{ cm}\cdot\pi\cdot 5\text{ cm}=12{,}5\cdot\pi\text{ cm}^2$

Berechnung des Mittelpunktswinkels:

$A_M=\dfrac{\alpha}{360°}\cdot m^2\cdot\pi \quad \left|\cdot\dfrac{360°}{m^2\cdot\pi}\right.$

$\alpha=\dfrac{A_M\cdot 360°}{m^2\cdot\pi}$

$\alpha=\dfrac{12{,}5\cdot\pi\text{ cm}^2\cdot 360°}{(5\text{ cm})^2\cdot\pi}=\dfrac{12{,}5\text{ cm}^2\cdot 360°}{25\text{ cm}^2}=\dfrac{360°}{2}$

$\alpha=180°$

oder:

$\alpha=\dfrac{r}{m}\cdot 360°=\dfrac{2{,}5\text{ cm}}{5\text{ cm}}\cdot 360°=180°$

Der Axialschnitt des Kegels ist ein gleichseitiges Dreieck:

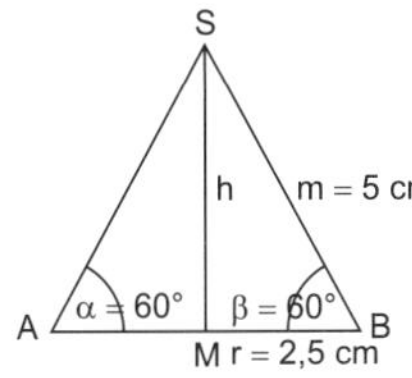


Abwicklung: Halbkreis!

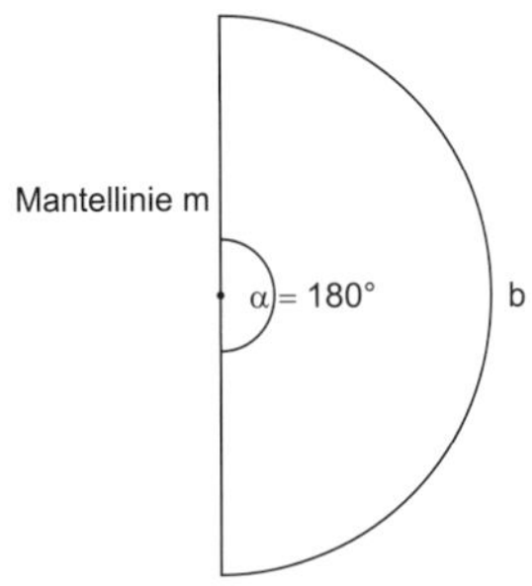


b) Ist der Axialschnitt eines Kegels ein gleichseitiges Dreieck, dann gilt allgemein:
$m=2\cdot r$

Es folgt:
$A_M=r\cdot\pi\cdot m=r\cdot\pi\cdot 2\cdot r=2r^2\pi$

Beachte: Die Mantelfläche ist in diesem Fall doppelt so groß wie der Grundkreis des Kegels ($r^2\pi$)!

Berechnung des Mittelpunktswinkels:

$A_M=\dfrac{\alpha}{360°}\cdot m^2\cdot\pi$

$A_M=\dfrac{\alpha}{360°}\cdot(2r)^2\cdot\pi$

$A_M=\dfrac{\alpha}{360°}\cdot 4r^2\cdot\pi \quad \left|\cdot\dfrac{360°}{4r^2\cdot\pi}\right.$

$\alpha=\dfrac{A_M\cdot 360°}{4r^2\cdot\pi}$

Setze $A_M=2r^2\pi$ ein.

$\alpha=\dfrac{2r^2\pi\cdot 360°}{4r^2\cdot\pi}$

$\alpha=\dfrac{2}{4}\cdot 360°=180°$

oder:

$\alpha=\dfrac{r}{m}\cdot 360°=\dfrac{r}{2r}\cdot 360°=\dfrac{1}{2}\cdot 360°=180°$

Der Mittelpunktswinkel ist also immer 180° groß und die Abwicklung somit ein Halbkreis.

**96** Differenz zweier Kegel:
DCS: Axialschnitt des „abgeschnittenen Kegels“ $K_1$
ABS: Axialschnitt des Ausgangskegels $K_2$
ABCD: Axialschnitt des Kegelstumpfes

Berechnung des Volumens:

$$V_{\text{Kegelstumpf}} = V_{K_2} - V_{K_1} = \frac{1}{3} \cdot r^2 \cdot \pi \cdot h - \frac{1}{3} \cdot (r')^2 \cdot \pi \cdot h'$$

Berechnung von $r' = |\overline{NC}|$ mit dem Strahlensatz:

$$\frac{|\overline{NC}|}{|\overline{MB}|} = \frac{|\overline{SN}|}{|\overline{SM}|} \qquad | \cdot |\overline{MB}|$$

$$|\overline{NC}| = \frac{|\overline{SN}|}{|\overline{SM}|} \cdot |\overline{MB}|$$

$$|\overline{NC}| = \frac{5\text{ cm}}{8\text{ cm}} \cdot 5\text{ cm}$$

$$|\overline{NC}| = 3{,}125\text{ cm}$$

$$V_{\text{Kegelstumpf}} = \frac{1}{3} \cdot (5\text{ cm})^2 \cdot \pi \cdot 8\text{ cm} - \frac{1}{3} \cdot (3{,}125\text{ cm})^2 \cdot \pi \cdot 5\text{ cm}$$

$$V_{\text{Kegelstumpf}} = 209{,}44\text{ cm}^3 - 51{,}13\text{ cm}^3$$

$$V_{\text{Kegelstumpf}} = 158{,}31\text{ cm}^3$$

Berechnung der Mantelfläche:

$$A_{M_{\text{Kegelstumpf}}} = A_{M_{K_2}} - A_{M_{K_1}} = r \cdot \pi \cdot m - r' \cdot \pi \cdot m'$$

Berechnung von m und m' in den rechtwinkligen Dreiecken MBS und NCS:

$$m = |\overline{BS}| = \sqrt{|\overline{MB}|^2 + |\overline{SM}|^2} = \sqrt{5^2 + 8^2}\text{ cm} = 9{,}43\text{ cm}$$

$$m' = |\overline{CS}| = \sqrt{|\overline{NC}|^2 + |\overline{SN}|^2} = \sqrt{3{,}125^2 + 5^2}\text{ cm} = 5{,}90\text{ cm}$$

$$A_{M_{\text{Kegelstumpf}}} = 5\text{ cm} \cdot \pi \cdot 9{,}43\text{ cm} - 3{,}125\text{ cm} \cdot \pi \cdot 5{,}90\text{ cm}$$

$$A_{M_{\text{Kegelstumpf}}} = 148{,}13\text{ cm}^2 - 57{,}92\text{ cm}^2$$

$$A_{M_{\text{Kegelstumpf}}} = 90{,}21\text{ cm}^2$$

Hinweise und Tipps

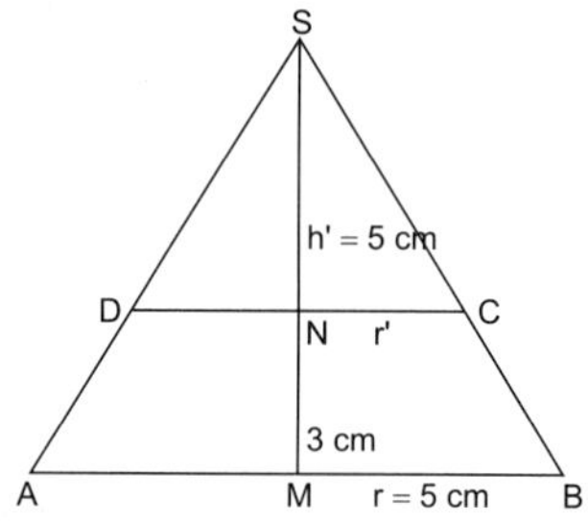


**97** a) Axialschnitt:

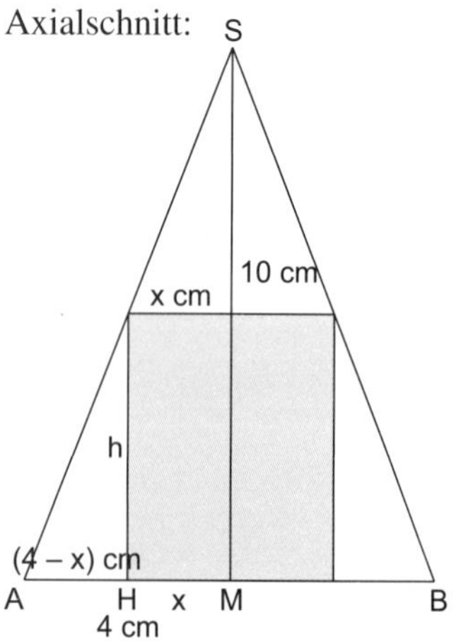


(Verkleinerte Darstellung im Maßstab 1 : 2)

„einbeschrieben“ heißt:
Die Eckpunkte liegen auf den Begrenzungslinien des umgebenden Körpers.

- Der Radius des Zylinders ist x = 2 cm!
- Zeichne eine Strecke parallel zu AB mit 4 cm Länge, deren Endpunkte auf den Mantellinien des Kegels liegen.

Hinweise und Tipps

b) Strahlensatz mit Zentrum A:

$$\frac{h}{|\overline{MS}|} = \frac{|\overline{AH}|}{|\overline{AM}|}$$

$$\frac{h(x)}{10\text{ cm}} = \frac{(4-x)\text{ cm}}{4\text{ cm}} \quad |\cdot 10\text{ cm}$$

$$h(x) = 2{,}5 \cdot (4-x)\text{ cm}$$

$$h(x) = (10-2{,}5x)\text{ cm}$$

c) $A_M(x) = 2 \cdot r \cdot \pi \cdot h(x)$

$A_M(x) = 2 \cdot x \cdot \pi \cdot (10-2{,}5x)\text{ cm}^2$ — $r_{Zyl} = x\text{ cm}$

$A_M(x) = (-5x^2 + 20x) \cdot \pi\text{ cm}^2$

d) $A_M(x) = (-5x^2 + 20x) \cdot \pi\text{ cm}^2$ — Ergänze den Term in der Klammer quadratisch.

$A_M(x) = \{-5[x^2 - 4x]\} \cdot \pi\text{ cm}^2$

$A_M(x) = \{-5[x^2 - 4x + 2^2 - 2^2]\} \cdot \pi\text{ cm}^2$

$A_M(x) = \{-5[(x-2)^2 - 4]\} \cdot \pi\text{ cm}^2$

$A_M(x) = \{-5(x-2)^2 + 20\} \cdot \pi\text{ cm}^2$

$A_{M_{max}} = 20\pi\text{ cm}^2$ für $x = 2$ — Faktor $\pi$ beim Extremwert nicht vergessen!

e) Mantelflächeninhalt des Kegels:

$A_M = r \cdot \pi \cdot m = r \cdot \pi \cdot \sqrt{4^2 + 10^2}\text{ cm} = 43{,}08\pi\text{ cm}^2$ — Berechne $m = |\overline{SA}|$ im rechtwinkligen Dreieck AMS.

Davon 50 %:

$0{,}5 \cdot 43{,}08\pi\text{ cm}^2 = 21{,}54\pi\text{ cm}^2$

$$\begin{array}{|ll} & A_M(x) = (-5x^2 + 20x) \cdot \pi\text{ cm}^2 \\ \wedge & A_M = 21{,}54\pi\text{ cm}^2 \end{array}$$

$\Rightarrow \quad (-5x^2 + 20x) \cdot \pi = 21{,}54\pi \quad (\text{I} = \text{II}) \quad |:\pi$

$\Leftrightarrow \quad -5x^2 + 20x = 21{,}54 \quad |-21{,}54$

$\Leftrightarrow \quad -5x^2 + 20x - 21{,}54 = 0$ — Ausgangsform für die Lösungsformel $a = -5;\ b = 20;\ c = -21{,}54$

$D = 20^2 - 4 \cdot (-5) \cdot (-21{,}54) = -30{,}8 < 0$

$L = \varnothing$

Es gibt keinen solchen Zylinder.

---

**98** a) Axialschnitt für $x = 2$:

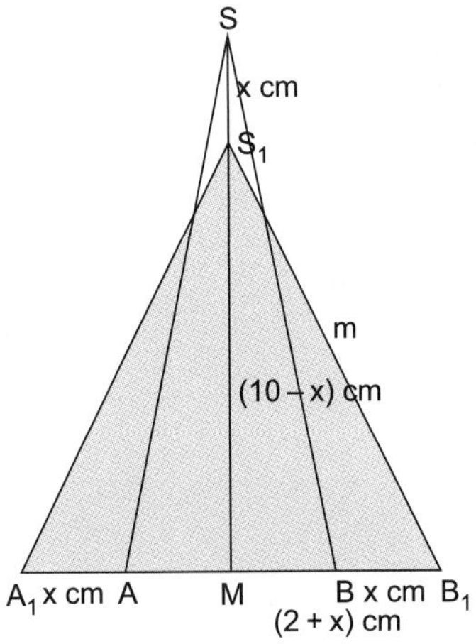


(Verkleinerte Darstellung im Maßstab 1 : 2)

b) $m^2 = |\overline{MB_n}|^2 + |\overline{S_nM}|^2 \quad |\sqrt{\ }$

$m(x) = \sqrt{(2+x)^2 + (10-x)^2}\text{ cm}$

$m(x) = \sqrt{4+4x+x^2+100-20x+x^2}\text{ cm}$

$m(x) = \sqrt{2x^2-16x+104}\text{ cm}$

c) $m(x) = \sqrt{2x^2-16x+104}\text{ cm}$

$m(x) = \sqrt{2[x^2-8x+52]}\text{ cm}$

$m(x) = \sqrt{2[x^2-8x+4^2-4^2+52]}\text{ cm}$

$m(x) = \sqrt{2[(x-4)^2+36]}\text{ cm}$

$m(x) = \sqrt{2(x-4)^2+72}\text{ cm}$

$m_{min} = \sqrt{72}\text{ cm für } x=4$

d) $m(x) = \sqrt{2x^2-16x+104}\text{ cm}$

$\wedge \quad m = 9\text{ cm}$

$\Rightarrow \sqrt{2x^2-16x+104} = 9 \quad (\text{I} = \text{II}) \quad |^2$

$\Rightarrow 2x^2-16x+104 = 81 \quad |-81$

$\Leftrightarrow 2x^2-16x+23 = 0$

$D = (-16)^2 - 4\cdot 2\cdot 23 = 72$

$\Leftrightarrow x_{1/2} = \dfrac{16 \pm \sqrt{72}}{2\cdot 2}$

$x_1 = 6{,}12 \vee x_2 = 1{,}88$

$L = \{1{,}88; 6{,}12\}$

**Hinweise und Tipps**

Rechne im rechtwinkligen Dreieck $MB_nS_n$.

Binomische Formeln!

Zur Bestimmung des Extremwerts ergänze den Term unter der Wurzel quadratisch.

Beachte: Der Term steht unter der Wurzel! Für den Extremwert muss noch die Wurzel gezogen werden.

Beidseitiges Quadrieren beseitigt die Wurzel.

Ausgangsform für die Lösungsformel:
$a=2;\ b=-16;\ c=23$

$D = b^2-4ac > 0 \Rightarrow$ Es gibt zwei solche Kegel!

---

**99** a) Fassungsvermögen $V_{Halbkugel}$:

$V_{Halbkugel} = \frac{1}{2}\cdot\frac{4}{3}\cdot r^3\cdot\pi$

$V_{Halbkugel} = \frac{1}{2}\cdot\frac{4}{3}\cdot|\overline{DE}|^3\cdot\pi$

$V_{Halbkugel} = \frac{1}{2}\cdot\frac{4}{3}\cdot(7{,}5\text{ cm})^3\cdot\pi = 281{,}25\cdot\pi\text{ cm}^3$

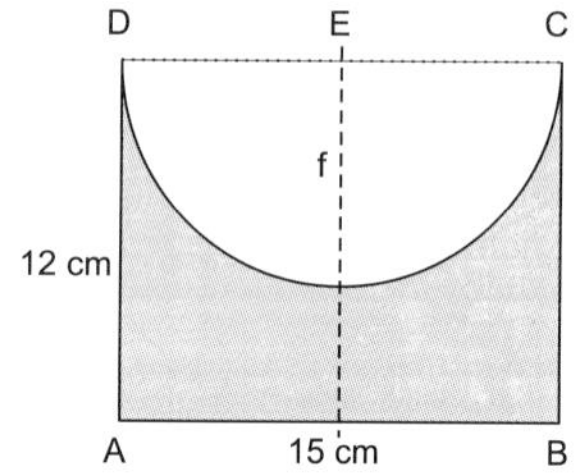


b) $V_{Zylinder} = r^2\cdot\pi\cdot h$

$V_{Zylinder} = |\overline{DE}|^2\cdot\pi\cdot|\overline{AD}|$

$V_{Zylinder} = (7{,}5\text{ cm})^2\cdot\pi\cdot 12\text{ cm}$

$V_{Zylinder} = 675\cdot\pi\text{ cm}^3$

$V_{Glaskörper} = V_{Zylinder} - V_{Halbkugel}$

$V_{Glaskörper} = 675\cdot\pi\text{ cm}^3 - 281{,}25\cdot\pi\text{ cm}^3$

$V_{Glaskörper} = 393{,}75\cdot\pi\text{ cm}^3 = 1\,237{,}00\text{ cm}^3$

Das Volumen der Schüssel ist das Volumen des Glaskörpers. (Zylinder, aus dem die Halbkugel ausgeschnitten wurde.)

c) Der Oberflächeninhalt setzt sich folgendermaßen zusammen:

$A_O = A_{Zylinder} + A_{M_{Zylinder}} + A_{O_{Halbkugel}}$

$A_{Zylinder} = r^2\cdot\pi = |\overline{DE}|^2\cdot\pi = (7{,}5\text{ cm})^2\cdot\pi = 56{,}25\pi\text{ cm}^2$

Hinweise und Tipps

$A_{M_{Zylinder}} = 2 \cdot r \cdot \pi \cdot h$
$A_{M_{Zylinder}} = 2 \cdot |\overline{DE}| \cdot \pi \cdot |\overline{AD}|$
$A_{M_{Zylinder}} = 2 \cdot 7{,}5\ cm \cdot \pi \cdot 12\ cm$
$A_{M_{Zylinder}} = 180\pi\ cm^2$

$A_{O_{Halbkugel}} = \frac{1}{2} \cdot 4 \cdot r^2 \cdot \pi$
$A_{O_{Halbkugel}} = \frac{1}{2} \cdot 4 \cdot |\overline{DE}|^2 \cdot \pi$
$A_{O_{Halbkugel}} = 2 \cdot (7{,}5\ cm)^2 \cdot \pi$
$A_{O_{Halbkugel}} = 112{,}5\pi\ cm^2$

$A_O = 56{,}25\pi\ cm^2 + 180\pi\ cm^2 + 112{,}5\pi\ cm^2$
$A_O = 348{,}75\pi\ cm^2 = 1095{,}63\ cm^2$

---

**100** a) Axialschnitt:

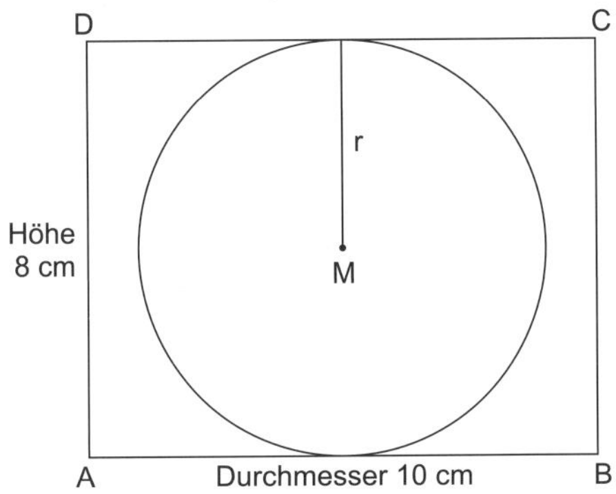


(Verkleinerte Darstellung im Maßstab 1 : 2)

Der Radius der Kugel ist durch die Höhe des Zylinders begrenzt. Also gilt: $r = 4$ cm.

Berechnung der Oberfläche:
$A_O = 4 \cdot r^2 \cdot \pi = 4 \cdot (4\ cm)^2 \cdot \pi = 64\pi\ cm^2 = 201{,}06\ cm^2$

Berechnung des Volumens:
$$V = \frac{4}{3} \cdot r^3 \cdot \pi = \frac{4}{3} \cdot (4\ cm)^3 \cdot \pi = 268{,}08\ cm^3$$

b) $V_{Zylinder} = r_{Zylinder}{}^2 \cdot \pi \cdot h = (5\ cm)^2 \cdot \pi \cdot 8\ cm = 628{,}32\ cm^3$

Anteil in Prozent:
$GW = 628{,}32\ cm^3$
$PW = 268{,}08\ cm^3$

Einsetzen in die Prozentformel:
$$\frac{p}{100} = \frac{268{,}08\ cm^3}{628{,}32\ cm^3} \qquad | \cdot 100$$
$$\Rightarrow \quad p = \frac{268{,}08}{628{,}32} \cdot 100 = 42{,}67$$

Der Anteil beträgt 42,67 %.

---

**101** Berechnung des Zylinderradius $r_Z$ im rechtwinkligen Dreieck HMD:

$|\overline{HM}| = \sqrt{|\overline{MD}|^2 - |\overline{DH}|^2} = \sqrt{5^2 - 3^2}\text{ cm} = 4\text{ cm} = r_Z$

$V_{Zylinder} = r_Z{}^2 \cdot \pi \cdot h = (4\text{ cm})^2 \cdot \pi \cdot 6\text{ cm} = 301{,}59\text{ cm}^3$

Hinweise und Tipps

Zeichne in den Kreis eine Sehne mit 6 cm Länge.

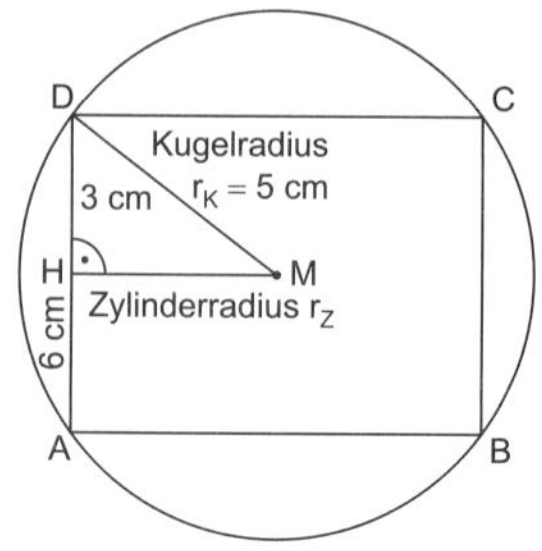


**102** Zunächst Berechnung von α im rechtwinkligen Dreieck AES:

$\tan\alpha = \dfrac{|\overline{ES}|}{|\overline{AE}|}$

$\tan\alpha = \dfrac{8\text{ cm}}{5\text{ cm}}$

$\tan\alpha = 1{,}6$

$\alpha = 57{,}99°$

Berechnung des Inkugelradius $r_i = |\overline{EM}|$ im rechtwinkligen Dreieck AEM:

$\tan\dfrac{\alpha}{2} = \dfrac{|\overline{EM}|}{|\overline{AE}|}$

$\tan 29° = \dfrac{|\overline{EM}|}{5\text{ cm}} \quad |\cdot 5\text{ cm}$

$|\overline{EM}| = 5\text{ cm} \cdot \tan 29°$

$|\overline{EM}| = 2{,}77\text{ cm} = r_i$

Berechnung des Umkugelradius $r_u = |\overline{MA}|$ im rechtwinkligen Dreieck AEM:

$|\overline{MA}| = \sqrt{|\overline{AE}|^2 + \overline{EM}|^2} = \sqrt{5^2 + 2{,}77^2} = 5{,}72\text{ cm} = r_u$

Berechnung der Kugelvolumina:

$V_{Inkugel} = \dfrac{4}{3} \cdot r_i{}^3 \cdot \pi = \dfrac{4}{3} \cdot (2{,}77\text{ cm})^3 \cdot \pi = 89{,}03\text{ cm}^3$

$V_{Umkugel} = \dfrac{4}{3} \cdot r_u{}^3 \cdot \pi = \dfrac{4}{3} \cdot (5{,}72\text{ cm})^3 \cdot \pi = 783{,}93\text{ cm}^3$

M ist der Schnittpunkt der Winkelhalbierenden im Dreieck ABS (Konstruktion des Inkreismittelpunkts!).

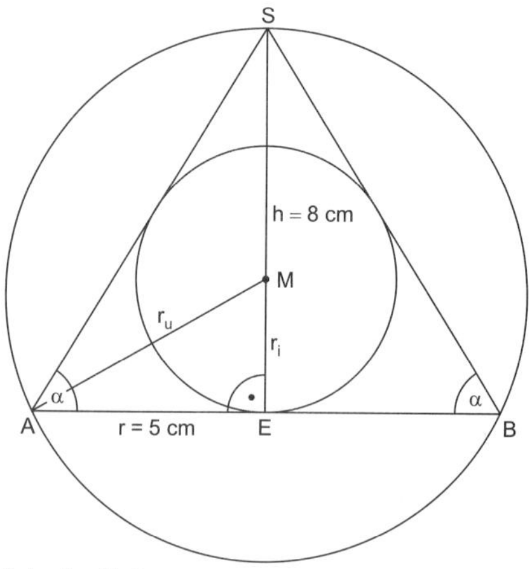


Satz des Pythagoras

Anmerkung: Der Radius geht in die Volumenformel der Kugeln in der 3. Potenz ein ($r^3$). Verdoppelt man den Radius r, so verachtfacht sich das Volumen!

$\dfrac{4}{3} \cdot \underset{\uparrow}{(2r)^3} \cdot \pi = \dfrac{4}{3} \cdot 8 \cdot r^3 \cdot \pi = \underset{\uparrow}{8} \cdot \underbrace{\dfrac{4}{3} \cdot r^3 \cdot \pi}_{V}$

doppelter Radius — 8-faches Volumen

**103** a) Zeichnung im Maßstab 1 : 2:

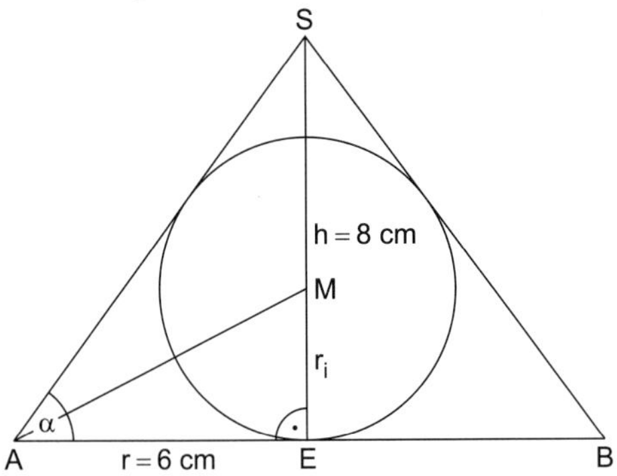


Zunächst Berechnung von α im rechtwinkligen Dreieck AES:

$$\tan\alpha = \frac{|\overline{ES}|}{|\overline{AE}|}$$

$$\tan\alpha = \frac{8\text{ cm}}{6\text{ cm}}$$

$$\alpha = 53{,}13°$$

Berechnung des Inkugelradius $r_i = |\overline{EM}|$ im rechtwinkligen Dreieck AEM:

$$\tan\frac{\alpha}{2} = \frac{|\overline{EM}|}{|\overline{AE}|}$$

$$\tan 26{,}57° = \frac{|\overline{EM}|}{6\text{ cm}} \qquad |\cdot 6\text{ cm}$$

$$|\overline{EM}| = 6\text{ cm}\cdot\tan 26{,}57°$$

$$|\overline{EM}| = 3{,}00\text{ cm} = r_i$$

### Hinweise und Tipps

Der Axialschnitt der Inkugel ist der Inkreis des Dreiecks ABS. Der Inkreismittelpunkt M ist der Schnittpunkt der Winkelhalbierenden im Dreieck ABS.

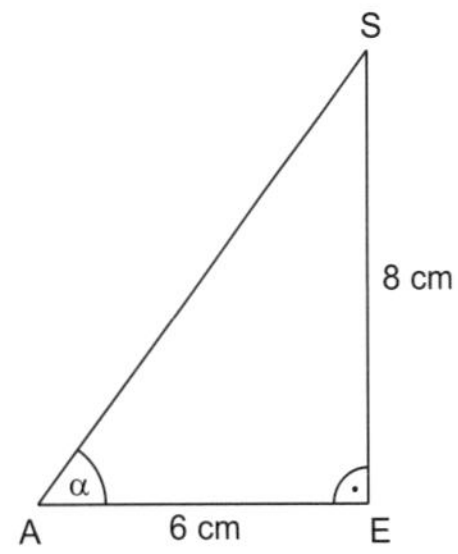


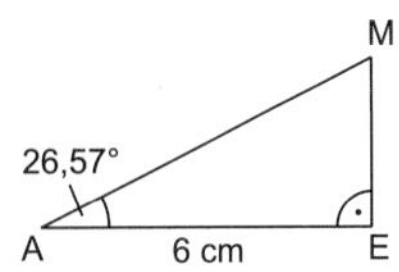


b) Berechnung des Kugelvolumens:

$$V_{Kugel} = \frac{4}{3}\cdot r_i^3\cdot\pi = \frac{4}{3}\cdot(3{,}00\text{ cm})^3\cdot\pi = 113{,}10\text{ cm}^3$$

Berechnung des Kegelvolumens:

$$V_{Kegel} = \frac{1}{3}\cdot r^2\cdot\pi\cdot h = \frac{1}{3}\cdot(6\text{ cm})^2\cdot\pi\cdot 8\text{ cm} = 301{,}59\text{ cm}^3$$

Berechnung des prozentualen Anteils:

$$\frac{V_{Kugel}}{V_{Kegel}} = \frac{113{,}10}{301{,}59} = 0{,}375 = 37{,}5\ \%$$

c) Zunächst Berechnung von $|\overline{HD}|$ mit dem Strahlensatz mit Zentrum S:

$$\frac{|\overline{HD}|}{|\overline{AE}|} = \frac{|\overline{SD}|}{|\overline{SE}|}$$

$$\frac{|\overline{HD}|}{6\text{ cm}} = \frac{|\overline{SE}| - 2\cdot r_i}{8\text{ cm}} \qquad |\cdot 6\text{ cm}$$

$$|\overline{HD}| = \frac{8\text{ cm} - 2\cdot 3\text{ cm}}{8\text{ cm}}\cdot 6\text{ cm}$$

$$|\overline{HD}| = \frac{2\text{ cm}}{8\text{ cm}}\cdot 6\text{ cm} = 1{,}5\text{ cm}$$

Berechne den Grundkreisradius $|\overline{HD}|$ des Kegels mit Axialschnitt HIS.

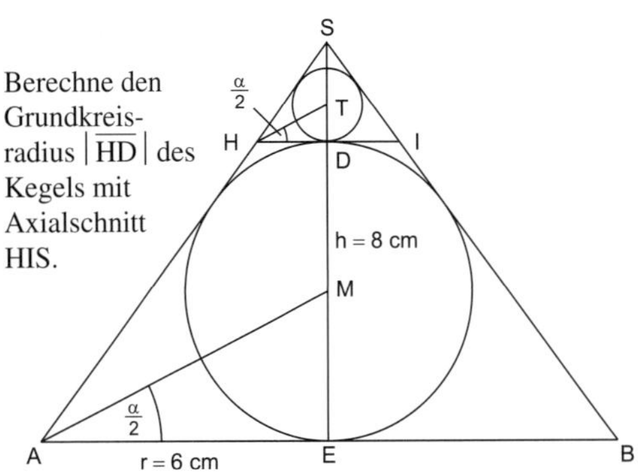

Berechnung des Winkels DHT im Dreieck HDT:

$\sphericalangle DHT = \sphericalangle EAM = \frac{\alpha}{2} = 26{,}57°$

Berechnung des Radius $r_{klein}$ der kleinen Inkugel im rechtwinkligen Dreieck HDT:

$$\tan\frac{\alpha}{2} = \frac{|\overline{DT}|}{|\overline{HD}|}$$

$$\tan 26{,}57° = \frac{|\overline{DT}|}{1{,}5\text{ cm}} \quad |\cdot 1{,}5\text{ cm}$$

$$|\overline{DT}| = 1{,}5\text{ cm} \cdot \tan 26{,}57°$$

$$|\overline{DT}| = 0{,}75\text{ cm} = r_{klein}$$

Berechnung der Volumina:

$$V_{klein} = \frac{4}{3} \cdot r_{klein}{}^3 \cdot \pi = \frac{4}{3} \cdot (0{,}75\text{ cm})^3 \cdot \pi = 1{,}77\text{ cm}^3$$

$V_{groß} = 113{,}10\text{ cm}^3$ (siehe Teilaufgabe b)

Berechnung der Oberflächen:

$$O_{klein} = 4 \cdot r_{klein}{}^2 \cdot \pi = 4 \cdot (0{,}75\text{ cm})^2 \cdot \pi = 7{,}07\text{ cm}^2$$

$$O_{groß} = 4 \cdot r_i{}^2 \cdot \pi = 4 \cdot (3\text{ cm})^2 \cdot \pi = 113{,}10\text{ cm}^2$$

Aufstellen der Verhältnisse:

$$\frac{V_{groß}}{V_{klein}} = \frac{113{,}10\text{ cm}^3}{1{,}77\text{ cm}^3} = \frac{64}{1}$$

$$\frac{O_{groß}}{O_{klein}} = \frac{113{,}10\text{ cm}^2}{7{,}07\text{ cm}^2} = \frac{16}{1}$$

$$\frac{r_{groß}}{r_{klein}} = \frac{3\text{ cm}}{0{,}75\text{ cm}} = \frac{4}{1}$$

Beobachtung:
Vervierfacht sich der Radius, dann nimmt die Oberfläche auf das $4^2$-Fache und das Volumen auf das $4^3$-Fache zu!

Hinweise und Tipps

$\overline{HT}$ ist die Winkelhalbierende des Winkels DHS (Inkreiskonstruktion).

Stufenwinkel!

$r_{klein} = |\overline{DT}|$

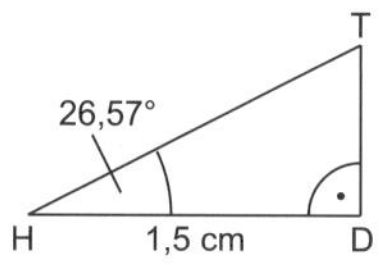


Kugelvolumen: $V = \frac{4}{3} \cdot r^3 \cdot \pi$

Kugeloberfläche: $O = 4 \cdot r^2 \cdot \pi$

*Hinweis:* Diese Beobachtung stimmt für alle Kugeln, deren Radius vervierfacht wird, und ist unabhängig vom ursprünglichen Radius:

$$\frac{V_{groß}}{V_{klein}} = \frac{\frac{4}{3} \cdot (4r)^3 \cdot \pi}{\frac{4}{3} \cdot r^3 \cdot \pi} = \frac{4^3 r^3}{r^3} = \frac{4^3}{1}$$

$$\frac{O_{groß}}{O_{klein}} = \frac{4 \cdot (4r)^2 \cdot \pi}{4 \cdot r^2 \cdot \pi} = \frac{4^2 r^2}{r^2} = \frac{4^2}{1}$$

**104** a) Skizze:

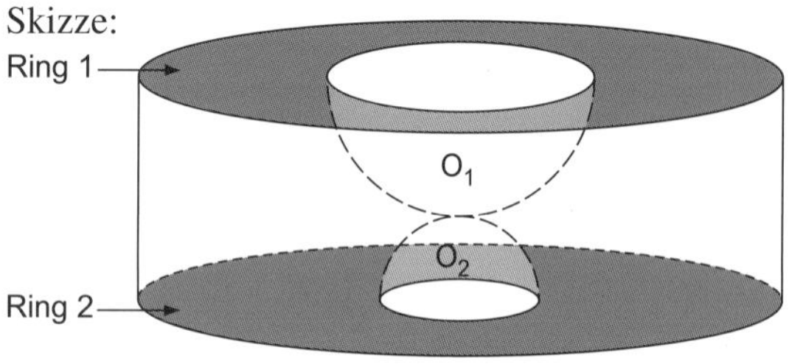


Ein Zylinder, aus dem zwei Halbkugeln ausgeschnitten sind, die sich berühren.

Hinweise und Tipps

b) $A_{O_{\text{Rotationskörper}}} = A_{M_{\text{Zylinder}}} + A_{O_1} + A_{O_2} + A_{\text{Ring}_1} + A_{\text{Ring}_2}$

Die Oberfläche besteht aus den Begrenzungsflächen.

Oberflächeninhalt der oberen Halbkugel:

$A_{O_1} = \frac{1}{2} \cdot 4 \cdot r_1^2 \cdot \pi = \frac{1}{2} \cdot 4 \cdot (3-x)^2 \cdot \pi \text{ cm}^2 = 2\pi \cdot (3-x)^2 \text{ cm}^2$

Betrachte die Skizze in der Angabe.

Oberflächeninhalt der unteren Halbkugel:

$A_{O_2} = \frac{1}{2} \cdot 4 \cdot r_2^2 \cdot \pi = \frac{1}{2} \cdot 4 \cdot x^2 \cdot \pi \text{ cm}^2 = 2\pi x^2 \text{ cm}^2$

Mantelflächeninhalt des Zylinders:

$A_{M_{\text{Zylinder}}} = 2 \cdot r \cdot \pi \cdot h = 2 \cdot 5 \text{ cm} \cdot \pi \cdot 3 \text{ cm} = 30\pi \text{ cm}^2$

Flächeninhalt oberer Kreisring:

$A_{\text{Ring}_1} = r^2 \cdot \pi - r_1^2 \cdot \pi$

$A_{\text{Ring}_1} = (5 \text{ cm})^2 \cdot \pi - (3-x)^2 \cdot \pi \text{ cm}^2$

$A_{\text{Ring}_1} = (25\pi - 9\pi + 6x\pi - x^2\pi) \text{ cm}^2$

$A_{\text{Ring}_1} = (16\pi + 6x\pi - x^2\pi) \text{ cm}^2$

Flächeninhalt unterer Kreisring:

$A_{\text{Ring}_2} = r^2 \cdot \pi - r_2^2 \cdot \pi$

$A_{\text{Ring}_2} = (5 \text{ cm})^2 \cdot \pi - x^2 \cdot \pi \text{ cm}^2$

$A_{\text{Ring}_2} = (25\pi - x^2\pi) \text{ cm}^2$

$A_{O_{\text{Körper}}}(x) = [\underbrace{30\pi}_{A_{M_{\text{Zylinder}}}} + \underbrace{2\pi \cdot (3-x)^2}_{A_{O_1}} + \underbrace{2\pi x^2}_{A_{O_2}} + \underbrace{16\pi + 6x\pi - x^2\pi}_{A_{\text{Ring}_1}} + \underbrace{25\pi - x^2\pi}_{A_{\text{Ring}_2}}] \text{ cm}^2$

$A_{O_{\text{Körper}}}(x) = [71\pi + \underbrace{18\pi - 12x\pi + 2x^2\pi}_{O_1} + 6x\pi] \text{ cm}^2$

Zusammengefasst und bin. Formel angewendet

$A_{O_{\text{Körper}}}(x) = [89\pi - 6x\pi + 2x^2\pi] \text{ cm}^2$

Ordne und klammere π aus!

$A_{O_{\text{Körper}}}(x) = (2x^2 - 6x + 89) \cdot \pi \text{ cm}^2$

c) $A_{O_{\text{Körper}}}(x) = 2[x^2 - 3x + 44{,}5] \cdot \pi \text{ cm}^2$

Ergänze quadratisch.

$A_{O_{\text{Körper}}}(x) = 2[x^2 - 3x + 1{,}5^2 - 1{,}5^2 + 44{,}5] \cdot \pi \text{ cm}^2$

Beachte: $-1{,}5^2 \neq (-1{,}5)^2$

$A_{O_{\text{Körper}}}(x) = 2[x^2 - 3x + 1{,}5^2 - 2{,}25 + 44{,}5] \cdot \pi \text{ cm}^2$

$A_{O_{\text{Körper}}}(x) = 2[(x-1{,}5)^2 + 42{,}25] \cdot \pi \text{ cm}^2$

$A_{O_{\text{Körper}}}(x) = [2(x-1{,}5)^2 + 84{,}5] \cdot \pi \text{ cm}^2$

$A_{O_{\text{Körper}}}(x) = [2\pi(x-1{,}5)^2 + 84{,}5\pi] \text{ cm}^2$

$A_{O_{\min}} = 84{,}5\pi \text{ cm}^2$ für $x = 1{,}5$

Angabe des Extremwertes sowie des zugehörigen Wertes von x

Die Oberfläche ist am kleinsten, wenn die beiden Halb kugeln gleich groß sind.

d)

$A_{O_{\text{Körper}}}(x) = (2x^2 - 6x + 89) \cdot \pi \text{ cm}^2$

$\wedge \quad A_{O_{\text{Körper}}} = 100\pi \text{ cm}^2$

Setze die Oberflächenbedingungen gleich.

$\Rightarrow \quad (2x^2 - 6x + 89) \cdot \pi = 100\pi \quad (\text{I} = \text{II}) \quad |:\pi$

$\Leftrightarrow \quad 2x^2 - 6x + 89 = 100 \quad |-100$

$\Leftrightarrow \quad 2x^2 - 6x - 11 = 0$

$a = 2;\ b = -6;\ c = -11$

$D = (-6)^2 - 4 \cdot 2 \cdot (-11) = 124$

$\Leftrightarrow \quad x_{1/2} = \frac{6 \pm \sqrt{124}}{2 \cdot 2}$

$x_1 = 4{,}28 \quad \vee \quad (x_2 = -1{,}28) \qquad L = \{4{,}28\}$

Die Lösung $x_2$ scheidet aus. x wäre sonst eine negative Streckenlänge.

Hinweise und Tipps

## 1.9 Grundbegriffe der Statistik

**105** a) Maximum: Max = 16

Der Merkmalswert 16 kg ist der **größte**.

Minimum: Min = 9

Der Merkmalswert 9 kg ist der **kleinste**.

Modalwert: m = 13

Der Merkmalswert 13 kg kommt **am häufigsten** vor.

Zentralwert: z = 12

Werden die Daten der Größe nach **geordnet**, steht der Wert 12 kg **in der Mitte**:
9 10 11 **12** 13 13 16

Spannweite: R = 7

Die **Differenz** aus **Maximal-** (16 kg) und **Minimalwert** (9 kg) beträgt 7 kg.

Arithmetisches Mittel:

$$\overline{x} = \frac{13+16+9+13+12+11+10}{7} = \frac{84}{7} = 12$$

b) Die Ergebnisse lassen sich nicht verallgemeinern, da die Stichprobe von 7 Kindern nicht repräsentativ ist.

---

**106** a) 1 2 3 4 5 6 7 8 9 10

$$\overline{x} = \frac{1+2+3+4+5+6+7+8+9+10}{10} = \frac{55}{10} = 5{,}5$$

oder:
5,5 5,5 5,5 5,5 5,5 5,5 5,5 5,5 5,5 5,5

$$\overline{x} = \frac{10 \cdot 5{,}5}{10} = 5{,}5$$

b) 1 2 3 4 5 5 6 7 8 9
oder:
5 5 5 5 5 5 5 5 5 5

c) 1 2 4 8 16 32 64

d) 21 22 23 24 25 26 27 28 29

---

**107** Tabelle A: Arithmetisches Mittel $\overline{x}$:

$$\frac{82{,}2+81{,}9+81{,}4+81{,}4+81{,}3+81{,}3+81{,}2+81{,}1+81}{9} = 81{,}4$$ (gerundet)

Tabelle B: Arithmetisches Mittel $\overline{x}$:

$$\frac{59{,}1+58{,}5+58{,}4+58+57{,}7+56{,}6+55{,}7+53{,}8+52{,}8}{9}$$

$= 56{,}7$ (gerundet)

Spannweite R: 82,2 − 52,8 = 29,4

---

**108**
$$\frac{10{,}35+10{,}16+9{,}84+x}{4} = 10$$

$$\frac{30{,}35+x}{4} = 10 \quad | \cdot 4$$

$$30{,}35 + x = 40 \quad | -30{,}35$$

$$x = 9{,}65$$

Er müsste also 9,65 s schaffen.

Er müsste annähernd Weltrekord laufen (Weltrekord: 9,58 s; Stand 2021).

Hinweise und Tipps

**109** Tresor 1: $100 \cdot 100 \cdot 100 = 1\,000\,000$ Möglichkeiten
Tresor 2: $50 \cdot 50 \cdot 50 \cdot 50 = 6\,250\,000$ Möglichkeiten
Tresor 2 ist also schwerer zu knacken.

---

**110** Es gibt $4 \cdot 3 \cdot 5 = 60$ Möglichkeiten.

Die Lösung ist vergleichbar mit dem Rechenweg bei einem Zahlenschloss mit drei Rädern, aber mit unterschiedlich vielen Möglichkeiten pro Rad.
Es gibt vier verschiedene Semmeln, drei verschiedene Belegungen und fünf verschiedene Beilagen.

---

**111** $4 \cdot 10 \cdot 8 = 320$
Es reicht nicht ganz, da ein Jahr 365 Tage hat.

---

**112** Sie haben insgesamt $11! = 11 \cdot 10 \cdot 9 \cdot \ldots \cdot 2 \cdot 1 = 39\,916\,800$ Möglichkeiten.

Der erste Spieler hat 11 Positionen zur Auswahl, der zweite nur noch 10, der dritte nur noch 9, der vierte nur noch 8, der fünfte nur noch 7, …, der zehnte nur noch 2 und der elfte nur noch 1 Position.

---

**113** a) Es gibt $5! = 5 \cdot 4 \cdot 3 \cdot 2 \cdot 1 = 120$ Möglichkeiten.

b) Es gibt dann bei jedem Zug 5 Möglichkeiten, also $5 \cdot 5 \cdot 5 \cdot 5 \cdot 5 = 3\,125$ Möglichkeiten.

---

**114** $8! = 8 \cdot 7 \cdot 6 \cdot 5 \cdot 4 \cdot 3 \cdot 2 \cdot 1 = 40\,320$

---

**115** Insgesamt sind es $2+6+6+7+3+1 = 25$ Noten.
Relative Häufigkeiten:

Note 1: $\frac{2}{25} = \frac{8}{100} = 0{,}08 = 8\,\%$

Note 2: $\frac{6}{25} = \frac{24}{100} = 0{,}24 = 24\,\%$

Note 3: $\frac{6}{25} = \frac{24}{100} = 0{,}24 = 24\,\%$

Note 4: $\frac{7}{25} = \frac{28}{100} = 0{,}28 = 28\,\%$

Note 5: $\frac{3}{25} = \frac{12}{100} = 0{,}12 = 12\,\%$

Note 6: $\frac{1}{25} = \frac{4}{100} = 0{,}04 = 4\,\%$

Zuerst bestimmt man, wie viele Noten insgesamt vergeben wurden.

Die Note 1 wurde mit der absoluten Häufigkeit 2 erzielt (2 Mal).

Die Note 2 wurde mit der absoluten Häufigkeit 6 erzielt (6 Mal).

Usw.

Hinweise und Tipps

## 1.10 Zufallsexperimente

**116** Gesamtanzahl: $3+5+1+0+2+1+1+3+3+1=20$

Relative Häufigkeiten:

Kugel Nr. 2: $\frac{5}{20}=\frac{25}{100}=25\,\%$

Kugel Nr. 4: $\frac{0}{20}=0\,\%$

Kugel Nr. 6: $\frac{1}{20}=\frac{5}{100}=5\,\%$

Zuerst bestimmt man aus der zweiten Zeile, wie oft insgesamt gezogen wurde.

Die Kugel Nr. 2 wurde mit der absoluten Häufigkeit 5 gezogen (5 Mal).

Usw.

---

**117** $\Omega=\{2; 3; 4; 5; 6; 7; 8; 9; 10; 11; 12\}$

Die kleinste Summe entsteht, wenn zweimal die 1 gewürfelt wird. Die größte Summe entsteht, wenn zweimal die 6 gewürfelt wird. Alles dazwischen kann auch durch eine geeignete Augenzahl-Kombination erzielt werden.

---

**118**

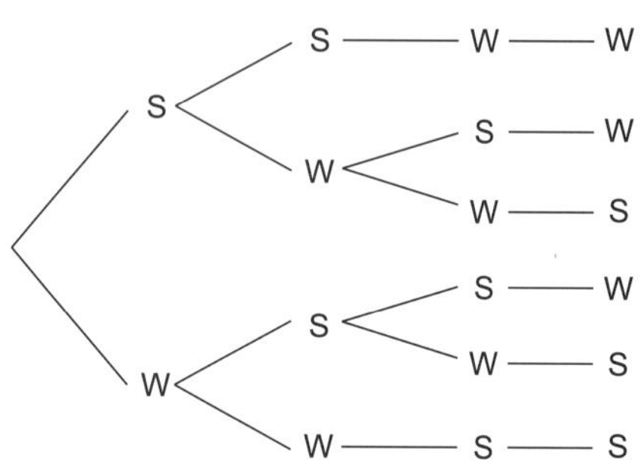


$\Omega=\{SSWW; SWSW; SWWS; WSSW; WSWS; WWSS\}$

W = Weiß, S = Schwarz
Entnimm die Ergebnisse der Züge entlang der Pfade und übertrage sie in den Ergebnisraum. Es gibt 6 Baum-Enden, also sind 6 Ergebnisse möglich.

---

**119** „Man zieht einen Turm.“

---

**120** $\Omega=\{N\text{-}N; N\text{-}G; G\text{-}N; G\text{-}G\}$

| | Ereignis E | Gegenereignis $\overline{E}$ |
|---|---|---|
| a) | E = {N-G; G-N} | $\overline{E}$ = {N-N; G-G} |
| b) | E = {N-N} | $\overline{E}$ = {N-G; G-N; G-G} |
| c) | E = {N-N; N-G; G-N} | $\overline{E}$ = {G-G} |
| d) | E = {G-G} | $\overline{E}$ = {N-N; N-G; G-N} |

---

**121** a)

| | Wirkt | Wirkt nicht | Gesamt |
|---|---|---|---|
| Impfstoff A | 31 % | **9 %** | 40 % |
| Impfstoff B | **41 %** | **19 %** | **60 %** |
| Gesamt | **72 %** | 28 % | 100 % |

b) Relative Häufigkeit, dass Impfstoff A wirkt:

$\frac{6200}{8000}=0{,}775=77{,}5\,\%$

Impfstoff A war bei 6 200 von 8 000 Personen wirksam.

Hinweise und Tipps

Relative Häufigkeit, dass Impfstoff B wirkt:

$\frac{8\,200}{12\,000} = 0{,}683 = 68{,}3\ \%$

Impfstoff B war bei 8 200 von 12 000 Personen wirksam.

Impfstoff A ist also wirksamer als Impfstoff B.

Die Stichproben sind ausreichend groß, um eine Aussage über die Wirksamkeit treffen zu können.

---

**122**

| | Stracciatella | Kein Stracciatella | Gesamt |
|---|---|---|---|
| Schoko | **12** | 38 | **50** |
| Kein Schoko | 10 | 28 | 38 |
| Gesamt | **22** | 66 | **88** |

Zuerst werden die **gegebenen Werte** eingetragen (25 % von 88 sind 22). Die restlichen Werte lassen sich dann aus der Tafel ermitteln.

a) Gesuchte relative Häufigkeit: $\frac{10}{38} = 26{,}3\ \%$

26,3 % von denen, die kein Schoko-Eis mögen, mögen Stracciatella-Eis.

b) Gesuchte relative Häufigkeit: $\frac{12}{50} = 24\ \%$

24 % von denen, die Schoko-Eis mögen, mögen auch Stracciatella-Eis.

---

**123** a) Vierfeldertafel mit den absoluten Häufigkeiten:

| Wurf 1 \ Wurf 2 | Zahl | Wappen | Gesamt |
|---|---|---|---|
| Zahl | 29 | 27 | 56 |
| Wappen | 20 | 24 | 44 |
| Gesamt | 49 | 51 | 100 |

Betrachte jeweils die absoluten Häufigkeiten an den Baum-Enden. Es gab also 29 Mal das Ergebnis (Zahl | Zahl), 27 Mal (Zahl | Wappen), 20 Mal (Wappen | Zahl) und 24 Mal (Wappen | Wappen).

b) Vierfeldertafel mit den relativen Häufigkeiten:

| Wurf 1 \ Wurf 2 | Zahl | Wappen | Gesamt |
|---|---|---|---|
| Zahl | 29 % | 27 % | 56 % |
| Wappen | 20 % | 24 % | 44 % |
| Gesamt | 49 % | 51 % | 100 % |

---

**124**

| | Spielen Fußball | Spielen nicht Fußball | Gesamt |
|---|---|---|---|
| Jungen | 12 | **6** | **18** |
| Keine Jungen | 3 | 9 | 12 |
| Gesamt | **15** | 15 | **30** |

Zuerst werden die **gegebenen Werte** eingetragen (60 % von 30 sind 18). Die restlichen Werte lassen sich dann aus der Tafel ermitteln.

9 sind keine Jungen und spielen nicht Fußball.

Hinweise und Tipps

**125**

| | Smartphone | Kein Smartphone | Gesamt |
|---|---|---|---|
| Computer | 340 | 60 | 400 |
| Kein Computer | 260 | 90 | 350 |
| Gesamt | 600 | 150 | 750 |

340 haben ein Smartphone und einen Computer.

---

**126** Es sind $10+24+16+12+10+8=80$ Schokolinsen in der Tüte.

$P(„Gelb") = \frac{16}{80} = 0,20 = 20\ \%$

Davon sind 16 gelb.

---

**127** $P(„Rot") = \frac{2}{5} = 0,40 = 40\ \%$

Es sind fünf Sektoren, zwei davon sind rot.

---

**128** Es ergeben sich folgende Mittelpunktswinkel für die Sektoren:

Sektor Rot: $36°$

Sektor Schwarz: $3 \cdot 36° = 108°$

(oder 3 schwarze Sektoren mit je 36°)

Sektor Weiß: $6 \cdot 36° = 216°$

(Alternativ: $360° - 108° - 36° = 216°$)

(oder 6 weiße Sektoren mit je 36°)

Zeichnung:

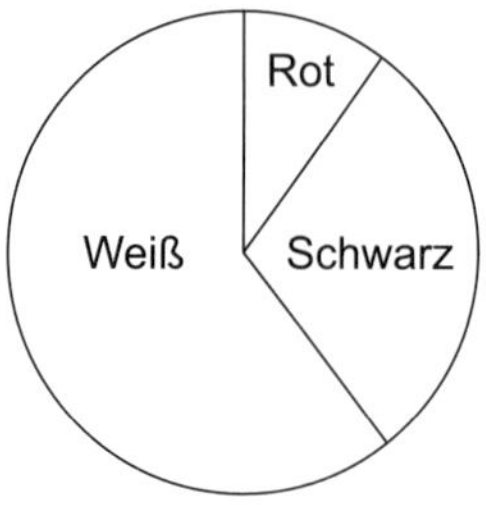


Ein Vollwinkel hat 360°. Ein Sektor mit dem Mittelpunktswinkel 36°deckt also 10 % der Fläche ab.

---

**129** a) $P(„Eichel") = \frac{8}{32} = \frac{1}{4} = 25\ \%$

Unter den 32 Karten gibt es 8 Eichel-Karten.

b) $P(„Ober") = \frac{4}{32} = \frac{1}{8} = 12,5\ \%$

Es gibt 4 Ober im Spiel.

c) $P(„Eichel\text{-}Ober") = \frac{1}{32} = 3,125\ \%$

Es gibt nur genau einen Eichel-Ober.

---

**130** a) $P(„Eichel") = \frac{6}{24} = 25\ \%$

b) $P(„Ober") = \frac{4}{24} = \frac{1}{6}$

c) $P(„Eichel\text{-}Ober") = \frac{1}{24}$

Hinweise und Tipps

**131** a) $P(„20“) = \frac{1}{37}$

Es gibt insgesamt 37 mögliche Zahlen von 0 bis 36.

b) $P(„Schwarz“) = \frac{18}{37}$

Es gibt 18 schwarze Zahlen. Die Null ist weder rot noch schwarz.

c) $P(„1 bis 12“) = \frac{12}{37}$

d) Es gibt 37 Zahlen. Selbst wenn man auf jede Zahl 1 Euro setzt, bekommt man maximal nur 36 Euro zurück und 1 Euro bleibt bei der Bank.
Damit es fair wäre, müsste der Gewinn das 37-Fache des Einsatzes sein. Am Ende gewinnt also immer die Bank.

---

**132** E: „Keine 6“; Gegenereignis $\overline{E}$: „Eine 6“

$P(\overline{E}) = \frac{1}{6}$, also $P(E) = 1 - \frac{1}{6} = \frac{5}{6}$.

Die Wahrscheinlichkeit, keine 6 zu würfeln, beträgt $\frac{5}{6}$.

---

**133** $P(„Nicht farbenblind“) = 1 - P(„Farbenblind“)$
$= 1 - 0{,}08 = 0{,}92$, also 92 %

---

**134** a) Es gibt $6 \cdot 6 = 36$ verschiedene Ergebnisse.

Ergebnisraum:
$\Omega = \{11; 12; 13; 14; 15; 16; 21; 22; 23; 24; 25; 26; \ldots; 61; \ldots; 66\}$

b) $P(„6er\text{-}Pasch“) = \frac{1}{36}$

„66“ ist das einzig mögliche Ergebnis von insgesamt 36 Ergebnissen.

c) $P(„Pasch“) = \frac{6}{36} = \frac{1}{6}$

6 von 36 Ergebnissen liefern einen Pasch: „11“; „22“; …; „66“

d) $P(„Kein Pasch“) = 1 - \frac{1}{6} = \frac{5}{6}$

Das ist die Wahrscheinlichkeit des Gegenereignisses zu Aufgabe c.

e) $P(„Kleiner als 60“) = \frac{30}{36} = \frac{5}{6}$

30 Zahlen im Ergebnisraum sind kleiner als 60.

f) E: „Keine 6“; $\overline{E}$: „Mindestens eine 6“

Gegenereignis zu „Keine 6“

$\overline{E} = \{16; 26; 36; 46; 56; 66; 61; 62; 63; 64; 65\}$

Es gibt 11 Ergebnisse zum Ereignis $\overline{E}$.

$P(\overline{E}) = \frac{11}{36}$; also: $P(E) = 1 - \frac{11}{36} = \frac{25}{36}$

---

Hinweise und Tipps

**135** a) Mit K für Kopf und Z für Zahl ergibt sich das Baumdiagramm:

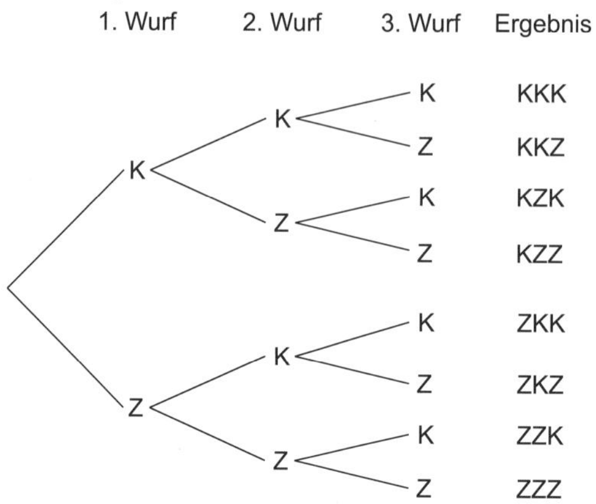


Ergebnisraum:

$\Omega = \{KKK; KKZ; KZK; KZZ; ZKK; ZKZ; ZZK; ZZZ\}$

Wahrscheinlichkeit, zu gewinnen:

$P(ZZZ) = \frac{1}{8} = 12{,}5\ \%$

Die Kombination ZZZ ist eine von 8 Möglichkeiten.

b) $P(\text{„Genau zweimal Zahl“}) = \frac{3}{8} = 37{,}5\ \%$

Es gibt genau 3 Pfade, die zu Ergebnissen führen, die genau zweimal Zahl enthalten (KZZ, ZKZ und ZZK).

**136**

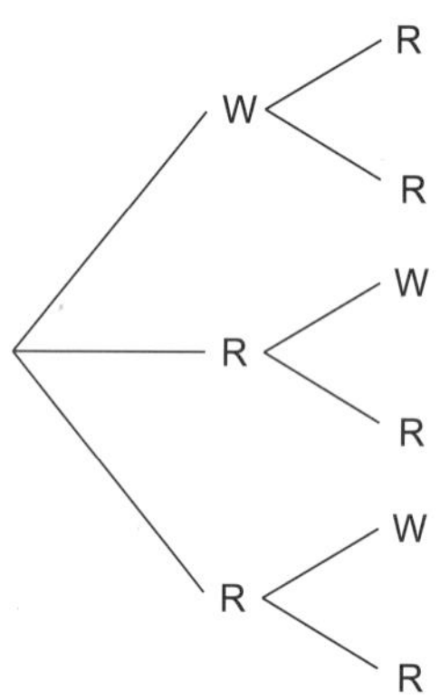


Die Wahrscheinlichkeit für RR ist:

$P(RR) = \frac{2}{6}$

Im Baumdiagramm sieht man, dass es 2 Pfade gibt, die zum Ergebnis RR führen.
Insgesamt gibt es 6 mögliche Pfade.

**137**

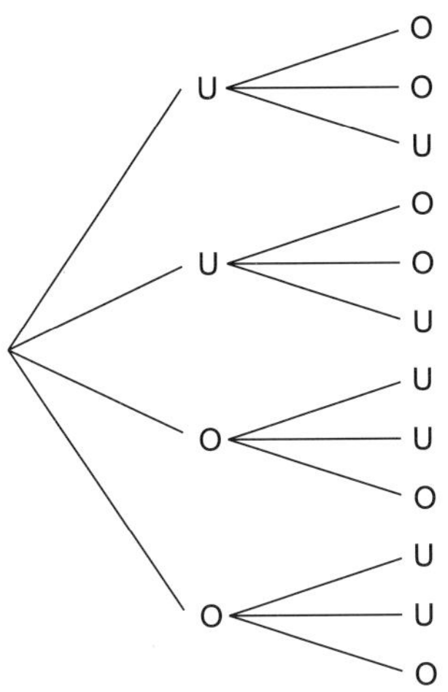


a) Die Wahrscheinlichkeit, zwei Ober hintereinander zu ziehen, beträgt:

$P(OO) = \frac{2}{12} = \frac{1}{6}$

b) Die gesuchte Wahrscheinlichkeit beträgt:

$P(\text{„Ein Unter und ein Ober“}) = \frac{8}{12} = \frac{2}{3}$

Hinweise und Tipps

Zeichne dazu das Baumdiagramm.

Nach dem ersten Zug gibt es jeweils nur noch 3 Möglichkeiten.

Insgesamt ergeben sich 12 mögliche Ergebnisse.

Zum Ergebnis „Zwei Ober“ (OO) führen 2 Pfade.

Zum Ergebnis „Ein Unter und ein Ober“ (OU oder UO) führen 8 Pfade.

# 2 Grundwissen 10. Klasse

## 2.1 Potenzen und Potenzfunktionen

Hinweise und Tipps

**138** Umfangsformel eines Quadrats mit der Seitenlänge a:

$$u = 4 \cdot a$$
$$\Leftrightarrow \quad 3{,}6\text{ m} = 4 \cdot a \quad \Big| \cdot \frac{1}{4}$$
$$\Leftrightarrow \quad a = 0{,}9\text{ m}$$

Setze den Wert des Umfangs u in die allgemeine Formel ein und löse nach a auf.

Die Seitenlänge des Quadrats beträgt 0,9 m.

Flächenformel eines Quadrats mit der Seitenlänge a:

$A = a^2 = (0{,}9\text{ m})^2 = 0{,}81\text{ m}^2$

Wert für a einsetzen und den Flächeninhalt berechnen

---

**139** a) $\left(-\frac{2}{3}\right)^3 = -\frac{2^3}{3^3} = -\frac{8}{27}$

Zähler und Nenner werden mit dem Exponenten 3 potenziert.
Beachte: Der Potenzwert ist negativ, da die Basis negativ und der Exponent eine ungerade Zahl ist.

b) $15^0 = 1$

Eine 0 als Exponent liefert immer den Potenzwert 1.

c) $10^6 = 1\,000\,000$

Potenzen mit der Basis 10 werden als Zehnerpotenzen bezeichnet. Der Exponent gibt an, wie viele Nullen nach der 1 stehen.

d) $-3^6 = -729$

Beachte: $-3^6 \neq (-3)^6$
Der Exponent beeinflusst lediglich die Basis 3.

e) $(-2)^3 = -8$

Da der Exponent ungerade ist, gilt:
$(-2)^3 = (-2) \cdot (-2) \cdot (-2) = -2^3 = -8$

f) $(-2)^4 = 16$

Da der Exponent gerade ist, gilt:
$(-2)^4 = (-2) \cdot (-2) \cdot (-2) \cdot (-2) = 2^4 = 16$

---

**140** a) $10^{-3} = \frac{1}{10^3} = \frac{1}{1\,000} = 0{,}001$

Beachte: $a^{-n} = \frac{1}{a^n}$

b) $\left(\frac{1}{5}\right)^{-3} = \left(\frac{5}{1}\right)^3 = 125$

Beachte: $\left(\frac{a}{b}\right)^{-n} = \left(\frac{b}{a}\right)^n$

c) $\left(\frac{2}{3}\right)^{-4} = \left(\frac{3}{2}\right)^4 = \frac{81}{16} = 5\frac{1}{16}$

Beachte: $\left(\frac{a}{b}\right)^{-n} = \left(\frac{b}{a}\right)^n$

d) $\frac{9}{3^{-2}} = \frac{9}{\left(\frac{1}{3}\right)^2} = 9 \cdot 3^2 = 9 \cdot 9 = 81$

---

**141** a) $4^{-3} = \frac{1}{4^3} = \frac{1}{64}$

b) $8^{-2} = \frac{1}{8^2} = \frac{1}{64}$

Da die Basis positiv ist (und der Exponent eine gerade Zahl ist), ist der Potenzwert positiv.

c) $(-2)^{-3} = \frac{1}{(-2)^3} = \frac{1}{-8} = -\frac{1}{8}$

Da die Basis negativ ist und der Exponent eine ungerade Zahl ist, ist der Potenzwert negativ.

d) $-2^{-3} = -\frac{1}{2^3} = -\frac{1}{8}$

Der Exponent beeinflusst nur die Basis 2.

---

Hinweise und Tipps

**142** a) $1\text{ mm} = 10^x\text{ m}$

$\Leftrightarrow\ x = -3$, da $10^{-3}\text{ m} = \frac{1}{10^3}\text{ m} = \frac{1}{1000}\text{ m} = 1\text{ mm}$

Grundbeziehungen: $1\text{ km} = 1\,000\text{ m} = 10^3\text{ m}$
$1\text{ m} = 10\text{ dm} = 10^0\text{ m}$
$1\text{ dm} = 10\text{ cm} = 10^{-1}\text{ m}$
$1\text{ cm} = 10\text{ mm} = 10^{-2}\text{ m}$
$1\text{ mm} = 10^{-3}\text{ m}$

b) $1\text{ mm}^2 = 10^x\text{ m}^2$

$\Leftrightarrow\ x = -6$, da

$10^{-6}\text{ m}^2 = \frac{1}{10^6}\text{ m}^2 = \frac{1}{1\,000\,000}\text{ m}^2 = 1\text{ mm}^2$

Grundbeziehungen: $1\text{ km}^2 = 100\text{ ha (Hektar)} = 10^6\text{ m}^2$
$1\text{ ha} = 100\text{ a (Ar)} = 10^4\text{ m}^2$
$1\text{ a} = 100\text{ m}^2 = 10^2\text{ m}^2$
$1\text{ m}^2 = 100\text{ dm}^2 = 10^0\text{ m}^2$
$1\text{ dm}^2 = 100\text{ cm}^2 = 10^{-2}\text{ m}^2$
$1\text{ cm}^2 = 100\text{ mm}^2 = 10^{-4}\text{ m}^2$
$1\text{ mm}^2 = 10^{-6}\text{ m}^2$

c) $1\text{ mm}^3 = 10^x\text{ m}^3$

$x = -9$, da $10^{-9}\text{ m}^3 = \frac{1}{10^9}\text{ m}^3 = \frac{1}{1\,000\,000\,000}\text{ m}^3 = 1\text{ mm}^3$

Grundbeziehungen: $1\text{ m}^3 = 1\,000\text{ dm}^3 = 10^0\text{ m}^3$
$1\text{ dm}^3 = 1\,000\text{ cm}^3 = 10^{-3}\text{ m}^3$
$1\text{ cm}^3 = 1\,000\text{ mm}^3 = 10^{-6}\text{ m}^3$
$1\text{ mm}^3 = 10^{-9}\text{ m}^3$

d) $1\text{ mg} = 10^x\text{ t}$

$\Leftrightarrow\ x = -9$, da $10^{-9}\text{ t} = \frac{1}{10^9}\text{ t} = \frac{1}{1\,000\,000\,000}\text{ t} = 1\text{ mg}$

Grundbeziehungen: $1\text{ t} = 1\,000\text{ kg} = 10^0\text{ t}$
$1\text{ kg} = 1\,000\text{ g} = 10^{-3}\text{ t}$
$1\text{ g} = 1\,000\text{ mg} = 10^{-6}\text{ t}$
$1\text{ mg} = 10^{-9}\text{ t}$

---

**143** a) $(5^{-4} : 5^3) \cdot 5^9 = 5^{-4-3} \cdot 5^9 = 5^{-7} \cdot 5^9 = 5^{-7+9} = 5^2 = 25$

Anwendung des 2. und des 1. Potenzgesetzes

b) $\frac{3x^6 \cdot 2x^4}{2x^2 \cdot 5x^3} = \frac{3x^6 \cdot \not{2}x^4}{\not{2}x^2 \cdot 5x^3} = \frac{3x^{6+4}}{5x^{2+3}} = \frac{3x^{10}}{5x^5} = \frac{3}{5}x^5$

Denke an frühzeitiges Kürzen.
Gleiche Basis, also werden bei der Multiplikation die Exponenten addiert.
Anwendung des 2. Potenzgesetzes: $x^{10-5} = x^5$

c) $\left(\frac{4}{ab}\right)^3 \cdot \left(\frac{a^3b^2}{4}\right)^3 = \left(\frac{\not{4}}{\not{a} \cdot \not{b}} \cdot \frac{a^{\not{3}\,2}\, b^{\not{2}\,1}}{\not{4}}\right)^3 = (a^2b)^3 = a^6b^3$

Anwendung des 3. Potenzgesetzes: Die Exponenten stimmen überein, die Basen werden multipliziert.
Der Klammerausdruck kann durch Anwendung des 5. Potenzgesetzes eliminiert werden.

d) $(2x^2y^3)^3 \cdot (5x^3y)^2 = 2^{\mathbf{3}} x^{2 \cdot \mathbf{3}} y^{3 \cdot \mathbf{3}} \cdot 5^{\mathbf{2}} x^{3 \cdot \mathbf{2}} y^{\mathbf{2}}$

Anwendung des 5. Potenzgesetzes. Beachte: $2 = 2^1$, damit kann auch für 2 das Potenzgesetz angewendet werden: $(2^1)^3 = 2^{1 \cdot 3} = 2^3$

$= 8x^6y^9 \cdot 25x^6y^2$

Kommutativgesetz der Multiplikation anwenden

$= 8 \cdot 25x^6 \cdot x^6 \cdot y^9 \cdot y^2$

Anwendung des 1. Potenzgesetzes:
$x^6 \cdot x^6 = x^{6+6} = x^{12}$
$y^9 \cdot y^2 = y^{9+2} = y^{11}$

$= 200x^{6+6}y^{9+2}$

$= 200x^{12}y^{11}$

e) $\frac{36x^4}{6x^{-5}} + \frac{30x^2}{5x^{-3}} = \frac{6x^4}{x^{-5}} + \frac{6x^2}{x^{-3}}$

Rechtzeitiges Kürzen vereinfacht die Aufgabe.

$= 6 \cdot (x^4 : x^{-5}) + 6 \cdot (x^2 : x^{-3})$

Bei gleichen Basen werden die Exponenten subtrahiert.

$= 6x^{4-(-5)} + 6x^{2-(-3)}$

$= 6x^9 + 6x^5$

f) $(a^2 + 6a + 9) \cdot (a+3)^3 = (a+3)^2 \cdot (a+3)^3$

Beachte die Anwendung der 1. binomischen Formel in der 1. Klammer. 1. Potenzgesetz anwenden

$= (a+3)^{2+3}$

$= (a+3)^5$

Hinweise und Tipps

**144** a) $\frac{x^{2n-1}}{x^{n+3}} = x^{2n-1-(n+3)} = x^{2n-1-n-3} = x^{n-4}$

Division von Potenzen mit gleicher Basis: Anwendung des 2. Potenzgesetzes: Subtraktion der Exponenten

b) $\frac{(xy)^{4n-2}}{(xy)^{2(n-1)}} = (xy)^{4n-2-2(n-1)} = (xy)^{4n-2-2n+2} = (xy)^{2n}$

Division von Potenzen mit gleicher Basis: Anwendung des 2. Potenzgesetzes: Subtraktion der Exponenten

c) $\frac{(a^2-b^2)^{3x}}{(a+b)^{3x}} = \left(\frac{\cancel{(a+b)}(a-b)}{\cancel{(a+b)}}\right)^{3x} = (a-b)^{3x}$

Division von Potenzen mit gleichem Exponenten: Anwendung des 4. Potenzgesetzes

Vereinfache durch Anwendung der 3. binomischen Formel.

d) $\frac{(a+b)^{12x+5}}{(b+a)^{8x}} = \frac{(a+b)^{12x+5}}{(a+b)^{8x}}$

$= (a+b)^{12x+5-8x}$

$= (a+b)^{4x+5}$

Kommutativgesetz der Addition: $b+a=a+b$

Division von Potenzen mit gleicher Basis: Subtraktion der Exponenten

e) $a^x \cdot a^{x-1} : a^{2x} = a^{x+x-1} : a^{2x}$

$= a^{2x-1} : a^{2x}$

$= a^{2x-1-2x}$

$= a^{-1}$

$= \frac{1}{a}$

Multiplikation /Division von Potenzen mit gleicher Basis:

Anwendung des 1. Potenzgesetzes: Addition der Exponenten

Anwendung des 2. Potenzgesetzes: Subtraktion der Exponenten

f) $(n+0{,}25m)^{0{,}5x-1} \cdot (n+0{,}25m)^{1+0{,}5x}$

$= (n+0{,}25m)^{0{,}5x-1+1+0{,}5x}$

$= (n+0{,}25m)^x$

Multiplikation von Potenzen mit gleicher Basis: Anwendung des 1. Potenzgesetzes: Addition der Exponenten

g) $\left(\frac{1}{2}a\right)^b \cdot (16a^2)^b = \left(\frac{1}{2}a \cdot 16a^2\right)^b = \left(\frac{1}{2} \cdot 16 \cdot a \cdot a^2\right)^b = (8a^3)^b$

Multiplikation von Potenzen mit gleichem Exponenten: Anwendung des 3. Potenzgesetzes: Multiplikation der Basen

h) $\left(\frac{5}{x}\right)^{2a+1} \cdot (2x)^{2a+1} = \left(\frac{5}{x} \cdot 2x\right)^{2a+1} = 10^{2a+1}$

Multiplikation von Potenzen mit gleichem Exponenten: Anwendung des 3. Potenzgesetzes

---

**145** a) $16^3 : \left[-\left(\frac{1}{4}\right)^{-3}\right] = 16^3 : [-4^3]$

Beachte: $\left(\frac{a}{b}\right)^{-n} = \left(\frac{b}{a}\right)^n$

$= 16^3 : (-4)^3$

Wende das 4. Potenzgesetz an.

$= [16 : (-4)]^3$

$= (-4)^3$

$= -64$

b) $(\sqrt{32})^{-1} : (\sqrt{72})^{-1} = \frac{1}{\sqrt{32}} : \frac{1}{\sqrt{72}}$

Beachte: $a^{-n} = \frac{1}{a^n}$

$= \frac{1}{\sqrt{16 \cdot 2}} : \frac{1}{\sqrt{36 \cdot 2}}$

Teilweises Radizieren

$= \frac{1}{4\sqrt{2}} : \frac{1}{6\sqrt{2}}$

Multipliziere mit dem Kehrbruch.

$= \frac{1}{4\sqrt{2}} \cdot \frac{6\sqrt{2}}{1}$

Kürze mit dem Produkt $2\sqrt{2}$.

Hinweise und Tipps

$$=\frac{6\sqrt{2}}{4\sqrt{2}}$$

$$=1\frac{1}{2}$$

c) $\frac{6^{-2}\cdot 24^{-2}}{36^{-2}}=\frac{(6\cdot 24)^{-2}}{36^{-2}}=\left(\frac{6\cdot 24}{36}\right)^{-2}=4^{-2}=\frac{1}{4^2}=\frac{1}{16}$

Anwendung des 3. Potenzgesetzes und
Anwendung des 4. Potenzgesetzes
Kürze.

d) $2^{-4}\cdot\frac{0{,}125}{8^{-3}}=\frac{1}{2^4}\cdot 0{,}125\cdot\frac{1}{8^{-3}}$

$0{,}125=\frac{1}{8}$

$=\frac{1}{2^4}\cdot\frac{1}{8}\cdot 8^3$

Kürze.

$=\frac{1}{2^4}\cdot 8^2$

Ersetze $8=2^3$.

$=\frac{(2^3)^2}{2^4}$

Wende das 5. Potenzgesetz an.

$=\frac{2^6}{2^4}$

Wende das 2. Potenzgesetz an.

$=2^2$

$=4$

---

**146** a) $v_{\text{Raumschiff}}=\frac{1}{1\,000}\cdot 3\cdot 10^5\ \frac{\text{km}}{\text{s}}$

Beachte:
Der Buchstabe s wird sowohl als Symbol der Größeneinheit Sekunde als auch als Formelsymbol für den Weg verwendet.

$v_{\text{Raumschiff}}=10^{-3}\cdot 3\cdot 10^5\ \frac{\text{km}}{\text{s}}$

$v_{\text{Raumschiff}}=3\cdot 10^{-3}\cdot 10^5\ \frac{\text{km}}{\text{s}}$

$v_{\text{Raumschiff}}=3\cdot 10^2\ \frac{\text{km}}{\text{s}}\ \left(=300\ \frac{\text{km}}{\text{s}}\right)$

$$\text{Geschwindigkeit}=\frac{\text{Weg}}{\text{Zeit}}$$

$\Leftrightarrow\quad \text{Zeit}=\frac{\text{Weg}}{\text{Geschwindigkeit}}$

Dividiere den Erdumfang durch die Geschwindigkeit des Raumschiffs.

$\Leftrightarrow\quad t=\frac{4\cdot 10^4\ \text{km}}{3\cdot 10^2\ \frac{\text{km}}{\text{s}}}$

$\Leftrightarrow\quad t=\frac{4}{3}\cdot 10^2\ \text{s}$

$\Leftrightarrow\quad t=133\frac{1}{3}\ \text{s}$

Das Raumschiff umrundet die Erde in $133\frac{1}{3}$ Sekunden.

b) $\text{Zeit}=\frac{\text{Weg}}{\text{Geschwindigkeit}}$

Dividiere die Entfernung von der Erde zur Sonne durch die Geschwindigkeit des Raumschiffs.

$\Leftrightarrow\quad t=\frac{1{,}5\cdot 10^8\ \text{km}}{3\cdot 10^2\ \frac{\text{km}}{\text{s}}}$

$\Leftrightarrow\quad t=\frac{1{,}5}{3}\cdot 10^6\ \text{s}$

Hinweise und Tipps

$\Leftrightarrow \qquad t = \frac{1}{2} \cdot 1\,000\,000 \text{ s} = 500\,000 \text{ s} = 138\frac{8}{9} \text{ h} = 5 \text{ d } 18\frac{8}{9} \text{ h}$

Die Reise dauert 5 Tage und $18\frac{8}{9}$ Stunden.

**147**

| x | −1,2 | −1 | −0,8 | −0,6 | −0,4 | −0,2 | 0 | 0,2 | 0,4 | 0,6 | 0,8 | 1 | 1,2 |
|---|---|---|---|---|---|---|---|---|---|---|---|---|---|
| $f_1$: $y = x^5$ | −2,49 | −1 | −0,33 | −0,08 | −0,01 | 0,00 | 0,00 | 0,00 | 0,01 | 0,08 | 0,33 | 1 | 2,49 |
| $f_2$: $y = x^6$ | 2,99 | 1 | 0,26 | 0,05 | 0,00 | 0,00 | 0,00 | 0,00 | 0,00 | 0,05 | 0,26 | 1 | 2,99 |

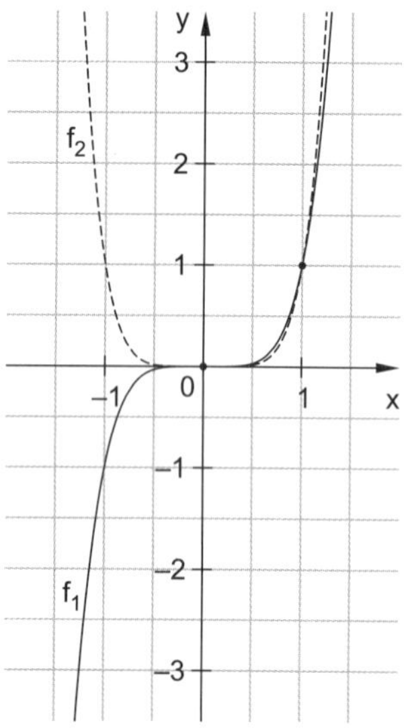


$D_{f_1} = \mathbb{R} \qquad D_{f_2} = \mathbb{R}$

$W_{f_1} = \mathbb{R} \qquad W_{f_2} = \mathbb{R}_0^+$

Der Graph zu $f_1$ ist punktsymmetrisch bezüglich des Ursprungs O(0 | 0).

Der Graph zu $f_2$ ist achsensymmetrisch bezüglich der y-Achse (s: x = 0).

Gemeinsame Punkte von $f_1$ und $f_2$ sind die Punkte mit den Koordinaten (0 | 0) und (1 | 1).

**148** a) Es ist zu zeigen: $f(-x) = -f(x)$

Es gilt:

$f(-x) = (-x)^5 = [(-1) \cdot x]^5 = (-1)^5 \cdot x^5 = -1 \cdot f(x) = -f(x)$

Beispiel:

$f(-1) = (-1)^5 = [-1 \cdot 1]^5 = (-1)^5 \cdot 1^5 = -1 \cdot f(1) = -f(1)$

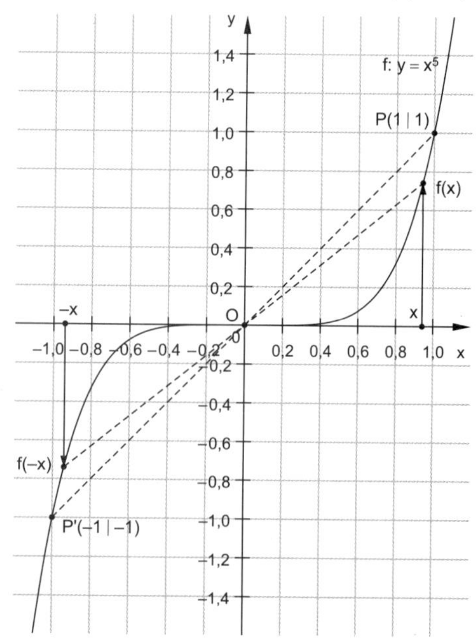

b) Es ist zu zeigen: $f(-x) = f(x)$

Es gilt:

$f(-x) = (-x)^6 = [(-1) \cdot x]^6 = (-1)^6 \cdot x^6 = 1 \cdot f(x) = f(x)$

✎ Hinweise und Tipps

Beispiel:

$f(-1) = (-1)^6 = [-1 \cdot 1]^6 = (-1)^6 \cdot 1^6 = 1 \cdot f(1) = f(1)$

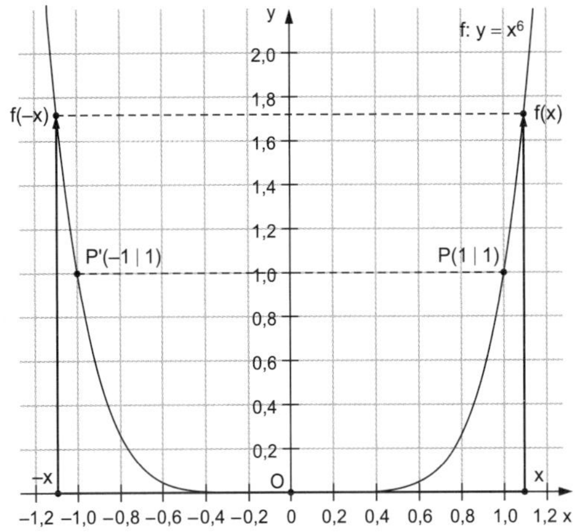


---

**149** a) Parabel 10. Ordnung

b) $D = \mathbb{R}$; $W = \mathbb{R}_0^+$

c) $P_1(-1 \mid 1)$; $O(0 \mid 0)$; $P_2(1 \mid 1)$

d) $f(-a) = b$

f ist achsensymmetrisch, also gilt: $f(-a) = f(a) = b$

---

**150** a) Berechnung von a:

$$P(-2 \mid 6) \in f: \quad y = a \cdot x^3$$
$$\Leftrightarrow \quad 6 = a \cdot (-2)^3$$
$$\Leftrightarrow \quad 6 = a \cdot (-8) \quad \left| \cdot \left(-\frac{1}{8}\right)\right.$$
$$\Leftrightarrow \quad a = -\frac{3}{4}$$

Setze die Werte von x bzw. y in die Funktionsgleichung ein.

b) Berechnung von a:

$$P\left(1\frac{1}{2} \,\middle|\, -2\frac{1}{4}\right) \in f: \quad y = a \cdot x^4$$
$$\Leftrightarrow \quad -2\frac{1}{4} = a \cdot \left(1\frac{1}{2}\right)^4 \quad \text{mit } \left(1\frac{1}{2}\right)^4 = \left(\frac{3}{2}\right)^4 = \frac{81}{16}$$
$$\Leftrightarrow \quad -\frac{9}{4} = a \cdot \frac{81}{16} \quad \left| \cdot \frac{16}{81}\right.$$
$$\Leftrightarrow \quad a = -\frac{4}{9}$$

Setze die Werte von x bzw. y in die Funktionsgleichung ein.

---

**151** Berechnung von a:

$$A(1 \mid 4) \in f: \quad y = a \cdot x^n$$
$$\Leftrightarrow \quad 4 = a \cdot 1^n$$
$$\Leftrightarrow \quad 4 = a \cdot 1$$
$$\Leftrightarrow \quad a = 4$$

Die Koordinaten von A und B erfüllen die Funktionsgleichung.

Hinweise und Tipps

Berechnung von n:

$B(2|32) \in f$: $\quad y = a \cdot x^n \quad |a = 4$

$\Leftrightarrow \quad 32 = 4 \cdot 2^n \quad |:4$

$\Leftrightarrow \quad 2^n = 8$

$\Leftrightarrow \quad n = 3$

also: f: $y = 4 \cdot x^3$

Setze a = 4 und B(2 | 32) ein.

**152** a) $D = \mathbb{R} \setminus \{0\}$; $W = \mathbb{R} \setminus \{0\}$

| x | −10 | −9 | −8 | −7 | −6 | −5 | −4 | −3 | −2 | −1 | 0 |
|---|---|---|---|---|---|---|---|---|---|---|---|
| h: $y = 25x^{-1}$ | −2,5 | −2,78 | −3,13 | −3,57 | −4,17 | −5 | −6,25 | −8,33 | −12,5 | −25 | n. d. |

| x | 1 | 2 | 3 | 4 | 5 | 6 | 7 | 8 | 9 | 10 |
|---|---|---|---|---|---|---|---|---|---|---|
| h: $y = 25x^{-1}$ | 25 | 12,5 | 8,33 | 6,25 | 5 | 4,17 | 3,57 | 3,13 | 2,78 | 2,5 |

b)

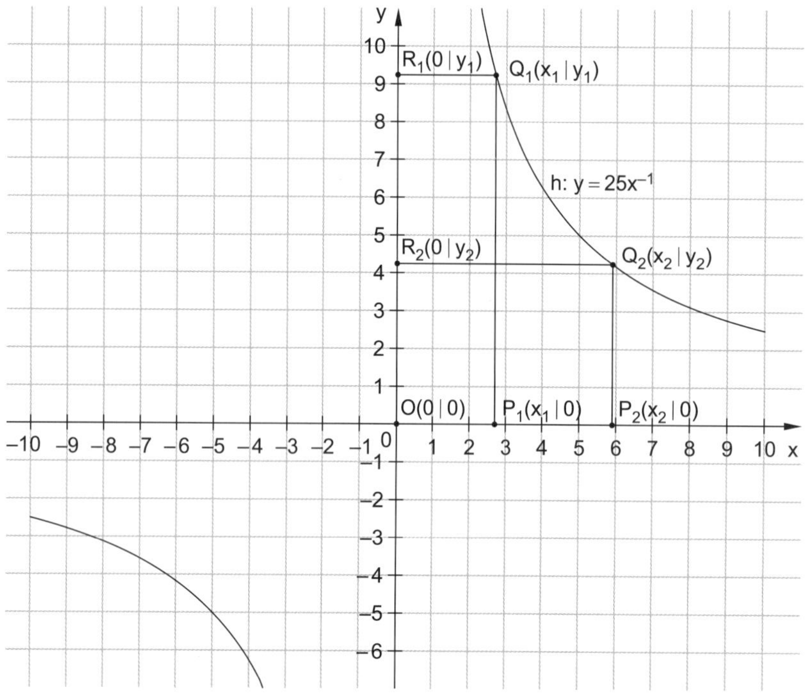


c) Die Flächeninhalte der Rechtecke $OP_nQ_nR_n$ sind alle gleich 25 FE, da mit Punkten $Q_n(x_n|y_n) \in$ h: $y = 25x^{-1}$ stets gilt:

$$x_n \cdot y_n = x_n \cdot 25x_n^{-1} = x_n \cdot \frac{25}{x_n} = 25$$

**153** a) Es ist zu zeigen: $f(-x) = f(x)$

Es gilt: $f(-x) = (-x)^{-4} = \frac{1}{(-x)^4} = \frac{1}{x^4} = x^{-4} = f(x)$

Da der Exponent gerade ist, gilt: $(-x)^4 = x^4$

b) Es ist zu zeigen: $f(-x) = -f(x)$

Es gilt: $f(-x) = (-x)^{-5} = \frac{1}{(-x)^5} = \frac{1}{-x^5} = -x^{-5} = -f(x)$

Da der Exponent ungerade ist, gilt: $(-x)^5 = -x^5$

Hinweise und Tipps

**154** a)

| x | −3 | −2,5 | −2 | −1,5 | −1 | −0,5 | 0 | 0,5 | 1 | 1,5 | 2 | 2,5 | 3 |
|---|---|---|---|---|---|---|---|---|---|---|---|---|---|
| $f_1$: $y = 2x^{-2}$ | 0,22 | 0,32 | 0,5 | 0,89 | 2 | 8 | n. d. | 8 | 2 | 0,89 | 0,5 | 0,32 | 0,22 |
| $f_2$: $y = \frac{1}{3}x^{-3}$ | −0,01 | −0,02 | −0,04 | −0,10 | −0,33 | −2,67 | n. d. | 2,67 | 0,33 | 0,10 | 0,04 | 0,02 | 0,01 |
| $f_3$: $y = 8x^{-4}$ | 0,10 | 0,20 | 0,5 | 1,58 | 8 | 128 | n. d. | 128 | 8 | 1,58 | 0,5 | 0,20 | 0,10 |

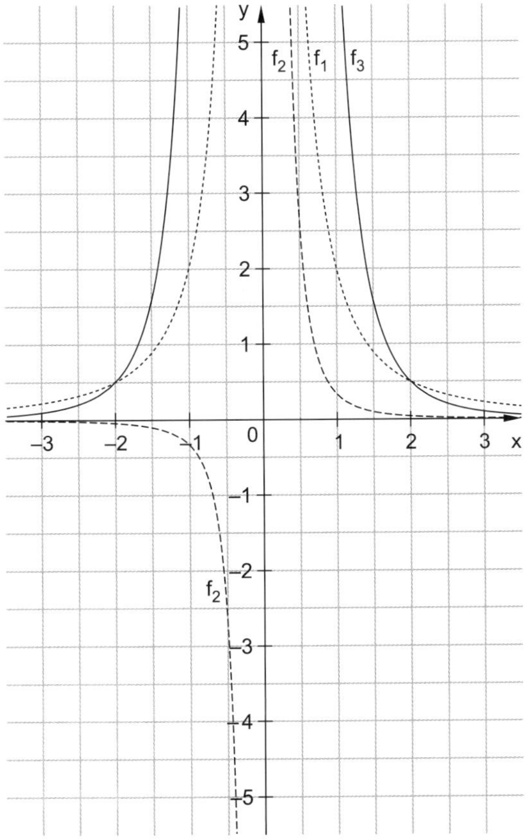


b) $f_1$: $y = 2x^{-2}$: $D = \mathbb{R} \setminus \{0\}$; $W = \mathbb{R}^+$
Vertikale Asymptote: $a_1$: $x = 0$
Horizontale Asymptote: $a_2$: $y = 0$

$f_2$: $y = \frac{1}{3}x^{-3}$: $D = \mathbb{R} \setminus \{0\}$; $W = \mathbb{R} \setminus \{0\}$
Vertikale Asymptote: $a_1$: $x = 0$
Horizontale Asymptote: $a_2$: $y = 0$

$f_3$: $y = 8x^{-4}$: $D = \mathbb{R} \setminus \{0\}$; $W = \mathbb{R}^+$
Vertikale Asymptote: $a_1$: $x = 0$
Horizontale Asymptote: $a_2$: $y = 0$

$y = 2x^{-2} = \frac{2}{x^2}$

Beachte: Der Nenner darf nicht 0 sein.

Hinweise und Tipps

**155** a)

| x | −2 | −1,6 | −1,2 | −0,8 | −0,4 | 0 | 0,4 | 0,8 | 1,2 | 1,6 | 2 |
|---|---|---|---|---|---|---|---|---|---|---|---|
| p: $y=-\frac{1}{2}x^3$ | 4 | 2,05 | 0,86 | 0,26 | 0,03 | 0 | −0,03 | −0,26 | −0,86 | −2,05 | −4 |

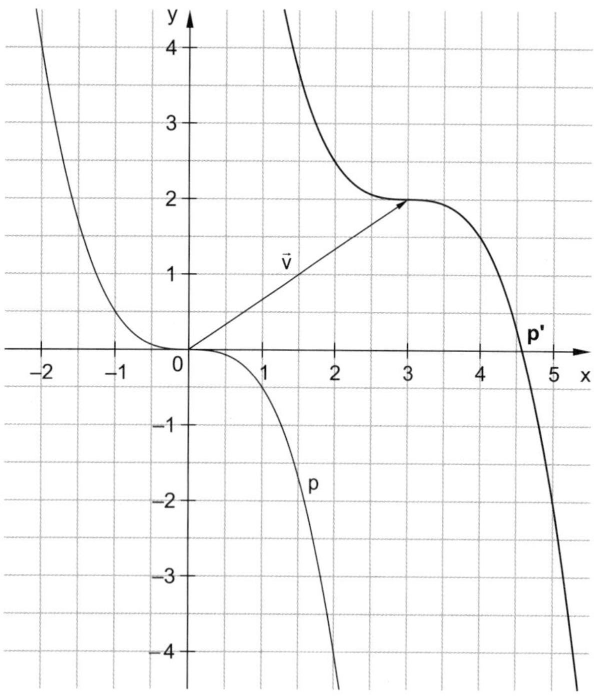


b) $p\colon y=-\frac{1}{2}x^3 \xmapsto{\vec{v}=\binom{3}{2}} p'$

$P\left(x \,\middle|\, -\frac{1}{2}x^3\right) \xmapsto{\vec{v}=\binom{3}{2}} P'(x'|y')$

Anwendung der Formel $y=a\cdot(x-v_x)^n+v_y$:

$p\colon y=-\frac{1}{2}x^3 \xmapsto{\vec{v}=\binom{3}{2}} p'\colon y=-\frac{1}{2}(x-3)^3+2$

*alternativ:*
Vektorkette:

$\overrightarrow{OP'}=\overrightarrow{OP}\oplus\vec{v}$

$\Leftrightarrow \begin{pmatrix}x'\\y'\end{pmatrix}=\begin{pmatrix}x\\-\frac{1}{2}x^3\end{pmatrix}\oplus\begin{pmatrix}3\\2\end{pmatrix}$ — $P\left(x\,\middle|\,-\frac{1}{2}x^3\right)$

$\Leftrightarrow \begin{array}{|l}x'=x+3\\ \wedge\ y'=-\frac{1}{2}x^3+2\end{array}$ — Löse Gleichung I nach x auf.

$\Leftrightarrow \begin{array}{|l}x=x'-3\\ \wedge\ y'=-\frac{1}{2}(x'-3)^3+2\end{array}$ — Einsetzen von x' − 3 für x in Gleichung II

also: $p'\colon y=-\frac{1}{2}(x-3)^3+2$ — Umbenennen von x' und y' in x und y

Hinweise und Tipps

**156** a) $f: y = \frac{1}{3}x^{-3} - 3 \xmapsto{\vec{v} = \binom{-2}{6}} f'$

$P\left(x \,\middle|\, \frac{1}{3}x^{-3} - 3\right) \xmapsto{\vec{v} = \binom{-2}{6}} P'(x' \,|\, y')$

Vektorvergleich:

$$\overrightarrow{PP'} = \vec{v}$$

$$\Leftrightarrow \begin{pmatrix} x' - x \\ y' - \left(\frac{1}{3}x^{-3} - 3\right) \end{pmatrix} = \begin{pmatrix} -2 \\ 6 \end{pmatrix}$$

$$\Leftrightarrow \begin{pmatrix} x' - x \\ y' - \frac{1}{3}x^{-3} + 3 \end{pmatrix} = \begin{pmatrix} -2 \\ 6 \end{pmatrix}$$

$$\Leftrightarrow \left| \begin{array}{l} x' - x = -2 \\ \wedge\ y' - \frac{1}{3}x^{-3} + 3 = 6 \end{array} \right.$$

$$\Leftrightarrow \left| \begin{array}{l} x = x' + 2 \\ \wedge\ y' = \frac{1}{3}x^{-3} + 3 \end{array} \right.$$

$$\Leftrightarrow \left| \begin{array}{l} x = x' + 2 \\ \wedge\ y' = \frac{1}{3}(x' + 2)^{-3} + 3 \end{array} \right.$$

also: $f': y = \frac{1}{3(x+2)^3} + 3$ bzw. $f': y = \frac{1}{3}(x+2)^{-3} + 3$

Die Berechnung ist auch mithilfe der Vektorkette $\overrightarrow{OP'} = \overrightarrow{OP} \oplus \vec{v}$ möglich.

Die Gleichung zu f' lässt sich auch durch Anwendung der Formel $y = a(x - v_x)^n + v_y$ bestimmen.

Löse Gleichung I nach x auf.

Setze $x' + 2$ für x in Gleichung II ein.

Umbenennen von x' und y' in x und y

b) $D = \mathbb{R} \setminus \{-2\}$; $W = \mathbb{R} \setminus \{3\}$
Vertikale Asymptote: $a_1$: $x = -2$
Horizontale Asymptote: $a_2$: $y = 3$

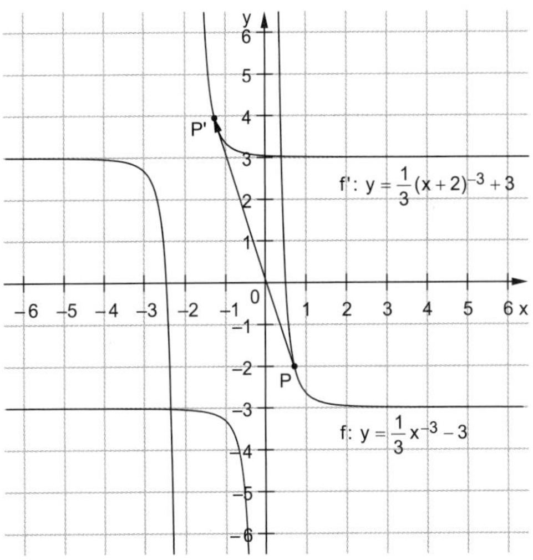


**157** a) $f: y = 1{,}5 \cdot (x - 2)^{-5} + 1$
$D = \mathbb{R} \setminus \{2\}$
$W = \mathbb{R} \setminus \{1\}$
Vertikale Asymptote: $a_1$: $x = 2$
Horizontale Asymptote: $a_2$: $y = 1$
Der Graph ist punktsymmetrisch bzgl. des Punktes $P(2\,|\,1)$.

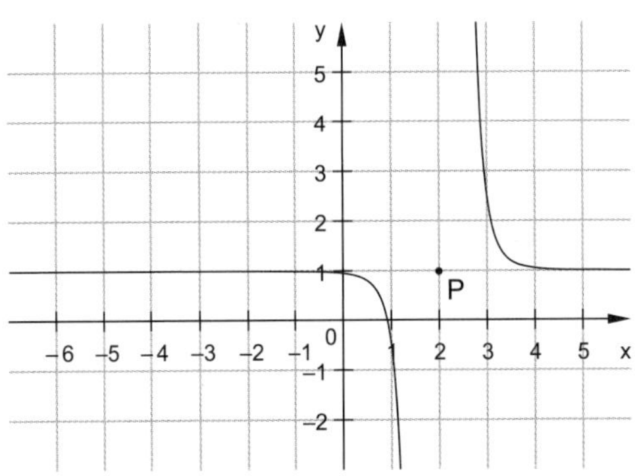

✎ Hinweise und Tipps

b) f: $y = -3 \cdot (x+1)^{-6} + 4$

$D = \mathbb{R} \setminus \{-1\}$

$W = \{y \mid y < 4\}$

Vertikale Asymptote: $a_1$: $x = -1$

Horizontale Asymptote: $a_2$: $y = 4$

Der Graph ist achsensymmetrisch bzgl. der Geraden mit der Gleichung $x = -1$.

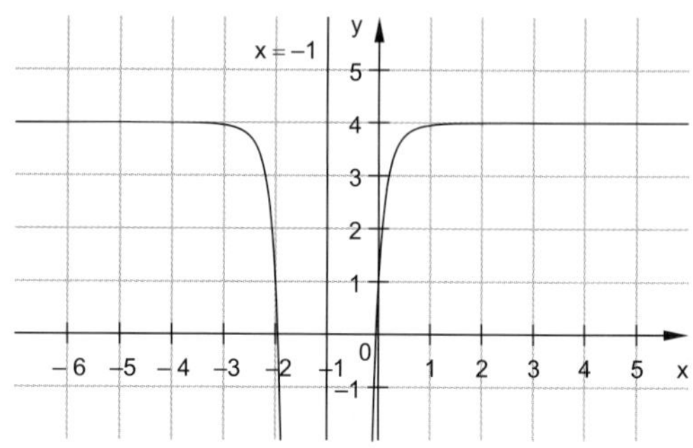


c) f: $y = \frac{1}{2} \cdot \left(x - \frac{3}{2}\right)^{-8} + \frac{5}{6}$

$D = \mathbb{R} \setminus \left\{\frac{3}{2}\right\}$

$W = \left\{y \,\middle|\, y > \frac{5}{6}\right\}$

Vertikale Asymptote: $a_1$: $x = \frac{3}{2}$

Horizontale Asymptote: $a_2$: $y = \frac{5}{6}$

Der Graph ist achsensymmetrisch bzgl. der Geraden mit der Gleichung $x = \frac{3}{2}$.

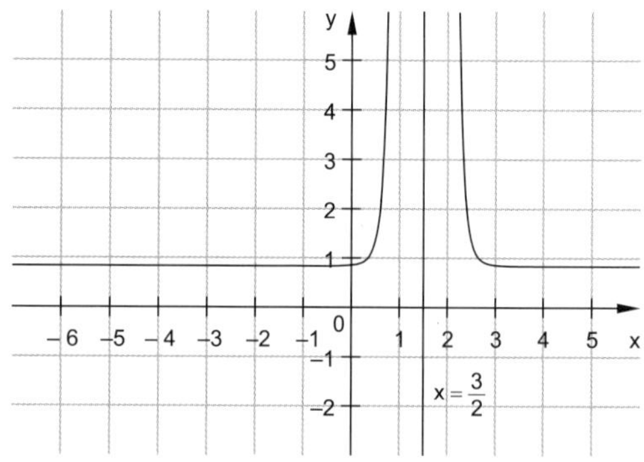


d) f: $y = 4{,}3 \cdot (x + 2{,}9)^{-11} + 1{,}7$

$D = \mathbb{R} \setminus \{-2{,}9\}$

$W = \mathbb{R} \setminus \{1{,}7\}$

Vertikale Asymptote: $a_1$: $x = -2{,}9$

Horizontale Asymptote: $a_2$: $y = 1{,}7$

Der Graph ist punktsymmetrisch bzgl. des Punktes $P(-2{,}9 \mid 1{,}7)$.

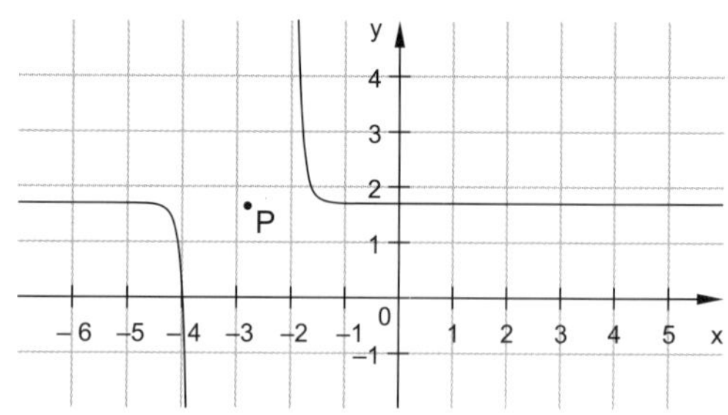


**158** a) f:

$$
\begin{aligned}
& & y &= 2(x+3)^{-2} - 8 & & \\
& & 0 &= 2(x+3)^{-2} - 8 & & \mid +8 \\
&\Leftrightarrow & 8 &= 2(x+3)^{-2} & & \left|\, \cdot \frac{1}{8}(x+3)^2 \right. \\
&\Leftrightarrow & (x+3)^2 &= \frac{1}{4} & & \mid \sqrt{\phantom{x}} \\
&\Leftrightarrow & |x+3| &= \frac{1}{2} & & \\
&\Leftrightarrow & x+3 = -\frac{1}{2} &\;\vee\; x+3 = \frac{1}{2} & & \\
&\Leftrightarrow & x = -3\frac{1}{2} &\;\vee\; x = -2\frac{1}{2} & &
\end{aligned}
$$

$L = \left\{-3\frac{1}{2}; -2\frac{1}{2}\right\}$

Die Nullstelle einer Funktion ist der Wert $x_0$ für den $f(x_0) = 0$ gilt. Man setzt 0 für y in die Funktionsgleichung ein, um $x_0$ zu erhalten.

Beachte: $\sqrt{a^2} = |a|$ bzw. $\sqrt{(x+3)^2} = |x+3|$

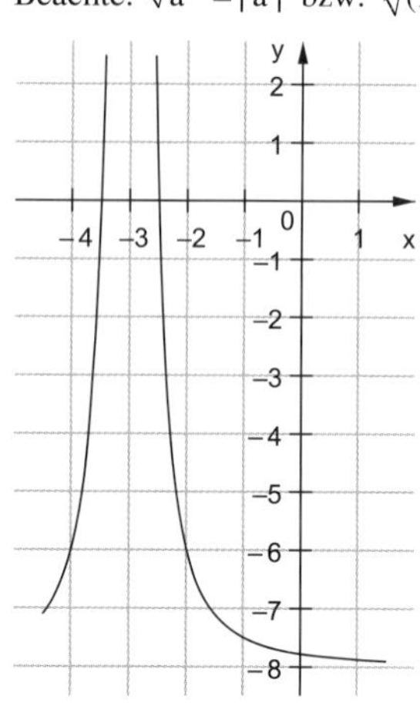

b) $f: \quad y = \frac{3}{(x-2)^2} - 1{,}5$

$0 = \frac{3}{(x-2)^2} - 1{,}5 \quad |+1{,}5$

$\Leftrightarrow \quad 1{,}5 = \frac{3}{(x-2)^2} \quad \left| \cdot \frac{(x-2)^2}{1{,}5} \right.$

$\Leftrightarrow \quad (x-2)^2 = 2 \quad |\sqrt{\phantom{x}}$

$\Leftrightarrow \quad |x-2| = \sqrt{2}$

$\Leftrightarrow \quad x-2 = -\sqrt{2} \quad \vee \quad x-2 = \sqrt{2}$

$\Leftrightarrow \quad x = 2-\sqrt{2} \quad \vee \quad x = 2+\sqrt{2}$

$L = \{2-\sqrt{2}; 2+\sqrt{2}\}$

Hinweise und Tipps

Die Nullstelle einer Funktion ist der Wert $x_0$ für den $f(x_0) = 0$ gilt. Man setzt 0 für y in die Funktionsgleichung ein, um $x_0$ zu erhalten.

Beachte: $\sqrt{a^2} = |a|$ bzw. $\sqrt{(x-2)^2} = |x-2|$

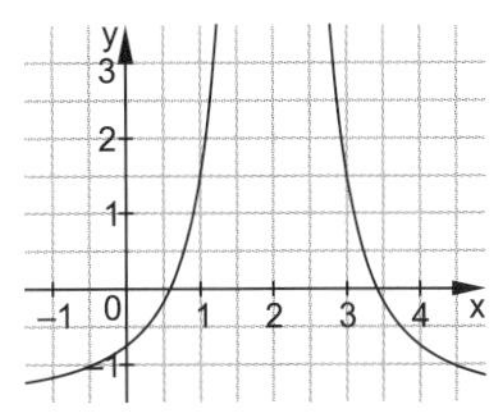


**159** $p_1 \cap p_2 = \{P; Q\}$

Schnittpunktbedingung:

$p_1: \quad y = -0{,}25(x-3)^3 - 5$
$p_2: \quad \wedge \quad y = -0{,}25(x-2)^3 - 1$

$\Leftrightarrow \quad -0{,}25(x-3)^3 - 5 = -0{,}25(x-2)^3 - 1 \quad (\text{I} = \text{II}) \quad |+1$

$\Leftrightarrow \quad -0{,}25(x-3)^3 - 4 = -0{,}25(x-2)^3 \quad |\cdot(-4)$

$\Leftrightarrow \quad (x-3)^3 + 16 = (x-2)^3$

$\Leftrightarrow \quad (x^2-6x+9)(x-3) + 16 = (x^2-4x+4)(x-2)$

$\Leftrightarrow \quad x^3 - 3x^2 - 6x^2 + 18x + 9x - 27 + 16 = x^3 - 2x^2 - 4x^2 + 8x + 4x - 8 \quad |-x^3$

$\Leftrightarrow \quad -9x^2 + 27x - 11 = -6x^2 + 12x - 8$

$\Leftrightarrow \quad -3x^2 + 15x - 3 = 0 \quad \left| \cdot \left(-\frac{1}{3}\right) \right.$

$\Leftrightarrow \quad x^2 - 5x + 1 = 0$

Wende die Lösungsformel für quadratische Gleichungen an.

$D = b^2 - 4ac = (-5)^2 - 4 \cdot 1 \cdot 1 = 21$

$\Leftrightarrow \quad x_{1/2} = \frac{5 \pm \sqrt{21}}{2 \cdot 1}$

$\Leftrightarrow \quad x_1 = 4{,}79 \quad \vee \quad x_2 = 0{,}21$

$L = \{0{,}21; 4{,}79\}$

$P(0{,}21 \,|\, -0{,}25(0{,}21-2)^3 - 1) = P(0{,}21 \,|\, 0{,}43)$

$Q(4{,}79 \,|\, -0{,}25(4{,}79-2)^3 - 1) = Q(4{,}79 \,|\, -6{,}43)$

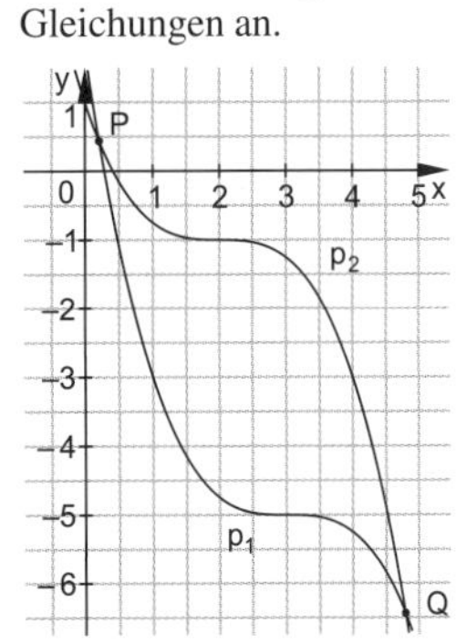


**160** a) $\sqrt{a} = a^{\frac{1}{2}}$

b) $\sqrt[4]{x^5} = x^{\frac{5}{4}}$

c) $\frac{1}{\sqrt{x}} = \frac{1}{x^{\frac{1}{2}}} = x^{-\frac{1}{2}}$

d) $\frac{1}{\sqrt[11]{x^6}} = \frac{1}{x^{\frac{6}{11}}} = x^{-\frac{6}{11}}$

$\sqrt[n]{a^m} = a^{\frac{m}{n}}$

Hinweise und Tipps

**161** a) $\sqrt[3]{8}=\sqrt[3]{2^3}=2$

b) $\sqrt[3]{1\,000}=\sqrt[3]{10^3}=10$

c) $\sqrt[4]{0{,}0016}=\sqrt[4]{\frac{16}{10\,000}}=\sqrt[4]{\frac{2^4}{10^4}}=\sqrt[4]{\left(\frac{1}{5}\right)^4}=\frac{1}{5}$

d) $\sqrt[4]{625}=\sqrt[4]{5^4}=5$

e) $\sqrt[3]{\frac{8}{27}}=\sqrt[3]{\left(\frac{2}{3}\right)^3}=\frac{2}{3}$

f) $64^{\frac{1}{2}}=\sqrt[2]{64}=\sqrt[2]{8^2}=8$

g) $64^{\frac{1}{6}}=\sqrt[6]{64}=\sqrt[6]{2^6}=2$

h) $0{,}008^{\frac{1}{3}}=\sqrt[3]{0{,}008}=\sqrt[3]{0{,}2^3}=0{,}2$

i) $8^{\frac{2}{3}}=\sqrt[3]{8^2}=\sqrt[3]{64}=\sqrt[3]{4^3}=4$

j) $81^{0{,}75}=81^{\frac{3}{4}}=\sqrt[4]{81^3}=(\sqrt[4]{3^4})^3=3^3=27$

Ist der Exponent eine Dezimalzahl, so ist diese in einen Bruch umzuformen.

k) $10\,000^{-\frac{3}{4}}=10\,000^{\frac{-3}{4}}$
$=\sqrt[4]{10\,000^{-3}}$
$=(\sqrt[4]{10^4})^{-3}$
$=\frac{1}{(10)^3}$
$=\frac{1}{1\,000}$

Ist der Exponent ein negativer Bruch, so muss der Nenner stets positiv sein.

Beachte: $a^{-n}=\frac{1}{a^n}$

l) $25^{-1{,}5}=25^{-\frac{3}{2}}=25^{\frac{-3}{2}}=(\sqrt{25})^{-3}=\frac{1}{(\sqrt{25})^3}=\frac{1}{5^3}=\frac{1}{125}$

Ist der Exponent ein negativer Bruch, so muss der Nenner stets positiv sein.

Beachte: $a^{-n}=\frac{1}{a^n}$

---

**162** a) $x^4=81 \quad |\sqrt[4]{\ }$
$\Leftrightarrow x=\sqrt[4]{81}$
$\Leftrightarrow x=\sqrt[4]{3^4}$
$\Leftrightarrow x=3$
$L=\{3\}$

$x=-\sqrt[4]{81}$ kommt als Lösung nicht infrage, weil nach der nichtnegativen Lösung der Gleichung gesucht wird.

b) $x^3-11=114 \quad |+11$
$\Leftrightarrow x^3=125 \quad |\sqrt[3]{\ }$
$\Leftrightarrow x=\sqrt[3]{125}$
$\Leftrightarrow x=\sqrt[3]{5^3}$
$\Leftrightarrow x=5$
$L=\{5\}$

Hinweise und Tipps

c)
$$6x^{\frac{1}{3}}-24=12 \quad |+24$$
$$\Leftrightarrow \quad 6x^{\frac{1}{3}}=36 \quad \left|\cdot\frac{1}{6}\right.$$
$$\Leftrightarrow \quad x^{\frac{1}{3}}=6 \quad \left|\,^{\frac{3}{1}}\right.$$
$$\Leftrightarrow \quad x=6^3$$
$$\Leftrightarrow \quad x=216$$
$L=\{216\}$

d)
$$12x^3-8^2=2^{-1}+4\,051\frac{1}{2}$$
$$\Leftrightarrow \quad 12x^3-64=\frac{1}{2}+4\,051\frac{1}{2}$$
$$\Leftrightarrow \quad 12x^3-64=4\,052 \quad |+64$$
$$\Leftrightarrow \quad 12x^3=4\,116 \quad \left|\cdot\frac{1}{12}\right.$$
$$\Leftrightarrow \quad x^3=343 \quad |\sqrt[3]{\phantom{x}}$$
$$\Leftrightarrow \quad x=\sqrt[3]{343}$$
$$\Leftrightarrow \quad x=\sqrt[3]{7^3}$$
$$\Leftrightarrow \quad x=7$$
$L=\{7\}$

e)
$$-\frac{3}{2}x^4-68\frac{3}{4}=-1\,000-\left(\frac{5}{2}\right)^2$$
$$\Leftrightarrow \quad -\frac{3}{2}x^4-68\frac{3}{4}=-1\,000-\frac{25}{4}$$
$$\Leftrightarrow \quad -\frac{3}{2}x^4-68\frac{3}{4}=-1\,006\frac{1}{4} \quad \left|+68\frac{3}{4}\right.$$
$$\Leftrightarrow \quad -\frac{3}{2}x^4=-937\frac{1}{2} \quad \left|\cdot\left(-\frac{2}{3}\right)\right.$$
$$\Leftrightarrow \quad x^4=625 \quad |\sqrt[4]{\phantom{x}}$$
$$\Leftrightarrow \quad x=\sqrt[4]{625}$$
$$\Leftrightarrow \quad x=\sqrt[4]{5^4}$$
$$\Leftrightarrow \quad x=5$$
$L=\{5\}$

$x=-\sqrt[4]{625}$ kommt als Lösung nicht infrage, weil nach der nichtnegativen Lösung der Gleichung gesucht wird.

f)
$$(x^2-9)(x^2+9)=-65$$
$$\Leftrightarrow \quad x^4-81=-65 \quad |+81$$
$$\Leftrightarrow \quad x^4=16 \quad |\sqrt[4]{\phantom{x}}$$
$$\Leftrightarrow \quad x=\sqrt[4]{16}$$
$$\Leftrightarrow \quad x=\sqrt[4]{2^4}$$
$$\Leftrightarrow \quad x=2$$
$L=\{2\}$

Wende die 3. binomische Formel an.

$x=-\sqrt[4]{16}$ kommt als Lösung nicht infrage, weil nach der nichtnegativen Lösung der Gleichung gesucht wird.

**163** a) $\sqrt[4]{16\cdot 81\cdot x^4}=\sqrt[4]{2^4\cdot 3^4\cdot x^4}=\sqrt[4]{(2\cdot 3\cdot x)^4}=2\cdot 3\cdot x=6x$

b) $\sqrt[3]{64\cdot 0{,}008}=\sqrt[3]{4^3\cdot 0{,}2^3}=\sqrt[3]{(4\cdot 0{,}2)^3}=4\cdot 0{,}2=0{,}8$

Hinweise und Tipps

c) $\sqrt[4]{10\,000 \cdot 625 \cdot y^4} = \sqrt[4]{10^4 \cdot 5^4 \cdot y^4}$
$= \sqrt[4]{(10 \cdot 5 \cdot y)^4}$
$= 10 \cdot 5 \cdot y$
$= 50y$

d) $\sqrt[7]{x^{11} \cdot 128 \cdot x^{-4}} = \sqrt[7]{128 \cdot x^{11} \cdot x^{-4}}$
$= \sqrt[7]{2^7 \cdot x^{11+(-4)}}$
$= \sqrt[7]{2^7 \cdot x^7}$
$= \sqrt[7]{(2 \cdot x)^7}$
$= 2x$

Wende das 1. Potenzgesetz an.

**164** a) $\sqrt{144} \cdot \sqrt{32} = 12 \cdot \sqrt{16 \cdot 2}$
$= 12 \cdot \sqrt{4^2 \cdot 2}$
$= 12 \cdot \sqrt{4^2} \cdot \sqrt{2}$
$= 12 \cdot 4 \cdot \sqrt{2}$
$= 48\sqrt{2}$

b) $8^{\frac{1}{3}} : \sqrt[3]{125} = \sqrt[3]{8} : \sqrt[3]{125} = 2 : 5 = 0{,}4$

c) $\sqrt[17]{11} \cdot 6^{\frac{1}{17}} = \sqrt[17]{11} \cdot \sqrt[17]{6} = \sqrt[17]{11 \cdot 6} = \sqrt[17]{66}$

d) $5 \cdot 343^{\frac{1}{3}} - 11 \cdot \sqrt[4]{81} = 5 \cdot \sqrt[3]{343} - 11 \cdot \sqrt[4]{3^4}$
$= 5 \cdot \sqrt[3]{7^3} - 11 \cdot \sqrt[4]{3^4}$
$= 5 \cdot 7 - 11 \cdot 3$
$= 2$

e) $\sqrt[3]{3x^2} \cdot \sqrt[3]{9x} = \sqrt[3]{3x^2 \cdot 9x}$
$= \sqrt[3]{3 \cdot 3^2 \cdot x \cdot x^2}$
$= \sqrt[3]{3^3 x^3}$
$= \sqrt[3]{(3x)^3}$
$= 3x$

f) $\sqrt[3]{2xy^{-1}} : \sqrt[3]{16x^4y^2} = \sqrt[3]{\frac{2xy^{-1}}{16x^4y^2}}$
$= \sqrt[3]{\frac{2x}{16x^4y^2 \cdot y}}$

Kürze.

$= \sqrt[3]{\frac{1}{8x^3y^3}}$
$= \sqrt[3]{\left(\frac{1}{2xy}\right)^3}$
$= \frac{1}{2xy}$

Hinweise und Tipps

**165** a) f: $y = x^{0,25}$

$f^{-1}$: $x = y^{0,25}$

$\Leftrightarrow \quad x = y^{\frac{1}{4}} \quad \Big|^{\frac{4}{1}}$

$\Leftrightarrow \quad (y^{\frac{1}{4}})^{\frac{4}{1}} = x^{\frac{4}{1}}$

$\Leftrightarrow \quad y^{\frac{1}{4} \cdot \frac{4}{1}} = x^4$

$\Leftrightarrow \quad y = x^4$

$D_{f^{-1}} = \mathbb{R}_0^+; \; W_{f^{-1}} = \mathbb{R}_0^+$

Beide Seiten der Gleichung werden mit der Zahl $\frac{4}{1}$ potenziert. Da x, y ∈ $\mathbb{R}_0^+$, erhält man dadurch eine äquivalente Gleichung.

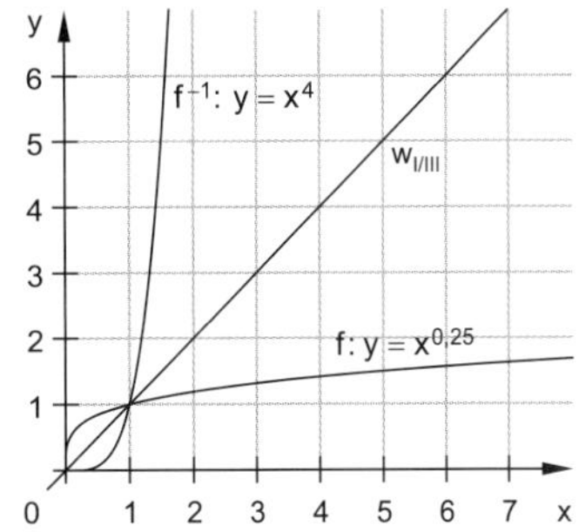


b) f: $y = x^{-\frac{2}{3}}$

$f^{-1}$: $x = y^{-\frac{2}{3}} \quad \Big|^{-\frac{3}{2}}$

$\Leftrightarrow \quad y = x^{-\frac{3}{2}}$

$D_{f^{-1}} = \mathbb{R}^+; \; W_{f^{-1}} = \mathbb{R}^+$

Beachte: $x^{-\frac{m}{n}} = \dfrac{1}{x^{\frac{m}{n}}}$

Beide Seiten der Gleichung werden mit der Zahl $-\frac{3}{2}$ potenziert. Da x, y ∈ $\mathbb{R}_0^+$, erhält man dadurch eine äquivalente Gleichung.

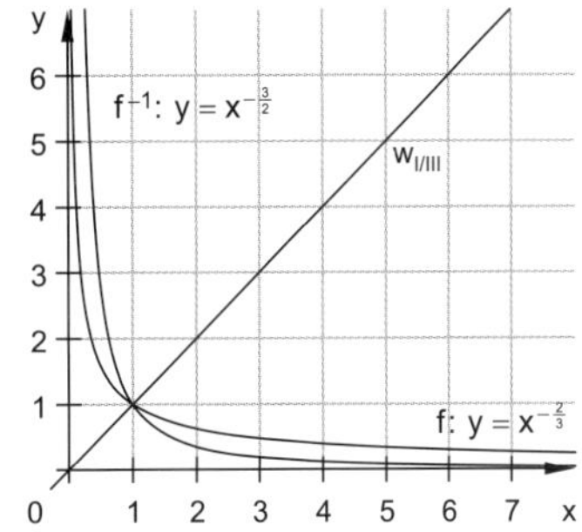


c) f: $y = x^{-0,6}$

$f^{-1}$: $x = y^{-0,6}$

$\Leftrightarrow \quad x = y^{-\frac{6}{10}} \quad \Big|^{-\frac{10}{6}}$

$\Leftrightarrow \quad y = x^{-\frac{5}{3}}$

$D_{f^{-1}} = \mathbb{R}^+; \; W_{f^{-1}} = \mathbb{R}^+$

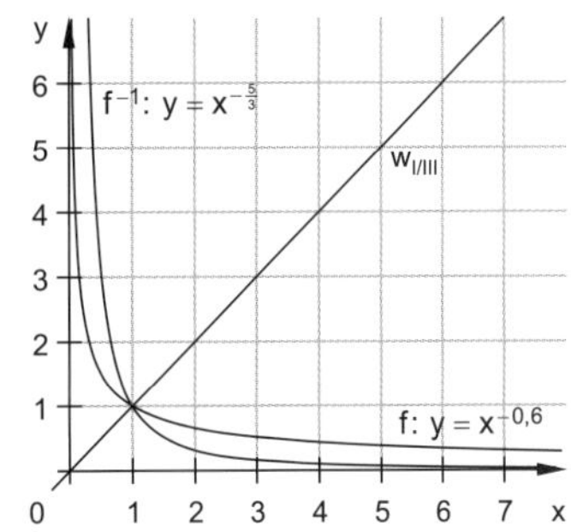


**166** a) f: $y = x^{-3}$

$D_f = \mathbb{R}^+; \quad W_f = \mathbb{R}^+$

Vertikale Asymptote: $a_1$: $x = 0$

Horizontale Asymptote: $a_2$: $y = 0$

Berechnung der Gleichung der Umkehrfunktion:

$f^{-1}$: $x = y^{-3} \quad \Big|^{-\frac{1}{3}}$

$\Leftrightarrow \quad y = x^{-\frac{1}{3}}$

$D_{f^{-1}} = \mathbb{R}^+; \quad W_{f^{-1}} = \mathbb{R}^+$

Vertikale Asymptote: $a_1$: $x = 0$

Horizontale Asymptote: $a_2$: $y = 0$

Hinweise und Tipps

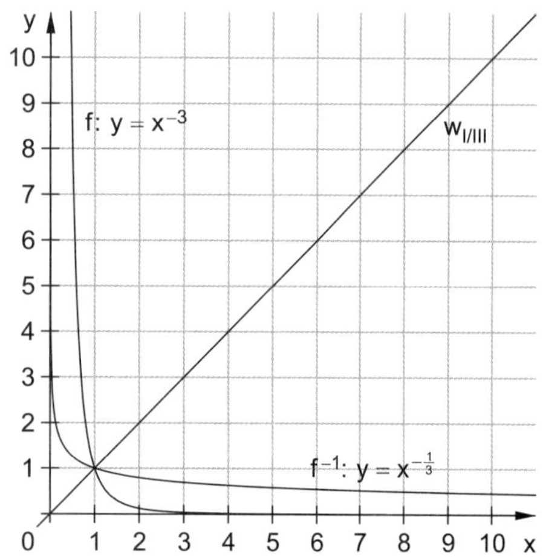


b) f: $y = x^{-\frac{3}{4}}$

$D_f = \mathbb{R}^+$; $W_f = \mathbb{R}^+$

Vertikale Asymptote: $a_1$: $x = 0$
Horizontale Asymptote: $a_2$: $y = 0$

Berechnung der Gleichung der Umkehrfunktion:

$f^{-1}$: $x = y^{-\frac{3}{4}} \quad \Big| ^{-\frac{4}{3}}$

$\Leftrightarrow \quad y = x^{-\frac{4}{3}}$

$D_{f^{-1}} = \mathbb{R}^+$; $W_{f^{-1}} = \mathbb{R}^+$

Vertikale Asymptote: $a_1$: $x = 0$
Horizontale Asymptote: $a_2$: $y = 0$

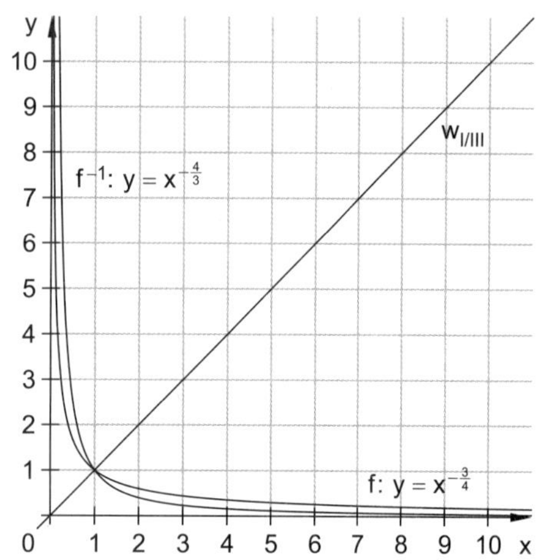


c) f: $y = x^{\frac{2}{5}}$

$D_f = \mathbb{R}_0^+$; $W_f = \mathbb{R}_0^+$

keine Asymptoten

Berechnung der Gleichung der Umkehrfunktion:

$f^{-1}$: $x = y^{\frac{2}{5}} \quad \Big| ^{\frac{5}{2}}$

$\Leftrightarrow \quad y = x^{\frac{5}{2}}$

$D_{f^{-1}} = \mathbb{R}_0^+$; $W_{f^{-1}} = \mathbb{R}_0^+$

keine Asymptoten

Hinweise und Tipps

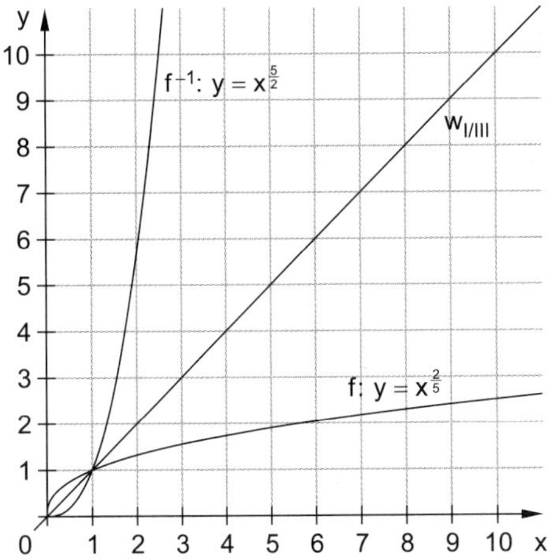


---

**167** a) $f\colon y = x^{\frac{1}{3}} \xmapsto{\vec{v}=\binom{2}{3}} f'\colon y = (x-2)^{\frac{1}{3}} + 3$

Anwendung der Formel $y = a(x - v_x)^n + v_y$

b) $f\colon y = 5x^{-\frac{2}{7}} \xmapsto{\vec{v}=\binom{-1}{6}} f'\colon y = 5(x+1)^{-\frac{2}{7}} + 6$

c) $f\colon y = \sqrt[6]{x} \xmapsto{\vec{v}=\binom{-3}{-4}} f'\colon y = \sqrt[6]{x+3} - 4$

d) $f\colon y = \frac{1}{4}\sqrt[3]{x} \xmapsto{\vec{v}=\binom{5}{-7}} f'\colon y = \frac{1}{4}\sqrt[3]{x-5} - 7$

---

**168** a) $f\colon y = (x+3)^{\frac{1}{2}} - 4$

$D = \{x \mid x \geq -3\}$
$W = \{x \mid x \geq -4\}$
keine Asymptoten

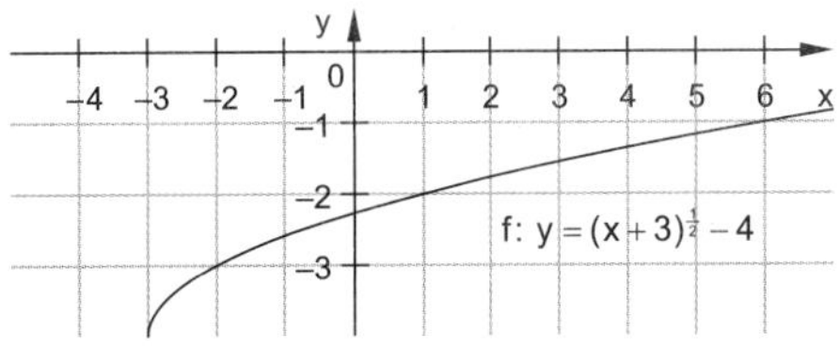


b) $f\colon y = -2(x-1)^{\frac{1}{5}} + 3$

$D = \{x \mid x \geq 1\}$
$W = \{x \mid x \leq 3\}$
keine Asymptoten

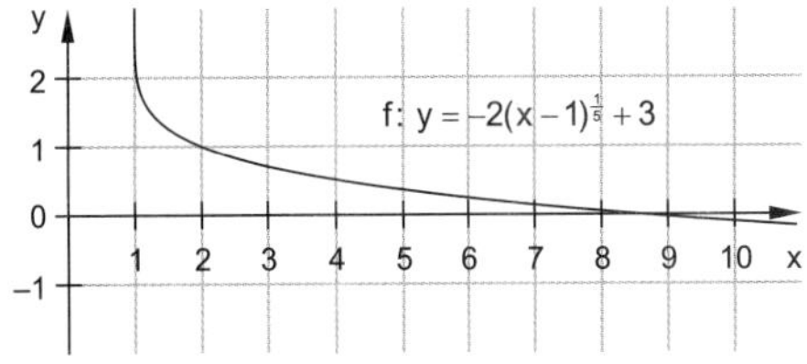


c) $f\colon y = 4(x+6)^{\frac{1}{3}} - 3$

$D = \{x \mid x \geq -6\}$
$W = \{x \mid x \geq -3\}$
keine Asymptoten

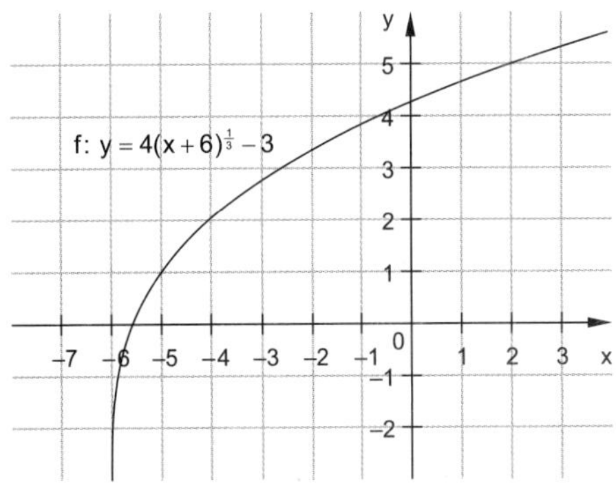

Hinweise und Tipps

d) f: $y = 2(x+1{,}5)^{-\frac{2}{5}} + 0{,}5$

$D = \{x \mid x > -1{,}5\}$
$W = \{x \mid x > 0{,}5\}$

Vertikale Asymptote: $a_1$: $x = -1{,}5$
Horizontale Asymptote: $a_2$: $y = 0{,}5$

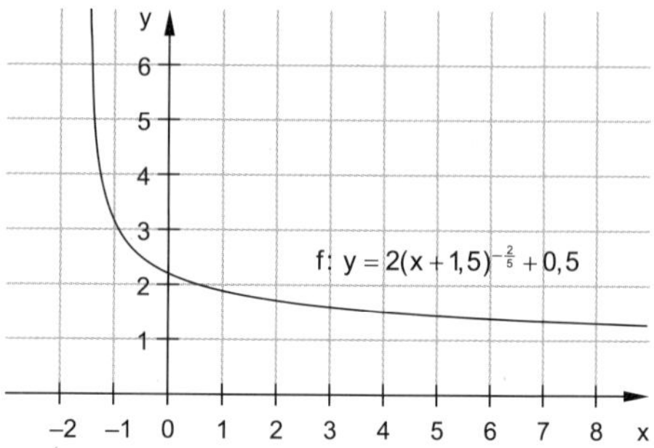


e) f: $y = -3(x-0{,}75)^{-\frac{1}{2}} - 2{,}5$

$D = \{x \mid x > 0{,}75\}$
$W = \{x \mid x < -2{,}5\}$

Vertikale Asymptote: $a_1$: $x = 0{,}75$
Horizontale Asymptote: $a_2$: $y = -2{,}5$

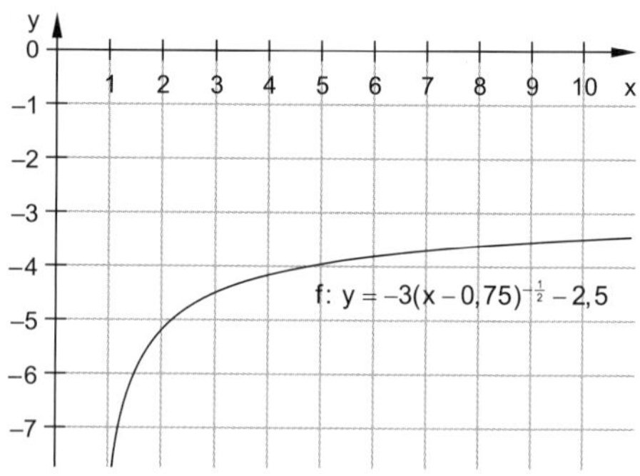


f) f: $y = 4x^{\frac{1}{4}} - 1$

$D = \{x \mid x \geq 0\}$
$W = \{x \mid x \geq -1\}$

keine Asymptoten

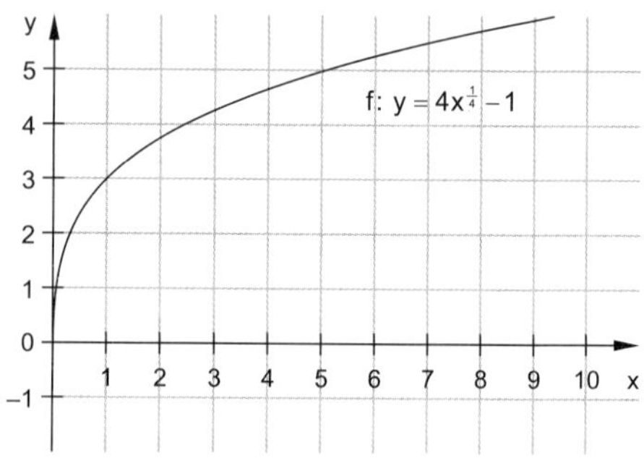


g) f: $y = \dfrac{3}{\sqrt[5]{x+7}} - 0{,}8$

$D = \{x \mid x > -7\}$
$W = \{x \mid x > -0{,}8\}$

Vertikale Asymptote: $a_1$: $x = -7$
Horizontale Asymptote: $a_2$: $y = -0{,}8$

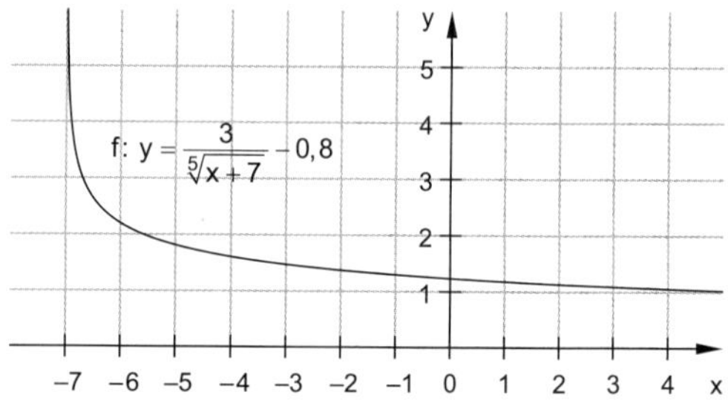


h) f: $y = -\dfrac{1}{\sqrt[3]{x-0{,}72}} + 1{,}86$

$D = \{x \mid x > 0{,}72\}$
$W = \{x \mid x < 1{,}86\}$

Vertikale Asymptote: $a_1$: $x = 0{,}72$
Horizontale Asymptote: $a_2$: $y = 1{,}86$

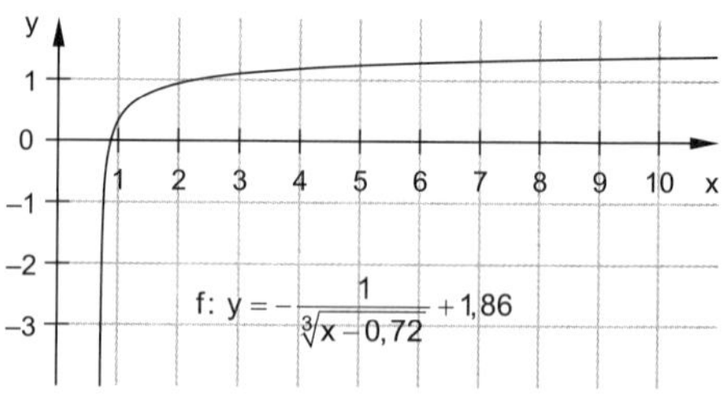


**169** a) Parallelverschiebung mit $\vec{v} = \begin{pmatrix} -3 \\ -4 \end{pmatrix}$

b) Parallelverschiebung mit $\vec{v} = \begin{pmatrix} 1 \\ 3 \end{pmatrix}$

Streckung mit dem Faktor: $a = -2$

Hinweise und Tipps

c) Parallelverschiebung mit $\vec{v} = \begin{pmatrix} -6 \\ -3 \end{pmatrix}$

Streckung mit dem Faktor: a = 4

d) Parallelverschiebung mit $\vec{v} = \begin{pmatrix} -1{,}5 \\ 0{,}5 \end{pmatrix}$

Streckung mit dem Faktor: a = 2

e) Parallelverschiebung mit $\vec{v} = \begin{pmatrix} 0{,}75 \\ -2{,}5 \end{pmatrix}$

Spiegelung an der x-Achse
Streckung mit dem Faktor: a = –3

f) Parallelverschiebung mit $\vec{v} = \begin{pmatrix} 0 \\ -1 \end{pmatrix}$

Streckung mit dem Faktor: a = 4

g) Parallelverschiebung mit $\vec{v} = \begin{pmatrix} -7 \\ -0{,}8 \end{pmatrix}$

Streckung mit dem Faktor: a = 3

h) Parallelverschiebung mit $\vec{v} = \begin{pmatrix} 0{,}72 \\ 1{,}86 \end{pmatrix}$

Spiegelung an der x-Achse

---

**170** a) $D = \mathbb{R} \setminus \{4\}$; $W = \mathbb{R} \setminus \{-3\}$

b) Berechnung der Gleichung der Umkehrfunktion:

$$\begin{aligned} f\colon &\quad y = (-2x+8)^{-1} - 3 \\ f^{-1}\colon &\quad x = (-2y+8)^{-1} - 3 && \mid +3 \\ \Leftrightarrow &\quad x+3 = (-2y+8)^{-1} && \mid ^{-1} \\ \Leftrightarrow &\quad -2y+8 = (x+3)^{-1} && \mid -8 \\ \Leftrightarrow &\quad -2y = (x+3)^{-1} - 8 && \mid \cdot\left(-\frac{1}{2}\right) \\ \Leftrightarrow &\quad y = -\frac{1}{2}(x+3)^{-1} + 4 \end{aligned}$$

Vertausche x und y.

also: $f^{-1}\colon y = -\frac{1}{2}(x+3)^{-1} + 4$

c) Die Aufgabe lässt sich lösen, indem die Koordinaten der Schnittpunkte der Graphen von f und $f^{-1}$ berechnet werden:

Schnittpunktbedingung:

$$\begin{aligned} f\colon &\quad y = (-2x+8)^{-1} - 3 \\ f^{-1}\colon &\quad \wedge\ y = -\frac{1}{2}(x+3)^{-1} + 4 \end{aligned}$$

Einfacher, und damit vorzuziehen, ist die Ermittlung der Schnittpunktkoordinaten des Graphen zu f und der Winkelhalbierenden $w_{I/III}$:

Berechnung der Koordinaten der Schnittpunkte $f \cap w_{I/III} = \{S_1; S_2\}$:

Hinweise und Tipps

Schnittpunktbedingung:

$$\begin{array}{ll} f: & y = (-2x+8)^{-1} - 3 \\ w_{I/III}: & \wedge \; y = x \end{array}$$

$$\Leftrightarrow \begin{array}{l} x = (-2x+8)^{-1} - 3 \quad (I + II) \;|+3 \\ \wedge \; y = x \end{array}$$

$$\Leftrightarrow \begin{array}{l} x + 3 = \dfrac{1}{(-2x+8)} \quad |\cdot(-2x+8) \\ \wedge \; y = x \end{array}$$

$$\Leftrightarrow \begin{array}{l} (x+3)(-2x+8) = 1 \\ \wedge \; y = x \end{array}$$

$$\Leftrightarrow (x+3)(-2x+8) = 1$$

$$\Leftrightarrow -2x^2 + 8x - 6x + 24 = 1 \quad |-1$$

$$\Leftrightarrow -2x^2 + 2x + 23 = 0 \quad \left|\cdot\left(-\frac{1}{2}\right)\right.$$

$$\Leftrightarrow x^2 - x - 11\frac{1}{2} = 0$$

Normalform der quadratischen Gleichung

$$D = (-1)^2 - 4 \cdot 1 \cdot \left(-11\frac{1}{2}\right) = 47$$

$D = b^2 - 4ac$

$$x_{1/2} = \frac{1 \pm \sqrt{47}}{2}$$

$x_1 = 3{,}93 \vee x_2 = -2{,}93$

$L = \{-2{,}93; 3{,}93\}$

somit: $S_1(-2{,}93\,|\,-2{,}93)$ und $S_2(3{,}93\,|\,3{,}93)$

Zeichnung:

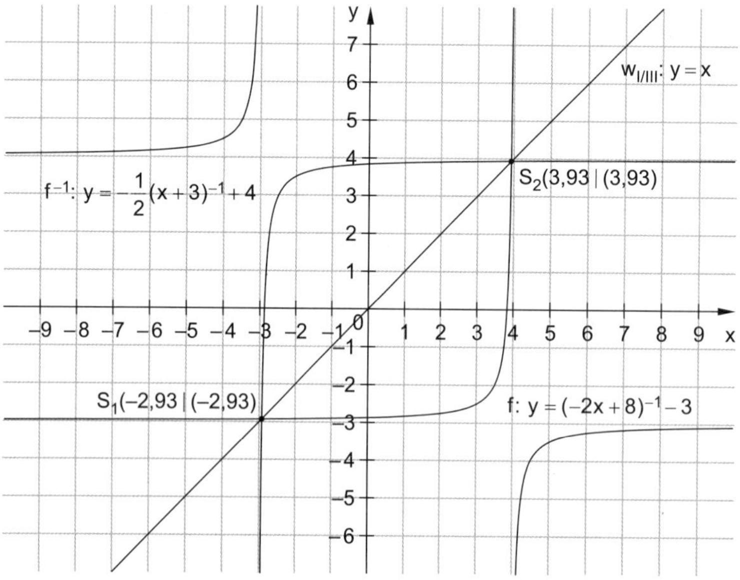

Hinweise und Tipps

**171** a) $D = \mathbb{R}^+$; $W = \{y \mid y > 4\}$;
Vertikale Asymptote: $a_1$: $x = 0$
Horizontale Asymptote: $a_2$: $y = 4$

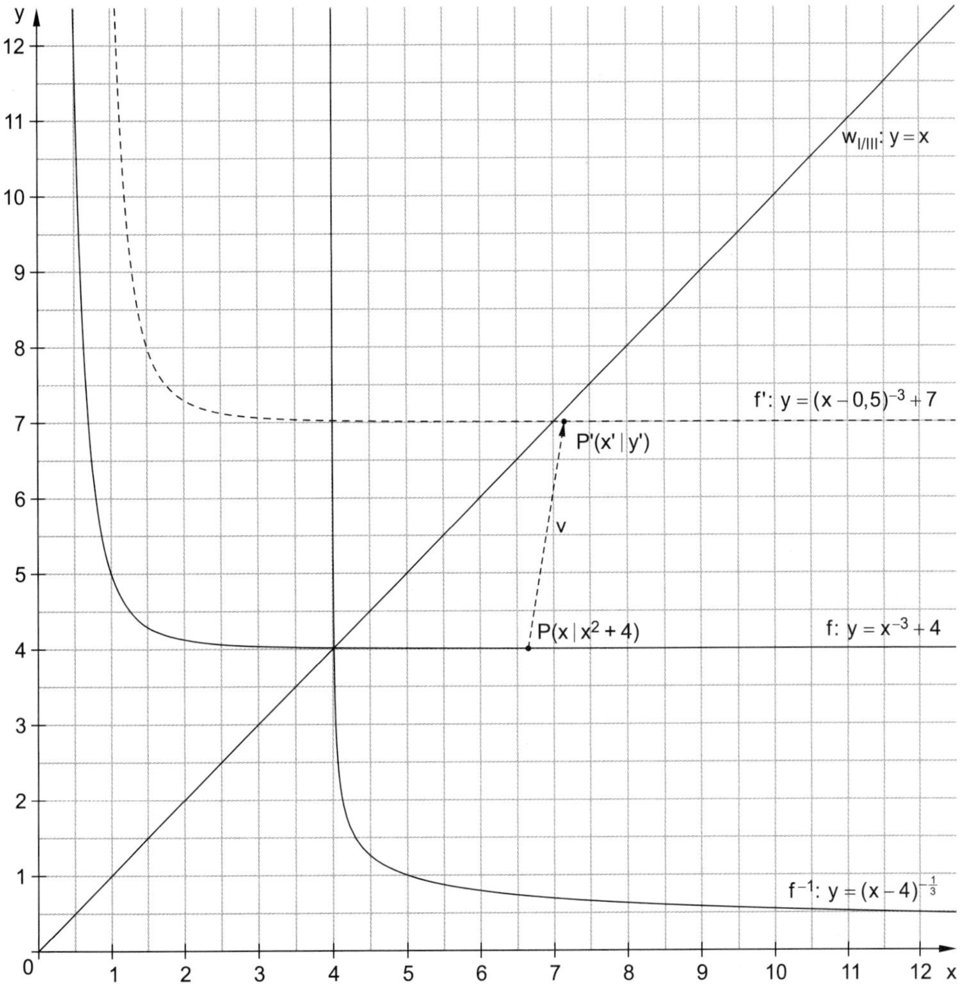


b) Berechnung der Gleichung der Umkehrfunktion:

$f$: $\quad y = x^{-3} + 4$ — Vertausche x und y.

$f^{-1}$: $\quad x = y^{-3} + 4 \quad | -4$ — Löse die Gleichung nach y auf.

$\Leftrightarrow \quad y^{-3} = x - 4 \quad | ^{-\frac{1}{3}}$

$\Leftrightarrow \quad y = (x-4)^{-\frac{1}{3}}$

$\Leftrightarrow \quad y = \frac{1}{\sqrt[3]{x-4}}$

$\Leftrightarrow \quad y = \sqrt[3]{\frac{1}{x-4}}$

also: $f^{-1}$: $y = \sqrt[3]{\frac{1}{x-4}}$

✎ Hinweise und Tipps

c) Berechnung der Gleichung von f':

$$f\colon y = x^{-3} + 4 \xmapsto{\vec{v}=\binom{0,5}{3}} f'$$

$$P(x \mid x^{-3}+4) \xmapsto{\vec{v}=\binom{0,5}{3}} P'(x' \mid y')$$

$$\overrightarrow{PP'} \in \vec{v}$$

$$\begin{pmatrix} x'-x \\ y'-(x^{-3}+4) \end{pmatrix} = \begin{pmatrix} 0,5 \\ 3 \end{pmatrix}$$

$$\Leftrightarrow \begin{pmatrix} x'-x \\ y'-x^{-3}-4 \end{pmatrix} = \begin{pmatrix} 0,5 \\ 3 \end{pmatrix}$$

$$\Leftrightarrow \left| \begin{array}{l} x'-x = 0,5 \\ \wedge\ y'-x^{-3}-4 = 3 \end{array} \right. \quad \begin{array}{l} |+x-0,5 \\ |+x^{-3}+4 \end{array}$$

Löse Gleichung I nach x auf.

$$\Leftrightarrow \left| \begin{array}{l} x = x'-0,5 \\ \wedge\ y' = x^{-3}+7 \end{array} \right.$$

Setze $x'-0,5$ für x in Gleichung II ein.

$$\Leftrightarrow \left| \begin{array}{l} x = x'-0,5 \\ \wedge\ y' = (x'-0,5)^{-3}+7 \end{array} \right.$$

Potenzdarstellung

$$\Leftrightarrow \left| \begin{array}{l} x = x'-0,5 \\ \wedge\ y' = \dfrac{1}{(x'-0,5)^3}+7 \end{array} \right.$$

also: $f'\colon y = (x-0,5)^{-3}+7$ oder $f'\colon y = \dfrac{1}{(x-0,5)^3}+7$

---

**172** a) Der Graph zur Funktion f mit $y = 2(x+2,5)^{-\frac{1}{3}}+4$ entsteht aus dem Graphen der Funktion mit der Gleichung $y = 2x^{-\frac{1}{3}}$ durch Parallelverschiebung mit dem Vektor $\vec{v} = \binom{-2,5}{4}$.

$D = \{x \mid x > -2,5\}$:

$$y = 2(x+2,5)^{-\frac{1}{3}}+4 = \frac{2}{(x+2,5)^{\frac{1}{3}}}+4 = \frac{2}{\sqrt[3]{x+2,5}}+4$$

Der Term unter der Wurzel darf nicht negativ sein, der Nenner nicht den Wert 0 annehmen, somit muss gelten: $x+2,5 > 0 \quad \Leftrightarrow \quad x > -2,5$

$W = \{y \mid y > 4\}$;
Vertikale Asymptote: $a_1$: $x = -2,5$
Horizontale Asymptote: $a_2$: $y = 4$

b) Berechnung der Gleichung der Umkehrfunktion $f^{-1}$:

$$f\colon \quad y = 2(x+2,5)^{-\frac{1}{3}}+4$$

Vertausche x und y.

$$f^{-1}\colon \quad x = 2(y+2,5)^{-\frac{1}{3}}+4 \quad |-4$$

Löse die Gleichung nach y auf.

$$\Leftrightarrow \quad x-4 = 2(y+2,5)^{-\frac{1}{3}} \quad \left|\cdot\frac{1}{2}\right.$$

$$\Leftrightarrow \quad \frac{1}{2}(x-4) = (y+2,5)^{-\frac{1}{3}}$$

$$\Leftrightarrow \quad \left(\frac{1}{2}x-2\right) = (y+2,5)^{-\frac{1}{3}} \quad |(-3)$$

Hinweise und Tipps

$\Leftrightarrow \quad y + 2{,}5 = \left(\frac{1}{2}x - 2\right)^{-3} \quad |-2{,}5$

$\Leftrightarrow \quad y = \left(\frac{1}{2}x - 2\right)^{-3} - 2{,}5$

also: $f^{-1}\colon y = \left(\frac{1}{2}x - 2\right)^{-3} - 2{,}5$ — Gleichung der Umkehrfunktion $f^{-1}$

$D_{f^{-1}} = \{x \mid x > 4\};\ W_{f^{-1}} = \{y \mid y > -2{,}5\}$

c) Zeichnung:

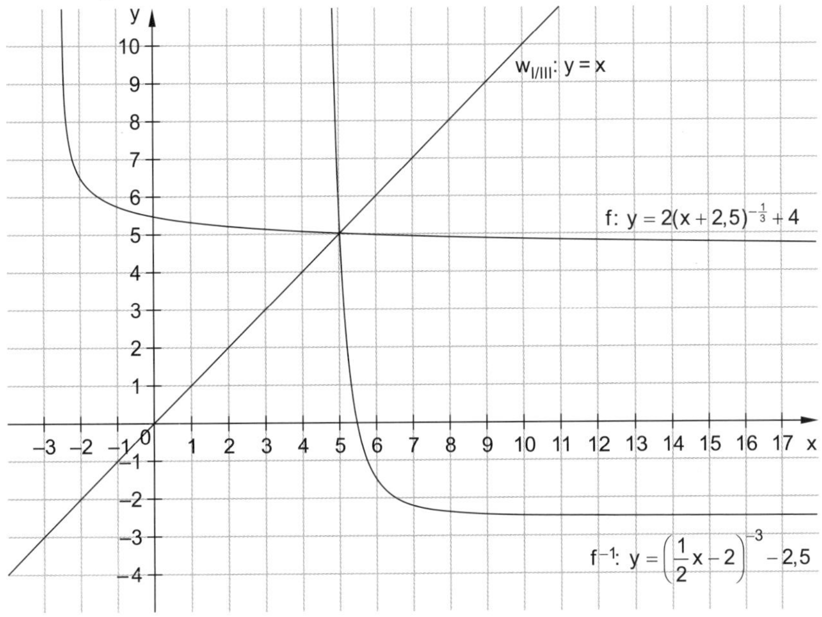


## 2.2 Exponential- und Logarithmusfunktionen

**173** a) $A(0 \mid 0{,}125) \in f\colon \quad y = k \cdot a^x$

$\Leftrightarrow \quad 0{,}125 = k \cdot a^0$

$\Leftrightarrow \quad 0{,}125 = k \cdot 1$

$\Leftrightarrow \quad k = 0{,}125$

Setze die Koordinaten des Schnittpunktes A mit der y-Achse in die allgemeine Funktionsgleichung $y = k \cdot a^x$ ein und ermittle den Wert von k. Beachte: $a^0 = 1$

$B(2 \mid 18) \in f\colon \quad y = 0{,}125 \cdot a^x$

$\Leftrightarrow \quad 18 = 0{,}125 \cdot a^2 \quad | \cdot 8$

$\Leftrightarrow \quad a^2 = 144 \quad | \sqrt{\ }$

$\Rightarrow \quad a = 12$

Setze die Koordinaten des Punktes B in die Funktionsgleichung mit dem jetzt bekannten Wert für k ein.

Radiziere.

also: f: $y = 0{,}125 \cdot 12^x$

Funktionsgleichung angeben

b) $B(0 \mid 2{,}5) \in f\colon \quad y = k \cdot a^x$

$\Leftrightarrow \quad 2{,}5 = k \cdot a^0$

$\Leftrightarrow \quad k = 2{,}5$

Setze zuerst die Koordinaten des Schnittpunktes B mit der y-Achse in die allgemeine Funktionsgleichung $y = k \cdot a^x$ ein und ermittle den Wert von k.
Beachte: $a^0 = 1$

$A(-2|10) \in f: \quad y = 2{,}5 \cdot a^x$

$\Leftrightarrow \quad 10 = 2{,}5 \cdot a^{-2} \quad |:2{,}5 \text{ bzw. } \left| \cdot \frac{2}{5} \right.$

$\Leftrightarrow \quad a^{-2} = 4 \quad |^{-\frac{1}{2}}$

$\Rightarrow \quad a = \frac{1}{2}$

also: f: $y = 2{,}5 \cdot 0{,}5^x$

Hinweise und Tipps

Setze die Koordinaten des Punktes A in die Funktionsgleichung mit dem jetzt bekannten Wert für k ein.

Funktionsgleichung angeben

---

**174** a) f: $y = 3^x$

$D = \mathbb{R}; \ W = \mathbb{R}^+$

(Horizontale) Asymptote: a: $y = 0$

Wertetabelle:

| x | −4 | −3 | −2 | −1 | 0 | 1 | 2 |
|---|---|---|---|---|---|---|---|
| f: $y=3^x$ | 0,01 | 0,04 | 0,11 | 0,33 | 1 | 3 | 9 |

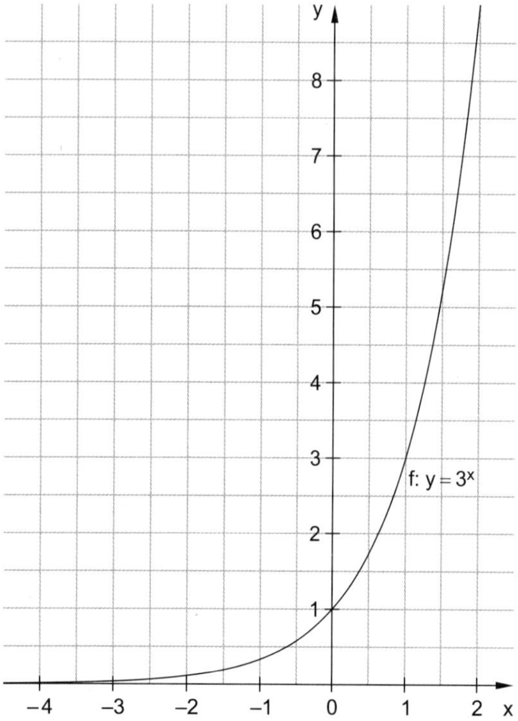


b) f: $y = -2 \cdot 5^x$

$D = \mathbb{R}; \ W = \mathbb{R}^-$

(Horizontale) Asymptote: a: $y = 0$

Wertetabelle:

| x | −4 | −3 | −2 | −1 | 0 | 1 | 2 |
|---|---|---|---|---|---|---|---|
| f: $y=-2 \cdot 5^x$ | −0,00 | −0,02 | −0,08 | −0,4 | −2 | −10 | −50 |

Hinweise und Tipps

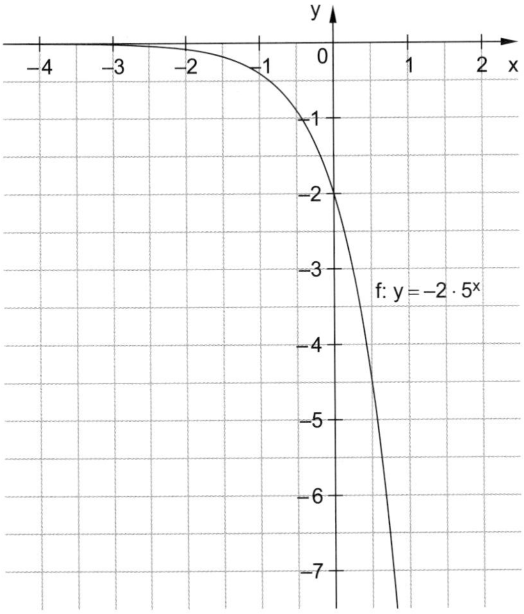


c) $f\colon y = \frac{1}{4} \cdot 3^{x+2}$

$D = \mathbb{R}$; $W = \mathbb{R}^+$

(Horizontale) Asymptote: a: $y = 0$

Wertetabelle:

| x | −4 | −3 | −2 | −1 | 0 | 1 | 2 |
|---|---|---|---|---|---|---|---|
| $f\colon y = \frac{1}{4} \cdot 3^{x+2}$ | 0,03 | 0,08 | 0,25 | 0,75 | 2,25 | 6,75 | 20,25 |

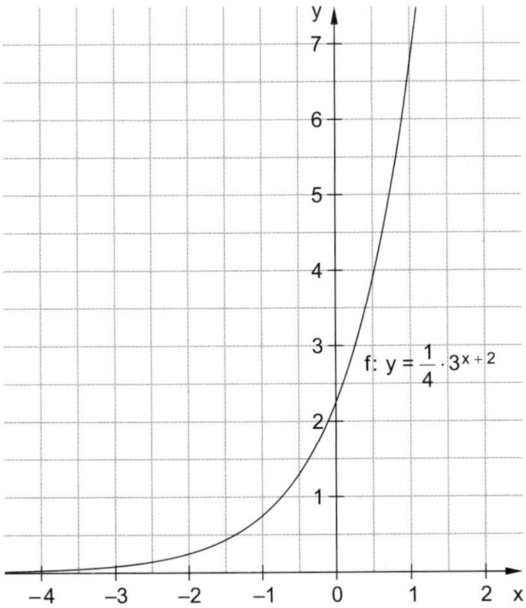

Hinweise und Tipps

d) $y = -5 + 4 \cdot 3^{x-1}$
$D = \mathbb{R}$; $W = \{y \mid y > -5\}$
(Horizontale) Asymptote: a: $y = -5$
Wertetabelle:

| x | –4 | –3 | –2 | –1 | 0 | 1 | 2 |
|---|---|---|---|---|---|---|---|
| f: $y = -5 + 4 \cdot 3^{x-1}$ | –4,98 | –4,95 | –4,85 | –4,56 | –3,67 | –1 | 7 |

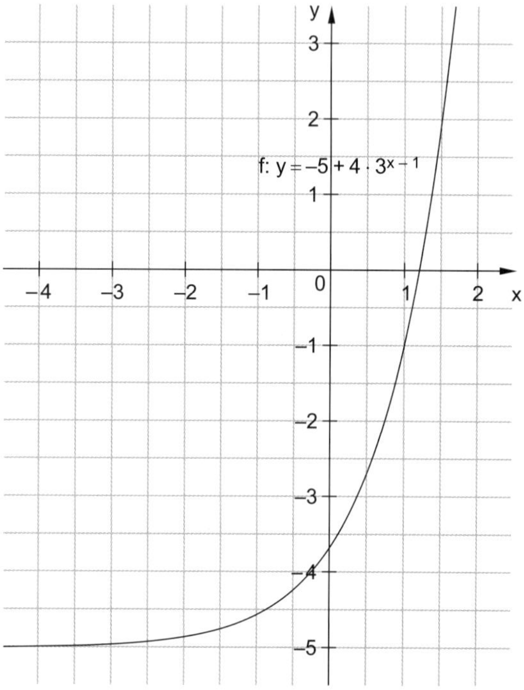


e) f: $y = -0{,}5 \cdot 2^{1{,}5x} + 2{,}5$
$D = \mathbb{R}$; $W = \{y \mid y < 2{,}5\}$
(Horizontale) Asymptote: a: $y = 2{,}5$
Wertetabelle:

| x | –4 | –3 | –2 | –1 | 0 | 1 | 2 |
|---|---|---|---|---|---|---|---|
| f: $y = -0{,}5 \cdot 2^{1{,}5x} + 2{,}5$ | 2,49 | 2,48 | 2,44 | 2,32 | 2 | 1,09 | –1,5 |

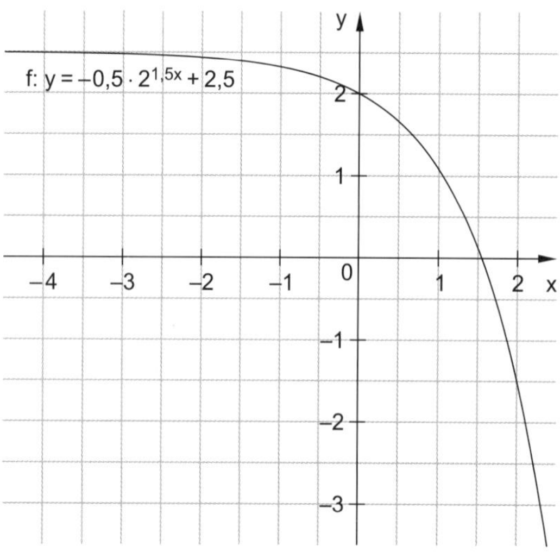

Hinweise und Tipps

f) f: $y = 1{,}4 \cdot 6^{0{,}5x} - 1{,}7$
$D = \mathbb{R}$; $W = \{y \mid y > -1{,}7\}$
(Horizontale) Asymptote: a: $y = -1{,}7$
Wertetabelle:

| x | −4 | −3 | −2 | −1 | 0 | 1 | 2 |
|---|---|---|---|---|---|---|---|
| f: $y = 1{,}4 \cdot 6^{0{,}5x} - 1{,}7$ | −1,66 | −1,61 | −1,47 | −1,13 | −0,3 | 1,73 | 6,7 |

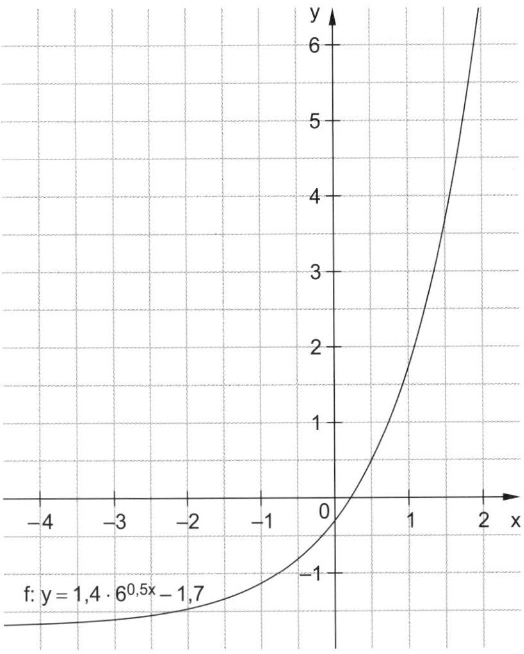


**175** a) f: $y = 2^x \xmapsto{\vec{v} = \binom{1}{-4}} f'$

$P(x \mid 2^x) \xmapsto{\vec{v} = \binom{1}{-4}} P(x' \mid y')$

$$\begin{pmatrix} x' \\ y' \end{pmatrix} = \begin{pmatrix} x \\ 2^x \end{pmatrix} \oplus \begin{pmatrix} 1 \\ -4 \end{pmatrix}$$ Vektorform

$$\Leftrightarrow \begin{array}{|l} x' = x + 1 \\ \wedge\ y' = 2^x - 4 \end{array}$$ Parameterdarstellung von f'

$$\Leftrightarrow \begin{array}{|l} x = x' - 1 \\ \wedge\ y' = 2^{x'-1} - 4 \end{array}$$ Einsetzen von $x = x' - 1$ aus I in II

also: f': $y = 2^{x-1} - 4$ Gleichung des Bildgraphen

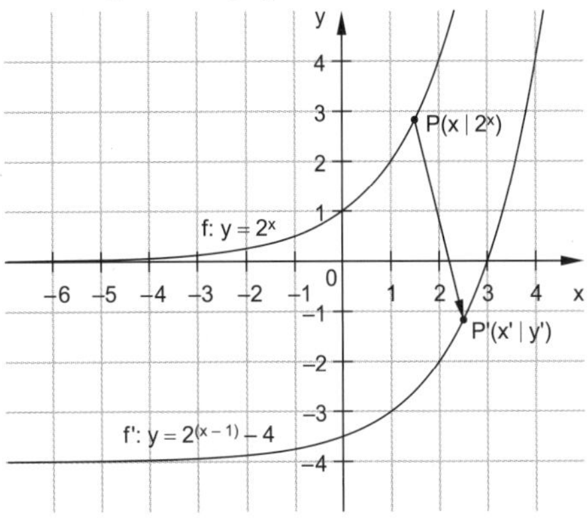

Hinweise und Tipps

b) $e\colon y = 5^{x+1} \xmapsto{\vec{v}=\binom{-2}{3}} e'$

$P(x \mid 5^{x+1}) \xmapsto{\vec{v}=\binom{-2}{3}} P(x' \mid y')$

$\begin{pmatrix} x' \\ y' \end{pmatrix} = \begin{pmatrix} x \\ 5^{x+1} \end{pmatrix} \oplus \begin{pmatrix} -2 \\ 3 \end{pmatrix}$

$\Leftrightarrow \quad \begin{vmatrix} x' = x - 2 \\ \wedge \ y' = 5^{x+1} + 3 \end{vmatrix}$ — Parameterdarstellung von e'

$\Leftrightarrow \quad \begin{vmatrix} x = x' + 2 \\ \wedge \ y' = 5^{(x'+2)+1} + 3 \end{vmatrix}$ — Einsetzen von $x = x' + 2$ aus I in II

$\Leftrightarrow \quad e'\colon y = 5^{x+3} + 3$

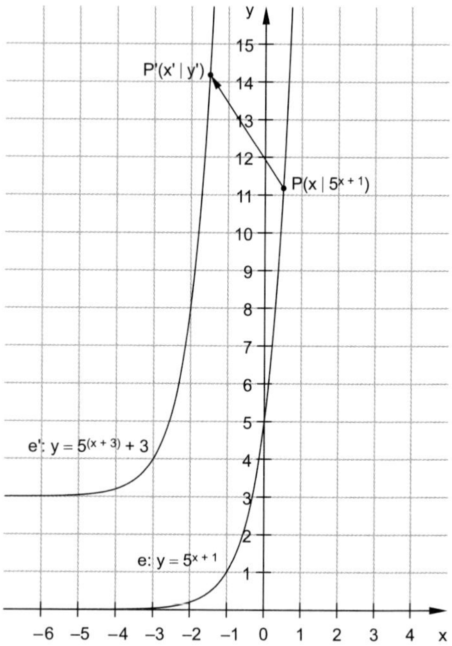


**176** $\log_5 12$ ist die Zahl, mit der 5 potenziert werden muss, um 12 zu erhalten: $5^{\log_5 12} = 12$

**177**

a) $\log_2 16 = 4$ da $2^4 = 16$

b) $\log_4 256 = 4$ da $4^4 = 256$

c) $\log_8 \frac{1}{64} = -2$ da $8^{-2} = \frac{1}{64}$

d) $\log_2 \frac{1}{8} = -3$ da $2^{-3} = \frac{1}{8}$

e) $\log_2 0$ nicht definiert! — Für alle $x \in \mathbb{R}$ gilt: $2^x > 0$

f) $\log_5 1 = 0$ da $5^0 = 1$

**178**

a) $\log_{10} 10\,000 = 4$ da $10^4 = 10\,000$
$L = \{10\,000\}$

b) $\log_2 32 = 5$ da $2^5 = 32$
$L = \{32\}$

Hinweise und Tipps

c) $\log_6 216 = 3$ da $6^3 = 216$
$L = \{216\}$

d) $\log_8 1 = 0$ da $8^0 = 1$
$L = \{1\}$

e) $\log_{0,5} 0,25 = 2$ da $0,5^2 = 0,25$
$L = \{0,25\}$

f) $\log_{\frac{3}{2}} \frac{4}{9} = -2$ da $\left(\frac{3}{2}\right)^{-2} = \frac{4}{9}$
$L = \left\{\frac{4}{9}\right\}$

---

**179** a) $\log_5 125 = 3$ da $5^3 = 125$

b) $\log_{\frac{2}{3}} \frac{4}{9} = 2$ da $\left(\frac{2}{3}\right)^2 = \frac{4}{9}$

c) $\log_{\sqrt{2}} 2 = 2$ da $\sqrt{2}^2 = 2$

d) $\log_{\sqrt{3}} 9 = 4$ da $\sqrt{3}^4 = 9$

e) $\log_5 \frac{1}{5} = -1$ da $5^{-1} = \frac{1}{5}$

f) $\log_2 \frac{1}{32} = -5$ da $2^{-5} = \frac{1}{32}$

---

**180** a) $\lg 5 = 0,699$ Probe: $10^{0,699} = 5,000$

b) $\lg 12 = 1,079$ Probe: $10^{1,079} = 11,995$

c) $\lg \frac{4}{5} = -0,097$ Probe: $10^{-0,097} = 0,800$

d) $\lg 23,45 = 1,370$ Probe: $10^{1,370} = 23,442$

e) $\lg \sqrt[4]{4\,321} = 0,909$ Probe: $10^{0,909} = 8,110$
$(\sqrt[4]{4\,321} = 8,108)$

f) $\lg 10 = 1$ Probe: $10^1 = 10$ Klar!

---

**181** a) $\lg x = 0,125$
$\Leftrightarrow \quad x = 10^{0,125}$
$\Leftrightarrow \quad x = 1,334$
$L = \{1,334\}$
Probe: $\lg 1,334 = 0,125$

b) $\lg x = -2,5$
$\Leftrightarrow \quad x = 10^{-2,5}$
$\Leftrightarrow \quad x = 0,003$
$L = \{0,003\}$
Probe: $\lg 0,003 = -2,523$

Hinweise und Tipps

c) $\lg x = \frac{3}{4}$

$\Leftrightarrow \quad x = 10^{\frac{3}{4}}$

$\Leftrightarrow \quad x = 5{,}623$

$L = \{5{,}623\}$

Probe: $\lg 5{,}623 = 0{,}750 = \frac{3}{4}$

d) $\lg x = \sqrt{19}$

$\Leftrightarrow \quad x = 10^{\sqrt{19}}$

$\Leftrightarrow \quad x = 22\,850{,}670$

$L = \{22\,850{,}670\}$

Probe: $\lg 22\,850{,}670 = 4{,}359$

$(\sqrt{19} = 4{,}359)$

---

**182** a) $\log_2 3 = \frac{\lg 3}{\lg 2} = 1{,}58$ — ETR: [LOG] [3] [÷] [LOG] [2] [=]

b) $\log_3 \sqrt{8} = \frac{\lg \sqrt{8}}{\lg 3} = 0{,}95$ — ETR: [LOG] [SHIFT] [√] [8] [÷] [LOG] [3] [=]

c) $\log_{12} 3{,}5 = \frac{\lg 3{,}5}{\lg 12} = 0{,}50$

d) $\log_{1,4} 246 = \frac{\lg 246}{\lg 1{,}4} = 16{,}36$

e) $\log_{\frac{1}{2}} \frac{3}{4} = \frac{\lg \frac{3}{4}}{\lg \frac{1}{2}} = 0{,}42$

f) $\log_{\sqrt{13}} (22 \cdot \sqrt{7}) = \frac{\lg(22 \cdot \sqrt{7})}{\lg \sqrt{13}} = 3{,}17$

---

**183** a) $\log_2 10 = \frac{\log_5 10}{\log_5 2}$

b) $\log_{0,5} \frac{1}{64} = \frac{\log_9 \frac{1}{64}}{\log_9 0{,}5}$

c) $\lg 4{,}5 = \frac{\log_3 4{,}5}{\log_3 10}$

d) $\log_3 6 = \frac{\log_{\sqrt{2}} 6}{\log_{\sqrt{2}} 3}$

---

Hinweise und Tipps

**184** a)

$$5^x = 1,2$$
$$\Leftrightarrow \quad x = \log_5 1,2$$
$$\Leftrightarrow \quad x = \frac{\lg 1,2}{\lg 5}$$
$$\Leftrightarrow \quad x = 0,11$$
$L = \{0,11\}$

Logarithmiere.

b)

$$\frac{1}{2} \cdot 7^x = 6 \qquad \Big| \cdot 2$$
$$\Leftrightarrow \quad 7^x = 12$$
$$\Leftrightarrow \quad x = \log_7 12$$
$$\Leftrightarrow \quad x = \frac{\lg 12}{\lg 7}$$
$$\Leftrightarrow \quad x = 1,28$$
$L = \{1,28\}$

Löse nach $7^x$ auf.

Logarithmiere.

c)

$$8^x + 123 = 321 \qquad \Big| -123$$
$$\Leftrightarrow \quad 8^x = 198$$
$$\Leftrightarrow \quad x = \log_8 198$$
$$\Leftrightarrow \quad x = \frac{\lg 198}{\lg 8}$$
$$\Leftrightarrow \quad x = 2,54$$
$L = \{2,54\}$

Löse nach $8^x$ auf.

Logarithmiere.

d)

$$5 \cdot 2^x - 19 = 3 \qquad \Big| +19$$
$$\Leftrightarrow \quad 5 \cdot 2^x = 22 \qquad \Big| \cdot \frac{1}{5}$$
$$\Leftrightarrow \quad 2^x = \frac{22}{5}$$
$$\Leftrightarrow \quad x = \log_2 \frac{22}{5}$$
$$\Leftrightarrow \quad x = \frac{\lg \frac{22}{5}}{\lg 2}$$
$$\Leftrightarrow \quad x = 2,14$$
$L = \{2,14\}$

Löse nach $2^x$ auf.

Logarithmiere.

e)

$$-\frac{4}{3} \cdot 7^x + \frac{2}{9} = 0 \qquad \Big| -\frac{2}{9}$$
$$\Leftrightarrow \quad -\frac{4}{3} \cdot 7^x = -\frac{2}{9} \qquad \Big| \cdot \left(-\frac{3}{4}\right)$$
$$\Leftrightarrow \quad 7^x = \frac{1}{6}$$
$$\Leftrightarrow \quad x = \log_7 \frac{1}{6}$$
$$\Leftrightarrow \quad x = \frac{\lg \frac{1}{6}}{\lg 7}$$
$$\Leftrightarrow \quad x = -0,92$$
$L = \{-0,92\}$

Löse nach $7^x$ auf.

Logarithmiere.

Hinweise und Tipps

f) $\frac{2}{3}\cdot 2^{x+1}-5=0 \quad |+5$

Löse nach $2^{x+1}$ auf.

$\Leftrightarrow \frac{2}{3}\cdot 2^{x+1}=5 \quad |\cdot\frac{3}{2}$

$\Leftrightarrow 2^{x+1}=\frac{15}{2}$

Logarithmiere.

$\Leftrightarrow x+1=\log_2\frac{15}{2}$

Löse nach x auf.

$\Leftrightarrow x+1=\frac{\lg\frac{15}{2}}{\lg 2} \quad |-1$

$\Leftrightarrow x=\frac{\lg\frac{15}{2}}{\lg 2}-1$

$\Leftrightarrow x=1{,}91$

$L=\{1{,}91\}$

g) $-\frac{1}{2}(3^{x+4}-5)=-6 \quad |\cdot(-2)$

Löse nach $3^{x+4}$ auf.

$\Leftrightarrow 3^{x+4}-5=12 \quad |+5$

$\Leftrightarrow 3^{x+4}=17$

Logarithmiere.

$\Leftrightarrow x+4=\log_3 17$

Löse nach x auf.

$\Leftrightarrow x+4=\frac{\lg 17}{\lg 3} \quad |-4$

$\Leftrightarrow x=\frac{\lg 17}{\lg 3}-4$

$\Leftrightarrow x=-1{,}42$

$L=\{-1{,}42\}$

h) $2\frac{1}{2}\cdot 3^{2x-1}=4 \quad |\cdot\frac{2}{5}$

Löse nach $3^{2x-1}$ auf.

$\Leftrightarrow 3^{2x-1}=\frac{8}{5}$

Logarithmiere.

$\Leftrightarrow 2x-1=\log_3\frac{8}{5}$

Löse nach x auf.

$\Leftrightarrow 2x-1=\frac{\lg\frac{8}{5}}{\lg 3} \quad |+1$

$\Leftrightarrow 2x=\frac{\lg\frac{8}{5}}{\lg 3}+1 \quad |\cdot\frac{1}{2}$

$\Leftrightarrow x=\frac{1}{2}\cdot\left(\frac{\lg\frac{8}{5}}{\lg 3}+1\right)$

$\Leftrightarrow x=0{,}71$

$L=\{0{,}71\}$

Hinweise und Tipps

**185** a)

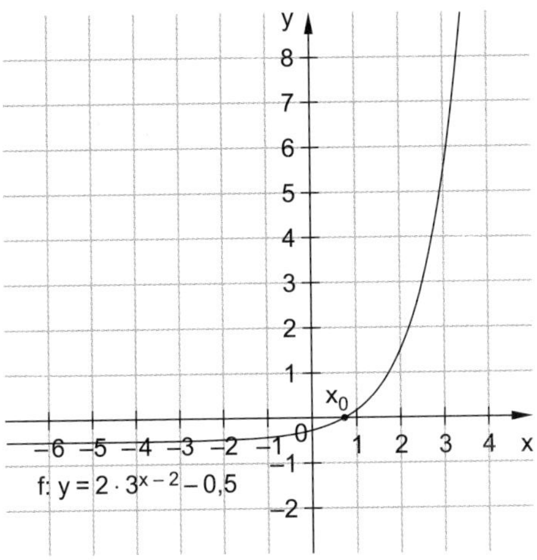


D = ℝ
W = {y | y > −0,5}
(Horizontale) Asymptote: a: y = −0,5

b)

$$2 \cdot 3^{x-2} - 0{,}5 = 0 \quad |+0{,}5$$

Bedingung Nullstelle: y = 0
Löse nach $3^{x-2}$ auf.

$$\Leftrightarrow \quad 2 \cdot 3^{x-2} = 0{,}5 \quad |:2$$

$$\Leftrightarrow \quad 3^{x-2} = 0{,}25$$

Logarithmiere.

$$\Leftrightarrow \quad x - 2 = \frac{\lg 0{,}25}{\lg 3} \quad |+2$$

Löse nach x auf.

$$\Leftrightarrow \quad x = \frac{\lg 0{,}25}{\lg 3} + 2$$

$$\Leftrightarrow \quad x = 0{,}74$$

Nullstelle

L = {0,74}

---

**186** a)

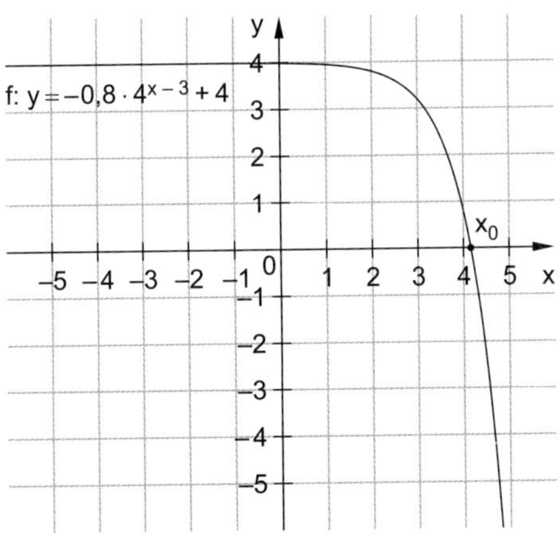


D = ℝ
W = {y | y < 4}
(Horizontale) Asymptote: a: y = 4

b)

$$-0{,}8 \cdot 4^{x-3} + 4 = 0 \quad |-4$$

Bedingung Nullstelle: y = 0
Löse nach $4^{x-3}$ auf.

$$\Leftrightarrow \quad -0{,}8 \cdot 4^{x-3} = -4 \quad |:(-0{,}8)$$

$$\Leftrightarrow \quad 4^{x-3} = 5$$

Logarithmiere.

$$\Leftrightarrow \quad x - 3 = \frac{\lg 5}{\lg 4} \quad |+3$$

Hinweise und Tipps

$\Leftrightarrow \quad x = \frac{\lg 5}{\lg 4} + 3$

$\Leftrightarrow \quad x = 4{,}16$ — Nullstelle

$L = \{4{,}16\}$

---

**187** a) $\lg 3 + \lg 4 + \lg 5 = \lg(3 \cdot 4 \cdot 5) = \lg 60$

Der Logarithmus eines Produkts ist gleich der Summe der Logarithmen aus den Faktoren.

b) $\lg 9 - \lg 8 - \lg 7 = \lg\left(\frac{9}{8}\right) - \lg 7 = \lg\left(\frac{9}{8} : 7\right) = \lg \frac{9}{56}$

Der Logarithmus eines Quotienten ist gleich der Differenz der Logarithmen von Dividend und Divisor.

c) $1 + \lg 2 = \lg 10 + \lg 2 = \lg(10 \cdot 2) = \lg 20$

Beachte: $\lg 10 = 1$, da $10^1 = 10$
Anwendung des 1. Logarithmensatzes

d) $\frac{1}{2}\lg x + 4\lg y = \lg\sqrt{x} + \lg y^4 = \lg\sqrt{x}\,y^4 = \lg x^{\frac{1}{2}} y^4$

Beachte: $x^{\frac{1}{2}} = \sqrt[2]{x} = \sqrt{x}$

e) $\frac{1}{3}(\lg 243 - \lg 9) = \frac{1}{3}\lg\frac{243}{9} = \frac{1}{3}\lg 27 = \lg 27^{\frac{1}{3}} = \lg\sqrt[3]{27} = \lg 3$

Anwendung des 2. Logarithmensatzes
Anwendung des 3. Logarithmensatzes

f) $4\log_4 6 - \log_4 3 = \log_4 6^4 - \log_4 3 = \log_4\left(\frac{1\,296}{3}\right) = \log_4 432$

Anwendung des 3. Logarithmensatzes
Anwendung des 2. Logarithmensatzes

g) $5\log_a x + \frac{1}{2}\log_a y = \log_a x^5 + \log_a y^{\frac{1}{2}} = \log_a(x^5 y^{\frac{1}{2}})$

Anwendung des 3. Logarithmensatzes
Anwendung des 1. Logarithmensatzes

h) $2 \cdot \log_3 5 + 5 \cdot \log_3 2 = \log_3 5^2 + \log_3 2^5$

$= \log_3(5^2 \cdot 2^5)$

$= \log_3(25 \cdot 32)$

$= \log_3 800$

i) $4 \cdot \log_8 3 - 2 \cdot \log_8 6 = \log_8 3^4 - \log_8 6^2$ — Anwendung des 3. Logarithmensatzes

$= \log_8 81 - \log_8 36$ — Anwendung des 2. Logarithmensatzes

$= \log_8 \frac{81}{36}$

$= \log_8 \frac{9}{4}$

j) $1 + \log_{19} 2 = \log_{19} 19 + \log_{19} 2 = \log_{19}(19 \cdot 2) = \log_{19} 38$

Beachte: $1 = \log_{19} 19$

---

**188** a) $\frac{1}{3}\log_2 27 - \frac{1}{4}\log_2 16 + 1 = \log_2 3$

$\Leftrightarrow \quad \log_2 27^{\frac{1}{3}} - \log_2 16^{\frac{1}{4}} + 1 = \log_2 3$ — $27^{\frac{1}{3}} = \sqrt[3]{27} = 3$; $16^{\frac{1}{4}} = \sqrt[4]{16} = 2$

$\Leftrightarrow \quad \log_2 3 - \log_2 2 + 1 = \log_2 3$

$\Leftrightarrow \quad \log_2 \frac{3}{2} + 1 = \log_2 3$

$\Leftrightarrow \quad \log_2 \frac{3}{2} + \log_2 2 = \log_2 3$

$\Leftrightarrow \quad \log_2\left(\frac{3}{2} \cdot 2\right) = \log_2 3$

$\Leftrightarrow \quad \log_2 3 = \log_2 3$ (wahr)

Hinweise und Tipps

b) $\frac{1}{2}\log_{0,25} x^{10} - 4\log_{0,25} x = \log_{0,25} x$

$\Leftrightarrow \log_{0,25}(x^{10})^{\frac{1}{2}} - \log_{0,25} x^4 = \log_{0,25} x$

$\Leftrightarrow \log_{0,25} x^{10\cdot\frac{1}{2}} - \log_{0,25} x^4 = \log_{0,25} x$

$\Leftrightarrow \log_{0,25} x^5 - \log_{0,25} x^4 = \log_{0,25} x$

$\Leftrightarrow \log_{0,25}(x^5 : x^4) = \log_{0,25} x$

$\Leftrightarrow \log_{0,25} x = \log_{0,25} x$ (wahr)

---

**189** a) $12\cdot 0,5^{x-4} = 8 \quad \left|\cdot\frac{1}{12}\right.$ — Löse nach $0,5^{x-4}$ auf.

$\Leftrightarrow 0,5^{x-4} = \frac{2}{3}$ — Logarithmiere.

$\Leftrightarrow x-4 = \log_{0,5}\frac{2}{3} \quad |+4$ — Löse nach x auf.

$\Leftrightarrow x = \log_{0,5}\frac{2}{3} + 4$

$\Leftrightarrow x = 4,58$

$L = \{4,58\}$

b) $\frac{1}{4}\left(\frac{2}{5}\cdot 2^{x+7} - 10\right) = 5 \quad |\cdot 4$ — Löse nach $2^{x+7}$ auf.

$\Leftrightarrow \frac{2}{5}\cdot 2^{x+7} - 10 = 20 \quad |+10$

$\Leftrightarrow \frac{2}{5}\cdot 2^{x+7} = 30 \quad \left|\cdot\frac{5}{2}\right.$

$\Leftrightarrow 2^{x+7} = 75$ — Logarithmiere.

$\Leftrightarrow x+7 = \log_2 75 \quad |-7$ — Löse nach x auf.

$\Leftrightarrow x = \log_2 75 - 7$

$\Leftrightarrow x = -0,77$

$L = \{-0,77\}$

c) $6\cdot\log_2(6x - x^2) - 4 = 15,02 \quad |+4$

$\Leftrightarrow 6\cdot\log_2(6x - x^2) = 19,02 \quad |:6$

$\Leftrightarrow \log_2(6x - x^2) = 3,17$ — Beachte: $x = \log_a b \Leftrightarrow a^x = b$

$\Leftrightarrow 6x - x^2 = 2^{3,17}$

$\Leftrightarrow 6x - x^2 = 9,00 \quad |+x^2 - 6x$

$\Leftrightarrow x^2 - 6x + 9 = 0$ — Bilde das Binom. Die Anwendung der Lösungsformel für quadratische Gleichungen wäre auch möglich.

$\Leftrightarrow (x-3)^2 = 0$

$\Leftrightarrow x = 3$

$L = \{3\}$

d) $\log_2(x-1) + 5 = \log_2(x+4)$

$\Leftrightarrow \log_2(x-1) - \log_2(x+4) = -5$ — Wende den 2. Logarithmensatz an.

$\Leftrightarrow \log_2\frac{x-1}{x+4} = -5$ — Beachte: $x = \log_a b \Leftrightarrow a^x = b$

$\Leftrightarrow \frac{x-1}{x+4} = 2^{-5}$

Hinweise und Tipps

$$\Leftrightarrow \quad \frac{x-1}{x+4}=\frac{1}{32} \quad \Big| \cdot (x+4)$$

$$\Leftrightarrow \quad x-1=\frac{1}{32}\cdot(x+4)$$

$$\Leftrightarrow \quad x-1=\frac{1}{32}x+\frac{1}{8} \quad \Big| -\frac{1}{32}x+1$$

$$\Leftrightarrow \quad \frac{31}{32}x=\frac{9}{8} \quad \Big| \cdot \frac{32}{31}$$

$$\Leftrightarrow \quad x=1\frac{5}{31}$$

$$L=\left\{1\frac{5}{31}\right\}$$

e)

$$5^{x-1}+\left(\frac{1}{4}\right)^{-1}=5^{x+2}-368$$

$\left(\frac{1}{4}\right)^{-1}=\left(\frac{4}{1}\right)^{1}=4$

$$\Leftrightarrow \quad 5^{x-1}+4=5^{x+2}-368 \quad |-4$$

$$\Leftrightarrow \quad 5^{x-1}=5^{x+2}-372 \quad |-5^{x+2}$$

$$\Leftrightarrow \quad 5^{x-1}-5^{x+2}=-372$$

Wende das 1. Potenzgesetz an.

$$\Leftrightarrow \quad 5^{x}\cdot 5^{-1}-5^{x}\cdot 5^{2}=-372$$

Klammere den gemeinsamen Faktor $5^x$ aus.

$$\Leftrightarrow \quad 5^{x}\cdot(5^{-1}-5^{2})=-372$$

$$\Leftrightarrow \quad 5^{x}\cdot(-24,8)=-372 \quad |:(-24,8)$$

$$\Leftrightarrow \quad 5^{x}=15$$

$$\Leftrightarrow \quad x=\log_{5}15$$

$$\Leftrightarrow \quad x=1,68$$

$$L=\{1,68\}$$

f)

$$5+2\cdot 1,5^{x+4}=10+2\cdot 1,5^{x} \quad |-5$$

$$\Leftrightarrow \quad 2\cdot 1,5^{x+4}=5+2\cdot 1,5^{x} \quad |-2\cdot 1,5^{x}$$

$$\Leftrightarrow \quad 2\cdot 1,5^{x+4}-2\cdot 1,5^{x}=5$$

Klammere den gemeinsamen Faktor 2 aus.

$$\Leftrightarrow \quad 2(1,5^{x+4}-1,5^{x})=5 \quad |:2$$

$$\Leftrightarrow \quad 1,5^{x+4}-1,5^{x}=2,5$$

$$\Leftrightarrow \quad 1,5^{x}\cdot 1,5^{4}-1,5^{x}=2,5$$

Klammere den gemeinsamen Faktor $1,5^x$ aus.

$$\Leftrightarrow \quad 1,5^{x}\left[\left(\frac{3}{2}\right)^{4}-1\right]=\frac{5}{2}$$

$$\Leftrightarrow \quad \frac{65}{16}\cdot 1,5^{x}=\frac{5}{2} \quad \Big| \cdot\frac{16}{65}$$

$$\Leftrightarrow \quad 1,5^{x}=\frac{8}{13}$$

Beachte: $x=\log_a b \Leftrightarrow a^x=b$

$$\Leftrightarrow \quad x=\log_{1,5}\frac{8}{13}$$

$$\Leftrightarrow \quad x=-1,20$$

$$L=\{-1,20\}$$

g)

$$\log_{5}(12+x)+6=-\log_{5}(x-3)+9 \quad |-6$$

$$\Leftrightarrow \quad \log_{5}(12+x)=-\log_{5}(x-3)+3 \quad |+\log_{5}(x-3)$$

$$\Leftrightarrow \quad \log_{5}(12+x)+\log_{5}(x-3)=3$$

$$\Leftrightarrow \quad \log_{5}(x+12)(x-3)=3$$

$$\Leftrightarrow \quad (x+12)(x-3)=5^{3}$$

Hinweise und Tipps

$\Leftrightarrow \quad x^2-3x+12x-36=125$

$\Leftrightarrow \quad x^2+9x-36=125 \quad |-125$

$\Leftrightarrow \quad x^2+9x-161=0$

$D=9^2-4\cdot 1\cdot(-161)=725$

Wende die Lösungsformel für quadratische Gleichungen an.

$\Leftrightarrow \quad x_{1/2}=\dfrac{-9\pm\sqrt{725}}{2}$

$\Leftrightarrow \quad x_1=8{,}96 \;\; (\vee \;\; x_2=-17{,}96\notin D)$

$L=\{8{,}96\}$

h) $2\cdot\log_4(x^2+10x-9)-7=1 \quad |+7$

$\Leftrightarrow \quad 2\cdot\log_4(x^2+10x-9)=8 \quad |:2$

$\Leftrightarrow \quad \log_4(x^2+10x-9)=4$

$\Leftrightarrow \quad x^2+10x-9=4^4$

$\Leftrightarrow \quad x^2+10x-9=256 \quad |-256$

$\Leftrightarrow \quad x^2+10x-265=0$

$D=10^2-4\cdot 1\cdot(-265)=1160$

Wende die Lösungsformel für quadratische Gleichungen an.

$\Leftrightarrow \quad x_{1/2}=\dfrac{-10\pm\sqrt{1160}}{2}$

$\Leftrightarrow \quad x_1=12{,}03 \;\vee\; x_2=-22{,}03$

$L=\{-22{,}03;\ 12{,}03\}$

---

**190** a) $\log_3(2x+4)=4+\log_3(2x-1)$

$\Leftrightarrow \quad \log_3(2x+4)-\log_3(2x-1)=4$

Wende den 2. Logarithmensatz an.

$\Leftrightarrow \quad \log_3\dfrac{2x+4}{2x-1}=4$

Beachte: $x=\log_a b \;\Leftrightarrow\; a^x=b$

$\Leftrightarrow \quad \dfrac{2x+4}{2x-1}=3^4$

$\Leftrightarrow \quad \dfrac{2x+4}{2x-1}=81 \quad |\cdot(2x-1)$

$\Leftrightarrow \quad 2x+4=162x-81 \quad |-162x-4$

$\Leftrightarrow \quad -160x=-85 \quad \left|\cdot\left(-\dfrac{1}{160}\right)\right.$

$\Leftrightarrow \quad x=\dfrac{85}{160}=\dfrac{17}{32}$

$L=\left\{\dfrac{17}{32}\right\}$

b) $\log_5(x-1)+\log_5(2+x)=\log_5(3x-2) \quad |-\log_5(3x-2)$

Wende den 1. Logarithmensatz an.

$\Leftrightarrow \log_5(x-1)(2+x)-\log_5(3x-2)=0$

Wende den 2. Logarithmensatz an.

$\Leftrightarrow \quad \log_5\dfrac{(x-1)(2+x)}{(3x-2)}=0$

Beachte: $x=\log_a b \;\Leftrightarrow\; a^x=b$

$\Leftrightarrow \quad \dfrac{(x-1)(2+x)}{(3x-2)}=5^0$

$\Leftrightarrow \quad \dfrac{(x-1)(2+x)}{(3x-2)}=1 \quad |\cdot(3x-2)$

Hinweise und Tipps

$$\Leftrightarrow \quad 2x + x^2 - 2 - x = 3x - 2$$
$$\Leftrightarrow \quad x^2 + x - 2 = 3x - 2 \quad |-3x+2$$
$$\Leftrightarrow \quad x^2 - 2x = 0$$
$$\Leftrightarrow \quad x(x-2) = 0$$
$$\Leftrightarrow \quad (x_1 = 0 \notin D \ \vee) \ x_2 = 2$$
$L = \{2\}$

Die Numeri der vorkommenden Logarithmen müssen positiv sein. Daher gilt: $D = \{x \mid x > 1\}$

c) $$2\log_y x = \log_y 16 - 2\log_y 12$$
$$\Leftrightarrow \quad \log_y x^2 = \log_y 16 - \log_y 12^2$$
$$\Leftrightarrow \quad \log_y x^2 = \log_y \frac{16}{12^2}$$
$$\Leftrightarrow \quad \log_y x^2 = \log_y \frac{4^2}{(3\cdot 4)^2}$$
$$\Leftrightarrow \quad \log_y x^2 = \log_y \frac{1}{3^2}$$
$$\Leftrightarrow \quad \log_y x^2 = \log_y \frac{1}{9}$$
$$\Leftrightarrow \quad x^2 = \frac{1}{9} \quad |\sqrt{\ }$$
$$\Leftrightarrow \quad |x| = \sqrt{\frac{1}{9}}$$
$$\Leftrightarrow \quad (x_1 = -\frac{1}{3} \notin D \ \vee) \ x_2 = \frac{1}{3}$$
$$L = \left\{\frac{1}{3}\right\}$$

Wende den 3. Logarithmensatz an.

Wende den 2. Logarithmensatz an.

Die Numeri der vorkommenden Logarithmen müssen positiv sein. Daher gilt: $D = \{x \mid x > 0\}$

d) $$5\log_2 \sqrt{x} + \log_2 \sqrt[4]{x} = \frac{1}{4} + 2\log_2 x \quad |-2\log_2 x$$
$$\Leftrightarrow \quad 5\log_2 \sqrt{x} + \log_2 \sqrt[4]{x} - 2\log_2 x = \frac{1}{4}$$
$$\Leftrightarrow \quad \log_2 (\sqrt{x})^5 + \log_2 x^{\frac{1}{4}} - \log_2 x^2 = \frac{1}{4}$$
$$\Leftrightarrow \quad \log_2 \frac{x^{\frac{5}{2}} \cdot x^{\frac{1}{4}}}{x^2} = \log_2 2^{\frac{1}{4}}$$
$$\Leftrightarrow \quad \log_2 \frac{x^{\frac{5}{2}+\frac{1}{4}}}{x^2} = \log_2 2^{\frac{1}{4}}$$
$$\Leftrightarrow \quad \log_2 \frac{x^{\frac{11}{4}}}{x^2} = \log_2 2^{\frac{1}{4}}$$
$$\Leftrightarrow \quad \log_2 x^{2\frac{3}{4}-2} = \log_2 2^{\frac{1}{4}}$$
$$\Leftrightarrow \quad \log_2 x^{\frac{3}{4}} = \log_2 2^{\frac{1}{4}}$$
$$\Leftrightarrow \quad x^{\frac{3}{4}} = 2^{\frac{1}{4}} \quad |^{\frac{4}{3}}$$
$$\Leftrightarrow \quad x = 2^{\frac{1}{3}}$$
$$\Leftrightarrow \quad x = \sqrt[3]{2}$$
$$L = \{\sqrt[3]{2}\}$$

Hinweise und Tipps

**191** a) f: $y = 5^x$
$f^{-1}$: $x = 5^y$
$\Leftrightarrow\ y = \log_5 x$

$D_f = \mathbb{R}$; $W_f = \mathbb{R}^+$; Horizontale Asymptote: a: $y = 0$
$D_{f^{-1}} = \mathbb{R}^+$; $W_{f^{-1}} = \mathbb{R}$; Vertikale Asymptote: a: $x = 0$

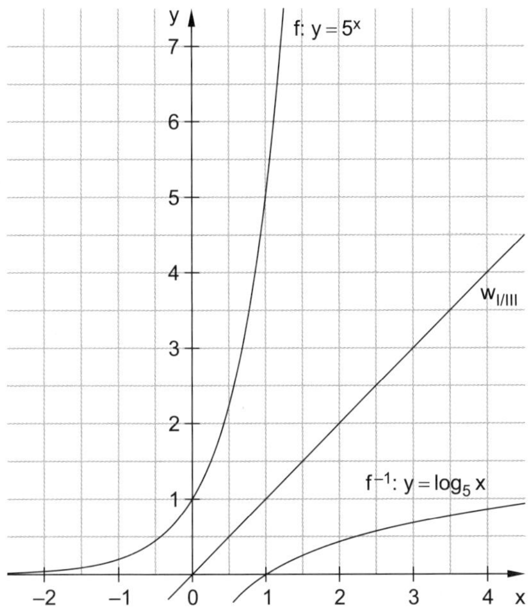


b) f: $y = 2{,}8^x$
$f^{-1}$: $x = 2{,}8^y$
$\Leftrightarrow\ y = \log_{2,8} x$

$D_f = \mathbb{R}$; $W_f = \mathbb{R}^+$; Horizontale Asymptote: a: $y = 0$
$D_{f^{-1}} = \mathbb{R}^+$; $W_{f^{-1}} = \mathbb{R}$; Vertikale Asymptote: a: $x = 0$

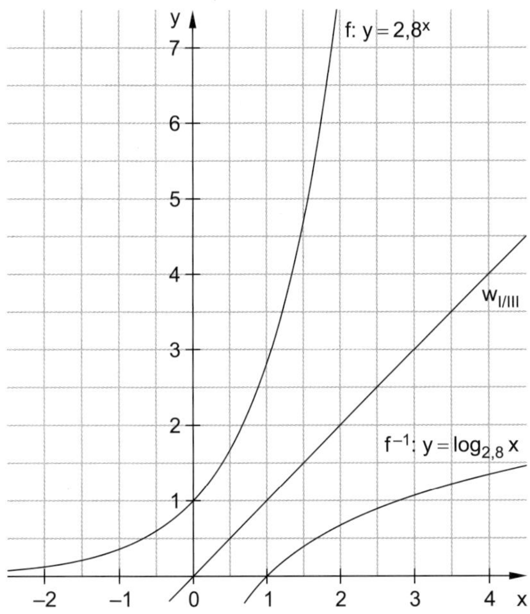

Hinweise und Tipps

**192** a) $D = \mathbb{R};\quad W = \{y \mid y > -2\};\quad a: y = -2$

b)
$$5^{4x-3} - 2 = 0 \quad |+2$$
$$\Leftrightarrow \quad 5^{4x-3} = 2$$
Logarithmiere.
$$\Leftrightarrow \quad 4x - 3 = \log_5 2 \quad |+3$$
$$\Leftrightarrow \quad 4x = \log_5 2 + 3 \quad \left|\cdot \frac{1}{4}\right.$$
$$\Leftrightarrow \quad x = 0{,}86$$
$L = \{0{,}86\}$

c)
Vertausche die Variablen x und y.
$$f: \quad y = 5^{4x-3} - 2$$
$$f^{-1}: \quad x = 5^{4y-3} - 2 \quad |+2$$
$$\Leftrightarrow \quad 5^{4y-3} = x + 2$$
$$\Leftrightarrow \quad 4y - 3 = \log_5(x+2) \quad |+3$$
$$\Leftrightarrow \quad 4y = \log_5(x+2) + 3 \quad \left|\cdot \frac{1}{4}\right.$$
$$\Leftrightarrow \quad y = \frac{1}{4}[\log_5(x+2) + 3]$$
$$\Leftrightarrow \quad y = \frac{1}{4}\log_5(x+2) + \frac{3}{4}$$
Gleichung der Umkehrfunktion $f^{-1}$

d)

| x | –1 | 0 | 1 | 2 | 3 | 4 | 5 | 6 |
|---|---|---|---|---|---|---|---|---|
| $y = \frac{1}{4}\log_5(x+2) + \frac{3}{4}$ | 0,75 | 0,86 | 0,92 | 0,96 | 1 | 1,03 | 1,05 | 1,07 |

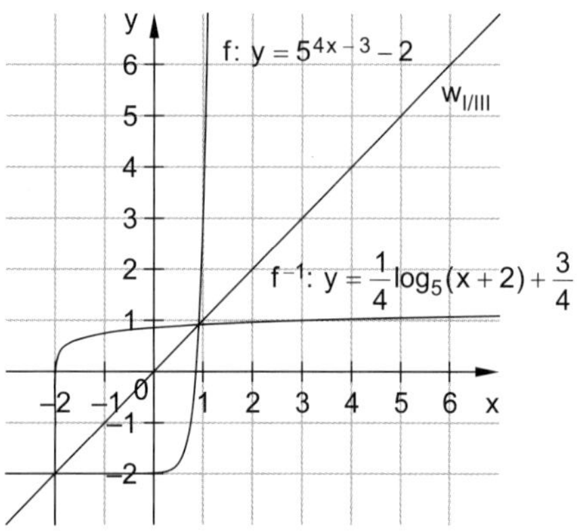


**193** a) Ausführliche Berechnung mithilfe des Parameterverfahrens:

$$f: y = -3 \cdot \log_{1,5} x \xmapsto{\vec{v} = \binom{-4}{5}} f'$$

$$P(x \mid -3 \cdot \log_{1,5} x) \xmapsto{\vec{v} = \binom{-4}{5}} P'(x' \mid y')$$

$$\binom{x'}{y'} = \binom{x}{-3 \cdot \log_{1,5} x} \oplus \binom{-4}{5}$$

$$\Leftrightarrow \quad \begin{array}{|l} x' = x - 4 \\ \wedge \; y' = -3 \cdot \log_{1,5} x + 5 \end{array}$$

$$\Leftrightarrow \quad \begin{array}{|l} x = x' + 4 \\ \wedge \; y' = -3 \cdot \log_{1,5} x + 5 \end{array}$$

Hinweise und Tipps

$$\Leftrightarrow \left| \begin{array}{l} x = x' + 4 \\ \wedge \; y' = -3 \cdot \log_{1,5}(x' + 4) + 5 \end{array} \right.$$

also: f': $y = -3 \cdot \log_{1,5}(x + 4) + 5$

Berechnung mithilfe der Formel:

f: $y = -3 \cdot \log_{1,5} x \xmapsto{\vec{v} = \binom{-4}{5}}$ f': $y = -3 \cdot \log_{1,5}(x + 4) + 5$

$y = k \cdot \log_a x \xmapsto{\vec{v} = \binom{v_x}{v_y}} y = k \cdot \log_a(x - v_x) + v_y$

$D_f = \mathbb{R}^+$ $\quad W_f = \mathbb{R}$ $\quad$ Vertikale Asymptote: a: $x = 0$

$D_{f'} = \{x \mid x > -4\}$ $\quad W_{f'} = \mathbb{R}$ $\quad$ Vertikale Asymptote: a: $x = -4$

| x | 0,5 | 1 | 1,5 | 2 | 2,5 | 3 |
|---|---|---|---|---|---|---|
| $y = -3 \cdot \log_{1,5} x$ | 5,13 | 0 | –3 | 5,13 | –6,78 | –8,13 |

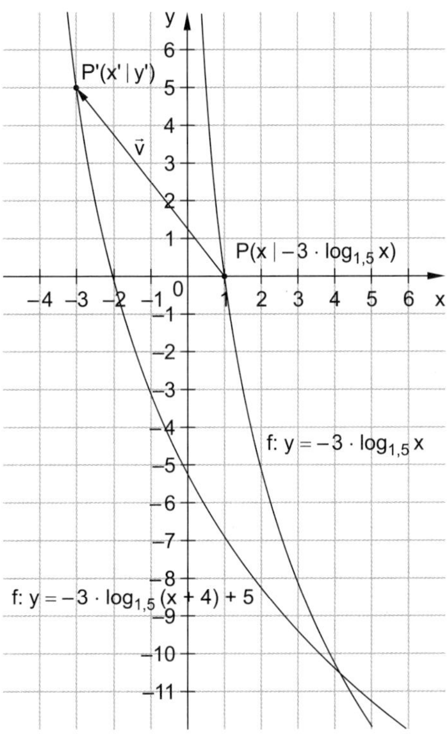


b) Ausführliche Berechnung mithilfe des Parameterverfahrens:

f: $y = \frac{1}{2} \cdot \log_{12} 4x \xmapsto{\vec{v} = \binom{-2,5}{-1,5}}$ f'

$P\left(x \;\middle|\; \frac{1}{2} \cdot \log_{12} 4x\right) \xmapsto{\vec{v} = \binom{-2,5}{-1,5}} P'(x' \mid y')$

$$\binom{x'}{y'} = \begin{pmatrix} x \\ \frac{1}{2} \cdot \log_{12} 4x \end{pmatrix} \oplus \binom{-2,5}{-1,5}$$

$$\Leftrightarrow \left| \begin{array}{l} x' = x - 2,5 \\ \wedge \; y' = \frac{1}{2} \cdot \log_{12} 4x - 1,5 \end{array} \right.$$

Löse nach x auf …

$$\Leftrightarrow \left| \begin{array}{l} x = x' + 2,5 \\ \wedge \; y' = \frac{1}{2} \cdot \log_{12} 4x - 1,5 \end{array} \right.$$

… und setze den Term für x in Gleichung II ein.

Hinweise und Tipps

$$\Leftrightarrow \left| \begin{array}{l} x = x' + 2{,}5 \\ \wedge\ y' = \frac{1}{2} \cdot \log_{12} 4(x' + 2{,}5) - 1{,}5 \end{array} \right.$$

also: $f': y = \frac{1}{2} \cdot \log_{12} 4(x + 2{,}5) - 1{,}5$

Berechnung mithilfe der Formel:

$$f: y = \frac{1}{2} \cdot \log_{12} 4x \xrightarrow{\vec{v} = \binom{-2{,}5}{-1{,}5}} f': y = \frac{1}{2} \cdot \log_{12} 4(x + 2{,}5) - 1{,}5$$

$$y = k \cdot \log_a x \xrightarrow{\vec{v} = \binom{v_x}{v_y}} y = k \cdot \log_a (x - v_x) + v_y$$

$D_f = \mathbb{R}^+$ $W_f = \mathbb{R}$ Vertikale Asymptote: a: $x = 0$

$D_{f'} = \{x \mid x > -2{,}5\}$ $W_{f'} = \mathbb{R}$ Vertikale Asymptote: a: $x = -2{,}5$

| x | 0,5 | 1 | 1,5 | 2 | 2,5 | 3 | 3,5 |
|---|---|---|---|---|---|---|---|
| $y = \frac{1}{2} \cdot \log_{12} 4x$ | 0,14 | 0,28 | 0,36 | 0,42 | 0,46 | 0,5 | 0,53 |

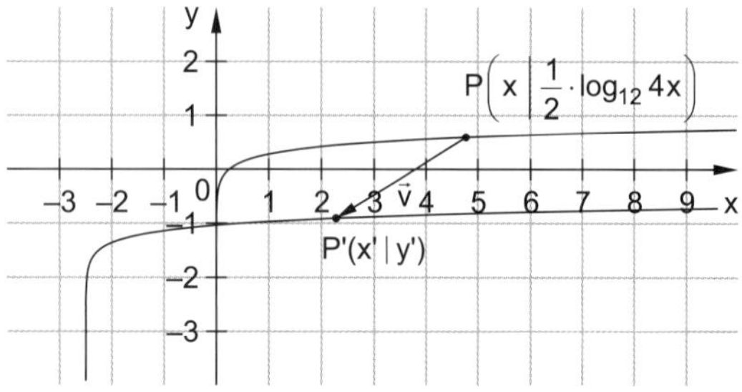


c) Ausführliche Berechnung mithilfe des Parameterverfahrens:

$$f: y = \lg\left(x + \frac{3}{4}\right) \xrightarrow{\vec{v} = \binom{7}{5\frac{1}{2}}} f'$$

$$P\left(x \;\middle|\; \lg\left(x + \frac{3}{4}\right)\right) \xrightarrow{\vec{v} = \binom{7}{5\frac{1}{2}}} P'(x' \mid y')$$

$$\binom{x'}{y'} = \binom{x}{\lg\left(x + \frac{3}{4}\right)} \oplus \binom{7}{5\frac{1}{2}}$$ Vektorform

$$\Leftrightarrow \left| \begin{array}{l} x' = x + 7 \\ \wedge\ y' = \lg\left(x + \frac{3}{4}\right) + 5\frac{1}{2} \end{array} \right.$$ Koordinatenform

$$\Leftrightarrow \left| \begin{array}{l} x = x' - 7 \\ \wedge\ y' = \lg\left(x + \frac{3}{4}\right) + 5\frac{1}{2} \end{array} \right.$$ Löse nach x auf …

$$\Leftrightarrow \left| \begin{array}{l} x = x' - 7 \\ \wedge\ y' = \lg\left(x' - 7 + \frac{3}{4}\right) + 5\frac{1}{2} \end{array} \right.$$ … und setze den Term für x in Gleichung II ein.

also: $f': y = \lg\left(x - 6\frac{1}{4}\right) + 5\frac{1}{2}$

Berechnung mithilfe der Formel:

$$f: y = \lg\left(x + \frac{3}{4}\right) \xrightarrow{\vec{v} = \binom{7}{5\frac{1}{2}}} f': y = \lg\left(x - 6\frac{1}{4}\right) + 5\frac{1}{2}$$

$$y = k \cdot \log_a x \xrightarrow{\vec{v} = \binom{v_x}{v_y}} y = k \cdot \log_a (x - v_x) + v_y$$

Hinweise und Tipps

$D_f = \left\{x \mid x > -\frac{3}{4}\right\}$ $W_f = \mathbb{R}$ Vertikale Asymptote: a: $x = -\frac{3}{4}$

$D_{f'} = \left\{x \;\middle|\; x > 6\frac{1}{4}\right\}$ $W_{f'} = \mathbb{R}$ Vertikale Asymptote: a: $x = 6\frac{1}{4}$

| x | 0 | 0,5 | 1 | 1,5 | 2 | 2,5 | 3 | 3,5 |
|---|---|---|---|---|---|---|---|---|
| $y = \lg\left(x + \frac{3}{4}\right)$ | −0,12 | 0,1 | 0,24 | 0,35 | 0,44 | 0,51 | 0,57 | 0,63 |

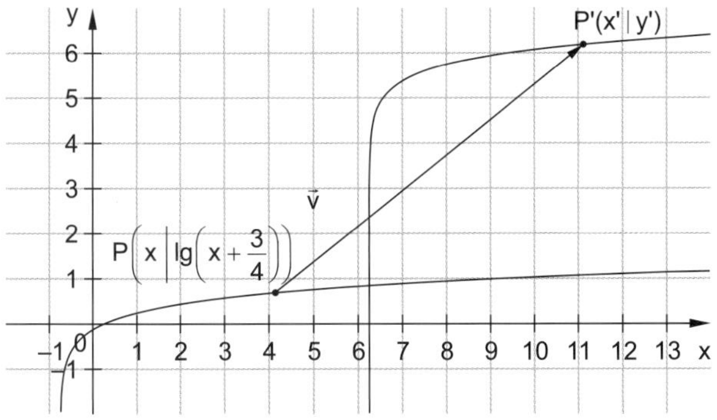


**194** a) f: $y = 2^{x+3}$

$D_f = \mathbb{R}$; $W_f = \mathbb{R}^+$

Berechnung der Umkehrfunktion $f^{-1}$:

f: $y = 2^{x+3}$ — Vertausche x und y.

$f^{-1}$: $x = 2^{y+3}$

$\Leftrightarrow$ $2^{y+3} = x$ — Löse nach y auf.

$\Leftrightarrow$ $y + 3 = \log_2 x \quad |-3$ — Logarithmieren

$\Leftrightarrow$ $y = \log_2 x - 3$

also: $f^{-1}$: $y = \log_2 x - 3$

$D_{f^{-1}} = \mathbb{R}^+$; $W_{f^{-1}} = \mathbb{R}$

| x | −6 | −5 | −4 | −3 | −2 | −1 | 0 |
|---|---|---|---|---|---|---|---|
| f: $y = 2^{x+3}$ | 0,125 | 0,25 | 0,5 | 1 | 2 | 4 | 8 |

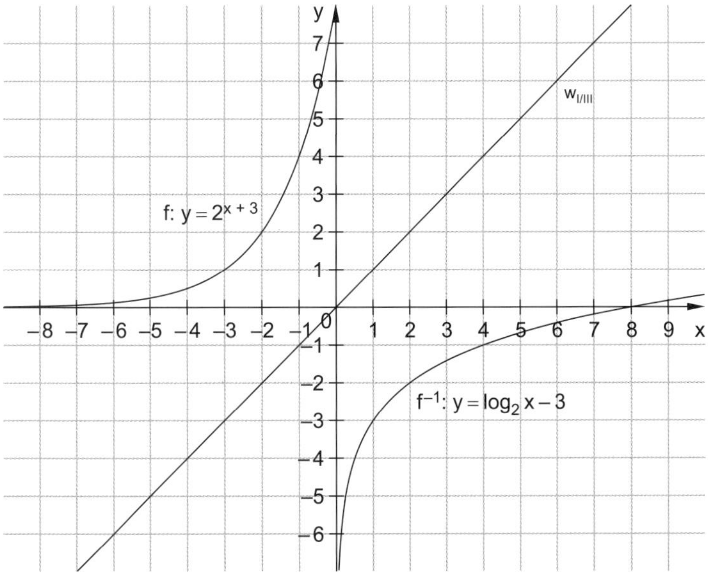

Hinweise und Tipps

b) f: $y = \frac{2}{3} \cdot \log_4 x$

$D_f = \mathbb{R}^+$; $W_f = \mathbb{R}$

Da der Numerus des Logarithmus stets positiv sein muss, muss gelten: $x > 0 \Rightarrow D_f = \mathbb{R}^+$

Berechnung der Umkehrfunktion $f^{-1}$:

f: $y = \frac{2}{3} \cdot \log_4 x$ — Vertausche x und y.

$f^{-1}$: $x = \frac{2}{3} \cdot \log_4 y$

$\Leftrightarrow \frac{2}{3} \cdot \log_4 y = x \quad \left| \cdot \frac{3}{2} \right.$ — Löse nach y auf.

$\Leftrightarrow \log_4 y = \frac{3}{2} x$

$\Leftrightarrow y = 4^{\frac{3}{2}x}$

also: $f^{-1}$: $y = 4^{\frac{3}{2}x}$

$D_{f^{-1}} = \mathbb{R}$; $W_{f^{-1}} = \mathbb{R}^+$

| x | 0,5 | 1 | 1,5 | 2 | 2,5 | 3 | 3,5 |
|---|---|---|---|---|---|---|---|
| f: $y = \frac{2}{3} \cdot \log_4 x$ | −0,33 | 0 | 0,19 | 0,33 | 0,44 | 0,53 | 0,60 |

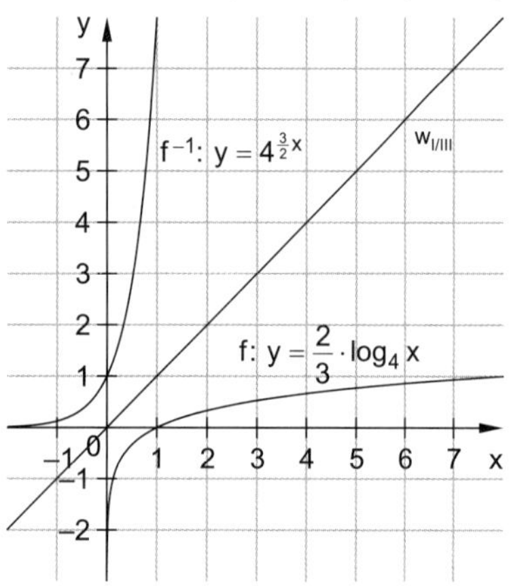


c) f: $y = \log_2(x + 1{,}5) + 3$

$D_f = \{x \mid x > -1{,}5\}$; $W_f = \mathbb{R}$

Berechnung der Umkehrfunktion $f^{-1}$:

f: $y = \log_2(x + 1{,}5) + 3$ — Vertausche x und y.

$f^{-1}$: $x = \log_2(y + 1{,}5) + 3$

$\Leftrightarrow \log_2(y + 1{,}5) + 3 = x \quad | -3$ — Löse nach y auf.

$\Leftrightarrow \log_2(y + 1{,}5) = x - 3$ — Potenziere.

$\Leftrightarrow y + 1{,}5 = 2^{x-3} \quad | -1{,}5$

$\Leftrightarrow y = 2^{x-3} - 1{,}5$

also: $f^{-1}$: $y = 2^{x-3} - 1{,}5$

$D_{f^{-1}} = \mathbb{R}$; $W_{f^{-1}} = \{y \mid y > -1{,}5\}$

| x | −1 | −0,5 | 0 | 0,5 | 1 | 1,5 | 2 |
|---|---|---|---|---|---|---|---|
| f: $y = \log_2(x + 1{,}5) + 3$ | 2 | 3 | 3,58 | 4 | 4,32 | 4,58 | 4,81 |

Hinweise und Tipps

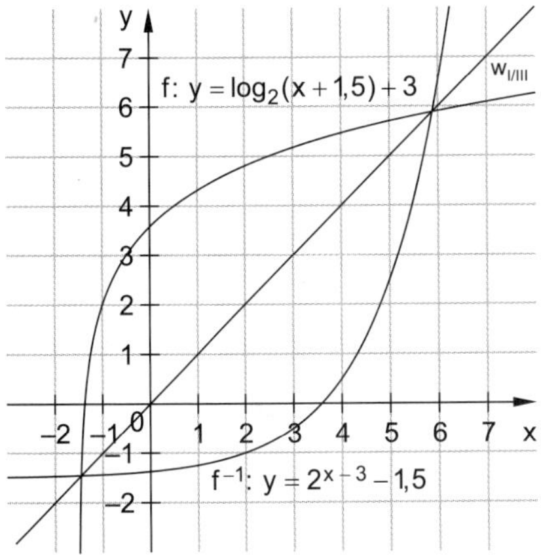


d) $f\colon y = \frac{1}{3} \cdot 7^{(x-5)} - 4$

$D_f = \mathbb{R};\ W_f = \{y \mid y > -4\}$

Berechnung der Umkehrfunktion $f^{-1}$:

$f\colon \quad y = \frac{1}{3} \cdot 7^{x-5} - 4$ — Vertausche x und y.

$f^{-1}\colon \quad x = \frac{1}{3} \cdot 7^{y-5} - 4$

$\Leftrightarrow \quad \frac{1}{3} \cdot 7^{(y-5)} - 4 = x \qquad |+4$ — Löse nach y auf.

$\Leftrightarrow \quad \frac{1}{3} \cdot 7^{(y-5)} = x + 4 \qquad |\cdot 3$

$\Leftrightarrow \quad 7^{(y-5)} = 3(x+4)$

$\Leftrightarrow \quad y - 5 = \log_7(3x + 12)$

$\Leftrightarrow \quad y = \log_7(3x + 12) + 5$

also: $f^{-1}\colon y = \log_7(3x + 12) + 5$

$D_{f^{-1}} = \{x \mid x > -4\};\ W_{f^{-1}} = \mathbb{R}$

| x | 0 | 1 | 2 | 3 | 4 | 5 | 6 | 7 |
|---|---|---|---|---|---|---|---|---|
| $f\colon y = \frac{1}{3} \cdot 7^{(x-5)} - 4$ | –4,00 | –4,00 | –4,00 | –3,99 | –3,95 | –3,67 | –1,67 | 12,33 |

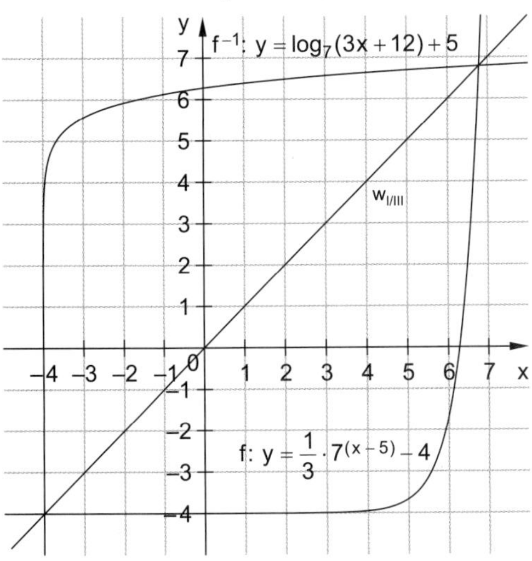

Hinweise und Tipps

**195** a) $D_f = \mathbb{R}$; $W_f = \{y \mid y > 2\}$; Horizontale Asymptote a: $y = 2$

b)
$$f: \quad y = \frac{1}{4} \cdot 3^{x+1} + 2$$
Vertausche x und y.
$$f^{-1}: \quad x = \frac{1}{4} \cdot 3^{y+1} + 2 \quad |-2$$
$$\Leftrightarrow \quad x - 2 = \frac{1}{4} \cdot 3^{y+1} \quad |\cdot 4$$
Löse nach y auf.
$$\Leftrightarrow \quad 4(x-2) = 3^{y+1}$$
Logarithmiere.
$$\Leftrightarrow \quad \log_3 4(x-2) = y + 1 \quad |-1$$
$$\Leftrightarrow \quad y = \log_3 4(x-2) - 1$$
Gleichung der Umkehrfunktion

c) Bestimmung der Bildgleichung mittels Formel:
$$f: y = \frac{1}{4} \cdot 3^{x+1} + 2 \xrightarrow{\vec{v} = \binom{2}{-4}} f': y = \frac{1}{4} \cdot 3^{x+1-2} + 2 + (-4)$$
$$\Leftrightarrow \quad y = \frac{1}{4} \cdot 3^{x-1} - 2$$

Berechnung der Bildgleichung mittels Parameterverfahren:
$$f: y = \frac{1}{4} \cdot 3^{x+1} + 2 \xrightarrow{\vec{v} = \binom{2}{-4}} f'$$
$$P\left(x \,\middle|\, \frac{1}{4} \cdot 3^{x+1} + 2\right) \xrightarrow{\vec{v} = \binom{2}{-4}} P'(x' \mid y')$$
$$\Leftrightarrow \quad \binom{x'}{y'} = \begin{pmatrix} x \\ \frac{1}{4} \cdot 3^{x+1} + 2 \end{pmatrix} \oplus \binom{2}{-4}$$
$$\Leftrightarrow \quad \binom{x'}{y'} = \begin{pmatrix} x + 2 \\ \frac{1}{4} \cdot 3^{x+1} + 2 - 4 \end{pmatrix}$$
$$\Leftrightarrow \quad \binom{x'}{y'} = \begin{pmatrix} x + 2 \\ \frac{1}{4} \cdot 3^{x+1} - 2 \end{pmatrix}$$
$$\Leftrightarrow \quad \left| \begin{array}{l} x' = x + 2 \quad |-2 \\ \wedge \; y' = \frac{1}{4} \cdot 3^{x+1} - 2 \end{array} \right.$$
$$\Leftrightarrow \quad \left| \begin{array}{l} x = x' - 2 \\ \wedge \; y' = \frac{1}{4} \cdot 3^{x'-2+1} - 2 \end{array} \right.$$

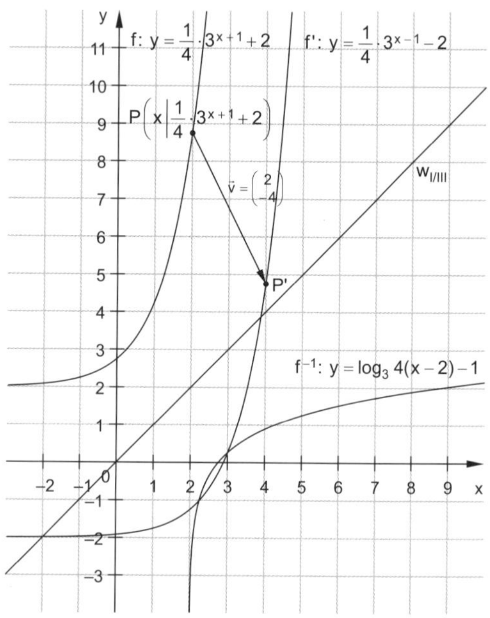


somit: $f': y = \frac{1}{4} \cdot 3^{x-1} - 2$

Gleichung des Bildgraphen

**196** a)

| x | −4 | −3 | −2 | −1 | 0 | 1 | 2 | 3 | 4 | 5 |
|---|---|---|---|---|---|---|---|---|---|---|
| $f_1: y = -\log_2(x+4) - 3$ | n. d. | −3 | −4 | −4,58 | −5 | −5,32 | −5,58 | −5,81 | −6 | −6,17 |
| $f_2: y = \log_2(x+5) - 1$ | −1 | 0 | 0,58 | 1 | 1,32 | 1,58 | 1,81 | 2 | 2,17 | 2,32 |

Hinweise und Tipps

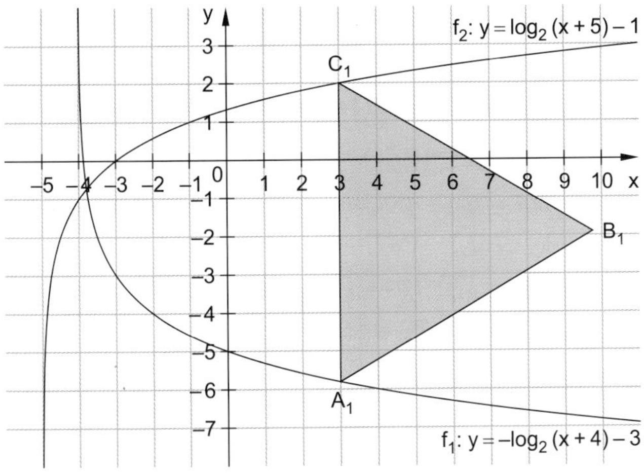


b) $D_{f_1} = \{x \mid x > -4\}$; $W_{f_1} = \mathbb{R}$
Vertikale Asymptote: a: $x = -4$

Da der Numerus des Logarithmus stets positiv sein muss, muss gelten: $x + 4 > 0 \iff x > -4$
Als Termwert kann sich jede reelle Zahl ergeben.

c) Berechnung der Koordinaten von S:

$f_1 \cap f_2 = \{S\}$

$f_1$: $y = -\log_2(x+4) - 3$
$f_2$: $\wedge\ y = \log_2(x+5) - 1$

$$\Rightarrow \quad -\log_2(x+4) - 3 = \log_2(x+5) - 1 \qquad (I = II)\ \mid +\log_2(x+4)$$
$$\Leftrightarrow \quad -3 = \log_2(x+5) + \log_2(x+4) - 1 \qquad \mid +1$$
$$\Leftrightarrow \quad \log_2(x+5) + \log_2(x+4) = -2$$
$$\Leftrightarrow \quad \log_2[(x+5)(x+4)] = -2$$
$$\Leftrightarrow \quad \log_2(x^2 + 9x + 20) = -2$$
$$\Leftrightarrow \quad x^2 + 9x + 20 = 2^{-2}$$
$$\Leftrightarrow \quad x^2 + 9x + 20 = 0,25 \qquad \mid -0,25$$
$$\Leftrightarrow \quad x^2 + 9x + 19,75 = 0$$

$$x_{1/2} = \frac{-9 \pm \sqrt{9^2 - 4 \cdot 1 \cdot 19,75}}{2 \cdot 1}$$

$$\Leftrightarrow \quad x_1 = -3,79 \quad (\vee \quad x_2 = -5,21 \notin D_{f_1})$$

$L = \{-3,79\}$

$S(-3,79 \mid \log_2(-3,79+5) - 1) = S(-3,79 \mid -0,72)$

Koordinaten des Schnittpunktes S

d) Einzeichnen des Dreiecks $A_1B_1C_1$

e) Berechnung von u:

$$u = |\overline{A_nB_n}| + |\overline{C_nA_n}| + |\overline{B_nC_n}|$$
$$u = 3 \cdot |\overline{C_nA_n}|$$
$$u = 3 \cdot (y_{C_n} - y_{A_n})\ \text{LE}$$
$$u(x) = 3[\log_2(x+5) - 1 - (-\log_2(x+4) - 3)]\ \text{LE}$$
$$u(x) = 3[\log_2(x+5) - 1 + \log_2(x+4) + 3]\ \text{LE}$$
$$u(x) = 3[\log_2(x+5) + \log_2(x+4) + 2]\ \text{LE}$$
$$u(x) = 3[\log_2[(x+5)(x+4)] + 2]\ \text{LE}$$
$$u(x) = [3\log_2(x^2 + 9x + 20) + 6]\ \text{LE}$$
$$D_u = \{x \mid x > -4\}$$

Da die Dreiecke $A_nB_nC_n$ gleichseitig sind, gilt:
$|\overline{A_nB_n}| = |\overline{C_nA_n}| = |\overline{B_nC_n}|$
Somit lässt sich der Umfang mittels des Terms $3 \cdot |\overline{C_nA_n}|$ berechnen.
Der Term $\log_2(x+4)$ ist nur definiert für $x > -4$.

Hinweise und Tipps

f) $u(x) = [3\log_2(x^2+9x+20)+6]\,\text{LE}$

$\wedge\quad u = 15\,\text{LE}$

$$\Rightarrow\quad 3\log_2(x^2+9x+20)+6 = 15\quad (\text{I}=\text{II})\quad |-6$$

$$\Leftrightarrow\quad 3\log_2(x^2+9x+20) = 9\quad \Big|\cdot\frac{1}{3}$$

$$\Leftrightarrow\quad \log_2(x^2+9x+20) = 3$$

Potenziere.

$$\Leftrightarrow\quad x^2+9x+20 = 2^3$$

$$\Leftrightarrow\quad x^2+9x+20 = 8\quad |-8$$

$$\Leftrightarrow\quad x^2+9x+12 = 0$$

$$x_{1/2} = \frac{-9\pm\sqrt{9^2-4\cdot 1\cdot 12}}{2\cdot 1}$$

$$\Leftrightarrow\quad x_1 = -1{,}63\quad (\vee\quad x_2 = -7{,}37 \notin D_{f_1})$$

$L = \{-1{,}63\}$

**197** a)

| x | −7 | −6 | −5 | −4 | −3 | −2 | −1 | 0 | 1 | 2 | 3 | 4 | 5 |
|---|---|---|---|---|---|---|---|---|---|---|---|---|---|
| f: $y=-\log_4(-x+5)+1{,}5$ | −0,29 | −0,23 | −0,16 | −0,08 | 0,00 | 0,10 | 0,21 | 0,34 | 0,5 | 0,71 | 1 | 1,5 | n. d. |

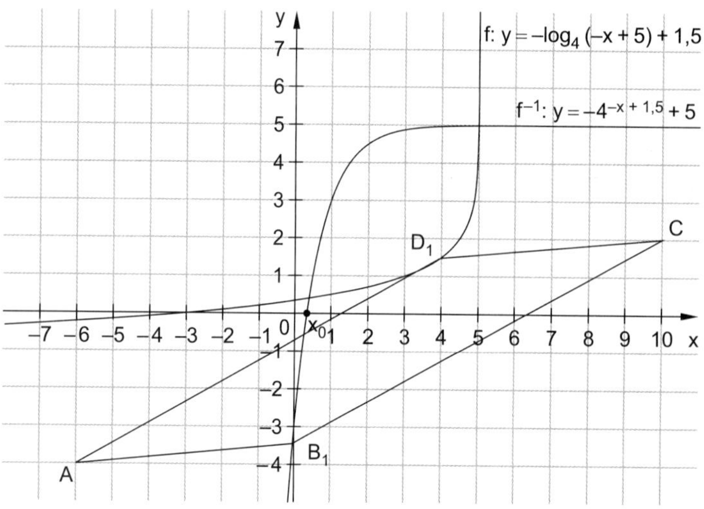


- Zeichne $A(-6\,|\,-4)$, $C(10\,|\,2)$ und $D_1(4\,|\,1{,}5)$
- $\overrightarrow{AB_1} = \overrightarrow{D_1C} = \begin{pmatrix}10-4\\2-1{,}5\end{pmatrix} = \begin{pmatrix}6\\0{,}5\end{pmatrix}$

b) Berechnung der Gleichung von $f^{-1}$:

$$f:\quad y = -\log_4(-x+5)+1{,}5$$

$$f^{-1}:\quad x = -\log_4(-y+5)+1{,}5\quad |-1{,}5$$

$$\Leftrightarrow\quad x-1{,}5 = -\log_4(-y+5)\quad |\cdot(-1)$$

$$\Leftrightarrow\quad \log_4(-y+5) = -x+1{,}5$$

Potenziere.

$$\Leftrightarrow\quad -y+5 = 4^{-x+1{,}5}\quad |-5$$

Löse nach y auf.

$$\Leftrightarrow\quad -y = 4^{-x+1{,}5}-5\quad |\cdot(-1)$$

$$\Leftrightarrow\quad y = -4^{-x+1{,}5}+5$$

c) $D_{f^{-1}} = \mathbb{R};\ W_{f^{-1}} = \{y\,|\,y<5\}$

Berechnung der Nullstelle von $f^{-1}$:

$$f^{-1}:\quad y = -4^{-x+1{,}5}+5$$

$y = 0$

$$\Leftrightarrow\quad 0 = -4^{-x+1{,}5}+5\quad |-5$$

$$\Leftrightarrow\quad -5 = -4^{-x+1{,}5}\quad |\cdot(-1)$$

Hinweise und Tipps

$\Leftrightarrow\ 4^{-x+1,5} = 5$ — Logarithmiere.

$\Leftrightarrow\ -x+1,5 = \log_4 5 \quad |-1,5$

$\Leftrightarrow\ -x = \log_4 5 - 1,5 \quad |\cdot(-1)$

$\Leftrightarrow\ x = 0,34$

$L = \{0,34\}$

d) Einzeichnen von $AB_1CD_1$

e) Berechnung des Trägergraphen der Punkte $B_n$:

$\overrightarrow{AB_n} = \overrightarrow{D_nC}$

Bedingung für Parallelogramm: $\overline{AB_n}$ und $\overline{D_nC}$ sind gleich lang und zueinander parallel

$$\Leftrightarrow \begin{pmatrix} x_{B_n} - (-6) \\ y_{B_n} - (-4) \end{pmatrix} = \begin{pmatrix} 10 - x \\ 2 - [-\log_4(-x+5) + 1,5] \end{pmatrix}$$

$$\Leftrightarrow \begin{pmatrix} x_{B_n} + 6 \\ y_{B_n} + 4 \end{pmatrix} = \begin{pmatrix} 10 - x \\ 2 + \log_4(-x+5) - 1,5 \end{pmatrix}$$

$$\Leftrightarrow \left| \begin{array}{l} x_{B_n} + 6 = 10 - x \quad |-10 \\ \wedge\ y_{B_n} + 4 = 2 + \log_4(-x+5) - 1,5 \quad |-4 \end{array} \right.$$

$$\Leftrightarrow \left| \begin{array}{l} -x = x_{B_n} - 4 \quad |\cdot(-1) \\ \wedge\ y_{B_n} = \log_4(-x+5) - 3,5 \end{array} \right.$$

Löse nach x auf und setze dann den Term $x = -x_{B_n} + 4$ für x in Gleichung II ein.

$$\Leftrightarrow \left| \begin{array}{l} x = -x_{B_n} + 4 \\ \wedge\ y_{B_n} = \log_4(-x+5) - 3,5 \end{array} \right.$$

$$\Leftrightarrow \left| \begin{array}{l} x = -x_{B_n} + 4 \\ \wedge\ y_{B_n} = \log_4[-(-x_{B_n} + 4) + 5] - 3,5 \end{array} \right.$$

$$\Leftrightarrow \left| \begin{array}{l} x = -x_{B_n} + 4 \\ \wedge\ y_{B_n} = \log_4(x_{B_n} + 1) - 3,5 \end{array} \right.$$

$t_{B_n}: y = \log_4(x+1) - 3,5$

Gleichung des Trägergraphen der Punkte $B_n$

**198** a) Startkapital in €: 2 500

| x | 0 | 1 | 2 | 3 | 4 | 5 |
|---|---|---|---|---|---|---|
| $y = 2\,500 \cdot 1{,}05^x$ | 2 500 | 2 625 | 2 756,25 | 2 894,06 | 3 038,77 | 3 190,70 |

| x | 6 | 7 | 8 | 9 | 10 |
|---|---|---|---|---|---|
| $y = 2\,500 \cdot 1{,}05^x$ | 3 350,24 | 3 517,75 | 3 693,64 | 3 878,32 | 4 072,24 |

b) Laura verfügt seit dem Jahr 2019 über 3 500 €.

c) $y = 2\,500 \cdot 1{,}05^x = 2\,500 \cdot 1{,}05^{50} = 28\,668{,}50$

Zeit in Jahren x = 50 einsetzen

A: Laura würde nach 50 Jahren über 28 668,50 € verfügen.

d) Einsetzen von 4 500 für y

$y = 2\,500 \cdot 1{,}05^x$

$\Leftrightarrow\ 4\,500 = 2\,500 \cdot 1{,}05^x \quad |:2\,500$

$\Leftrightarrow\ 1{,}8 = 1{,}05^x$

$\Leftrightarrow\ x = \log_{1,05} 1{,}8$

$\Leftrightarrow\ x = 12{,}05$

$L = \{12{,}05\}$

A: Laura verfügt nach ca. 12 Jahren über diese Summe.

Hinweise und Tipps

**199** a)

| x | 0 | 5 | 10 | 15 | 20 | 25 |
|---|---|---|---|---|---|---|
| $y = 52\,000 \cdot 1{,}035^x$ | 52 000 | 61 760 | 73 351 | 87 118 | 103 469 | 122 889 |

| x | 30 | 35 | 40 | 45 | 50 |
|---|---|---|---|---|---|
| $y = 52\,000 \cdot 1{,}035^x$ | 145 953 | 173 347 | 205 882 | 244 523 | 290 416 |

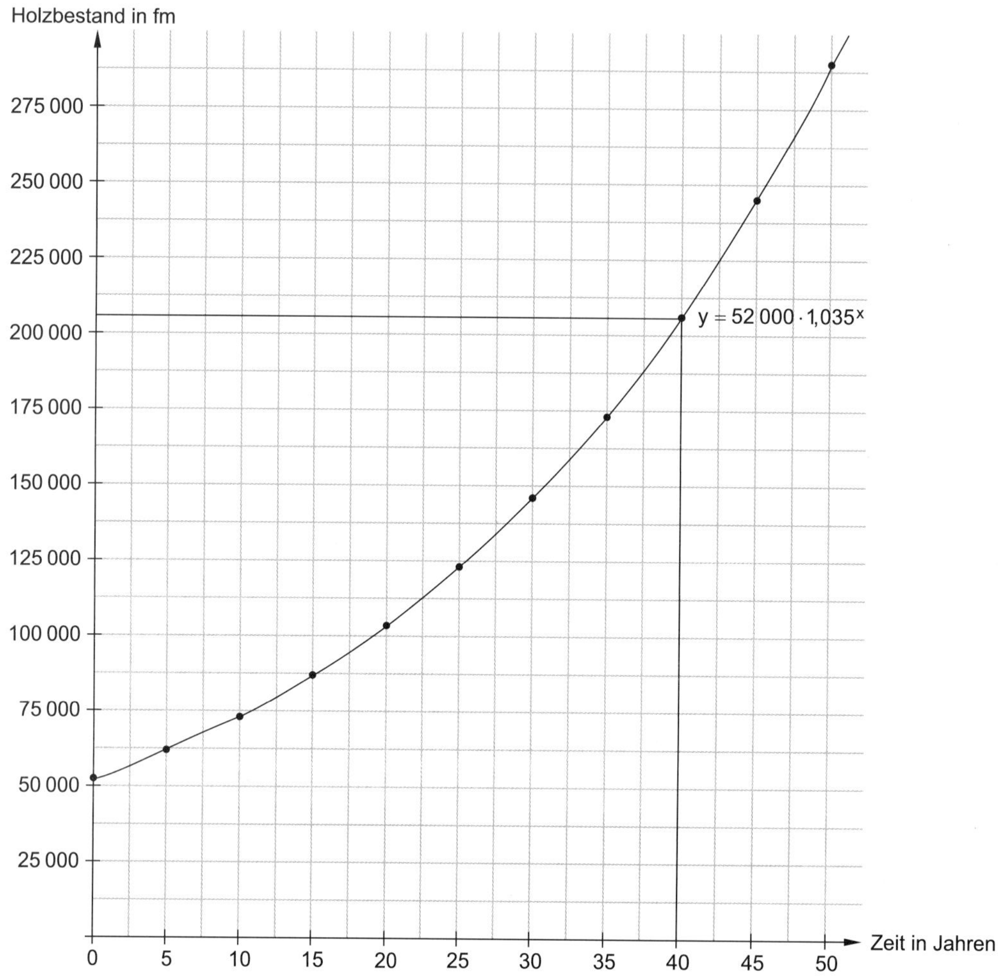


b) Vervierfachung:
$52\,000\text{ fm} \cdot 4 = 208\,000\text{ fm}$
Nach ca. 40 Jahren hat sich der Waldbestand vervierfacht.

Probe:
$$\left.\begin{array}{l}1{,}035^{40} \approx 3{,}96\\ 1{,}035^{41} \approx 4{,}1\end{array}\right\}\text{Faktor } 4$$

$$V(40) = 52\,000 \cdot 1{,}035^{40} = 205\,882\text{ fm}$$
$$V(41) = 52\,000 \cdot 1{,}035^{41} = 213\,087\text{ fm}$$

c)
$$V(x) = 52\,000 \cdot 1{,}035^x$$
$$\Leftrightarrow\ 65\,000 = 52\,000 \cdot 1{,}035^x \quad |:52\,000$$
$$\Leftrightarrow\ 1{,}25 = 1{,}035^x$$
$$\Leftrightarrow\ x = \log_{1{,}035} 1{,}25$$
$$\Leftrightarrow\ x = 6{,}49$$

Setze $52\,000 \cdot 1{,}25 = 65\,000$ für V(x) ein.

$L = \{6{,}49\}$

A: Der Holzbestand hat sich nach ca. 6,49 Jahren um 25 % vergrößert.

Hinweise und Tipps

**200** a) Dieser Vorgang kann durch die Gleichung $m(x) = 120 \cdot 0{,}985^x$ dargestellt werden.

Abklingfaktor: $1 - \frac{1{,}5}{100} = 0{,}985$

b) $m(x) = 120 \cdot 0{,}985^x$ kg

$m(15) = 120 \cdot 0{,}985^{15}$ kg $= 95{,}7$ kg

Nach 15 Wochen würde er nur noch etwa 95,7 kg wiegen.

Setze für die Zeit $x = 15$ ein.

c)

| x | 0 | 5 | 10 | 15 | 20 | 25 | 30 | 35 |
|---|---|---|---|---|---|---|---|---|
| $y = 120 \cdot 0{,}985^x$ | 120 | 111,3 | 103,2 | 95,7 | 88,7 | 82,2 | 76,3 | 70,7 |

x-Achse: 1 cm ≙ 5 Wochen
y-Achse: 1 cm ≙ 10 kg

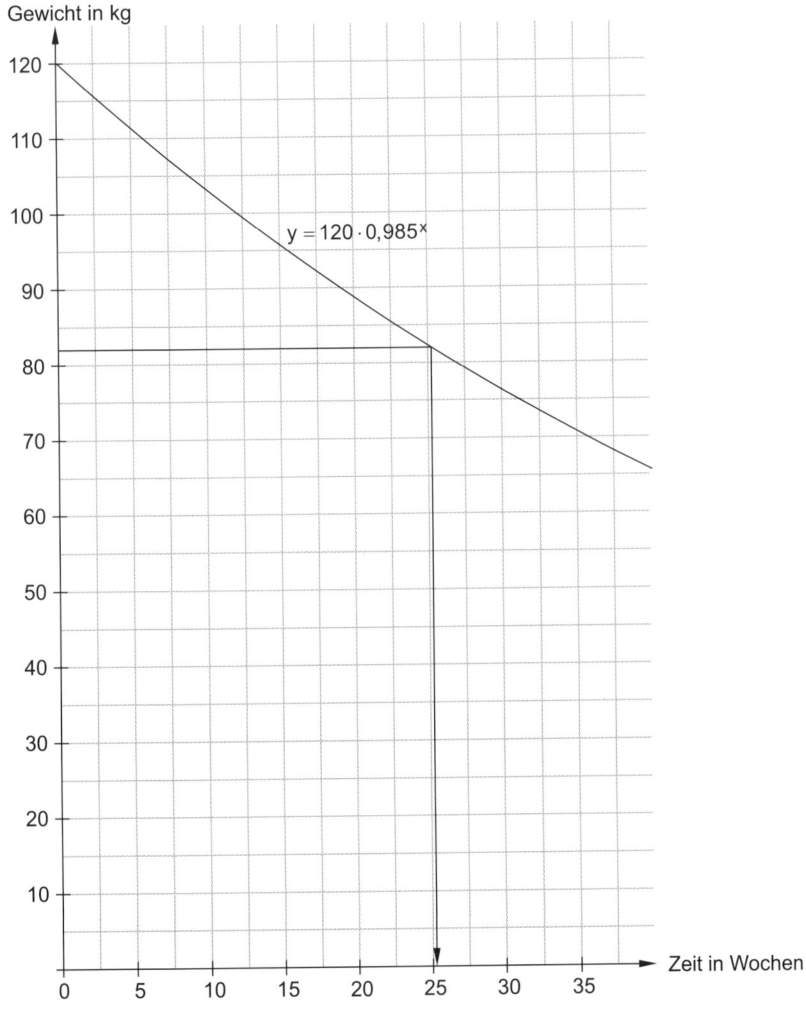


d) Er hätte sein Wunschgewicht nach etwa 25 Wochen, also ca. einem halben Jahr erreicht.

e)
$$m(x) = m_0 \cdot \left(1 + \frac{p}{100}\right)^x$$

$$\Leftrightarrow \quad 106\text{ kg} = 82\text{ kg} \cdot \left(1 + \frac{p}{100}\right)^{20} \quad \Big| \cdot \frac{1}{82\text{ kg}}$$

$$\Leftrightarrow \quad \frac{53}{41} = \left(1 + \frac{p}{100}\right)^{20} \quad \Big|\ \sqrt[20]{\ }$$

Setze die Werte für m(x), $m_0$ und x ein:
$x = 5 \cdot 4 = 20$ (5 Monate entsprechen 20 Wochen)

Hinweise und Tipps

$$\Leftrightarrow \quad 1+\frac{p}{100}=\left(\frac{53}{41}\right)^{\frac{1}{20}} \qquad |-1$$

$$\Leftrightarrow \quad \frac{p}{100}=\left(\frac{53}{41}\right)^{\frac{1}{20}}-1 \qquad |\cdot 100$$

$$\Leftrightarrow \quad p=100\cdot\left[\left(\frac{53}{41}\right)^{\frac{1}{20}}-1\right]$$

$$\Leftrightarrow \quad p=1,29$$

$L=\{1,29\}$

A: Die prozentuale wöchentliche Zunahme beträgt ca. 1,29 %.

---

**201** a) $y=2,5\cdot 1,018^x=2,5\cdot 1,018^{62}=7,56$

Es hätten 2012 ca. 7,56 Mrd. Menschen auf der Erde gelebt.

Wachstumsfaktor: $1+\frac{1,8}{100}=1,018$
Startwert: 2,5 Milliarden
Zeit in Jahren: $x=62$

b)
$$y=2,5\cdot 1,018^x$$

$$\Leftrightarrow \quad 7,0=2,5\cdot 1,018^x \qquad |:2,5$$

$$\Leftrightarrow \quad 2,8=1,018^x$$

$$\Leftrightarrow \quad x=\log_{1,018} 2,8$$

$$\Leftrightarrow \quad x=57,71$$

$L=\{57,71\}$

A: Dieser Wert wäre etwa für das Jahr (1950 + 58) 2008 erwartet worden.

c)
$$y=y_0\cdot\left(1+\frac{p}{100}\right)^x$$

$x=2\,050-2\,011=39$

$$\Leftrightarrow \quad 10=7\cdot\left(1+\frac{p}{100}\right)^{39} \qquad \left|\cdot\frac{1}{7}\right.$$

$$\Leftrightarrow \quad \frac{10}{7}=\left(1+\frac{p}{100}\right)^{39} \qquad |^{\frac{1}{39}}$$

$$\Leftrightarrow \quad 1+\frac{p}{100}=\left(\frac{10}{7}\right)^{\frac{1}{39}} \qquad |-1$$

$$\Leftrightarrow \quad \frac{p}{100}=\left(\frac{10}{7}\right)^{\frac{1}{39}}-1 \qquad |\cdot 100$$

$$\Leftrightarrow \quad p=100\cdot\left[\left(\frac{10}{7}\right)^{\frac{1}{39}}-1\right]$$

$$\Leftrightarrow \quad p=0,92$$

$L=\{0,92\}$

A: Die angenommene Wachstumsrate beträgt ca. 0,92 %.

---

**202** a) Gegeben: Startkapital: $K_0=12\,000$ €
Zinssatz: $p=4,5$
Kapital nach n Jahren: $K_n=24\,000$ €
Gesucht: Anzahl der Zinsjahre: n

Die Gleichung $y=12\,000\cdot 1,045^x$ beschreibt diesen (Wachstums-)Prozess. Dabei ist x die Anzahl der Jahre und y der Zahlenwert des Kapitals.

Hinweise und Tipps

$$K_n = K_0 \cdot \left(1+\frac{p}{100}\right)^n$$

$$\Leftrightarrow \quad 24\,000\ € = 12\,000\ € \cdot 1{,}045^n \qquad \left|\cdot \frac{1}{12\,000\ €}\right.$$

Logarithmiere.

$$\Leftrightarrow \quad 1{,}045^n = 2$$

$$\Leftrightarrow \quad n = \log_{1{,}045} 2$$

$$\Leftrightarrow \quad n = 15{,}75$$

$L = \{15{,}75\}$

A: Das Kapital hat sich nach 15,75 Jahren verdoppelt.

b) Gegeben: Startkapital: $K_0 = 12\,000\ €$
Anzahl der Zinsjahre: $n = 8$
Kapital nach n Jahren: $K_n = 24\,000\ €$
Gesucht: Zinssatz: p

$$K_n = K_0 \cdot \left(1+\frac{p}{100}\right)^n$$

$$\Leftrightarrow \quad 24\,000\ € = 12\,000\ € \cdot \left(1+\frac{p}{100}\right)^8 \qquad \left|\cdot \frac{1}{12\,000\ €}\right.$$

$$\Leftrightarrow \quad \left(1+\frac{p}{100}\right)^8 = 2 \qquad \left|\, ^{\frac{1}{8}}\right.$$

$$\Leftrightarrow \quad 1+\frac{p}{100} = 2^{\frac{1}{8}} \qquad |-1$$

Da p positiv ist, handelt es sich hier um eine Äquivalenzumformung.

$$\Leftrightarrow \quad \frac{p}{100} = 2^{\frac{1}{8}} - 1 \qquad |\cdot 100$$

$$\Leftrightarrow \quad p = 100 \cdot (2^{\frac{1}{8}} - 1)$$

$$\Leftrightarrow \quad p = 9{,}05$$

$L = \{9{,}05\}$

A: Der Zinssatz beträgt 9,05 %.

c) Gegeben: Startkapital: $K_0$
Anzahl der Zinsjahre: $n = 8$
Kapital nach n Jahren: $K_n = 2K_0$
Gesucht: Zinssatz: p

$$K_n = K_0 \cdot \left(1+\frac{p}{100}\right)^n$$

$$\Leftrightarrow \quad 2K_0 = K_0 \cdot \left(1+\frac{p}{100}\right)^8 \qquad |:K_0$$

Kürzen des Faktors $K_0$. Das Ergebnis der Gleichung ist somit unabhängig vom Anfangskapital $K_0$.

$$\Leftrightarrow \quad 2 = \left(1+\frac{p}{100}\right)^8 \qquad \left|\, ^{\frac{1}{8}}\right.$$

$$\Leftrightarrow \quad 2^{\frac{1}{8}} = 1+\frac{p}{100} \qquad |-1$$

$$\Leftrightarrow \quad 2^{\frac{1}{8}} - 1 = \frac{p}{100} \qquad |\cdot 100$$

$$\Leftrightarrow \quad p = 100 \cdot (2^{\frac{1}{8}} - 1)$$

$$\Leftrightarrow \quad p = 9{,}05$$

$L = \{9{,}05\}$

A: Unabhängig vom Anfangskapital beträgt der Zinssatz (in Prozent) 9,05 %.

Hinweise und Tipps

**203** a) Gegeben: Anfangsmasse: $N_0 = 50$ mg
Zerfallszeitraum in Tagen: t = 7
Noch vorhandene Masse zum Zeitpunkt t:
N(t) = 27,31 mg
Gesucht: Halbwertszeit: T

Setze die gegebenen Werte in die Funktionsgleichung ein.

$$N(t) = N_0 \cdot 0,5^{\frac{t}{T}}$$

$$\Leftrightarrow \quad 27,31 \text{ mg} = 50 \text{ mg} \cdot 0,5^{\frac{7}{T}} \quad \left| \cdot \frac{1}{50 \text{ mg}} \right.$$

$$\Leftrightarrow \quad \frac{27,31}{50} = 0,5^{\frac{7}{T}}$$

$$\Leftrightarrow \quad \frac{7}{T} = \log_{0,5} \frac{27,31}{50} \quad \left| \cdot \frac{T}{\log_{0,5} 0,55} \right.$$

$$\Leftrightarrow \quad T = \frac{7}{\log_{0,5} \frac{27,31}{50}}$$

$$\Leftrightarrow \quad T = 8,02$$

L = {8,02}

A: Die Halbwertszeit beträgt ca. 8 Tage.

b) Gegeben: Anfangsmasse: $N_0 = 50$ mg
Halbwertszeit in Tagen: T = 8
Zerfallszeitraum in Tagen: t = 28
Gesucht: Noch vorhandene Masse zum Zeitpunkt t: N(28)

$$N(t) = N_0 \cdot 0,5^{\frac{t}{T}}$$

$$N(28) = 50 \text{ mg} \cdot 0,5^{\frac{28}{8}} = 4,42 \text{ mg}$$

L = {4,42}

A: Nach 28 Tagen sind nur noch etwa 4,42 mg Jod-131 vorhanden.

c) • Argumentative Lösung:
Nach 8 Tagen sind noch 50 % der Ausgangsmenge vorhanden, die restlichen 50 % sind zerfallen. Nach weiteren 8 Tagen sind noch 25 % der Ausgangsmasse vorhanden, sodass also nach 16 Tagen 75 % der Ausgangsmasse zerfallen sind.

• Rechnerische Lösung:
Gegeben: Anfangsmasse: $N_0 = 50$ mg
Halbwertszeit in Tagen: T = 8
Noch vorhandene Masse zum Zeitpunkt t:
N(t) = 50 mg · 0,25 = 12,50 mg
Gesucht: Zerfallszeitraum in Tagen: t

$$N(t) = N_0 \cdot 0,5^{\frac{t}{T}}$$

$$\Leftrightarrow \quad 12,50 \text{ mg} = 50 \text{ mg} \cdot 0,5^{\frac{t}{8}} \quad \left| \cdot \frac{1}{50 \text{ mg}} \right.$$

$$\Leftrightarrow \quad 0,25 = 0,5^{\frac{t}{8}}$$

$$\Leftrightarrow \quad \frac{t}{8} = \log_{0,5} 0,25 \quad | \cdot 8$$

$$\Leftrightarrow \quad t = 8 \cdot 2$$

$$\Leftrightarrow \quad t = 16$$

L = {16}

A: Nach 16 Tagen sind 75 % der Ausgangsmasse zerfallen.

Hinweise und Tipps

Die Gleichung $y = 1\,250 \cdot 0{,}5^{\frac{t}{27}}$ beschreibt den radioaktiven Zerfall von Pb-214.

**204** a) Gegeben: Anfangsmasse: $N_0 = 1\,250$ g
Halbwertszeit in Minuten: $T = 27$
Noch vorhandene Masse zum Zeitpunkt t:
$N(t) = 200$ g
Gesucht: Zerfallszeitraum in Minuten: t

$$N(t) = N_0 \cdot 0{,}5^{\frac{t}{T}}$$
$$\Leftrightarrow \quad 200\text{ g} = 1\,250\text{ g} \cdot 0{,}5^{\frac{t}{27}} \quad \Big| \cdot \frac{1}{1\,250\text{ g}}$$
$$\Leftrightarrow \quad 0{,}16 = 0{,}5^{\frac{t}{27}}$$
$$\Leftrightarrow \quad \frac{t}{27} = \log_{0,5} 0{,}16 \quad | \cdot 27$$
$$\Leftrightarrow \quad t = 27 \cdot \log_{0,5} 0{,}16$$
$$\Leftrightarrow \quad t = 71{,}38$$

$L = \{71{,}38\}$

A: Nach ca. 71,38 Minuten sind nur noch 200 g Pb-214 übrig.

b) Gegeben: Anfangsmasse: $N_0$
Halbwertszeit in Minuten: $T = 27$
Noch vorhandene Masse zum Zeitpunkt t:
$N(t) = N_0 \cdot 0{,}05$
Gesucht: Zerfallszeitraum in Minuten: t

$$N(t) = N_0 \cdot 0{,}5^{\frac{t}{T}}$$
$$\Leftrightarrow \quad N_0 \cdot 0{,}05 = N_0 \cdot 0{,}5^{\frac{t}{27}} \quad | : N_0$$
$$\Leftrightarrow \quad 0{,}05 = 0{,}5^{\frac{t}{27}}$$
$$\Leftrightarrow \quad \frac{t}{27} = \log_{0,5} 0{,}05 \quad | \cdot 27$$
$$\Leftrightarrow \quad t = 27 \cdot \log_{0,5} 0{,}05$$
$$\Leftrightarrow \quad t = 116{,}69$$

$L = \{116{,}69\}$

A: Nach ca. 116,69 Minuten sind nur noch 5 % der Anfangsmasse übrig.

---

**205** a) Bakterienkultur 1:

$$f_1\text{: } y = 25 \cdot \left(1 + \frac{5}{100}\right)^x \text{ mg}$$
$$y = 25 \cdot 1{,}05^x \text{ mg}$$

a > 0: Wachstumsprozess

Bakterienkultur 2:

$$f_2\text{: } y = 42 \cdot \left(1 - \frac{12}{100}\right)^x \text{ mg}$$
$$y = 42 \cdot 0{,}88^x \text{ mg}$$

a < 0: Abklingprozess

b)

| x | 0 | 1 | 2 | 3 | 4 | 5 | 6 | 7 | 8 | 9 | 10 |
|---|---|---|---|---|---|---|---|---|---|---|---|
| $f_1$: $y_1 = 25 \cdot 1{,}05^x$ | 25 | 26,25 | 27,56 | 28,94 | 30,39 | 31,91 | 33,50 | 35,18 | 36,94 | 38,78 | 40,72 |
| $f_2$: $y_2 = 42 \cdot 0{,}88^x$ | 42 | 36,96 | 32,53 | 28,62 | 25,19 | 22,16 | 19,50 | 17,16 | 15,10 | 13,29 | 11,70 |

Hinweise und Tipps

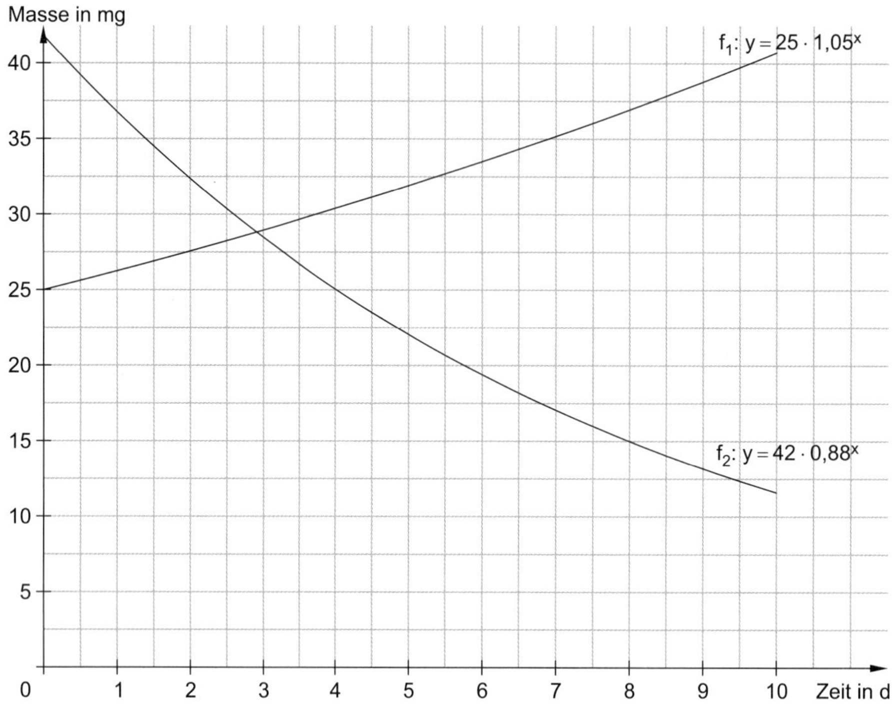


c) $f_1$: $y = 25 \cdot 1{,}05^x$

$y = 25 \cdot 1{,}05^{18} = 60{,}17$

A: Die Masse beträgt nach 18 Tagen ca. 60 mg.

d) $f_2$: $y = 42 \cdot 0{,}88^x$

$\Leftrightarrow \quad 5 = 42 \cdot 0{,}88^x \quad \left| \cdot \frac{1}{42} \right.$

$\Leftrightarrow \quad 0{,}12 = 0{,}88^x$

$\Leftrightarrow \quad 0{,}88^x = 0{,}12$ — Logarithmiere.

$\Leftrightarrow \quad x = \log_{0{,}88} 0{,}12$

$\Leftrightarrow \quad x = 16{,}59$

$L = \{16{,}59\}$

A: Nach 16,59 Tagen hat die zweite Bakterienkultur eine Masse von 5 mg.

e) $\left| \begin{array}{l} y = 25 \cdot 1{,}05^x \\ \wedge\ y = 42 \cdot 0{,}88^x \end{array} \right.$

$\Rightarrow \quad 25 \cdot 1{,}05^x = 42 \cdot 0{,}88^x \quad (\mathrm{I} = \mathrm{II}) \quad \left| \cdot \frac{1}{25 \cdot 0{,}88^x} \right.$

$\Leftrightarrow \quad \frac{1{,}05^x}{0{,}88^x} = \frac{42}{25}$

$\Leftrightarrow \quad 1{,}19^x = 1{,}68$

$\Leftrightarrow \quad x = \log_{1{,}19} 1{,}68$

$\Leftrightarrow \quad x = 2{,}98$

$L = \{2{,}98\}$

A: Nach etwa 3 Tagen sind die beiden Kulturen gleich schwer.

Hinweise und Tipps

## 2.3 Trigonometrie

**206** a) $\alpha = 0°$:

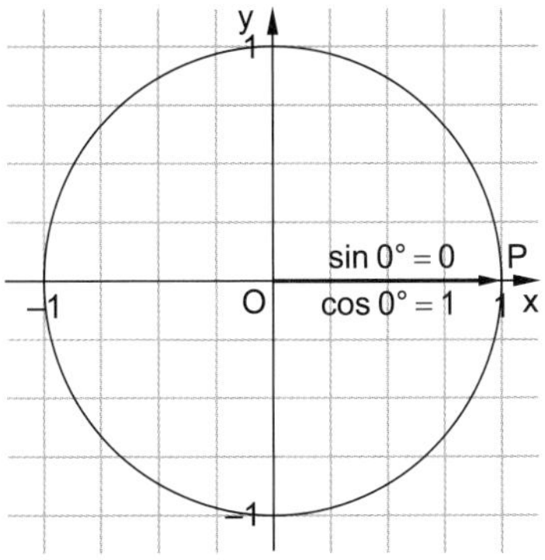


In diesem Fall entsteht kein Dreieck. Deshalb ist $\sin 0° = 0$.

b) $\alpha = 90°$:

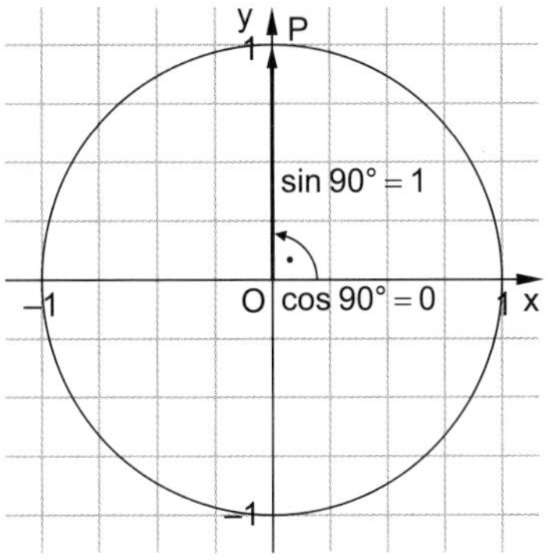


In diesem Fall entsteht kein Dreieck. Deshalb ist $\cos 90° = 0$.

c) $\alpha = 180°$:

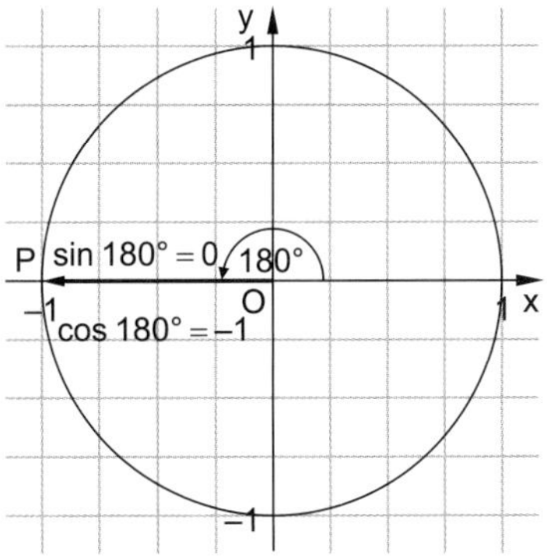


In diesem Fall entsteht kein Dreieck. Deshalb ist $\sin 180° = 0$.

d) $\alpha = 270°$:

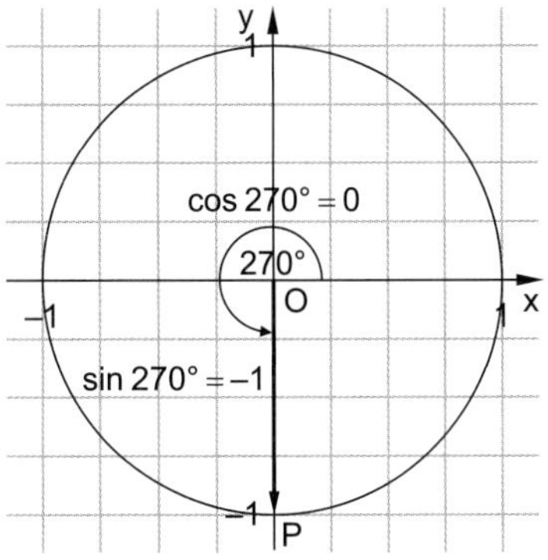


In diesem Fall entsteht kein Dreieck. Deshalb ist $\cos 270° = 0$.

e) $\alpha = 120°$:

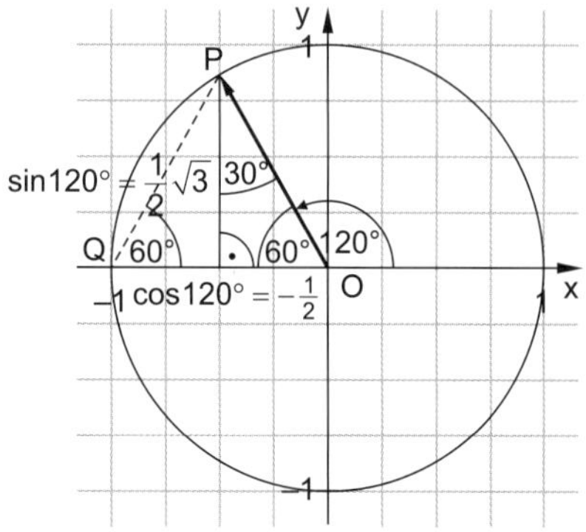


**Hinweise und Tipps**

Das Dreieck QOP ist ein gleichseitiges Dreieck mit der Seitenlänge 1 LE und der Höhe $h_P = \frac{1}{2}\sqrt{3}$ LE.

Es gilt also (Vorzeichen beachten!):

$$\overrightarrow{OP} = \begin{pmatrix} \cos 120° \\ \sin 120° \end{pmatrix} = \begin{pmatrix} -\frac{1}{2} \\ \frac{1}{2}\sqrt{3} \end{pmatrix}$$

f) $\alpha = 150°$:

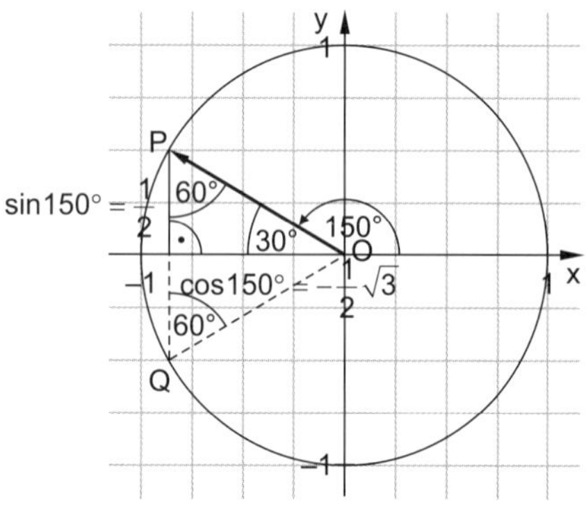


Das Dreieck QOP ist ein gleichseitiges Dreieck mit der Seitenlänge 1 LE und der Höhe $h_O = \frac{1}{2}\sqrt{3}$ LE.

Es gilt also (Vorzeichen beachten!):

$$\overrightarrow{OP} = \begin{pmatrix} \cos 150° \\ \sin 150° \end{pmatrix} = \begin{pmatrix} -\frac{1}{2}\sqrt{3} \\ \frac{1}{2} \end{pmatrix}$$

---

**207** a)

$\cos 30° = \frac{1}{2}\sqrt{3}$ (w)

$-\sin 30° = \frac{1}{2}$ (f) Korrekt: $-\sin 30° = -\frac{1}{2}$

$\sin(-30°) = -\frac{1}{2}$ (w)

$\cos(-30°) = -\frac{1}{2}\sqrt{3}$ (f) Korrekt: $\cos(-30°) = \frac{1}{2}\sqrt{3}$

b)

$\cos 90° = 0$ (w)

$-\sin 90° = -1$ (w)

$\sin(-90°) = 1$ (f) Korrekt: $\sin(-90°) = -1$

$-\cos(-90°) = 1$ (f) Korrekt: $-\cos(-90°) = 0$

c)

$\cos 60° = \frac{1}{2}\sqrt{2}$ (f) Korrekt: $\cos 60° = \frac{1}{2}$

$-\sin 60° = -\frac{1}{2}\sqrt{2}$ (f) Korrekt: $-\sin 60° = -\frac{1}{2}\sqrt{3}$

$\sin 60° = \frac{1}{2}$ (f) Korrekt: $\sin 60° = \frac{1}{2}\sqrt{3}$

$\cos(-60°) = \frac{1}{2}$ (w)

Hinweise und Tipps

d) $\cos(2\cdot 22{,}5°) = -\frac{1}{2}\sqrt{2}$ (f) Korrekt: $\cos(2\cdot 22{,}5°) = \frac{1}{2}\sqrt{2}$

$\sin(2\cdot 22{,}5°) = \frac{1}{2}\sqrt{2}$ (w)

$\sin(-2\cdot 22{,}5°) = -\frac{1}{2}\sqrt{2}$ (w)

$-\cos(2\cdot 22{,}5°) = \frac{1}{2}\sqrt{2}$ (f) Korrekt: $-\cos 2\cdot 22{,}5° = -\frac{1}{2}\sqrt{2}$

e) $\cos(-30°) = -\frac{1}{2}\sqrt{3}$ (f) Korrekt: $\cos(-30°) = \cos 30° = \frac{1}{2}\sqrt{3}$

$-\sin(-30°) = \frac{1}{2}$ (w)

$\sin(-30°) = \frac{1}{2}$ (f) Korrekt: $\sin(-30°) = -\sin 30° = -\frac{1}{2}$

$-\cos 30° = -\frac{1}{2}\sqrt{3}$ (w)

f) $\cos(-270°) = 0$ (w)

$-\sin(-270°) = 1$ (f) Korrekt: $-\sin(-270°) = \sin 270° = -1$

$\sin(-270°) = 1$ (w)

$\cos(-270°) = 1$ (f) Korrekt: $\cos(-270°) = \cos 270° = 0$

---

**208** a) $\sin 35° = \sin(180° - 145°) = \sin \mathbf{145°}$
oder:
$\sin 35° = \sin(180° - 35°) = \sin \mathbf{145°}$

Anwendung der Supplementbeziehung: $\sin(180° - \alpha) = \sin\alpha$

b) $\sin 106° = \sin(180° - 74°) = \sin \mathbf{74°}$
oder:
$\sin 106° = \sin(180° - 106°) = \sin \mathbf{74°}$

Anwendung der Supplementbeziehung: $\sin(180° - \alpha) = \sin\alpha$

c) $\sin 237° = \sin(180° + 57°) = -\sin \mathbf{57°} = -\sin(180° - 57°)$
$= -\sin \mathbf{123°}$
oder:
$\sin 237° = -\sin(360° - 237°) = -\sin \mathbf{123°} = -\sin(180° - 123°)$
$= -\sin \mathbf{57°}$

Anwendung der Beziehung: $\sin(180° + \alpha) = -\sin\alpha$

d) $\sin 348° = \sin(360° - 12°) = -\sin \mathbf{12°}$

Anwendung der Beziehung: $\sin(360° - \alpha) = -\sin\alpha$

e) $\cos 41° = \cos(180° - 139°) = -\cos \mathbf{139°}$

Anwendung der Supplementbeziehung: $\cos(180° - \alpha) = -\cos\alpha$

f) $\cos 112° = \cos(180° - 68°) = -\cos \mathbf{68°}$

Anwendung der Supplementbeziehung: $\cos(180° - \alpha) = -\cos\alpha$

g) $\cos 243° = \cos(180° + 63°) = -\cos \mathbf{63°}$

Anwendung der Beziehung: $\cos(180° + \alpha) = -\cos\alpha$

h) $\cos 314° = \cos(360° - 46°) = \cos \mathbf{46°}$

Anwendung der Beziehung: $\cos(360° - \alpha) = \cos\alpha$

---

**209** a) $\cos\alpha = \sin 24°$
$\Leftrightarrow \cos\alpha = \cos(90° - 24°)$
$\Leftrightarrow \cos\alpha = \cos 66°$
$\Leftrightarrow \alpha = 66°$

Komplementbeziehung: $\sin\alpha = \cos(90° - \alpha)$

Hinweise und Tipps

b) $\sin\alpha = \cos 78°$
$\Leftrightarrow \sin\alpha = \sin(90° - 78°)$
$\Leftrightarrow \sin\alpha = \sin 12°$
$\Leftrightarrow \alpha = 12°$

Komplementbeziehung: $\cos\alpha = \sin(90° - \alpha)$

c) $\cos 325° - \sin\alpha = 0 \quad | + \sin\alpha$
$\Leftrightarrow \cos 325° = \sin\alpha$
$\Leftrightarrow \cos(360° - 325°) = \sin\alpha$
$\Leftrightarrow \cos 35° = \sin\alpha$
$\Leftrightarrow \sin(90° - 35°) = \sin\alpha$
$\Leftrightarrow \sin 55° = \sin\alpha$
$\Leftrightarrow \alpha = 55°$

Beziehung in gegenüberliegenden Quadranten: $\cos(360° - \alpha) = \cos\alpha$

Komplementbeziehung: $\cos\alpha = \sin(90° - \alpha)$

d) $\sin 123° - \cos\alpha = 0 \quad | + \cos\alpha$
$\Leftrightarrow \sin 123° = \cos\alpha$
$\Leftrightarrow \sin(180° - 123°) = \cos\alpha$
$\Leftrightarrow \sin 57° = \cos\alpha$
$\Leftrightarrow \cos(90° - 57°) = \cos\alpha$
$\Leftrightarrow \cos 33° = \cos\alpha$
$\Leftrightarrow \alpha = 33°$

Supplementbeziehung: $\sin(180° - \alpha) = \sin\alpha$

Komplementbeziehung: $\sin\alpha = \cos(90° - \alpha)$

---

**210** a) Es gilt:
$\alpha_1 \in \,]0°; 90°[$ und $\alpha_2 \in \,]90°; 180°[$
Der Taschenrechner liefert:
SIN-1 $0{,}8 = 53{,}13°$
Es folgt:
$\sin\alpha = 0{,}8$
$\Leftrightarrow \alpha_1 = 53{,}13° \vee \alpha_2 = 180° - \alpha_1$
$\Leftrightarrow \alpha_1 = 53{,}13° \vee \alpha_2 = 180° - 53{,}13°$
$\Leftrightarrow \alpha_1 = 53{,}13° \vee \alpha_2 = 126{,}87°$
$L = \{53{,}13°; 126{,}87°\}$

Wegen $\sin\alpha = 0{,}8 \in \,]0; 1[$ gehören die gesuchten Winkelmaße zu Winkeln im I. und II. Quadranten.

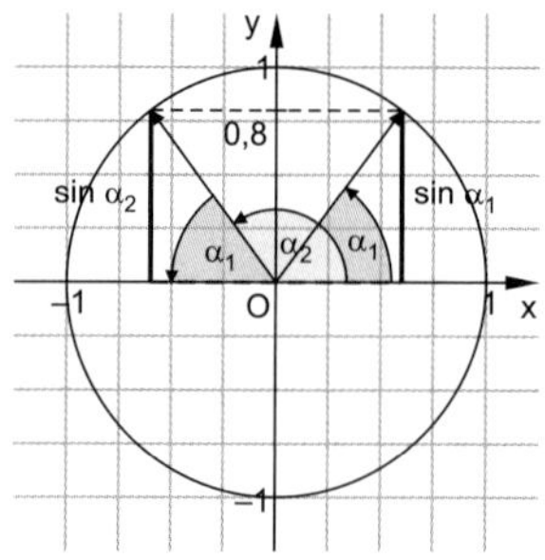


b) Es gilt:
$\alpha_1 \in \,]180°; 270°[$ und $\alpha_2 \in \,]270°; 360°[$
Der Taschenrechner liefert:
SIN-1 $-0{,}71 = -45{,}23° \quad (\alpha^* = 45{,}23°)$
Es folgt:
$\sin\alpha = -0{,}71$
$\Leftrightarrow \alpha_1 = 180° + \alpha^* \quad \vee \alpha_2 = 360° - \alpha^*$
$\Leftrightarrow \alpha_1 = 180° + 45{,}23° \quad \vee \alpha_2 = 360° - 45{,}23°$
$\Leftrightarrow \alpha_1 = 225{,}23° \quad \vee \alpha_2 = 314{,}77°$
$L = \{225, 23°; 314{,}77°\}$

Wegen $\sin\alpha = -0{,}71 \in \,]-1; 0[$ gehören die gesuchten Winkelmaße zu Winkeln im III. und IV. Quadranten.

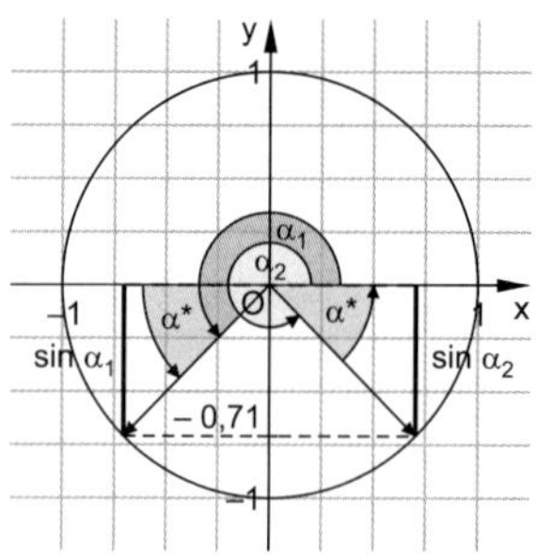

c) Es gilt:
$\alpha_1 \in ]0°; 90°[$ und $\alpha_2 \in ]270°; 360°[$

Der Taschenrechner liefert:
$\boxed{\cos^{-1}}\ 0{,}9 = 25{,}84°$

Es folgt:
$\cos\alpha = 0{,}9$
$\Leftrightarrow\ \alpha_1 = 25{,}84° \ \vee\ \alpha_2 = 360° - \alpha_1$
$\Leftrightarrow\ \alpha_1 = 25{,}84° \ \vee\ \alpha_2 = 360° - 25{,}84°$
$\Leftrightarrow\ \alpha_1 = 25{,}84° \ \vee\ \alpha_2 = 334{,}16°$
$L = \{25{,}84°; 334{,}16°\}$

Hinweise und Tipps

Wegen $\cos\alpha = 0{,}9 \in ]0; 1[$ gehören die gesuchten Winkelmaße zu Winkeln im I. und IV. Quadranten.

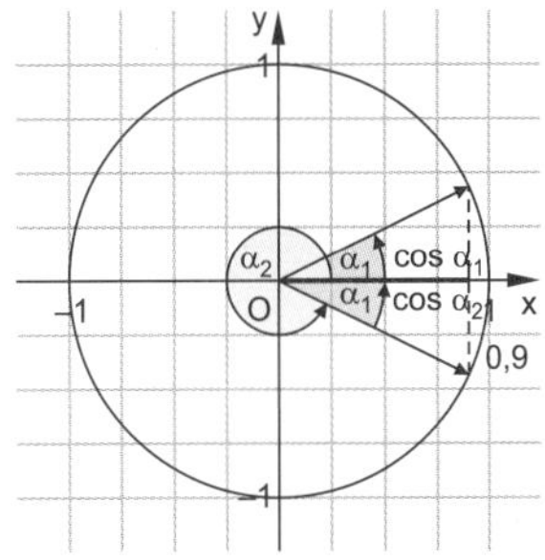


d) Es gilt:
$\alpha_1 \in ]90°; 180°[$ und $\alpha_2 \in ]180°; 270°[$

Der Taschenrechner liefert:
$\boxed{\cos^{-1}}\ -0{,}5 = 120°$

Es folgt:
$\cos\alpha = -0{,}5$
$\Leftrightarrow\ \alpha_1 = 120° \ \vee\ \alpha_2 = 360° - \alpha_1$
$\Leftrightarrow\ \alpha_1 = 120° \ \vee\ \alpha_2 = 360° - 120°$
$\Leftrightarrow\ \alpha_1 = 120° \ \vee\ \alpha_2 = 240°$
$L = \{120°; 240°\}$

Wegen $\cos\alpha = -0{,}5 \in ]-1; 0[$ gehören die gesuchten Winkelmaße zu Winkeln im II. und III. Quadranten.

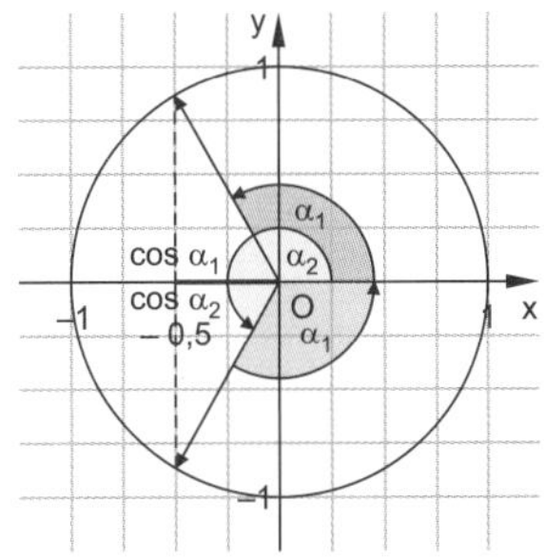


e) Es gilt:
$\alpha_1 \in ]0°; 90°[$ und $\alpha_2 \in ]180°; 270°[$

Der Taschenrechner liefert:
$\boxed{\tan^{-1}}\ 0{,}75 = 36{,}87°$

Es folgt:
$\tan\alpha = 0{,}75$
$\Leftrightarrow\ \alpha_1 = 36{,}87° \ \vee\ \alpha_2 = 180° + \alpha_1$
$\Leftrightarrow\ \alpha_1 = 36{,}87° \ \vee\ \alpha_2 = 180° + 36{,}87°$
$\Leftrightarrow\ \alpha_1 = 36{,}87° \ \vee\ \alpha_2 = 216{,}87°$
$L = \{36{,}87°; 216{,}87°\}$

Wegen $\tan\alpha = 2{,}5 \in \mathbb{R}_0^+$ gehören die gesuchten Winkelmaße zu Winkeln im I. und III. Quadranten.

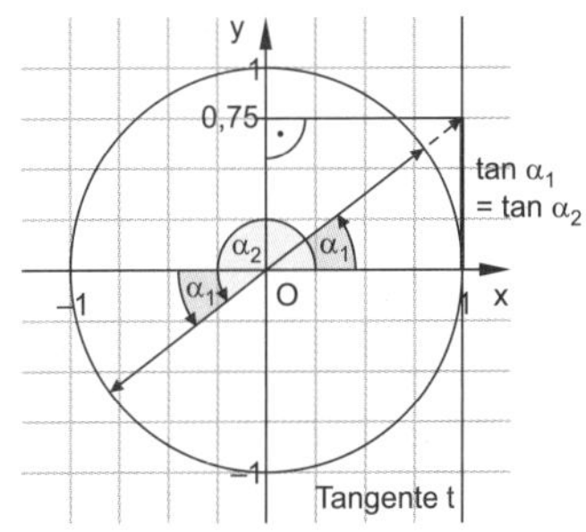


f) Es gilt:
$\alpha_1 \in ]90°; 180°[$ und $\alpha_2 \in ]270°; 360°[$

Der Taschenrechner liefert:
$\boxed{\tan^{-1}}\ -0{,}4 = -21{,}80°\quad (\alpha^* = 21{,}80°)$

Es folgt:
$\tan\alpha = -0{,}4$
$\Leftrightarrow\ \alpha_1 = 180° - \alpha^* \quad \vee\ \alpha_2 = 360° - \alpha^*$
$\Leftrightarrow\ \alpha_1 = 180° - 21{,}80° \quad \vee\ \alpha_2 = 360° - 21{,}80°$
$\Leftrightarrow\ \alpha_1 = 158{,}20° \quad \vee\ \alpha_2 = 338{,}20°$
$L = \{158{,}20°; 338{,}20°\}$

Wegen $\tan\alpha = 2{,}5 \in \mathbb{R}_0^+$ gehören die gesuchten Winkelmaße zu Winkeln im I. und III. Quadranten.

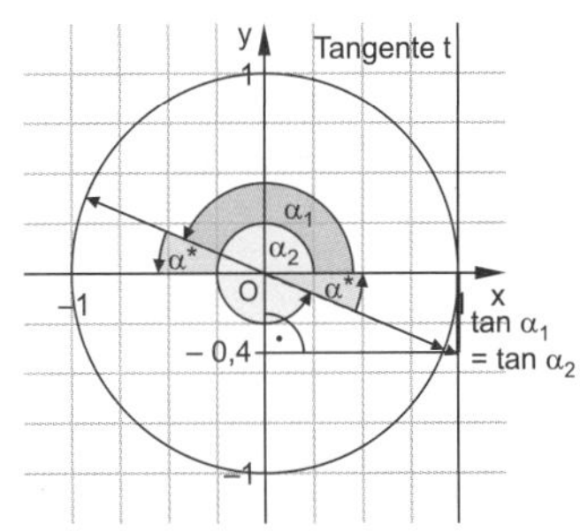

Hinweise und Tipps

**211** Berechnung des Maßes des Steigungswinkels $\alpha$ der Geraden g: $y = x + 1$:

$m = 1 \Rightarrow \tan\alpha = 1$

$\Rightarrow \alpha = 45°$

Berechnung des Maßes des Steigungswinkels $\beta$ der Geraden h: $y = 0{,}5x + 1$:

$m = 0{,}5 \Rightarrow \tan\beta = 0{,}5$

$\Rightarrow \beta = 26{,}57°$

Berechnung der Maße der Schnittwinkel:

Schnittwinkelmaß $\gamma_1$ von $\sphericalangle(h; g)$:

$\gamma_1 = \alpha - \beta = 45° - 26{,}57° = 18{,}43°$

Schnittwinkelmaß $\gamma_2$ von $\sphericalangle(g; h)$:

$\gamma_2 = 180° - \gamma_1 = 180° - 18{,}43° = 161{,}57°$

Die Steigungswinkel der Geraden sind jeweils deren Schnittwinkel mit jeder Parallelen zur x-Achse.

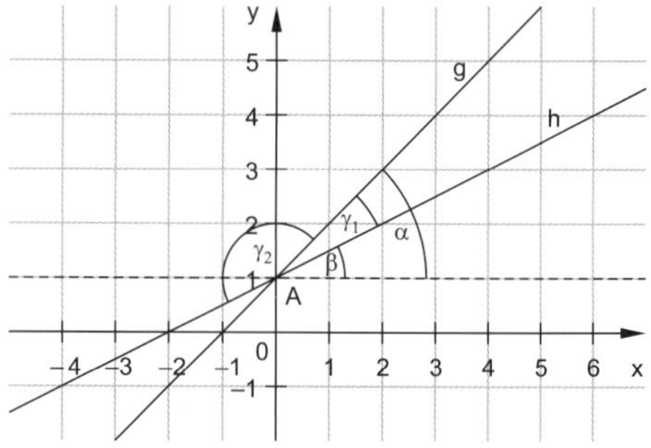


Zwei Geraden besitzen immer zwei Schnittwinkel, die sich zu 180° ergänzen.

**212** Zunächst Berechnung der Steigung m der Geraden g:

$m = \tan\alpha = \tan 30° = 0{,}58$

Einsetzen von $P(2\,|\,0)$ in die Normalform der Geradengleichung:

$y = mx + t$

$0 = 0{,}58 \cdot 2 + t$

$t = -1{,}16$

also: g: $y = 0{,}58x - 1{,}16$

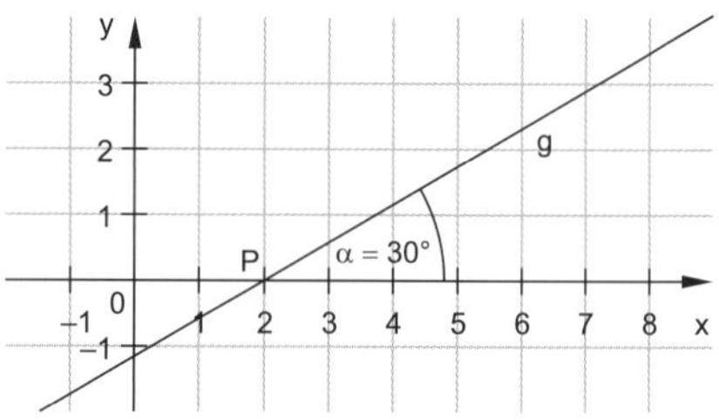


**213** Berechnung des Flächeninhalts:

$$A_{\Delta ABC} = \frac{1}{2} \cdot a \cdot b \cdot \sin\gamma = \frac{1}{2} \cdot 5\text{ cm} \cdot 6\text{ cm} \cdot \sin 80° = 14{,}77\text{ cm}^2$$

Berechnung des Abstands $|\overline{AE}|$ des Punktes A von $\overline{BC}$:

$$A_{\Delta ABC} = \frac{1}{2} \cdot g \cdot h$$

$$A_{\Delta ABC} = \frac{1}{2} \cdot |\overline{BC}| \cdot |\overline{AE}| \quad \Big| \cdot \frac{2}{|\overline{BC}|}$$

$$|\overline{AE}| = \frac{2 \cdot A_{\Delta ABC}}{|\overline{BC}|}$$

$$|\overline{AE}| = \frac{2 \cdot 14{,}77\text{ cm}^2}{5\text{ cm}}$$

$$|\overline{AE}| = 5{,}91\text{ cm}$$

Analoge Berechnung des Abstandes $|\overline{BD}|$ des Punktes B von $\overline{CA}$:

$$|\overline{BD}| = \frac{2 \cdot A_{\Delta ABC}}{|\overline{CA}|} = \frac{2 \cdot 14{,}77}{6\text{ cm}} = 4{,}92\text{ cm}$$

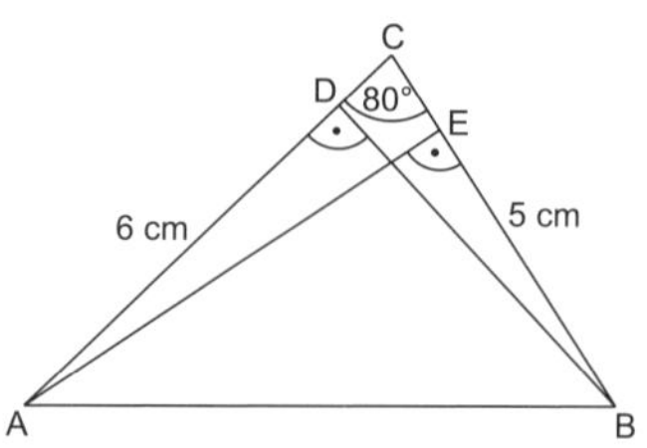


Die Abstände sind die Lote auf die gegenüberliegenden Seiten, also die Höhen.

Setze den Flächeninhalt und die Grundlinie ein.

**214** Berechnung von $|\overline{AB}|$ mithilfe der Fläche des gleichschenkligen Dreiecks ABC:

$$A_{\Delta ABC} = \frac{1}{2} \cdot |\overline{AB}| \cdot |\overline{BC}| \cdot \sin\beta \quad \text{mit } |\overline{BC}| = |\overline{AB}|$$

$$5\,\text{dm}^2 = \frac{1}{2} \cdot |\overline{AB}|^2 \cdot \sin 50° \qquad \Big| \cdot \frac{2}{\sin 50°}$$

$$|\overline{AB}|^2 = \frac{2 \cdot 5\,\text{dm}^2}{\sin 50°} \qquad |\sqrt{\ }$$

$$|\overline{AB}| = \sqrt{\frac{10}{\sin 50°}}\,\text{dm}$$

$$|\overline{AB}| = 3{,}61\,\text{dm}$$

Hinweise und Tipps

Die Innenwinkel einer Raute sind bereits durch die Angabe eines Innenwinkels festgelegt (gegenüberliegende Winkel sind gleich groß; Winkelsumme 360°).

Die Raute lässt sich in zwei gleich große gleichschenklige Dreiecke zerlegen.

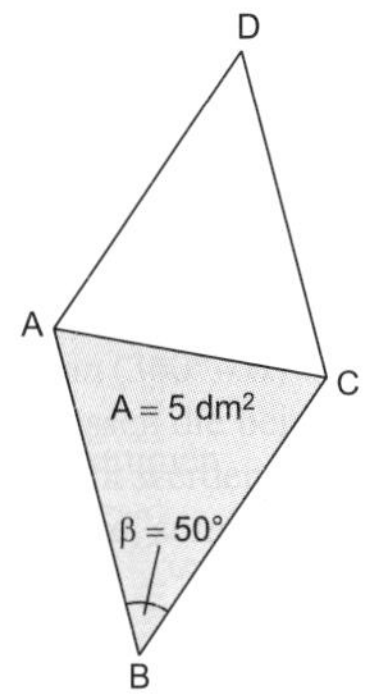


**215** Zeichnung:

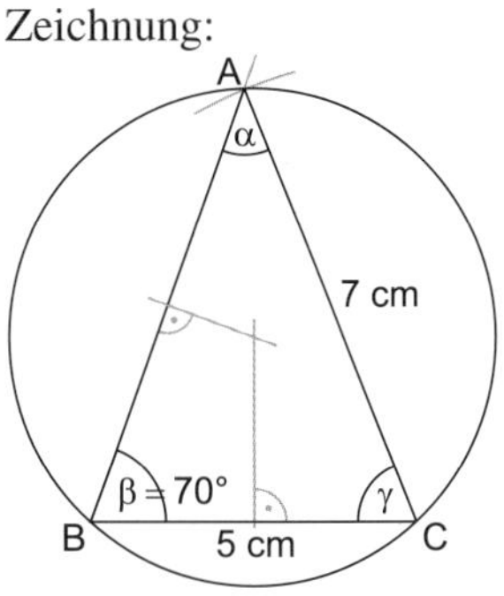


(verkleinerte Darstellung im Maßstab 1 : 2)

- Zeichne $\overline{BC}$ mit a = 5 cm Länge.
- Zeichne den Winkel CBA mit dem Maß $\beta = 70°$.
- Zeichne einen Kreis um C mit Radius r = 7 cm.
- A ist der Schnittpunkt des freien Schenkels von β mit dem Kreis.

Berechnung von α mit dem Sinussatz:

$$\frac{\sin\alpha}{|\overline{BC}|} = \frac{\sin\beta}{|\overline{CA}|}$$

$$\frac{\sin\alpha}{5\,\text{cm}} = \frac{\sin 70°}{7\,\text{cm}} \qquad |\cdot 5\,\text{cm}$$

$$\sin\alpha = \frac{\sin 70°}{7\,\text{cm}} \cdot 5\,\text{cm}$$

$$\sin\alpha = 0{,}6712\ldots$$

$$\alpha_1 = 42{,}16° \quad (\vee\ \alpha_2 = 180° - 42{,}16° = 137{,}84°)$$

Beginne mit der gesuchten Größe im Zähler, das erleichtert das Umstellen der Gleichung.

Berechne den Winkel α mithilfe der SIN⁻¹-Taste des Taschenrechners.

$\alpha_2$ ist keine Lösung $(\alpha_2 + \beta > 180°)$.

Berechnung von γ:

$$\gamma = 180° - \beta - \alpha = 180° - 70° - 42{,}16° = 67{,}84°$$

Winkelsumme im Dreieck

Berechnung von $|\overline{AB}|$ mit dem Sinussatz:

$$\frac{|\overline{AB}|}{\sin\gamma} = \frac{|\overline{CA}|}{\sin\beta}$$

$$\frac{|\overline{AB}|}{\sin 67{,}84°} = \frac{7\,\text{cm}}{\sin 70°} \qquad |\cdot \sin 67{,}84°$$

$$|\overline{AB}| = \frac{7\,\text{cm}}{\sin 70°} \cdot \sin 67{,}84°$$

$$|\overline{AB}| = 6{,}90\,\text{cm}$$

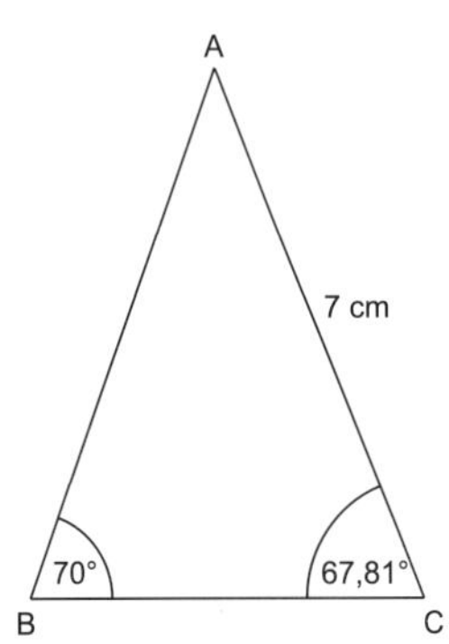

Hinweise und Tipps

Berechnung des Flächeninhalts des Dreiecks ABC:

$$A = \frac{1}{2} \cdot |\overline{AB}| \cdot |\overline{CA}| \cdot \sin\alpha$$

$$A = \frac{1}{2} \cdot 6{,}90\text{ cm} \cdot 7\text{ cm} \cdot \sin 42{,}16°$$

$$A = 16{,}21\text{ cm}^2$$

---

**216** Zeichnung:

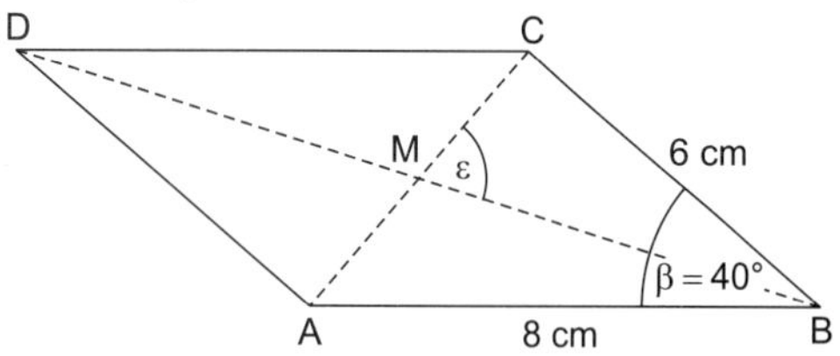


(verkleinerte Darstellung im Maßstab 1 : 2)

- Zeichne $\overline{AB}$ mit 8 cm Länge.
- Trage den 40°-Winkel an und zeichne $\overline{BC}$ mit 6 cm Länge.
- Verschiebe A mit dem Vektor $\overrightarrow{BC}$ parallel auf D.

Berechnung von $|\overline{CA}|$ im Dreieck ABC mithilfe des Kosinussatzes (SWS):

$$|\overline{CA}| = \sqrt{|\overline{AB}|^2 + |\overline{BC}|^2 - 2 \cdot |\overline{AB}| \cdot |\overline{BC}| \cdot \cos\beta}$$

$$|\overline{CA}| = \sqrt{8^2 + 6^2 - 2 \cdot 8 \cdot 6 \cdot \cos 40°}\text{ cm}$$

$$|\overline{CA}| = 5{,}14\text{ cm}$$

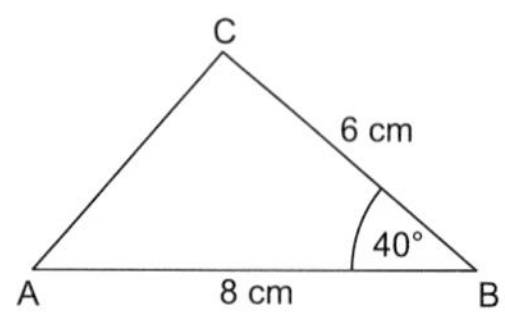


Berechnung von $|\overline{BD}|$ im Dreieck ABD mithilfe des Kosinussatzes (SWS):

$$|\overline{BD}| = \sqrt{|\overline{AB}|^2 + |\overline{DA}|^2 - 2 \cdot |\overline{AB}| \cdot |\overline{DA}| \cdot \cos\sphericalangle BAD}$$

$$|\overline{BD}| = \sqrt{|\overline{AB}|^2 + |\overline{DA}|^2 - 2 \cdot |\overline{AB}| \cdot |\overline{DA}| \cdot \cos(180° - \beta)}$$

$$|\overline{BD}| = \sqrt{8^2 + 6^2 - 2 \cdot 8 \cdot 6 \cdot \cos(180° - 40°)}\text{ cm}$$

$$|\overline{BD}| = 13{,}17\text{ cm}$$

Benachbarte Winkel im Parallelogramm ergänzen sich zu 180°. Deshalb gilt: $\sphericalangle BAD = 180° - \beta$

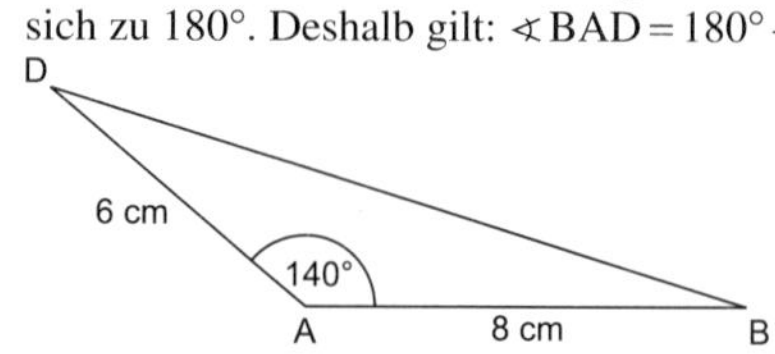


Berechnung von ε mithilfe des Kosinussatzes im Dreieck BCM (SSS):

$$\cos\varepsilon = \frac{|\overline{MB}|^2 + |\overline{CM}|^2 - |\overline{BC}|^2}{2 \cdot |\overline{MB}| \cdot |\overline{CM}|}$$

$$\cos\varepsilon = \frac{6{,}59^2 + 2{,}57^2 - 6^2}{2 \cdot 6{,}59 \cdot 2{,}57}$$

$$\varepsilon = 65{,}53°$$

Beginne mit der Seite, die dem gesuchten Winkel gegenüberliegt.

Die Diagonalen halbieren sich gegenseitig.

Es gilt also: $|\overline{MB}| = 0{,}5 \cdot |\overline{DB}| = 6{,}59\text{ cm}$
$|\overline{CM}| = 0{,}5 \cdot |\overline{CA}| = 2{,}57\text{ cm}$

---

**217** Planfigur:

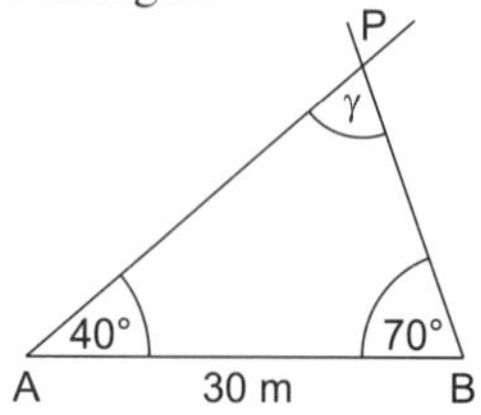


Zunächst Berechnung von γ:

$\gamma = 180° - 40° - 70° = 70°$

Hinweise und Tipps

Bestimmung von $|\overline{PA}|$:
Wegen $\sphericalangle PBA = \gamma = 70°$ ist das Dreieck ABP gleichschenklig mit Basis $\overline{BP}$. Somit gilt:

$|\overline{AB}| = |\overline{PA}| = 30\text{ m}$

Schenkel im gleichschenkligen Dreieck

Berechnung von $|\overline{BP}|$ mit dem Sinussatz:

$$\frac{|\overline{BP}|}{\sin\alpha} = \frac{|\overline{AB}|}{\sin\gamma}$$

$$\frac{|\overline{BP}|}{\sin 40°} = \frac{30\text{ m}}{\sin 70°} \quad |\cdot \sin 40°$$

$$|\overline{BP}| = \frac{30\text{ m}}{\sin 70°}\cdot \sin 40°$$

$$|\overline{BP}| = 20{,}52\text{ m}$$

---

**218** Planfigur:

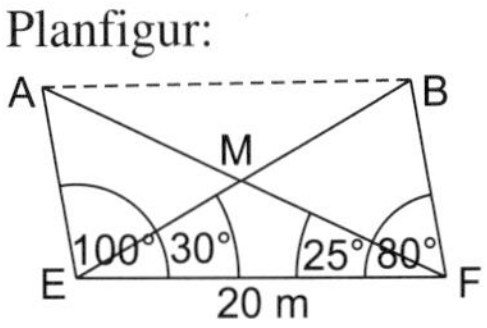


Zunächst Berechnung von $|\overline{BE}|$ im Dreieck EFB mit dem Sinussatz:

$$\frac{|\overline{BE}|}{\sin\sphericalangle BFE} = \frac{|\overline{EF}|}{\sin\sphericalangle EBF}$$

$$\frac{|\overline{BE}|}{\sin 80°} = \frac{20\text{ m}}{\sin 70°} \quad |\cdot \sin 80°$$

$$|\overline{BE}| = \frac{20\text{ m}}{\sin 70°}\cdot \sin 80°$$

$$|\overline{BE}| = 20{,}96\text{ m}$$

$\sphericalangle EBF = 180° - 30° - 80° = 70°$
(Winkelsumme im Dreieck EFB)

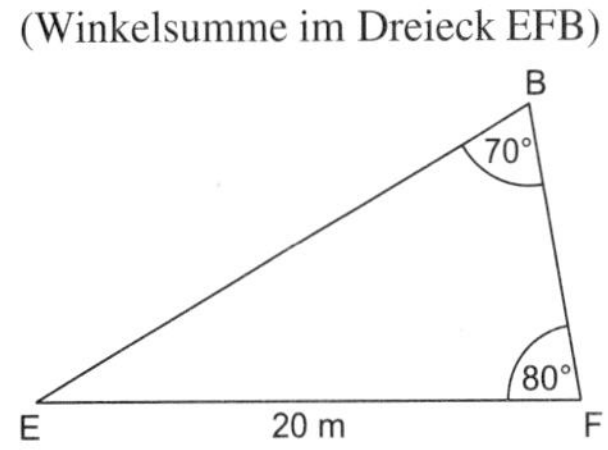


Berechnung von $|\overline{AE}|$ im Dreieck EFA mit dem Sinussatz:

$$\frac{|\overline{AE}|}{\sin\sphericalangle AFE} = \frac{|\overline{EF}|}{\sin\sphericalangle EAF}$$

$$\frac{|\overline{AE}|}{\sin 25°} = \frac{20\text{ m}}{\sin 55°} \quad |\cdot \sin 25°$$

$$|\overline{AE}| = \frac{20\text{ m}}{\sin 55°}\cdot \sin 25°$$

$$|\overline{AE}| = 10{,}32\text{ m}$$

$\sphericalangle EAF = 180° - 100° - 25° = 55°$
(Winkelsumme im Dreieck EFA)

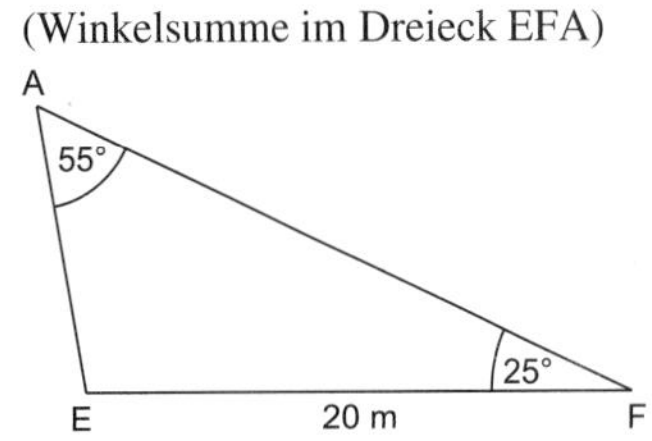


Berechnung von $|\overline{BA}|$ im Dreieck EBA mit dem Kosinussatz:

$$|\overline{BA}| = \sqrt{|\overline{EB}|^2 + |\overline{AE}|^2 - 2\cdot|\overline{EB}|\cdot|\overline{AE}|\cdot\cos\sphericalangle BEA}$$

$$|\overline{BA}| = \sqrt{20{,}96^2 + 10{,}32^2 - 2\cdot 20{,}96\cdot 10{,}32\cdot\cos 70°}\text{ m}$$

$\sphericalangle BEA = 100° - 30° = 70°$

$$|\overline{BA}| = 19{,}95\text{ m}$$

**219** Berechnung von $|\overline{CA}|$ im Dreieck ABC mit dem Kosinussatz:

$|\overline{CA}| = \sqrt{|\overline{AB}|^2 + |\overline{BC}|^2 - 2 \cdot |\overline{AB}| \cdot |\overline{BC}| \cdot \cos\beta}$

$|\overline{CA}| = \sqrt{10^2 + 5^2 - 2 \cdot 10 \cdot 5 \cdot \cos 50°}$ cm

$|\overline{CA}| = 7{,}79$ cm

Zunächst Berechnung von $\gamma_2 = \sphericalangle ACB$ im Dreieck ABC mit dem Sinussatz:

$$\frac{\sin\gamma_2}{|\overline{AB}|} = \frac{\sin\beta}{|\overline{CA}|}$$

$$\frac{\sin\gamma_2}{10\text{ cm}} = \frac{\sin 50°}{7{,}79\text{ cm}} \qquad |\cdot 10\text{ cm}$$

$$\sin\gamma_2 = \frac{\sin 50°}{7{,}79\text{ cm}} \cdot 10\text{ cm}$$

$\sin\gamma_2 = 0{,}9833\ldots$

$(\gamma_{2_1} = 79{,}54° \ \vee) \ \gamma_{2_2} = 180° - 79{,}54° = 100{,}46°$

Berechnung von $\gamma_1$:

$\gamma_1 = \gamma - \gamma_2 = 130° - 100{,}46° = 29{,}54°$

Berechnung von $\alpha_2$ und $\alpha_1$:

$\alpha_2 = \gamma_1 = 29{,}54°$

$\alpha_1 = \alpha - \alpha_2 = 40° - 29{,}54° = 10{,}46°$

Berechnung von $\delta$:

$\delta = 180° - \alpha = 180° - 40° = 140°$

Berechnung von $|\overline{CD}|$ im Dreieck ACD mit dem Sinussatz:

$$\frac{|\overline{CD}|}{\sin\alpha_1} = \frac{|\overline{AC}|}{\sin\delta}$$

$$\frac{|\overline{CD}|}{\sin 10{,}46°} = \frac{7{,}79\text{ cm}}{\sin 140°} \qquad |\cdot \sin 10{,}46°$$

$$|\overline{CD}| = \frac{7{,}79\text{ cm}}{\sin 140°} \cdot \sin 10{,}46°$$

$|\overline{CD}| = 2{,}20$ cm

Berechnung von $|\overline{DB}|$ im Dreieck BCD mit dem Kosinussatz:

$|\overline{DB}| = \sqrt{|\overline{CD}|^2 + |\overline{BC}|^2 - 2 \cdot |\overline{CD}| \cdot |\overline{BC}| \cdot \cos\gamma}$

$|\overline{DB}| = \sqrt{2{,}20^2 + 5^2 - 2 \cdot 2{,}20 \cdot 5 \cdot \cos 130°}$ cm

$|\overline{DB}| = 6{,}63$ cm

### Hinweise und Tipps

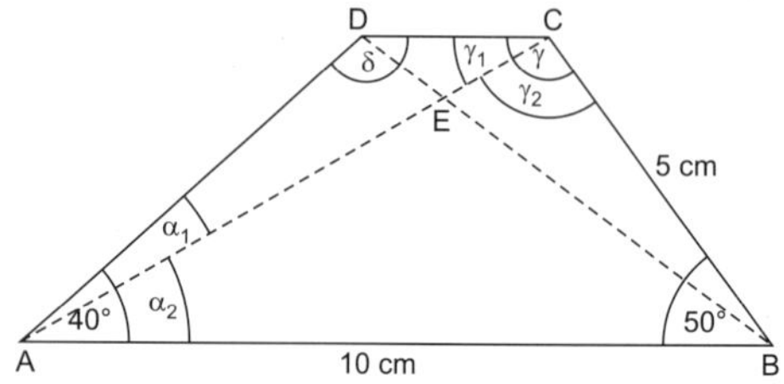


Beachte: Zu jedem Sinuswert gibt es zwei mögliche Winkel $\gamma_{2_1}$ und $\gamma_{2_2}$ mit $\gamma_{2_2} = 180° - \gamma_{2_1}$.
Berechnet man einen Winkel mit dem Sinussatz, müssen immer beide Lösungen überprüft werden. Solche Fälle lassen sich vermeiden, wenn man, falls möglich, den Kosinussatz verwendet.

$$\cos\gamma_2 = \frac{|\overline{CA}|^2 + |\overline{BC}|^2 - |\overline{AB}|^2}{2 \cdot |\overline{CA}| \cdot |\overline{BC}|}$$

$\vdots$

$\gamma_2 = 100{,}46°$

Weil $\alpha_2 = \sphericalangle BAC < \alpha = 40°$ gilt, muss aufgrund der Winkelsumme im Dreieck ABC gelten:
$\gamma_2 > 180° - 50° - 40° = 90°$

Trapezeigenschaft: $\beta + \gamma = 180° \Rightarrow \gamma = 130°$

$\alpha_2$ ist Z-Winkel zu $\gamma_1$; könnte auch über die Winkelsumme im Dreieck ABC bestimmt werden.

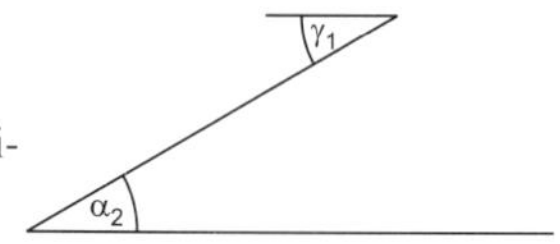


Trapezeigenschaft: $\alpha + \delta = 180°$
Alternativ: Winkelsumme im Dreieck ACD

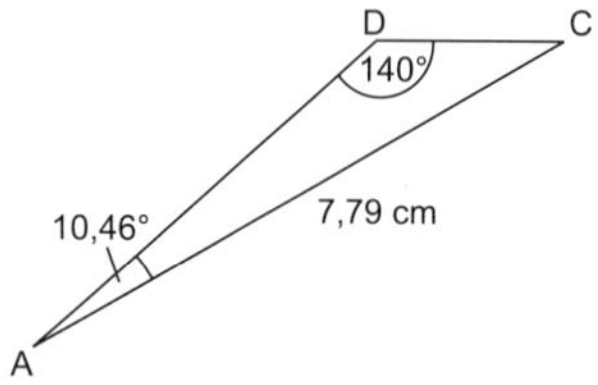


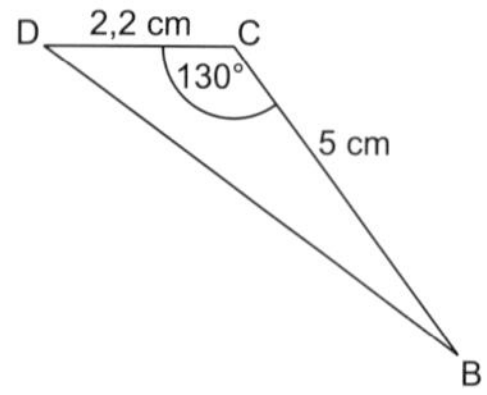

**220** a) Zeichnung:

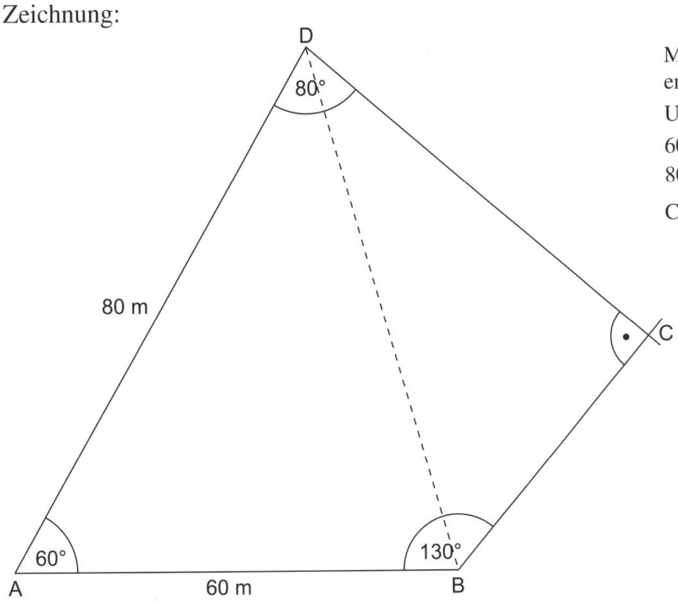


(Zeichnung im Maßstab 1 : 1 000)

Hinweise und Tipps

Maßstab 1 : 1 000 bedeutet, 1 cm in der Zeichnung entspricht 1 000 cm = 10 m in der Wirklichkeit.

Umrechnung für die Zeichnung:

60 m ≙ 6 cm

80 m ≙ 8 cm

C ist der Schnittpunkt von [BC und [DC.

b) Berechnung von $\sphericalangle DCB$:

$\sphericalangle DCB = 360° - \sphericalangle BAD - \sphericalangle CBA - \sphericalangle ADC$

$\sphericalangle DCB = 360° - 60° - 130° - 80°$

$\sphericalangle DCB = 90°$

Winkelsumme im Viereck

Berechnung von $|\overline{BD}|$ im Dreieck ABD mit dem Kosinussatz:

$|\overline{BD}| = \sqrt{|\overline{AB}|^2 + |\overline{DA}|^2 - 2 \cdot |\overline{AB}| \cdot |\overline{DA}| \cdot \cos \sphericalangle BAD}$

$|\overline{BD}| = \sqrt{60^2 + 80^2 - 2 \cdot 60 \cdot 80 \cdot \cos 60°}$ m

$|\overline{BD}| = 72{,}11$ m

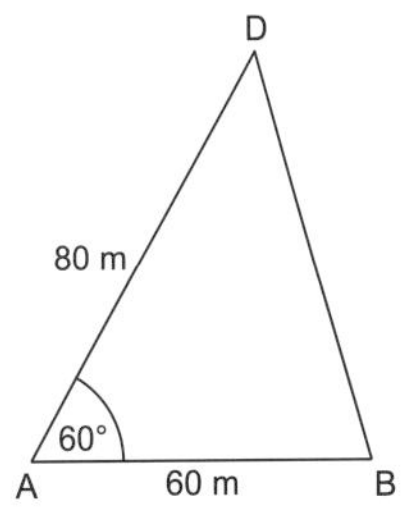


Berechnung von $\sphericalangle DBA = \beta_1$ im Dreieck ABD mithilfe des Kosinussatzes (SSS):

$$\cos \beta_1 = \frac{|\overline{AB}|^2 + |\overline{BD}|^2 - |\overline{DA}|^2}{2 \cdot |\overline{AB}| \cdot |\overline{BD}|}$$

$$\cos \beta_1 = \frac{60^2 + 72{,}11^2 - 80^2}{2 \cdot 60 \cdot 72{,}11}$$

$\beta_1 = 73{,}90°$

Alternativ könnte man den Winkel auch mit dem Sinussatz berechnen. Allerdings muss dann die zweite Lösung mit der Winkelsumme geprüft werden. Verwende deshalb, wenn möglich, zur Winkelberechnung den Kosinussatz, vor allem, wenn unter anderem 3 Seitenlängen gegeben sind!

Berechnung von $\sphericalangle CBD = \beta_2$:

$\beta_2 = \beta - \beta_1 = 130° - 73{,}90° = 56{,}10°$

Berechnung von $|\overline{BC}|$ im rechtwinkligen Dreieck BCD:

$$\cos \beta_2 = \frac{|\overline{BC}|}{|\overline{DB}|}$$

$$\cos 56{,}10° = \frac{|\overline{BC}|}{72{,}11 \text{ m}} \qquad | \cdot 72{,}11 \text{ m}$$

$|\overline{BC}| = 72{,}11 \text{ m} \cdot \cos 56{,}10°$

$|\overline{BC}| = 40{,}22$ m

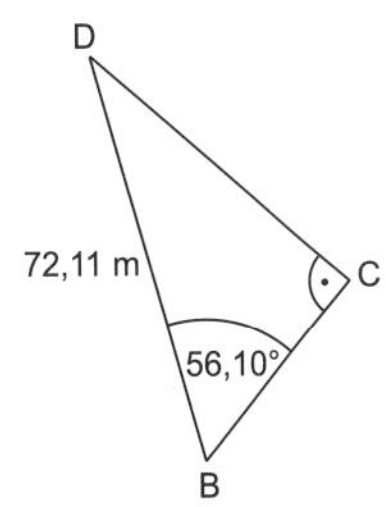

Berechnung von $|\overline{CD}|$ im rechtwinkligen Dreieck BCD:

$|\overline{CD}| = \sqrt{|\overline{DB}|^2 - |\overline{BC}|^2}$

$|\overline{CD}| = \sqrt{(72{,}11\text{ m})^2 - (40{,}22\text{ m})^2}$

$|\overline{CD}| = 59{,}85\text{ m}$

Hinweise und Tipps

Da das Dreieck rechtwinklig ist, kann der Satz des Pythagoras angewandt werden. Alternativ könnte die Strecke auch mithilfe der Sinus- oder Tangensbeziehung im rechtwinkligen Dreieck BCD berechnet werden.

**221** Berechnung von $|\overline{AB}|$, $|\overline{BC}|$ und $|\overline{CA}|$:

$\overrightarrow{AB} = \begin{pmatrix} 4-1 \\ 2-1 \end{pmatrix} = \begin{pmatrix} 3 \\ 1 \end{pmatrix} \quad \Rightarrow \quad |\overline{AB}| = \sqrt{3^2 + 1^2}\text{ LE} = \sqrt{10}\text{ LE}$

$\overrightarrow{BC} = \begin{pmatrix} 3-4 \\ 5-2 \end{pmatrix} = \begin{pmatrix} -1 \\ 3 \end{pmatrix} \quad \Rightarrow \quad |\overline{BC}| = \sqrt{(-1)^2 + 3^2}\text{ LE} = \sqrt{10}\text{ LE}$

$\overrightarrow{CA} = \begin{pmatrix} 1-3 \\ 1-5 \end{pmatrix} = \begin{pmatrix} -2 \\ -4 \end{pmatrix} \quad \Rightarrow \quad |\overline{CA}| = \sqrt{(-2)^2 + (-4)^2}\text{ LE} = \sqrt{20}\text{ LE}$

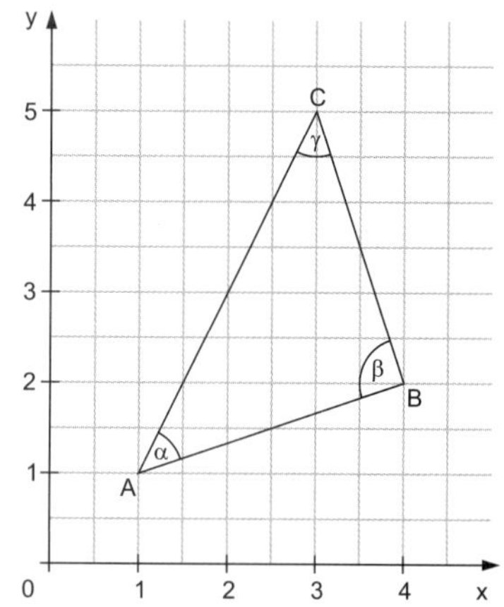


Berechnung von α mit dem Kosinussatz (SSS):

$\cos\alpha = \dfrac{|\overline{AB}|^2 + |\overline{CA}|^2 - |\overline{BC}|^2}{2 \cdot |\overline{AB}| \cdot |\overline{CA}|}$

$\cos\alpha = \dfrac{\sqrt{10}^2 + \sqrt{20}^2 - \sqrt{10}^2}{2 \cdot \sqrt{10} \cdot \sqrt{20}}$

Vereinfache den Zähler und kürze dann mit $\sqrt{20}$.

$\cos\alpha = \dfrac{10 + 20 - 10}{2 \cdot \sqrt{200}}$

$\cos\alpha = \dfrac{20}{2 \cdot \sqrt{100 \cdot 2}}$

$\cos\alpha = \dfrac{10}{\sqrt{100 \cdot 2}}$

$\cos\alpha = \dfrac{10}{10\sqrt{2}}$

$\cos\alpha = \dfrac{1}{\sqrt{2}}$

$\alpha = 45°$

Bestimmung von γ:

Da $|\overline{AB}| = |\overline{BC}|$, ist das Dreieck ABC gleichschenklig mit Basis $\overline{CA}$. Somit gilt:

$\gamma = \alpha = 45°$

Berechnung von β:

$\beta = 180° - \alpha - \gamma = 180° - 45° - 45° = 90°$

Winkelsumme im Dreieck

Hinweise und Tipps

**222** a) Zeichnung:

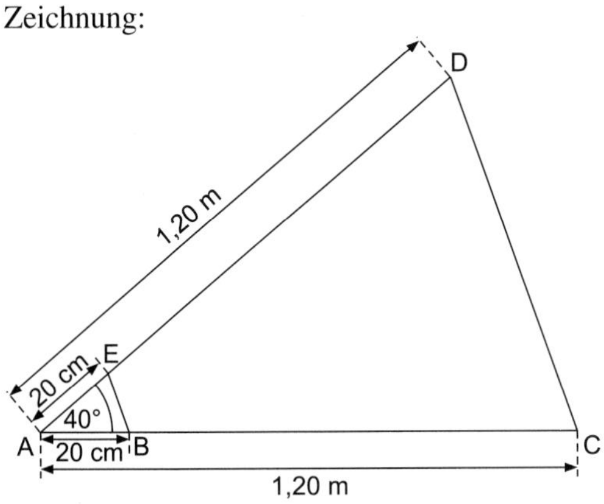


(Zeichnung im Maßstab 1 : 20)

Maßstab: 1 : 20
Umrechnung für die Zeichnung:
20 cm ≙ 1 cm
1,20 m ≙ 6 cm

b) Berechnung von $|\overline{BE}|$ im Dreieck ABE mit dem Kosinussatz (SWS):

$$|\overline{BE}| = \sqrt{|\overline{AB}|^2 + |\overline{EA}|^2 - 2 \cdot |\overline{AB}| \cdot |\overline{EA}| \cdot \cos\alpha}$$

$$|\overline{BE}| = \sqrt{0,2^2 + 0,2^2 - 2 \cdot 0,2 \cdot 0,2 \cdot \cos 40^\circ} \text{ m}$$

$$|\overline{BE}| = 0,137 \text{ m}$$

3 Nachkommastellen, da auf mm genau zu rechnen ist.

Berechnung von $|\overline{CD}|$ mit dem Strahlensatz:

$|\overline{EB}| \parallel |\overline{CD}|$

Alternativ könnte man $|\overline{CD}|$ auch mit dem Kosinussatz berechnen.

$$\frac{|\overline{CD}|}{|\overline{BE}|} = \frac{|\overline{AC}|}{|\overline{AB}|}$$

$$\frac{|\overline{CD}|}{0,137 \text{ m}} = \frac{1,2 \text{ m}}{0,2 \text{ m}} \qquad | \cdot 0,137 \text{ m}$$

$$|\overline{CD}| = \frac{1,2 \text{ m}}{0,2 \text{ m}} \cdot 0,137 \text{ m}$$

$$|\overline{CD}| = 0,822 \text{ m}$$

Berechnung des Flächeninhalts:

$$A_{Stufe} = A_{\Delta ACD} - A_{\Delta ABE}$$

$$A_{Stufe} = \frac{1}{2} \cdot |\overline{AC}| \cdot |\overline{DA}| \cdot \sin 40^\circ - \frac{1}{2} \cdot |\overline{AB}| \cdot |\overline{EA}| \cdot \sin 40^\circ$$

$$A_{Stufe} = \frac{1}{2} \cdot (1,2 \text{ m})^2 \cdot \sin 40^\circ - \frac{1}{2} \cdot (0,2 \text{ m})^2 \cdot \sin 40^\circ$$

Klammere die gemeinsamen Faktoren $\frac{1}{2}$ und $\sin 40^\circ$ aus.

$$A_{Stufe} = \frac{1}{2} \cdot \sin 40^\circ \cdot [(1,2 \text{ m})^2 - (0,2 \text{ m})^2]$$

$$A_{Stufe} = 0,45 \text{ m}^2$$

**223** Zeichnung:

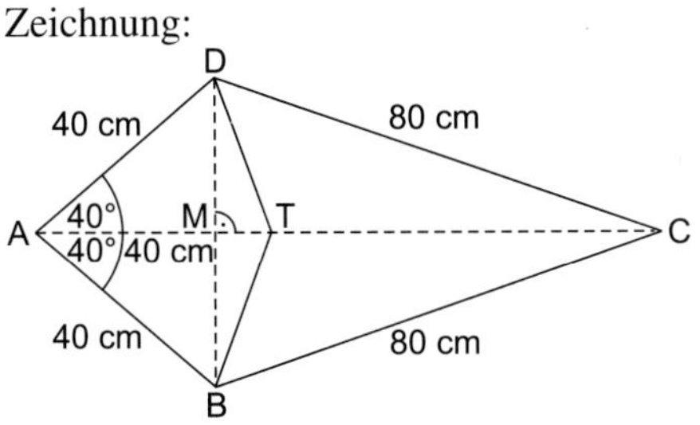


(Zeichnung im Maßstab 1 : 20)

Maßstab 1 : 20
Umrechnung für die Zeichnung:
40 cm ≙ 2 cm
80 cm ≙ 4 cm

Zeichnung:
- Zeichne ∢BAD = 80° und trage $\overline{AD}$ und $\overline{AB}$ mit 2 cm Länge ein.
- Zeichne die Winkelhalbierende [AC.
- Zeichne einen Kreis um D mit Radius 4 cm.
- Der Schnittpunkt des Kreises mit [AC ist C.

✎ Hinweise und Tipps

Berechnung von $|\overline{TD}| = |\overline{TB}|$ im Dreieck ATD mit dem Kosinussatz (SWS):

Die Dreiecke ABT und ATD sind kongruent (SWS).

$|\overline{TD}| = \sqrt{|\overline{AT}|^2 + |\overline{DA}|^2 - 2 \cdot |\overline{AT}| \cdot |\overline{DA}| \cdot \cos \sphericalangle CAD}$

$|\overline{TD}| = \sqrt{40^2 + 40^2 - 2 \cdot 40 \cdot 40 \cdot \cos 40°}$ cm

$|\overline{TD}| = 27{,}36 \text{ cm} = |\overline{TB}|$

Berechnung von $\sphericalangle DCB$:
Zunächst Berechnung von $|\overline{MD}|$ im rechtwinkligen Dreieck AMD:

$\sin \sphericalangle CAD = \dfrac{|\overline{MD}|}{|\overline{DA}|}$

$\sin 40° = \dfrac{|\overline{MD}|}{40 \text{ cm}} \quad | \cdot 40 \text{ cm}$

$|\overline{MD}| = 40 \text{ cm} \cdot \sin 40°$

$|\overline{MD}| = 25{,}71 \text{ cm}$

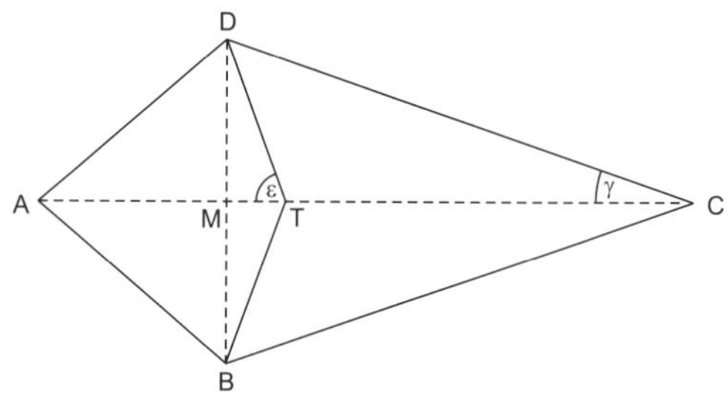


Berechnung von $\sphericalangle DCM = \gamma$ im rechtwinkligen Dreieck MCD:

$\sin \gamma = \dfrac{|\overline{DM}|}{|\overline{CD}|}$

$\sin \gamma = \dfrac{25{,}71 \text{ cm}}{80 \text{ cm}}$

$\gamma = 18{,}75°$

$\Rightarrow \quad \sphericalangle DCB = 2 \cdot \gamma = 37{,}5°$

Berechnung von $|\overline{AC}|$:
Zunächst Berechnung von $\sphericalangle ADC = \delta$:
$\delta = 180° - \sphericalangle CAD - \gamma = 180° - 40° - 18{,}75° = 121{,}25°$

Winkelsumme im Dreieck ACD

Berechnung von $|\overline{AC}|$ im Dreieck ACD mit dem Kosinussatz:

$|\overline{AC}| = \sqrt{|\overline{CD}|^2 + |\overline{DA}|^2 - 2 \cdot |\overline{CD}| \cdot |\overline{DA}| \cdot \cos \delta}$

$|\overline{AC}| = \sqrt{80^2 + 40^2 - 2 \cdot 80 \cdot 40 \cdot \cos 121{,}25}$ cm

$|\overline{AC}| = 106{,}40 \text{ cm}$

Berechnung von $\sphericalangle DTM = \varepsilon$ im Dreieck MTD (rechtwinklig):

$\sin \varepsilon = \dfrac{|\overline{DM}|}{|\overline{TD}|}$

$\sin \varepsilon = \dfrac{25{,}71 \text{ cm}}{27{,}36 \text{ cm}}$

$\varepsilon = 70{,}00°$

$\Rightarrow \quad \sphericalangle DTB = 2 \cdot \varepsilon = 140°$

**224** a)

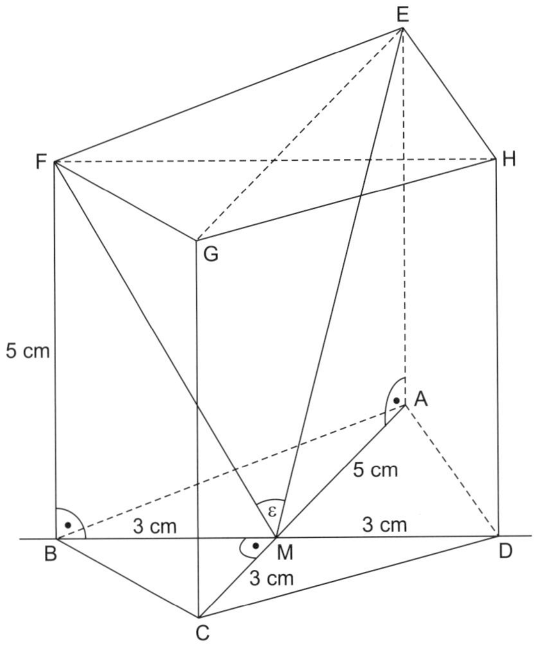


Hinweise und Tipps

Die Symmetrieachse des Drachenvierecks ist $\overline{AC}$, da $|\overline{AM}| \neq |\overline{MC}|$.
M ist also der Mittelpunkt von $\overline{BD}$, da eine Diagonale von der Symmetrieachse halbiert wird.

- $\overline{CM}$ wird verzerrt und verkürzt.
- $\overline{MA}$ wird verzerrt und verkürzt.

b) Berechnung des Volumens:

$V = A_G \cdot h = \frac{1}{2} \cdot |\overline{AC}| \cdot |\overline{BD}| \cdot |\overline{AE}| = \frac{1}{2} \cdot 6\text{ cm} \cdot 8\text{ cm} \cdot 5\text{ cm}$
$= 120\text{ cm}^3$

Die Grundfläche ist das Drachenviereck ABCD mit $A_{ABCD} = \frac{1}{2} \cdot |\overline{AC}| \cdot |\overline{BD}|$.

Berechnung der Mantelfläche:
Zunächst Berechnung von $|\overline{AB}|$:
$|\overline{AB}| = \sqrt{|\overline{BM}|^2 + |\overline{MA}|^2} = \sqrt{3^2 + 5^2}\text{ cm} = \sqrt{34}\text{ cm}$

Satz des Pythagoras im rechtwinkligen Dreieck BMA

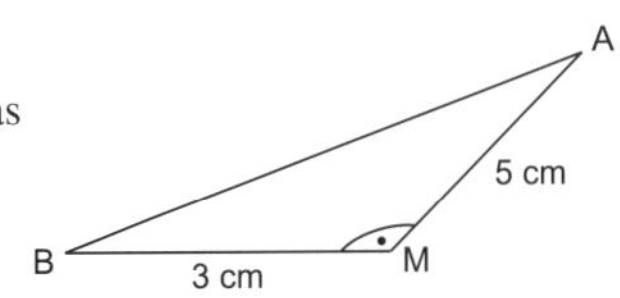


Berechnung von $|\overline{BC}|$:
$|\overline{BC}| = \sqrt{|\overline{CM}|^2 + |\overline{MB}|^2} = \sqrt{3^2 + 3^2}\text{ cm} = \sqrt{18}\text{ cm}$

Satz des Pythagoras im rechtwinkligen Dreieck BCM

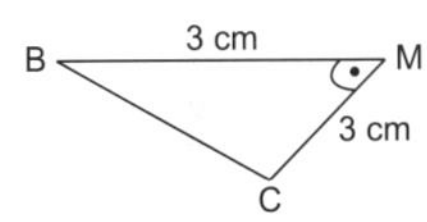


Berechnung der Mantelfläche:
$M = 2 \cdot A_{BCGF} + 2 \cdot A_{BAEF}$
$M = 2 \cdot |\overline{BC}| \cdot h + 2 \cdot |\overline{BA}| \cdot h$
$M = 2 \cdot \sqrt{18}\text{ cm} \cdot 5\text{ cm} + 2 \cdot \sqrt{34}\text{ cm} \cdot 5\text{ cm}$
$M = 2 \cdot 5 \cdot (\sqrt{18} + \sqrt{34})\text{ cm}^2$
$M = 100{,}74\text{ cm}^2$

$A_{BCGF} = A_{CDHG}$; $A_{BAEF} = A_{ADHE}$
da $|\overline{BC}| = |\overline{CD}|$ und $|\overline{BA}| = |\overline{AD}|$

c) Zunächst Berechnung von $|\overline{ME}|$:
$|\overline{ME}| = \sqrt{|\overline{MA}|^2 + |\overline{AE}|^2} = \sqrt{5^2 + 5^2}\text{ cm} = \sqrt{50}\text{ cm}$

Satz des Pythagoras im rechtwinkligen Dreieck MAE

Zunächst Berechnung von $|\overline{MF}|$:
$|\overline{MF}| = \sqrt{|\overline{BM}|^2 + |\overline{FB}|^2} = \sqrt{3^2 + 5^2}\text{ cm} = \sqrt{34}\text{ cm}$

Satz des Pythagoras im rechtwinkligen Dreieck BMF

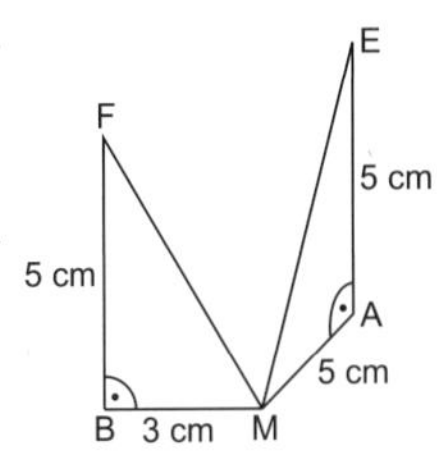


Berechnung von ε mit dem Kosinussatz im Dreieck FME:

$$\cos\varepsilon = \frac{|\overline{FM}|^2 + |\overline{ME}|^2 - |\overline{EF}|^2}{2 \cdot |\overline{FM}| \cdot |\overline{ME}|}$$

$$\cos\varepsilon = \frac{\sqrt{34}^2 + \sqrt{50}^2 - \sqrt{34}^2}{2 \cdot \sqrt{34} \cdot \sqrt{50}}$$

$\varepsilon = 52{,}67°$

$\overline{EF}$ liegt gegenüber von ε.
Es gilt: $|\overline{EF}| = |\overline{AB}| = \sqrt{34}\text{ cm}$

**225** Axialschnitt:

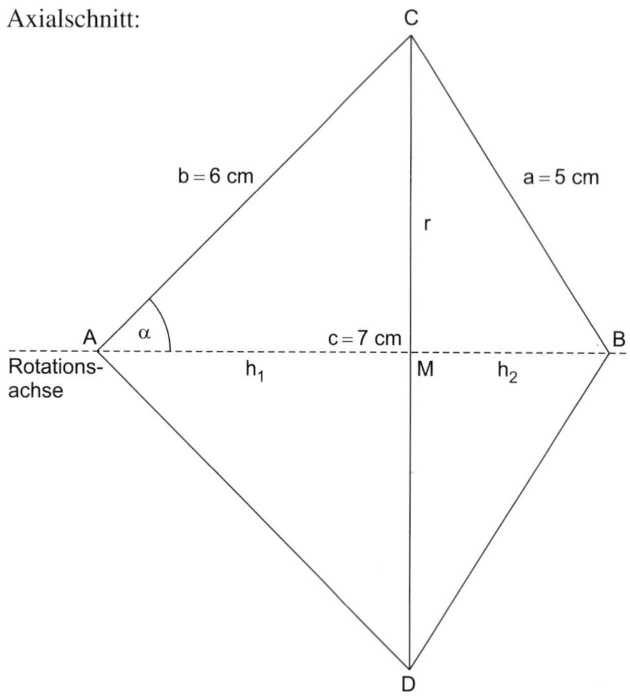


Hinweise und Tipps

Axialschnitt CAD:
Kegel $K_1$ mit $r = |\overline{MC}|$ und Höhe $h_1 = |\overline{AM}|$

Axialschnitt CDB:
Kegel $K_2$ mit $r = |\overline{MC}|$ und Höhe $h_2 = |\overline{MB}|$

Zunächst Berechnung von $\sphericalangle BAC = \alpha$ im Dreieck ABC mit dem Kosinussatz:

$$\cos\alpha = \frac{|\overline{CA}|^2 + |\overline{AB}|^2 - |\overline{BC}|^2}{2 \cdot |\overline{CA}| \cdot |\overline{AB}|}$$

$$\cos\alpha = \frac{6^2 + 7^2 - 5^2}{2 \cdot 6 \cdot 7}$$

$$\alpha = 44{,}42°$$

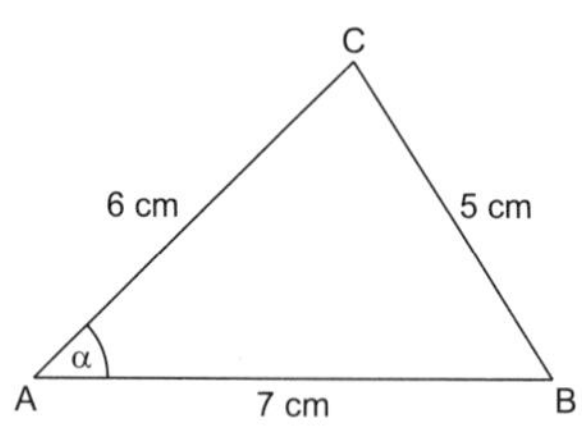


Berechnung von r im rechtwinkligen Dreieck AMC:

$$\sin\alpha = \frac{r}{|\overline{CA}|}$$

$$\sin 44{,}42° = \frac{r}{6\text{ cm}} \qquad |\cdot 6\text{ cm}$$

$$r = 6\text{ cm} \cdot \sin 44{,}42°$$

$$r = 4{,}20\text{ cm}$$

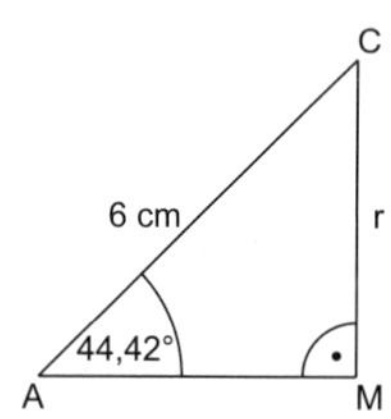


Berechnung des Volumens des Doppelkegels:

$$V_{\text{Doppelkegel}} = V_{K_1} + V_{K_2}$$

$$V_{\text{Doppelkegel}} = \frac{1}{3} \cdot r^2 \cdot \pi \cdot h_1 + \frac{1}{3} \cdot r^2 \cdot \pi \cdot h_2$$

Klammere $\frac{1}{3} \cdot r^2 \cdot \pi$ aus.

$$V_{\text{Doppelkegel}} = \frac{1}{3} \cdot r^2 \cdot \pi \cdot (h_1 + h_2)$$

$h_1 + h_2 = c = 7$ cm

$$V_{\text{Doppelkegel}} = \frac{1}{3} \cdot (4{,}20\text{ cm})^2 \cdot \pi \cdot 7\text{ cm}$$

$$V_{\text{Doppelkegel}} = 129{,}31\text{ cm}^3$$

Berechnung der Oberfläche des Doppelkegels:

Die Oberfläche des Doppelkegels besteht aus den zwei Mantelflächen der Kegel $K_1$ und $K_2$.
$m_1 = |\overline{CA}| = 6$ cm; $m_2 = |\overline{BC}| = 5$ cm

$$O = M_1 + M_2$$

$$O = r \cdot \pi \cdot m_1 + r \cdot \pi \cdot m_2$$

$$O = 4{,}20\text{ cm} \cdot \pi \cdot 6\text{ cm} + 4{,}20\text{ cm} \cdot \pi \cdot 5\text{ cm}$$

$$O = 145{,}14\text{ cm}^2$$

Hinweise und Tipps

**226** a) Zeichnung:

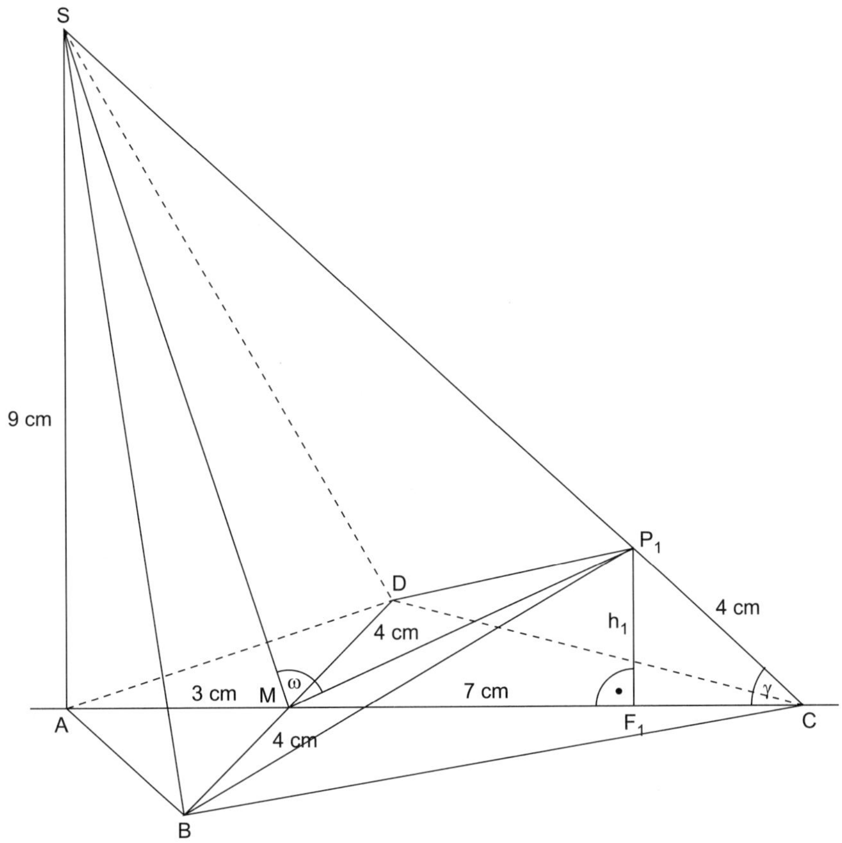


Berechnung von $|\overline{CS}|$ im rechtwinkligen Dreieck ACS:

$|\overline{CS}| = \sqrt{|\overline{AC}|^2 + |\overline{SA}|^2} = \sqrt{10^2 + 9^2}\ \text{cm} = 13{,}45\ \text{cm}$

Satz des Pythagoras

Berechnung von γ im rechtwinkligen Dreieck ACS:

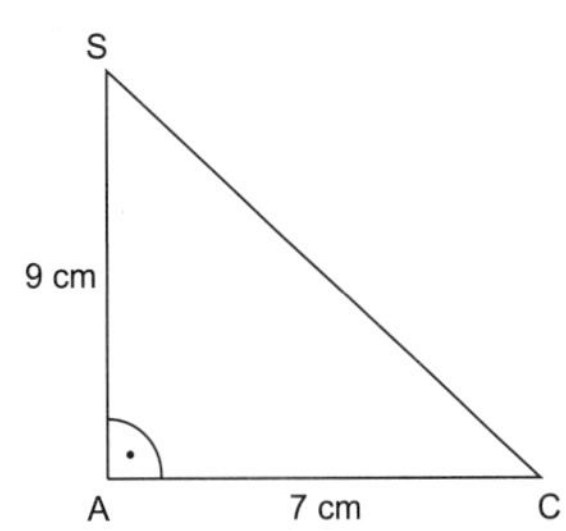


$\tan\gamma = \dfrac{|\overline{SA}|}{|\overline{AC}|}$

$\tan\gamma = \dfrac{9\ \text{cm}}{10\ \text{cm}}$

$\tan\gamma = 0{,}9$

$\gamma = 41{,}99°$

b) Einzeichnen der Pyramide $BCDP_1$

Berechnung der Höhe $h_1 = |\overline{P_1F_1}|$ mit dem 2. Strahlensatz:

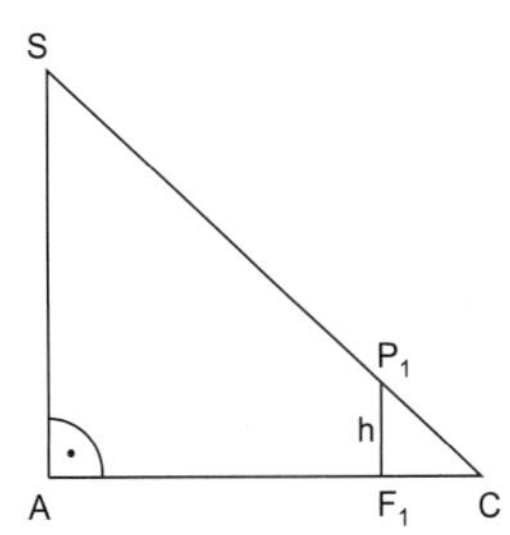


$\dfrac{h_1}{|\overline{SA}|} = \dfrac{|\overline{CP_1}|}{|\overline{CS}|}$

$\dfrac{h_1}{9\ \text{cm}} = \dfrac{4\ \text{cm}}{13{,}45\ \text{cm}} \quad |\cdot 9\ \text{cm}$

$h_1 = \dfrac{36}{13{,}45}\ \text{cm}$

$h_1 = 2{,}68\ \text{cm}$

Hinweise und Tipps

Berechnung von $|\overline{P_1M}|$ mit dem Kosinussatz im Dreieck $MCP_1$:

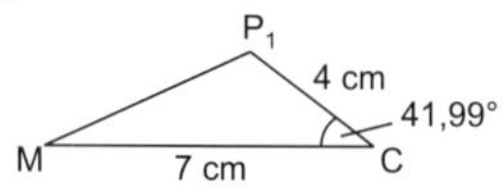


$$|\overline{P_1M}| = \sqrt{|\overline{MC}|^2 + |\overline{CP_1}|^2 - 2 \cdot |\overline{MC}| \cdot |\overline{CP_1}| \cdot \cos\gamma}$$

$$|\overline{P_1M}| = \sqrt{7^2 + 4^2 - 2 \cdot 7 \cdot 4 \cdot \cos 41{,}99^\circ}\ \text{cm}$$

$$|\overline{P_1M}| = 4{,}84\ \text{cm}$$

Berechnung des Winkelmaßes ω von Winkel $P_1MS$:
Zunächst Berechnung von $\sphericalangle SMA$ im rechtwinkligen Dreieck AMS:

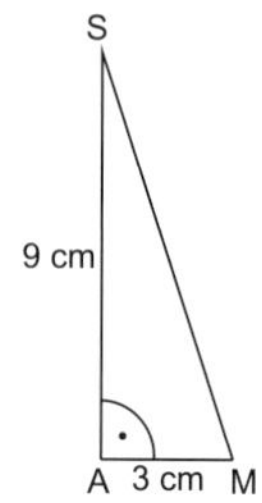


$$\tan\sphericalangle SMA = \frac{|\overline{SA}|}{|\overline{AM}|}$$

$$\tan\sphericalangle SMA = \frac{9\ \text{cm}}{3\ \text{cm}}$$

$$\tan\sphericalangle SMA = 3$$

$$\sphericalangle SMA = 71{,}57^\circ$$

Berechnung von $\sphericalangle CMP_1$ im Dreieck $MCP_1$ mit dem Sinussatz:

$$\frac{\sin\sphericalangle CMP_1}{|\overline{CP_1}|} = \frac{\sin\gamma}{|\overline{P_1M}|}$$

$$\frac{\sin\sphericalangle CMP_1}{4\ \text{cm}} = \frac{\sin 41{,}99^\circ}{4{,}84\ \text{cm}} \quad |\cdot 4\ \text{cm}$$

$$\sin\sphericalangle CMP_1 = \frac{\sin 41{,}99^\circ}{4{,}84\ \text{cm}} \cdot 4\ \text{cm}$$

$$\sin\sphericalangle CMP_1 = 0{,}5528\ldots$$

$$\sphericalangle CMP_1 = 33{,}57^\circ \quad (\vee\ \sphericalangle CMP_1 = 180^\circ - 33{,}57^\circ = 146{,}43^\circ)$$

$\sphericalangle CMP_1 = 146{,}43^\circ$ ist keine Lösung, da sonst die Winkelsumme im Dreieck $MCP_1$ größer als 180° wäre.

Berechnung des Winkelmaßes ω:

$$\omega = 180^\circ - \sphericalangle CMP_1 - \sphericalangle SMA = 180^\circ - 33{,}57^\circ - 71{,}57^\circ = 74{,}86^\circ$$

Die Winkel $P_1MS$, SMA und $CMP_1$ ergeben zusammen einen gestreckten Winkel.

oder:

Zunächst Berechnung von $|\overline{MS}|$ im Dreieck AMS:

$$|\overline{MS}| = \sqrt{|\overline{AM}|^2 + |\overline{SA}|^2} = \sqrt{3^2 + 9^2}\ \text{cm} = 9{,}49\ \text{cm}$$

Satz des Pythagoras

Berechnung von $|\overline{P_1S}|$:

$$|\overline{P_1S}| = |\overline{CS}| - |\overline{CP_1}| = 13{,}45\ \text{cm} - 4\ \text{cm} = 9{,}45\ \text{cm}$$

Berechnung des Winkelmaßes ω im Dreieck $MP_1S$ mit dem Kosinussatz:

$$\cos\omega = \frac{|\overline{MP_1}|^2 + |\overline{SM}|^2 - |\overline{P_1S}|^2}{2 \cdot |\overline{MP_1}| \cdot |\overline{SM}|}$$

$$\cos\omega = \frac{4{,}84^2 + 9{,}49^2 - 9{,}45^2}{2 \cdot 4{,}84 \cdot 9{,}49}$$

$$\omega = 74{,}74^\circ$$

Tippt man den gesamten Term in den TR ein, so setzt man am besten jeweils eine Klammer um den Zähler und um den Nenner.

Die Abweichung zur anderen Lösungsvariante ist rundungsbedingt.

c) Berechnung der Pyramidenhöhe h in Abhängigkeit von x:

2. Strahlensatz

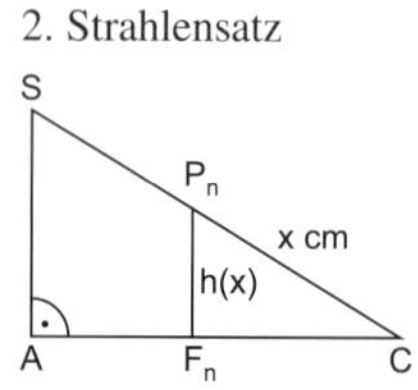


$$\frac{h(x)}{|\overline{SA}|} = \frac{|\overline{CP_n}|}{|\overline{CS}|}$$

$$\frac{h(x)}{9\ \text{cm}} = \frac{x\ \text{cm}}{13{,}45\ \text{cm}} \quad |\cdot 9\ \text{cm}$$

$$h(x) = \frac{9\ \text{cm}}{13{,}45\ \text{cm}} \cdot x\ \text{cm}$$

$$h(x) = 0{,}67 \cdot x\ \text{cm}$$

Hinweise und Tipps

Berechnung des Pyramidenvolumens in Abhängigkeit von x:

$V = \frac{1}{3} \cdot A_G \cdot h$

$V(x) = \underbrace{\frac{1}{3} \cdot \frac{1}{2} \cdot |\overline{DB}| \cdot |\overline{MC}|}_{\text{Grundfläche}} \cdot h(x)$

$V(x) = \frac{1}{3} \cdot \frac{1}{2} \cdot 8\text{ cm} \cdot 7\text{ cm} \cdot 0{,}67 \cdot x\text{ cm}$

$V(x) = 6{,}25 \cdot x\text{ cm}^3$

Überlege, was in der Formel von x abhängig ist. Hier ist nur die Höhe von x abhängig. Die Grundfläche ist die Fläche des Dreiecks BCD und damit unabhängig von x.

d) Berechnung von x, sodass $V(x) = 20\text{ cm}^3$:

$\left| \begin{array}{ll} & V(x) = 6{,}25 \cdot x\text{ cm}^3 \\ \wedge & V = 20\text{ cm}^3 \end{array} \right.$

$\Rightarrow \quad 6{,}25x = 20 \qquad (I = II) \quad |:6{,}25$

$\Leftrightarrow \quad x = 3{,}2$

$L = \{3{,}2\}$

e) Berechnung von $V_{BCDP_1}$ für $x = 4$:

So wurde $P_1$ festgelegt in Teilaufgabe b.

$V_{BCDP_1} = V(4) = 6{,}25 \cdot 4\text{ cm}^3 = 25\text{ cm}^3$

Einsetzen von $x = 4$ in $V(x) = 6{,}25 \cdot x\text{ cm}^3$

Berechnung von $V_{BCDP_3}$ mit dem Dreisatz:

Das Volumen $V_{BCDP_3}$ beträgt 80 % von $V_{BCDP_1}$

$100\ \% \mathrel{\hat{=}} 25\text{ cm}^3$

$1\ \% \mathrel{\hat{=}} 0{,}25\text{ cm}^3$

$80\ \% \mathrel{\hat{=}} 0{,}25\text{ cm}^3 \cdot 80 = 20\text{ cm}^3$

Das Volumen von $BCDP_3$ beträgt also $20\text{ cm}^3$.

Berechnung von h(x), sodass $V_{BCDP_3} = 20\text{ cm}^3$:
Mit Teilaufgabe d folgt:

$V(x) = 20\text{ cm}^3 \quad \Leftrightarrow \quad x = 3{,}2$

$\Rightarrow \quad h(3{,}2) = 0{,}67 \cdot 3{,}2\text{ cm} = 2{,}14\text{ cm}$

$x = 3{,}2$ in $h(x) = 0{,}67 \cdot x$ cm eingesetzt.

f) Zunächst Berechnung des minimalen Flächeninhaltes:
Berechnung von $|\overline{P_0M}|$ im rechtwinkligen Dreieck $MCP_0$:

Die Fläche des Dreiecks $DBP_n$ ist am kleinsten, wenn die Höhe $|\overline{MP_n}|$ des Dreiecks am kürzesten ist. Das Lot von M auf $\overline{CS}$ ergibt $P_0$.

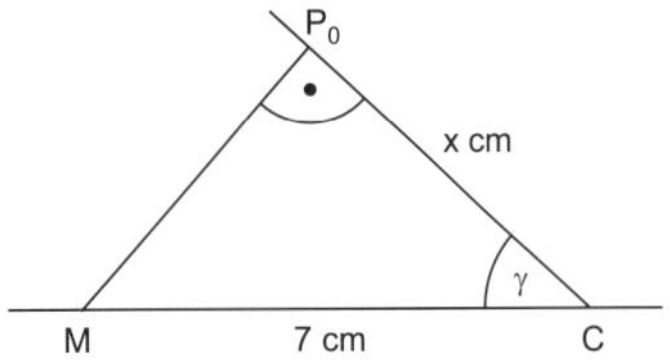


$\sin\gamma = \frac{|\overline{P_0M}|}{\overline{MC}}$

$\sin 41{,}99° = \frac{|\overline{P_0M}|}{7\text{ cm}} \qquad |\cdot 7\text{ cm}$

$|\overline{P_0M}| = 7\text{ cm} \cdot \sin 41{,}99°$

$|\overline{P_0M}| = 4{,}68\text{ cm}$

Die kürzeste Höhe ist $|\overline{P_0M}| = 4{,}68$ cm.

Berechnung des kleinsten Flächeninhalts $A_{min}$:

$A_{min} = \frac{1}{2} \cdot |\overline{BD}| \cdot |\overline{MP_0}| = \frac{1}{2} \cdot 8\text{ cm} \cdot 4{,}68\text{ cm} = 18{,}72\text{ cm}^2$

Extremwertberechnung:

Betrachte wieder das rechtwinklige Dreieck $MCP_0$.

$\cos\gamma = \frac{x\text{ cm}}{|\overline{MC}|}$

$\cos 41{,}99° = \frac{x\text{ cm}}{7\text{ cm}} \qquad |\cdot 7\text{ cm}$

$x\text{ cm} = 7\text{ cm} \cdot \cos 41{,}99°$

$x\text{ cm} = 5{,}20\text{ cm}$

Hinweise und Tipps

**227** a)

$$\cos\varphi = -0{,}5 \qquad G=[0°;\ 180°]$$
$$\Leftrightarrow \quad \varphi = 120°$$
$$L=\{120°\}$$

Die Kosinusfunktion besitzt im II. und III. Quadranten negative Funktionswerte.
Für G = [0°; 180°] existiert nur die Lösung im II. Quadranten: φ = 120°

b)

$$3\cdot(2\sin\varphi - 1{,}5) = -4\sin\varphi + 5{,}5 \qquad G=[0°;180°]$$

Löse die Klammer auf.

$$\Leftrightarrow \quad 6\sin\varphi - 4{,}5 = -4\sin\varphi + 5{,}5 \quad |+4\sin\varphi + 4{,}5$$

Fasse gleichartige Summanden zusammen.

$$\Leftrightarrow \quad 10\sin\varphi = 10 \quad |:10$$
$$\Leftrightarrow \quad \sin\varphi = 1$$
$$\Leftrightarrow \quad \varphi = 90°$$
$$L=\{90°\}$$

c)

$$5\cos^2\varphi + 2 = 6 - 3\sin^2\varphi \quad |-2 \qquad G=[0°;\ 180°]$$

$\cos^2\varphi = 1-\sin^2\varphi$

$$\Leftrightarrow \quad 5(1-\sin^2\varphi) = 4 - 3\sin^2\varphi$$

Löse die Klammer auf.

$$\Leftrightarrow \quad 5 - 5\sin^2\varphi = 4 - 3\sin^2\varphi \quad |+5\sin^2\varphi - 4$$

Fasse zusammen.

$$\Leftrightarrow \quad 2\sin^2\varphi = 1 \quad \left|\cdot\frac{1}{2}\right.$$
$$\Leftrightarrow \quad \sin^2\varphi = \frac{1}{2} \quad |\sqrt{\phantom{x}}$$
$$\Leftrightarrow \quad |\sin\varphi| = \sqrt{\frac{1}{2}}$$
$$\Leftrightarrow \quad \sin\varphi = \frac{1}{2}\sqrt{2} \quad \vee \quad \sin\varphi = -\frac{1}{2}\sqrt{2}$$

$\sqrt{\frac{1}{2}} = \sqrt{\frac{1}{4}\cdot 2} = \sqrt{\frac{1}{4}}\cdot\sqrt{2} = \frac{1}{2}\sqrt{2}$

$$\Leftrightarrow \quad \varphi_1 = 45° \ \vee\ \varphi_2 = 135° \quad (\vee \quad \varphi_3 = 225° \notin G \ \vee\ \varphi_4 = 315° \notin G)$$
$$L=\{45°;\ 135°\}$$

d)

$$-8\cdot|\cos\varphi| = -6 \quad \left|\cdot\left(-\frac{1}{8}\right)\right. \qquad G=[0°;\ 180°]$$
$$\Leftrightarrow \quad |\cos\varphi| = \frac{3}{4}$$
$$\Leftrightarrow \quad \cos\varphi = \frac{3}{4} \quad \vee \quad \cos\varphi = -\frac{3}{4}$$
$$\Leftrightarrow \quad \varphi_1 = 41{,}41° \ \vee\ \varphi_2 = 360° - \varphi_1 \ \vee\ \varphi_3 = 138{,}59° \ \vee\ \varphi_4 = 360° - \varphi_3$$
$$\Leftrightarrow \quad \varphi_1 = 41{,}41° \ \vee\ \varphi_2 = 360° - 41{,}41° \ \vee\ \varphi_3 = 138{,}59° \ \vee\ \varphi_4 = 360° - 138{,}59°$$
$$\Leftrightarrow \quad \varphi_1 = 41{,}41° \ (\vee\ \varphi_2 = 318{,}59° \notin G) \ \vee\ \varphi_3 = 138{,}59° \ (\vee\ \varphi_4 = 221{,}41° \notin G)$$
$$L=\{41{,}41°;\ 138{,}59°\}$$

Beachte: $\cos 138{,}59° = -0{,}75$
aber: $|\cos 138{,}59°| = 0{,}75$

e)

$$6(1+\sin\varphi) = 12\cdot 2(1-\sin\varphi) \quad |:6 \qquad G=[0°;\ 180°]$$
$$\Leftrightarrow \quad 1+\sin\varphi = 4\cdot(1-\sin\varphi)$$

Löse die Klammer auf.

$$\Leftrightarrow \quad 1+\sin\varphi = 4 - 4\sin\varphi \quad |+4\sin\varphi - 1$$

Fasse die gleichartigen Summanden sin φ und 4sin φ zusammen.

$$\Leftrightarrow \quad 5\sin\varphi = 3 \quad \left|\cdot\frac{1}{5}\right.$$
$$\Leftrightarrow \quad \sin\varphi = \frac{3}{5}$$
$$\Leftrightarrow \quad \varphi_1 = 36{,}87° \ \vee\ \varphi_2 = 180° - \varphi_1$$

Supplementbeziehung: $\sin(180° - \varphi) = \sin\varphi$

$$\Leftrightarrow \quad \varphi_1 = 36{,}87° \ \vee\ \varphi_2 = 180° - 36{,}87°$$
$$\Leftrightarrow \quad \varphi_1 = 36{,}87° \ \vee\ \varphi_2 = 143{,}13°$$
$$L=\{36{,}87°;\ 143{,}13°\}$$

Hinweise und Tipps

f) $-2{,}5\cdot\sin\varphi-5=3\cdot\sin\varphi \quad |+2{,}5\cdot\sin\varphi \qquad G=[0°;\,180°]$

Fasse die gleichartigen Summanden 2,5 · sin φ und 3 · sin φ zusammen.

$\Leftrightarrow \quad 5{,}5\cdot\sin\varphi=-5 \quad \left|\cdot\frac{1}{5{,}5}\right.$

$\Leftrightarrow \quad \sin\varphi=-\frac{10}{11} \quad (\varphi^*=65{,}38°)$

Der Taschenrechner zeigt ein negatives Winkelmaß an.

$\Leftrightarrow \quad \varphi_1=180°+\varphi^* \quad \vee \quad \varphi_2=360°-\varphi^*$

Bestimmung der zugehörigen positiven Winkelmaße

$\Leftrightarrow \quad \varphi_1=180°+65{,}38° \quad \vee \quad \varphi_2=360°-65{,}38°$

$\Leftrightarrow \quad (\varphi_1=245{,}38°\notin \mathbb{G}) \quad \vee \quad (\varphi_2=294{,}62°\notin \mathbb{G})$

$L=\emptyset$

g) $4\sin\varphi=3\sin\varphi+2\cos\varphi \quad |-3\sin\varphi \qquad G=[0°;\,180°]$

$\Leftrightarrow \quad \sin\varphi=2\cos\varphi$

Hier ist eine Fallunterscheidung notwendig.

1. Fall:

$\cos\varphi=0 \quad \Rightarrow \quad \varphi=90°$

Probe:

$\sin 90°=2\cos 90°$

$\Leftrightarrow \quad 1=0 \qquad (f)$

2. Fall:

$\cos\varphi\neq 0$

$\Rightarrow \quad \frac{\sin\varphi}{\cos\varphi}=2$

Es gilt: $\frac{\sin\varphi}{\cos\varphi}=\tan\varphi$

$\Leftrightarrow \quad \tan\varphi=2$

$\Leftrightarrow \quad \varphi_1=63{,}43° \quad \vee \quad \varphi_2=180°+\varphi_1$

Beachte: $\tan\varphi=\tan(180°+\varphi)$

$\Leftrightarrow \quad \varphi_1=63{,}43° \quad \vee \quad \varphi_2=180°+63{,}43°$

$\Leftrightarrow \quad \varphi_1=63{,}43° \quad (\vee \quad \varphi_2=243{,}43°\notin G)$

$L=\{63{,}43°\}$

h) $\cos^2\varphi=8\sin^2\varphi \qquad G=[0°;\,180°]$

Benutze: $\sin^2\varphi+\cos^2\varphi=1 \quad \Leftrightarrow \quad \cos^2\varphi=1-\sin^2\varphi$

$\Leftrightarrow \quad 1-\sin^2\varphi=8\sin^2\varphi \quad |+\sin^2\varphi$

$\Leftrightarrow \quad 1=9\sin^2\varphi \quad \left|\cdot\frac{1}{9}\right.$

$\Leftrightarrow \quad \sin^2\varphi=\frac{1}{9} \quad |\sqrt{\ }$

$\Leftrightarrow \quad |\sin\varphi|=\frac{1}{3}$

$\Leftrightarrow \quad \sin\varphi_{1/2}=\frac{1}{3} \quad \vee \quad \sin\varphi_{3/4}=-\frac{1}{3} \quad (\varphi^*=19{,}47°)$

$\Leftrightarrow \quad \varphi_1=19{,}47° \quad \vee \quad \varphi_2=180°-\varphi_1 \quad \vee \quad \varphi_3=180°+\varphi^* \quad \vee \quad \varphi_4=360°-\varphi^*$

$\Leftrightarrow \quad \varphi_1=19{,}47° \quad \vee \quad \varphi_2=180°-19{,}47° \quad \vee \quad \varphi_3=180°+19{,}47 \quad \vee \quad \varphi_4=360°-19{,}47$

$\Leftrightarrow \quad \varphi_1=19{,}47° \quad \vee \quad \varphi_2=160{,}53° \quad (\vee \quad \varphi_3=199{,}47°\notin G \quad \vee \quad \varphi_4=340{,}53°\notin G)$

$L=\{19{,}47°;\,160{,}53°\}$

i) $4\sin\varphi-2=6\cos\varphi \qquad G=[0°;\,180°]$

$\Leftrightarrow \quad 4\sqrt{1-\cos^2\varphi}-2=6\cos\varphi \quad |:4$

Wegen $\varphi\in G=[0°;\,180°]$ gilt $\sin\varphi\geq 0$, also: $\sin\varphi=\sqrt{1-\cos^2\varphi}$

$\Leftrightarrow \quad \sqrt{1-\cos^2\varphi}-0{,}5=1{,}5\cos\varphi \quad |+0{,}5$

$\Leftrightarrow \quad \sqrt{1-\cos^2\varphi}=1{,}5\cos\varphi+0{,}5 \quad |^2$

$\Rightarrow \quad 1-\cos^2\varphi=(1{,}5\cos\varphi+0{,}5)^2$

Quadriere die Wurzelgleichung. Somit ist bei den Lösungselementen die Probe zu machen.

Hinweise und Tipps

$\Leftrightarrow \quad 1-\cos^2\varphi = 2{,}25\cos^2\varphi + 1{,}5\cos\varphi + 0{,}25$ — Anwendung der 1. binomischen Formel

$\Leftrightarrow 3{,}25\cos^2\varphi + 1{,}5\cos\varphi - 0{,}75 = 0$ — Nach null auflösen und Lösungsformel für quadratische Gleichungen anwenden

$\Leftrightarrow \quad \cos\varphi_{1/2} = \dfrac{-1{,}5 \pm \sqrt{1{,}5^2 - 4\cdot 3{,}25\cdot(-0{,}75)}}{2\cdot 3{,}25}$

$\Leftrightarrow \quad \varphi_1 = 72{,}41° \;\vee\; \varphi_2 = 139{,}79°$ — Wegen $\varphi \in G = [0°;\ 180°]$ sind $360 - \varphi_1$ und $360 - \varphi_2$ keine Lösungen.

Probe:
Einsetzen in $4\sin\varphi - 2 = 6\cos\varphi$:
$\varphi_1 = 72{,}41°$: $1{,}81 = 1{,}81$ (w)
$\varphi_2 = 139{,}79°$: $0{,}58 = -4{,}58$ (f)
$L = \{72{,}41°\}$

j) $1{,}5\cos\varphi = 3 - 3\sin\varphi \qquad G = [0°;\ 180°]$ — Wegen $\varphi \in G = [0°;\ 180°]$ gilt $\sin\varphi \geq 0$, also: $\sin\varphi = \sqrt{1-\cos^2\varphi}$

$\Leftrightarrow \quad 1{,}5\cos\varphi = 3 - 3\sqrt{1-\cos^2\varphi}$

$\Leftrightarrow \quad 1{,}5\cos\varphi - 3 = -3\sqrt{1-\cos^2\varphi} \qquad |:(-3)$

$\Leftrightarrow \quad -0{,}5\cos\varphi + 1 = \sqrt{1-\cos^2\varphi} \qquad |^2$

$\Rightarrow \quad (1-0{,}5\cos\varphi)^2 = 1-\cos^2\varphi$ — Quadriere die Wurzelgleichung. Somit ist bei den Lösungselementen die Probe zu machen.

$\Leftrightarrow 1 - \cos\varphi + 0{,}25\cos^2\varphi = 1 - \cos^2\varphi \qquad |+\cos^2\varphi - 1$

$\Leftrightarrow \quad 1{,}25\cos^2\varphi - \cos\varphi = 0$ — Klammere $\cos\varphi$ aus.

$\Leftrightarrow \quad \cos\varphi(1{,}25\cos\varphi - 1) = 0$

$\Leftrightarrow \quad \cos\varphi_1 = 0 \;\vee\; 1{,}25\cos\varphi_2 - 1 = 0$

$\Leftrightarrow \quad \cos\varphi_1 = 0 \;\vee\; \cos\varphi_2 = 0{,}8$

$\Leftrightarrow \quad \varphi_1 = 90° \;\vee\; \varphi_2 = 36{,}87°$ — Wegen $\varphi \in G = [0°;\ 180°]$ sind $360 - \varphi_1$ und $360 - \varphi_2$ keine Lösungen.

Probe:
Einsetzen in $1{,}5\cos\varphi = 3 - 3\sin\varphi$:
$\varphi_1 = 90°$: $0 = 0$ (w)
$\varphi_2 = 36{,}87°$: $1{,}20 = 1{,}20$ (w)
$L = \{36{,}87°;\ 90°\}$

---

**228** a) $\sin^2\alpha = \dfrac{1}{4} \qquad |\sqrt{\ } \qquad G = [0°;\ 360°]$ — Reinquadratische Gleichung (Keine Anwendung der Lösungsformel!)

$\Leftrightarrow \quad |\sin\alpha| = \sqrt{\dfrac{1}{4}}$ — Radizieren

$\Leftrightarrow \quad \sin\alpha_{1/2} = \dfrac{1}{2} \;\vee\; \sin\alpha_{3/4} = -\dfrac{1}{2}$

$\Leftrightarrow \quad \alpha_1 = 30° \;\vee\; \alpha_2 = 150° \;\vee\; \alpha_3 = 210° \;\vee\; \alpha_4 = 330°$ — Beachte: $\sin\alpha = \sin(180° - \alpha)$ und $-\sin\alpha = \sin(180° + \alpha) = \sin(360° - \alpha)$

$L = \{30°;\ 150°;\ 210°;\ 330°\}$

b) $\cos^2\alpha - \dfrac{1}{4} = 0 \qquad \left|+\dfrac{1}{4}\right. \qquad G = [0°;\ 360°]$ — Reinquadratische Gleichung (Keine Anwendung der Lösungsformel!)

$\Leftrightarrow \quad \cos^2\alpha = \dfrac{1}{4} \qquad |\sqrt{\ }$ — Radiziere.

$\Leftrightarrow \quad |\cos\alpha| = \sqrt{\dfrac{1}{4}}$

$\Leftrightarrow \quad \cos\alpha_{1/2} = \dfrac{1}{2} \;\vee\; \cos\alpha_{3/4} = -\dfrac{1}{2}$ — Beachte: $\cos\alpha = \cos(360° - \alpha)$ und $-\cos\alpha = \sin(180° - \alpha) = \cos(180° + \alpha)$

$\Leftrightarrow \quad \alpha_1 = 60° \;\vee\; \alpha_2 = 300° \;\vee\; \alpha_3 = 120° \;\vee\; \alpha_4 = 240°$

$L = \{60°;\ 120°;\ 240°;\ 300°\}$

Hinweise und Tipps

c) $\tan^2\alpha - 3 = 0 \quad |+3 \qquad G = [0°; 360°]$

$\Leftrightarrow \tan^2\alpha = 3 \quad |\sqrt{\ }$

$\Leftrightarrow |\tan\alpha| = \sqrt{3}$

$\Leftrightarrow \tan\alpha = \sqrt{3} \quad \vee \quad \tan\alpha = -\sqrt{3}$

$\Leftrightarrow \alpha = 60° \vee \alpha = 240° \vee \alpha = 120° \vee \alpha = 300°$

$L = \{60°; 120°; 240°; 300°\}$

Beachte: $\tan\alpha = \tan(180° + \alpha)$ und $-\tan\alpha = \tan(180° - \alpha) = \tan(360° - \alpha)$
Beachte: Aus der Grundmenge G müssen die beiden Elemente $\alpha = 90°$ und $\alpha = 270°$ entfernt werden, da $\tan 90°$ und $\tan 270°$ nicht definiert sind, somit gilt: $D = G \setminus \{90°; 270°\}$

d) $\cos^2\varphi - 1 = 2\sin\varphi \qquad G = [0°; 360°]$

$\Leftrightarrow 1 - \sin^2\varphi - 1 = 2\sin\varphi$

$\Leftrightarrow -\sin^2\varphi = 2\sin\varphi \quad |+\sin^2\varphi$

$\Leftrightarrow \sin^2\varphi + 2\sin\varphi = 0$

$\Leftrightarrow \sin\varphi(\sin\varphi + 2) = 0$

$\Leftrightarrow \sin\varphi_{1/2} = 0 \quad \vee \quad \sin\varphi_{3/4} + 2 = 0$

$\Leftrightarrow \sin\varphi_{1/2} = 0 \quad (\vee \quad \sin\varphi_{3/4} = -2)$

$\Leftrightarrow \varphi_1 = 0° \vee \varphi_2 = 180°$

$L = \{0°; 180°\}$

oder:

$\sin^2\varphi + 2\sin\varphi = 0$

$$\Leftrightarrow \sin\varphi_{1/2} = \frac{-2 \pm \sqrt{2^2 - 4\cdot 1\cdot 0}}{2\cdot 1}$$

$\Leftrightarrow \sin\varphi_{1/2} = 0 \quad (\vee \sin\varphi_{3/4} = -2)$

$\Leftrightarrow \varphi_1 = 0° \vee \varphi_2 = 180°$

$L = \{0°; 180°\}$

Benutze: $\sin^2\varphi + \cos^2\varphi = 1 \Leftrightarrow \cos^2\varphi = 1 - \sin^2\varphi$

Klammere $\sin\varphi$ aus.
Beachte: Das Produkt $\sin\varphi(\sin\varphi + 2)$ hat den Wert null, wenn mindestens einer der Faktoren null ist.

Beachte: $\sin\varphi \in [-1; +1]$

Wende die Lösungsformel für quadratische Gleichungen an.

e) $5\cos^2\varphi - \sin^2\varphi = 5 \qquad G = [0°; 360°]$

$\Leftrightarrow 5\cos^2\varphi - (1 - \cos^2\varphi) = 5$

$\Leftrightarrow 5\cos^2\varphi - 1 + \cos^2\varphi = 5$

$\Leftrightarrow 6\cos^2\varphi - 1 = 5 \quad |+1$

$\Leftrightarrow 6\cos^2\varphi = 6 \quad |:6$

$\Leftrightarrow \cos^2\varphi = 1 \quad |\sqrt{\ }$

$\Leftrightarrow |\cos\varphi| = 1$

$\Leftrightarrow \cos\varphi_{1/2} = 1 \quad \vee \quad \cos\varphi_3 = -1$

$\Leftrightarrow \varphi_1 = 0° \vee \varphi_2 = 360° \vee \varphi_3 = 180°$

$L = \{0°; 180°; 360°\}$

Benutze: $\sin^2\varphi + \cos^2\varphi = 1 \Leftrightarrow \sin^2\varphi = 1 - \cos^2\varphi$

f) $\tan\varphi = 12 \qquad G = [0°; 360°]$

$\Leftrightarrow \varphi_1 = 85{,}24° \vee \varphi_2 = 180° + \varphi_1$

$\Leftrightarrow \varphi_1 = 85{,}24° \vee \varphi_2 = 180° + 85{,}24°$

$\Leftrightarrow \varphi_1 = 85{,}24° \vee \varphi_2 = 265{,}24°$

$L = \{85{,}24°; 265{,}24°\}$

Die Tangensfunktion besitzt im I. und III. Quadranten positive Funktionswerte.
2. Winkelmaß: $\tan\varphi = \tan(180° + \varphi)$

g) $\cos 5\varphi = -0{,}2 \qquad G = [0°; 360°]$

$\Leftrightarrow 5\varphi_1 = 101{,}54° \vee 5\varphi_2 = 360° - 101{,}54°$

$\Leftrightarrow \varphi_1 = 20{,}31° \vee 5\varphi_2 = 258{,}46°$

$\Leftrightarrow \varphi_1 = 20{,}31° \vee \varphi_2 = 51{,}69°$

$L = \{20{,}31°; 51{,}69°\}$

Bestimme zunächst infrage kommende Werte für $5\varphi$.
Beachte: $\cos\varphi = \cos(360° - \varphi)$

Hinweise und Tipps

h) $5\cdot\frac{\sin\varphi}{\cos\varphi}=150 \quad |:5 \qquad G=[0°;\,360°]\setminus\{90°;\,270°\}$

Hier gilt: $D=G\setminus\{90°;\,270°\}$

$\Leftrightarrow \frac{\sin\varphi}{\cos\varphi}=30$

Beachte: $\tan\varphi=\frac{\sin\varphi}{\cos\varphi}$

$\Leftrightarrow \tan\varphi=30$

$\Leftrightarrow \varphi_1=88{,}09° \lor \varphi_2=268{,}09°$

Beachte: $\tan\alpha=\tan(180°+\alpha)$

$L=\{88{,}09°;\,268{,}09°\}$

i) $\cos^2\varphi+2=9-3\sin^2\varphi \qquad G=[0°;\,360°]$

Ersetze $\cos^2\varphi$ durch $1-\sin^2\varphi$.
Fasse zusammen.

$\Leftrightarrow 1-\sin^2\varphi+2=9-3\sin^2\varphi$

$\Leftrightarrow 3-\sin^2\varphi=9-3\sin^2\varphi \quad |+3\sin^2\varphi-3$

$\Leftrightarrow 2\sin^2\varphi=6 \quad |:2$

$\Leftrightarrow \sin^2\varphi=3$

$\Leftrightarrow |\sin\varphi|=\sqrt{3}$

$\Leftrightarrow \sin\varphi_{1/2}=\sqrt{3} \lor \sin\varphi_{3/4}=-\sqrt{3}$

$\Leftrightarrow (\sin\varphi_{1/2}=1{,}73 \lor \sin\varphi_{3/4}=-1{,}73)$

Beachte: $\sin\varphi\in[-1;\,+1]$

$L=\varnothing$

j) $0{,}4\cos\varphi+\cos^2\varphi=0 \qquad G=[0°;\,360°]$

$\Leftrightarrow \cos\varphi(0{,}4+\cos\varphi)=0$

$\Leftrightarrow \cos\varphi_{1/2}=0 \lor 0{,}4+\cos\varphi_{3/4}=0$

$\Leftrightarrow \cos\varphi_{1/2}=0 \lor \cos\varphi_{3/4}=-0{,}4$

$\Leftrightarrow \varphi_1=90° \lor \varphi_2=270° \lor \varphi_3=113{,}58° \lor \varphi_4=246{,}42°$

$L=\{90°;\,113{,}58°;\,246{,}42°;\,270°\}$

k) $2\sin^2\varphi=\sin\varphi+2 \qquad G=[0°;\,360°]$

$\Leftrightarrow 2\sin^2\varphi-\sin\varphi-2=0$

$\Leftrightarrow \sin\varphi_{1/2}=\frac{1\pm\sqrt{(-1)^2-4\cdot2\cdot(-2)}}{2\cdot2}$

$\Leftrightarrow (\sin\varphi_{1/2}=1{,}28 \lor) \quad \sin\varphi_{3/4}=-0{,}78 \quad (\varphi^*=51{,}26°)$

$\Rightarrow \varphi_3=180°+\varphi^* \lor \varphi_4=360°-\varphi^*$

$\varphi_3=180°+51{,}26° \lor \varphi_4=360°-51{,}26°$

$\varphi_3=231{,}26° \lor \varphi_4=308{,}74°$

$L=\{231{,}26°;\,308{,}74°\}$

l) $8\cos^2\alpha-12=-14\sin^2\alpha \qquad G=[0°;\,360°]$

$\Leftrightarrow 8(1-\sin^2\alpha)-12=-14\sin^2\alpha$

$\Leftrightarrow 8-8\sin^2\alpha-12=-14\sin^2\alpha \quad |+14\sin^2\alpha$

$\Leftrightarrow 6\sin^2\alpha-4=0 \quad |+4$

$\Leftrightarrow 6\sin^2\alpha=4 \quad \left|\cdot\frac{1}{6}\right.$

$\Leftrightarrow \sin^2\alpha=\frac{2}{3} \quad |\sqrt{\;}$

$\Leftrightarrow \sin\alpha=\sqrt{\frac{2}{3}} \lor \sin\alpha=-\sqrt{\frac{2}{3}} \quad (\alpha^*=54{,}74°)$

$\Leftrightarrow \alpha_1=54{,}74° \lor \alpha_2=180°-\alpha_1 \lor \alpha_3=180°+\alpha^* \lor \alpha_4=360°-\alpha^*$

$\Leftrightarrow \alpha_1=54{,}74° \lor \alpha_2=180°-54{,}74° \lor \alpha_3=180°+54{,}74° \lor \alpha_4=360°-54{,}74°$

$\Leftrightarrow \alpha_1=54{,}74° \lor \alpha_2=125{,}26° \lor \alpha_3=234{,}74° \lor \alpha_4=305{,}26°$

$L=\{54{,}74°;\,125{,}26°;\,234{,}74°;\,305{,}26°\}$

Hinweise und Tipps

**229** a)

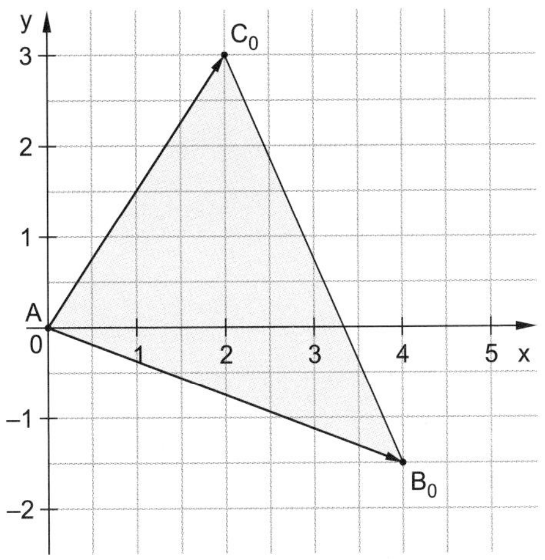


$$\overrightarrow{AB_n} = \begin{pmatrix} 8\sin^2 45° \\ -\cos^2 45° - 1 \end{pmatrix} = \begin{pmatrix} 8\left(\frac{1}{2}\sqrt{2}\right)^2 \\ -\left(\frac{1}{2}\sqrt{2}\right)^2 - 1 \end{pmatrix} = \begin{pmatrix} 4 \\ -1{,}5 \end{pmatrix}$$

$$\overrightarrow{AC_n} = \begin{pmatrix} 4\sin^2 45° \\ 2\cos^2 45° + 2 \end{pmatrix} = \begin{pmatrix} 4\left(\frac{1}{2}\sqrt{2}\right)^2 \\ 2\left(\frac{1}{2}\sqrt{2}\right)^2 + 2 \end{pmatrix} = \begin{pmatrix} 2 \\ 3 \end{pmatrix}$$

b) $\overrightarrow{AB_n} = \begin{pmatrix} 8\sin^2\alpha \\ -\cos^2\alpha - 1 \end{pmatrix}$; $\overrightarrow{AC_n} = \begin{pmatrix} 4\sin^2\alpha \\ 2\cos^2\alpha + 2 \end{pmatrix}$

$$A(\alpha) = \frac{1}{2} \cdot \begin{vmatrix} 8\sin^2\alpha & 4\sin^2\alpha \\ (-\cos^2\alpha - 1) & (2\cos^2\alpha + 2) \end{vmatrix} \text{FE}$$

Flächenberechnung mittels Determinante

$$A(\alpha) = \frac{1}{2} \cdot [8\sin^2\alpha \cdot (2\cos^2\alpha + 2) - (-\cos^2\alpha - 1) \cdot 4\sin^2\alpha] \text{ FE}$$

$$A(\alpha) = \frac{1}{2} \cdot [16\sin^2\alpha\cos^2\alpha + 16\sin^2\alpha + 4\sin^2\alpha\cos^2\alpha + 4\sin^2\alpha] \text{ FE}$$

Fasse zusammen.

$$A(\alpha) = \frac{1}{2} \cdot [20\sin^2\alpha\cos^2\alpha + 20\sin^2\alpha] \text{ FE}$$

Ersetze $\cos^2\alpha$ durch $(1 - \sin^2\alpha)$.

$$A(\alpha) = \frac{1}{2} \cdot [20\sin^2\alpha(1 - \sin^2\alpha) + 20\sin^2\alpha] \text{ FE}$$

$$A(\alpha) = \frac{1}{2} \cdot [20\sin^2\alpha - 20\sin^4\alpha + 20\sin^2\alpha] \text{ FE}$$

Ordne nach Potenzen von Sinus.

$$A(\alpha) = \frac{1}{2} \cdot [-20\sin^4\alpha + 40\sin^2\alpha] \text{ FE}$$

Multipliziere aus.

$$A(\alpha) = [-10\sin^4\alpha + 20\sin^2\alpha] \text{ FE}$$

c)
$$\begin{array}{|ll} & A(\alpha) = [-10\sin^4\alpha + 20\sin^2\alpha] \text{ FE} \\ \wedge & A = 10 \text{ FE} \\ \hline \end{array}$$

$\Rightarrow \quad -10\sin^4\alpha + 20\sin^2\alpha = 10 \quad (\text{I} = \text{II}) \quad |-10$

$\Leftrightarrow \quad -10\sin^4\alpha + 20\sin^2\alpha - 10 = 0$

Ersetze (substituiere) $\sin^2\alpha$ durch x und $\sin^4\alpha$ durch $x^2$:

$\Leftrightarrow \quad -10x^2 + 20x - 10 = 0$

$\Leftrightarrow \quad x_{1/2} = \dfrac{-20 \pm \sqrt{20^2 - 4 \cdot (-10) \cdot (-10)}}{2 \cdot (-10)}$

Die Diskriminante D* hat den Wert 0. Somit existiert nur eine Lösung.

$\Leftrightarrow \quad x = 1$

Rückgängigmachung der Substitution:

$\sin^2\alpha = 1 \quad |\sqrt{\ }$

$\Leftrightarrow \quad \sin\alpha = 1 \quad \vee \quad \sin\alpha = -1$

$\Leftrightarrow \quad \alpha_1 = 90° \quad \vee \quad (\alpha_2 = 270° \notin G)$

$L = \{90°\}$

Hinweise und Tipps

c) $\sin 75° = \sin(30° + 45°)$
$= \sin 30° \cdot \cos 45° + \cos 30° \cdot \sin 45°$
$= \frac{1}{2} \cdot \frac{1}{2}\sqrt{2} + \frac{1}{2}\sqrt{3} \cdot \frac{1}{2}\sqrt{2}$
$= \frac{1}{4}\sqrt{2} + \frac{1}{4}\sqrt{6}$
$= \frac{1}{4}(\sqrt{2} + \sqrt{6})$

d) $\cos 15° = \cos(45° - 30°)$
$= \cos 45° \cdot \cos 30° + \sin 45° \cdot \sin 30°$
$= \frac{1}{2}\sqrt{2} \cdot \frac{1}{2}\sqrt{3} + \frac{1}{2}\sqrt{2} \cdot \frac{1}{2}$
$= \frac{1}{4}\sqrt{6} + \frac{1}{4}\sqrt{2}$
$= \frac{1}{4}(\sqrt{6} + \sqrt{2})$

e) $\sin 15° = \sin(45° - 30°)$
$= \sin 45° \cdot \cos 30° - \cos 45° \cdot \sin 30°$
$= \frac{1}{2}\sqrt{2} \cdot \frac{1}{2}\sqrt{3} - \frac{1}{2}\sqrt{2} \cdot \frac{1}{2}$
$= \frac{1}{4}\sqrt{6} - \frac{1}{4}\sqrt{2}$
$= \frac{1}{4}(\sqrt{6} - \sqrt{2})$

f) $\cos 75° = \cos(30° + 45°)$
$= \cos 30° \cdot \cos 45° - \sin 30° \cdot \sin 45°$
$= \frac{1}{2}\sqrt{3} \cdot \frac{1}{2}\sqrt{2} - \frac{1}{2} \cdot \frac{1}{2}\sqrt{2}$
$= \frac{1}{4}\sqrt{6} - \frac{1}{4}\sqrt{2}$
$= \frac{1}{4}(\sqrt{6} - \sqrt{2})$

---

**234** a) $\tan 15° = \frac{\sin 15°}{\cos 15°} = \frac{\frac{1}{4}(\sqrt{6} - \sqrt{2})}{\frac{1}{4}(\sqrt{6} + \sqrt{2})} = \frac{\sqrt{6} - \sqrt{2}}{\sqrt{6} + \sqrt{2}}$
$= \frac{\sqrt{2}(\sqrt{3} - 1)}{\sqrt{2}(\sqrt{3} + 1)} = \frac{\sqrt{3} - 1}{\sqrt{3} + 1}$

b) $\tan 75° = \frac{\sin 75°}{\cos 75°} = \frac{\frac{1}{4}(\sqrt{2} + \sqrt{6})}{\frac{1}{4}(\sqrt{6} - \sqrt{2})} = \frac{\sqrt{6} + \sqrt{2}}{\sqrt{6} - \sqrt{2}}$
$= \frac{\sqrt{2}(\sqrt{3} + 1)}{\sqrt{2}(\sqrt{3} - 1)} = \frac{\sqrt{3} + 1}{\sqrt{3} - 1}$

---

Hinweise und Tipps

**235** a) $\sin(\beta+30°)=\frac{1}{2}\sin\beta \qquad G=[0°;180°]$

Wende ein Additionstheorem an.

$$\begin{aligned}
&\Leftrightarrow \quad \sin\beta\cos 30°+\cos\beta\sin 30°=\frac{1}{2}\sin\beta\\
&\Leftrightarrow \quad \sin\beta\cdot\frac{1}{2}\sqrt{3}+\cos\beta\cdot\frac{1}{2}=\frac{1}{2}\sin\beta \qquad |\cdot 2\\
&\Leftrightarrow \quad \sqrt{3}\sin\beta+\cos\beta=\sin\beta \qquad |-\sqrt{3}\sin\beta\\
&\Leftrightarrow \quad \cos\beta=\sin\beta-\sqrt{3}\sin\beta\\
&\Leftrightarrow \quad \cos\beta=(1-\sqrt{3})\sin\beta
\end{aligned}$$

1. Fall:
$\cos\beta=0 \;\Rightarrow\; \beta=90°$

Probe:

$$\begin{aligned}
&\cos 90°=(1-\sqrt{3})\sin 90°\\
&\Leftrightarrow \quad 0=1-\sqrt{3} \qquad (f)
\end{aligned}$$

2. Fall:
$\cos\varphi\neq 0$

$$\begin{aligned}
&\Leftrightarrow \quad \cos\beta=(1-\sqrt{3})\sin\beta \qquad \left|\cdot\frac{1}{\cos\beta\cdot(1-\sqrt{3})}\right.\\
&\Leftrightarrow \quad \frac{1}{(1-\sqrt{3})}=\frac{\sin\beta}{\cos\beta}\\
&\Leftrightarrow \quad \tan\beta=\frac{1}{(1-\sqrt{3})} \qquad (\beta^*=53{,}79°)\\
&\Leftrightarrow \quad \beta=180°-\beta^*\\
&\Leftrightarrow \quad \beta=180°-53{,}79°\\
&\Leftrightarrow \quad \beta=126{,}21°
\end{aligned}$$

$L=\{126{,}21°\}$

b) $\cos(120°-\varphi)=\cos\varphi \qquad G=[0°;180°]$

$$\begin{aligned}
&\Leftrightarrow \quad \cos 120°\cos\varphi+\sin 120°\sin\varphi=\cos\varphi\\
&\Leftrightarrow \quad -\frac{1}{2}\cos\varphi+\frac{1}{2}\sqrt{3}\sin\varphi=\cos\varphi \qquad \left|+\frac{1}{2}\cos\varphi\right.\\
&\Leftrightarrow \quad \frac{1}{2}\sqrt{3}\sin\varphi=\frac{3}{2}\cos\varphi \qquad \left|\cdot\frac{2}{\sqrt{3}}\right.\\
&\Leftrightarrow \quad \sin\varphi=\frac{3}{\sqrt{3}}\cos\varphi
\end{aligned}$$

1. Fall:
$\cos\varphi=0 \;\Rightarrow\; \varphi=90°$

Probe:

$$\begin{aligned}
&\sin 90°=\frac{3}{\sqrt{3}}\cos 90°\\
&\Leftrightarrow \quad 1=0 \qquad (f)
\end{aligned}$$

Hinweise und Tipps

2. Fall:

$\cos\varphi \neq 0$

$\Rightarrow \quad \dfrac{\sin\varphi}{\cos\varphi} = \dfrac{3}{\sqrt{3}}$

$\Leftrightarrow \quad \tan\varphi = \sqrt{3}$

$\Leftrightarrow \quad \varphi_1 = 60° \quad \vee \quad (\varphi_2 = 180° + 60° = 240° \notin \mathbb{G})$

$L = \{60°\}$

c) $4{,}25 = \dfrac{6 \cdot \sin\varphi}{\sin(48{,}60° + \varphi)} \qquad G = [0°; 180°]$

$\Leftrightarrow \quad 4{,}25 \cdot \sin(48{,}60° + \varphi) = 6 \cdot \sin\varphi \qquad |:4{,}25$

$\Leftrightarrow \quad \sin(48{,}60° + \varphi) = 1{,}41 \cdot \sin\varphi$

$\Leftrightarrow \quad \sin 48{,}60° \cos\varphi + \cos 48{,}60° \sin\varphi = 1{,}41 \cdot \sin\varphi$

$\Leftrightarrow \quad 0{,}75\cos\varphi + 0{,}66\sin\varphi = 1{,}41 \cdot \sin\varphi$

$\Leftrightarrow \quad 0{,}75\cos\varphi = 0{,}75\sin\varphi \qquad |:0{,}75$

$\Leftrightarrow \quad \cos\varphi = \sin\varphi$

1. Fall:

$\cos\varphi = 0 \Rightarrow \varphi = 90°$

Probe:

$\cos 90° = \sin 90°$

$\Leftrightarrow \quad 0 = 1 \qquad (f)$

2. Fall:

$\cos\varphi \neq 0$

$\Rightarrow \quad \dfrac{\sin\varphi}{\cos\varphi} = 1$

$\Leftrightarrow \quad \tan\varphi = 1$

$L = \{45°\}$

Für 45° ist $\sin\varphi = \cos\varphi$.

---

**236** a) $\cos(60° + \varphi) = \sqrt{3}\sin\varphi \qquad G = [0°; 360°]$

$\cos(\alpha + \beta) = \cos\alpha \cdot \cos\beta - \sin\alpha \cdot \sin\beta$

$\Leftrightarrow \quad \cos 60° \cos\varphi - \sin 60° \sin\varphi = \sqrt{3}\sin\varphi$

$\Leftrightarrow \quad \dfrac{1}{2}\cos\varphi - \dfrac{1}{2}\sqrt{3}\sin\varphi = \sqrt{3}\sin\varphi \qquad \left| +\dfrac{1}{2}\sqrt{3}\sin\varphi \right.$

$\Leftrightarrow \quad \dfrac{1}{2}\cos\varphi = \dfrac{3}{2}\sqrt{3}\sin\varphi \qquad |\cdot 2$

$\Leftrightarrow \quad \cos\varphi = 3\sqrt{3}\sin\varphi$

1. Fall:

$\cos\varphi = 0 \Rightarrow \varphi = 90°$

Probe:

$\cos 90° = 3\sqrt{3}\sin 90°$

$\Leftrightarrow \quad 0 = 3\sqrt{3} \qquad (f)$

2. Fall:

$\cos\varphi \neq 0$

$\Rightarrow \quad \dfrac{\sin\varphi}{\cos\varphi} = \dfrac{1}{3\sqrt{3}}$

$\Leftrightarrow \quad \tan\varphi = \dfrac{1}{3\sqrt{3}}$

✎ Hinweise und Tipps

$\Leftrightarrow \quad \varphi_1 = 10{,}89° \quad \vee \quad \varphi_2 = 180° + \varphi_1$

$\Leftrightarrow \quad \varphi_1 = 10{,}89° \quad \vee \quad \varphi_2 = 190{,}89°$

$L = \{10{,}89°;\ 190{,}89°\}$

b) $\sin(45° + \varphi) = \frac{1}{2}\sqrt{2}\cos\varphi \qquad G = [0°;\ 360°]$

$\Leftrightarrow \quad \sin 45° \cos\varphi + \cos 45° \sin\varphi = \frac{1}{2}\sqrt{2}\cos\varphi$

$\Leftrightarrow \quad \frac{1}{2}\sqrt{2}\cos\varphi + \frac{1}{2}\sqrt{2}\sin\varphi = \frac{1}{2}\sqrt{2}\cos\varphi \qquad \left| -\frac{1}{2}\sqrt{2}\cos\varphi \right.$

$\Leftrightarrow \quad \frac{1}{2}\sqrt{2}\sin\varphi = 0 \qquad |\cdot\sqrt{2}$

$\Leftrightarrow \quad \sin\varphi = 0$

$\Leftrightarrow \quad \varphi_1 = 0° \quad \vee \quad \varphi_2 = 180°$

$L = \{0°;\ 180°\}$

c) $4\sin\alpha = 1 - 6\cos\alpha \qquad |+6\cos\alpha \qquad G = [0°;\ 360°]$

$\Leftrightarrow \quad 4\sin\alpha + 6\cos\alpha = 1$

$\Leftrightarrow \quad 4\left(\sin\alpha + \frac{3}{2}\cos\alpha\right) = 1$ — Ersetze: $\frac{3}{2} = \tan\varphi = \frac{\sin\varphi}{\cos\varphi}$, wobei $\varphi = 56{,}31°$

$\Leftrightarrow \quad 4\left(\sin\alpha + \frac{\sin 56{,}31°}{\cos 56{,}31°}\cos\alpha\right) = 1$ — Klammere $\frac{1}{\cos 56{,}31°}$ aus.

$\Leftrightarrow \quad \frac{4}{\cos 56{,}31°}(\sin\alpha\cos 56{,}31° + \sin 56{,}31°\cos\alpha) = 1 \qquad \left| \cdot \frac{\cos 56{,}31°}{4} \right.$

$\Leftrightarrow \quad \sin(\alpha + 56{,}31°) = 0{,}14$

$\Leftrightarrow \quad \alpha_1 + 56{,}31° = 8{,}05° \quad \vee \quad \alpha_2 + 56{,}31° = 180° - 8{,}05°$

$\Leftrightarrow \quad \alpha_1 = -48{,}26° \quad \vee \quad \alpha_2 + 56{,}31° = 171{,}95°$

$\Leftrightarrow \quad \alpha_1 = 360° - 48{,}26° \quad \vee \quad \alpha_2 = 115{,}64°$

$\Leftrightarrow \quad \alpha_1 = 311{,}74° \quad \vee \quad \alpha_2 = 115{,}64°$

$L = \{115{,}64°;\ 311{,}74\}$

---

**237** a) $T(\alpha) = 5\sin\alpha + 1{,}5$

Minimum:
$T(\alpha)$ erreicht ein Minimum, wenn $\sin\alpha$ ein Minimum annimmt.
Im Intervall [0°; 360°[ erreicht $\sin\alpha$ den minimalen Funktionswert –1 bei 270°.
also: $T_{min} = 5(-1) + 1{,}5 = -3{,}5$ für $\alpha = 270°$

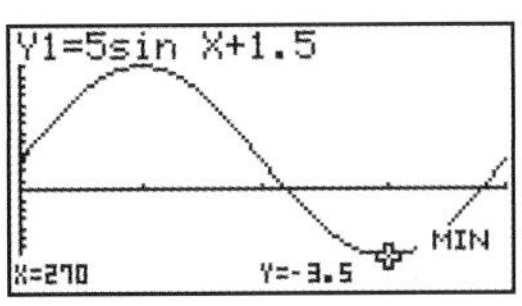


Maximum:
$T(\alpha)$ erreicht ein Maximum, wenn $\sin\alpha$ ein Maximum annimmt.
Im Intervall [0°; 360°[ erreicht $\sin\alpha$ den maximalen Funktionswert 1 bei 90°.
also: $T_{max} = 5 \cdot 1 + 1{,}5 = 6{,}5$ für $\alpha = 90°$

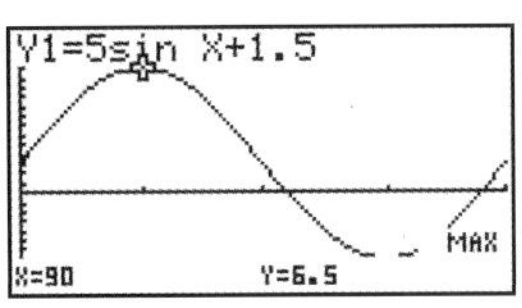


b) $T(\beta) = \cos\beta + 4$

Minimum:
$T(\beta)$ erreicht ein Minimum, wenn $\cos\beta$ ein Minimum annimmt.

✎ Hinweise und Tipps

Im Intervall [0°; 360°[ erreicht $\cos\alpha$ den minimalen Funktionswert –1 bei 180°.
also: $T_{min} = -1 + 4 = 3$ für $\beta = 180°$

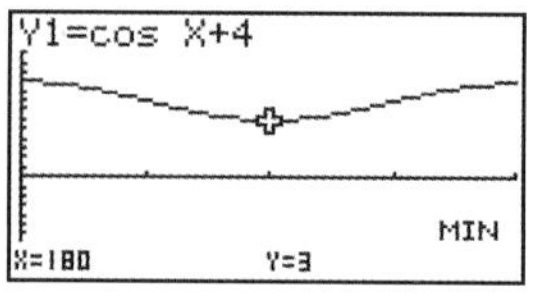


Maximum:
$T(\beta)$ erreicht ein Maximum, wenn $\cos\beta$ ein Maximum annimmt.
Im Intervall [0°; 360°[ erreicht $\cos\beta$ den maximalen Funktionswert 1 bei 0°.
also: $T_{max} = 1 + 4 = 5$ für $\beta = 0°$

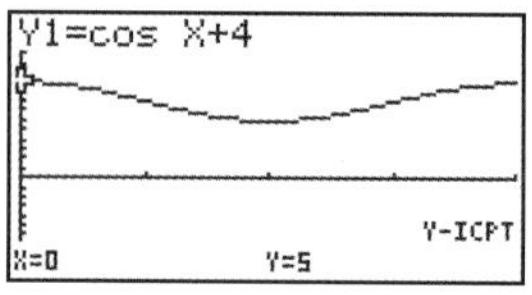


c) $T(\gamma) = 8 - \sin\gamma$
Minimum:
$T(\gamma)$ erreicht ein Minimum, wenn $\sin\gamma$ ein Maximum annimmt.
Im Intervall [0°; 360°[ erreicht $\sin\gamma$ den maximalen Funktionswert 1 bei 90°.
also: $T_{min} = 8 - 1 = 7$ für $\gamma = 90°$

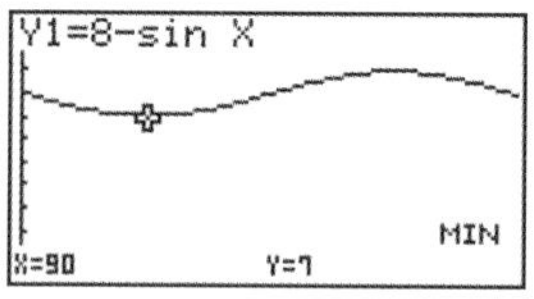


Maximum:
$T(\gamma)$ erreicht ein Maximum, wenn $\sin\gamma$ ein Minimum annimmt.
Im Intervall [0°; 360°[ erreicht $\sin\gamma$ den minimalen Funktionswert –1 bei 270°.
also: $T_{max} = 8 - (-1) = 9$ für $\gamma = 270°$

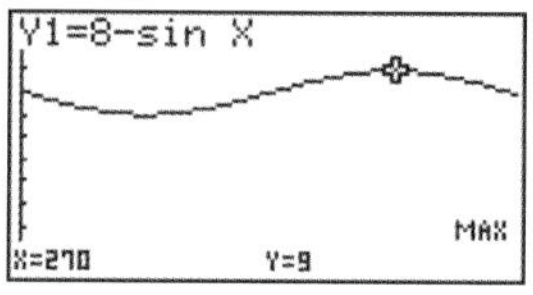


d) $T(\delta) = 10 - \cos 2\delta$
Minimum:
$T(\delta)$ erreicht ein Minimum, wenn $\cos 2\delta$ ein Maximum annimmt.
Im Intervall [0°; 360°[ erreicht $\cos 2\delta$ den maximalen Funktionswert 1 bei $2\delta = 0°$ oder $2\delta = 360°$:

$\delta \in [0°; 360°[ \;\Leftrightarrow\; 2\delta \in [0°; 720°[$

$$\cos 2\delta = 1$$
$$\Leftrightarrow \quad 2\delta_1 = 0° \;\vee\; 2\delta_2 = 360°$$
$$\Leftrightarrow \quad \delta_1 = 0° \;\vee\; \delta_2 = 180°$$

also: $T_{min} = 10 - 1 = 9$ für $\delta_1 = 0°$ oder $\delta_2 = 180°$

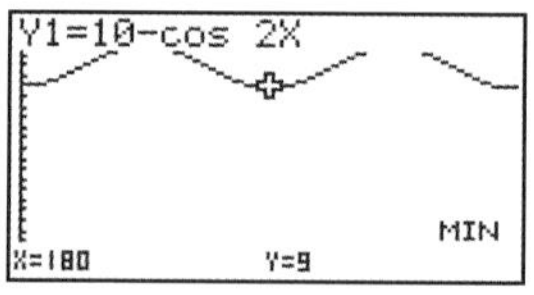


Maximum:
$T(\delta)$ erreicht ein Maximum, wenn $\cos 2\delta$ ein Minimum annimmt.
Im Intervall [0°; 360°[ erreicht $\cos 2\delta$ den minimalen Funktionswert –1 bei $2\delta = 180°$ oder $2\delta = 180° + 360° = 540°$:

$\delta \in [0°; 360°[ \;\Leftrightarrow\; 2\delta \in [0°; 720°[$

$$\cos 2\delta = -1$$
$$\Leftrightarrow \quad 2\delta = 180° \;\vee\; 2\delta = 540°$$
$$\Leftrightarrow \quad \delta = 90° \;\vee\; \delta = 270°$$

also: $T_{max} = 10 - (-1) = 11$ für $\delta_1 = 90°$ oder $\delta_2 = 270°$

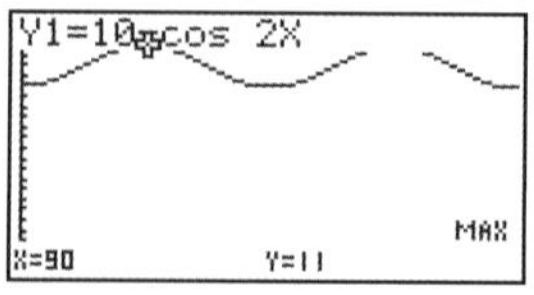


**238** $A = \left| \overrightarrow{AB} \;\; \overrightarrow{AD_n} \right|$

$$A(\alpha) = \begin{vmatrix} 8 & (2+3\cos\alpha) \\ (-4) & (4-2\cos\alpha) \end{vmatrix} \text{ FE}$$
$$A(\alpha) = [8 \cdot (4 - 2\cos\alpha) - (-4) \cdot (2 + 3\cos\alpha)] \text{ FE}$$
$$A(\alpha) = [32 - 16\cos\alpha + 8 + 12\cos\alpha] \text{ FE}$$
$$A(\alpha) = [-4\cos\alpha + 40] \text{ FE}$$

$\overrightarrow{OD_1} = \overrightarrow{AD_1} = \begin{pmatrix} 2+3\cos\alpha^* \\ 4-2\cos\alpha^* \end{pmatrix} = \begin{pmatrix} -1 \\ 6 \end{pmatrix}$ mit $\alpha^* = 180°$ (siehe unten)

$\overrightarrow{OC_1} = \overrightarrow{AD_1} + \overrightarrow{AB} = \begin{pmatrix} -1 \\ 6 \end{pmatrix} + \begin{pmatrix} 8 \\ -4 \end{pmatrix} = \begin{pmatrix} 7 \\ 2 \end{pmatrix}$

Hinweise und Tipps

Der Term $-4\cos\alpha + 40$ wird maximal, wenn der Minuend $-4\cos\alpha$ minimal wird. Dies ist der Fall für:

$$\cos\alpha^* = -1$$

$$\Leftrightarrow \quad \alpha^* = 180°$$

$L = \{180°\}$

Für $\alpha^* = 180°$ entsteht das Parallelogramm mit maximalem Flächeninhalt.

Der maximale Flächeninhalt beträgt somit:

$(-4\cos 180° + 40)\text{ FE} = (-4 \cdot (-1) + 40)\text{ FE} = 44\text{ FE}$

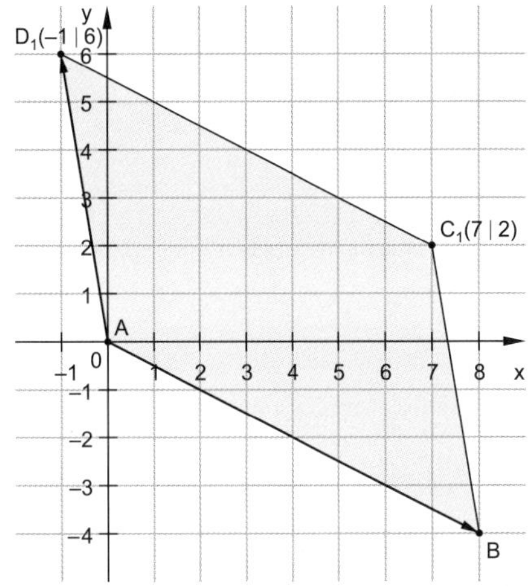


**239** Berechnung des Flächeninhalts $A(\alpha)$ der Dreiecke $AB_nC_n$ in Abhängigkeit von $\alpha$:

$$A = \frac{1}{2} \cdot |\overrightarrow{AB_n} \;\; \overrightarrow{AC_n}|$$

$$A(\alpha) = \frac{1}{2} \cdot \begin{vmatrix} 6\cos\alpha & 5 \\ -8\sin\alpha & 10\cos\alpha \end{vmatrix} \text{ FE}$$

$$A(\alpha) = \frac{1}{2} \cdot [6\cos\alpha \cdot 10\cos\alpha - (-8\sin\alpha) \cdot 5] \text{ FE}$$

$$A(\alpha) = \frac{1}{2} \cdot [60\cos^2\alpha + 40\sin\alpha] \text{ FE}$$

$$A(\alpha) = \frac{1}{2} \cdot [60 \cdot (1 - \sin^2\alpha) + 40\sin\alpha] \text{ FE}$$

$$A(\alpha) = \frac{1}{2} \cdot [60 - 60\sin^2\alpha + 40\sin\alpha] \text{ FE}$$

$$A(\alpha) = (-30\sin^2\alpha + 20\sin\alpha + 30) \text{ FE}$$

Extremwertbestimmung:

$$A(\alpha) = (-30\sin^2\alpha + 20\sin\alpha + 30) \text{ FE}$$

$$A(\alpha) = -30\left[\sin^2\alpha - \frac{2}{3}\sin\alpha - 1\right] \text{ FE}$$

Ergänze quadratisch.

$$A(\alpha) = -30\left[\sin^2\alpha - \frac{2}{3}\sin\alpha + \left(\frac{1}{3}\right)^2 - \left(\frac{1}{3}\right)^2 - 1\right] \text{ FE}$$

$$A(\alpha) = -30\left[\left(\sin\alpha - \frac{1}{3}\right)^2 - 1\frac{1}{9}\right] \text{ FE}$$

$$A(\alpha) = \left[-30\left(\sin\alpha - \frac{1}{3}\right)^2 + 33\frac{1}{3}\right] \text{ FE}$$

Man erhält den minimalen Flächeninhalt für:

$$\sin\alpha = 1$$

$$\Leftrightarrow \quad \alpha = 90°$$

$L_{min} = \{90°\}$

$$\overrightarrow{AB_1} = \begin{pmatrix} 6\cos 90° \\ -8\sin 90° \end{pmatrix} = \begin{pmatrix} 0 \\ -8 \end{pmatrix}$$

$$\overrightarrow{AC_1} = \begin{pmatrix} 5 \\ 10\cos 90° \end{pmatrix} = \begin{pmatrix} 5 \\ 0 \end{pmatrix}$$

Hinweise und Tipps

also:

$$A_{min} = \left[-30\left(\sin 90° - \frac{1}{3}\right)^2 + 33\frac{1}{3}\right] \text{FE}$$

$$A_{min} = \left[-30\left(1 - \frac{1}{3}\right)^2 + 33\frac{1}{3}\right] \text{FE}$$

$$A_{min} = 20 \text{ FE} \quad \text{für } \alpha = 90°$$

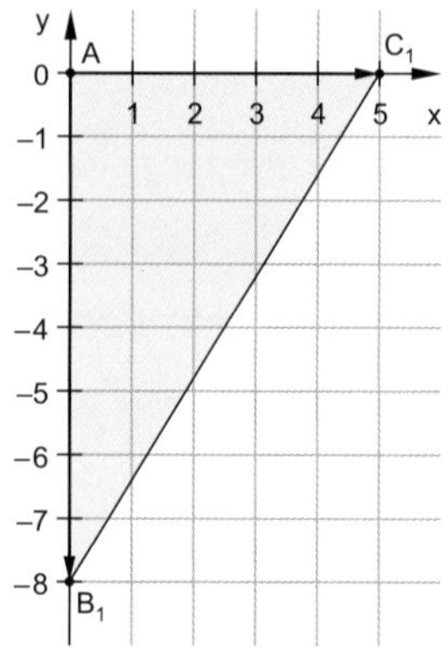


Man erhält den maximalen Flächeninhalt für:

$$\sin\alpha = \frac{1}{3}$$

$$\Leftrightarrow \quad \alpha_1 = 19{,}47° \;\vee\; \alpha_2 = 180° - 19{,}47° = 160{,}53°$$

$$L_{max} = \{19{,}47°;\ 160{,}53°\}$$

also:

$$A_{max} = \left[-30\left(\frac{1}{3} - \frac{1}{3}\right)^2 + 33\frac{1}{3}\right] \text{FE}$$

$$A_{max} = 33\frac{1}{3} \text{ FE} \quad \text{für } \alpha_1 = 19{,}47° \text{ oder } \alpha_2 = 160{,}53°$$

$$\overrightarrow{AB_2} = \begin{pmatrix} 6\cos 19{,}47° \\ -8\sin 19{,}47° \end{pmatrix} = \begin{pmatrix} 5{,}66 \\ -2{,}67 \end{pmatrix}$$

$$\overrightarrow{AC_2} = \begin{pmatrix} 5 \\ 10\cos 19{,}47° \end{pmatrix} = \begin{pmatrix} 5 \\ 9{,}43 \end{pmatrix}$$

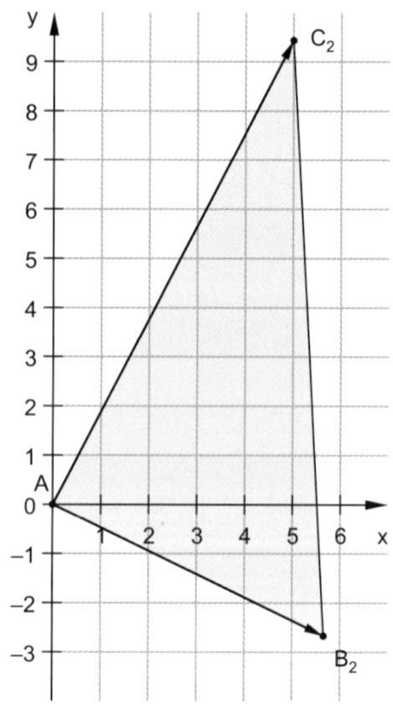


**240** $T(\alpha) = 15\cos^2\alpha + 10\sin\alpha$ — Ersetze: $\cos^2\alpha = 1 - \sin^2\alpha$

$T(\alpha) = 15(1 - \sin^2\alpha) + 10\sin\alpha$

$T(\alpha) = 15 - 15\sin^2\alpha + 10\sin\alpha$ — Ordnen nach Potenzen von $\sin\alpha$

$T(\alpha) = -15\sin^2\alpha + 10\sin\alpha + 15$ — Klammere den Vorfaktor des quadratischen Terms aus.

$$T(\alpha) = -15\left[\sin^2\alpha - \frac{2}{3}\sin\alpha - 1\right]$$

Ergänze quadratisch.

$$T(\alpha) = -15\left[\sin^2\alpha - \frac{2}{3}\sin\alpha + \left(\frac{1}{3}\right)^2 - \left(\frac{1}{3}\right)^2 - 1\right]$$

Wende die binomische Formel an.

$$T(\alpha) = -15\left[\left(\sin\alpha - \frac{1}{3}\right)^2 - \frac{1}{9} - 1\right]$$

Fasse zusammen.

Hinweise und Tipps

$$T(\alpha) = -15\left[\left(\sin\alpha - \frac{1}{3}\right)^2 - 1\frac{1}{9}\right]$$

$$T(\alpha) = -15\left(\sin\alpha - \frac{1}{3}\right)^2 + 16\frac{2}{3}$$

Berechnung des minimalen Termwertes:

$T(\alpha)$ wird minimal, wenn $\left(\sin\alpha - \frac{1}{3}\right)^2$ den größten Wert annimmt. Dies gilt für:

$$\sin\alpha = 1$$

$$\Leftrightarrow \quad \alpha = 90°$$

$L = \{90°\}$

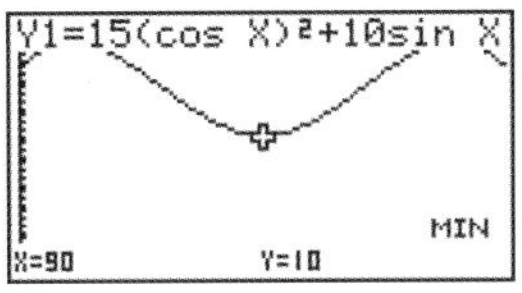


$\sin\alpha = -1$ bzw. $\sin\alpha < 0$ ist wegen $\alpha \in [0;\ 180°]$ ausgeschlossen.

also: $T_{min} = \left[-15\left(\sin 90° - \frac{1}{3}\right)^2 + 16\frac{2}{3}\right] = 10$ für $\alpha = 90°$

Berechnung des maximalen Termwertes:

$T(\alpha)$ wird maximal, wenn $\left(\sin\alpha - \frac{1}{3}\right)^2$ den kleinsten Wert annimmt.

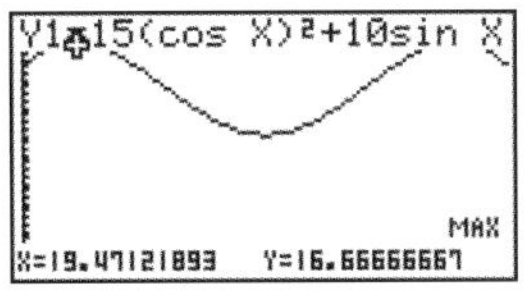


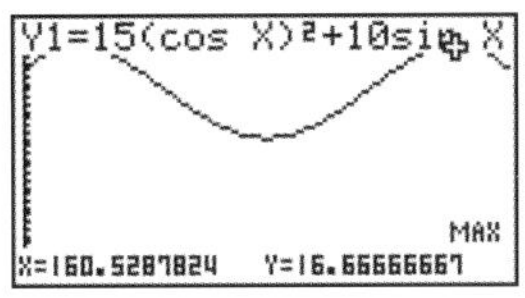


Dies gilt für:

$$\sin\alpha - \frac{1}{3} = 0 \quad \left|+\frac{1}{3}\right.$$

$$\Leftrightarrow \quad \sin\alpha = \frac{1}{3}$$

$$\Leftrightarrow \quad \alpha = 19{,}47° \ \vee \ \alpha = 160{,}53°$$

$L = \{19{,}47°;\ 160{,}53°\}$

also: $T_{max} = 16\frac{2}{3}$ für $\alpha_1 = 19{,}47°$ oder $\alpha_2 = 160{,}53°$

---

**241** a) $T(\varphi) = 2\cos^2\varphi + 3\cos\varphi - 4 \qquad \varphi \in [0°;\ 180°[$

$$T(\varphi) = 2\left[\cos^2\varphi + \frac{3}{2}\cos\varphi - 2\right]$$

$$T(\varphi) = 2\left[\cos^2\varphi + \frac{3}{2}\cos\varphi + \left(\frac{3}{4}\right)^2 - \left(\frac{3}{4}\right)^2 - 2\right]$$

$$T(\varphi) = 2\left[\left(\cos\varphi + \frac{3}{4}\right)^2 - \frac{9}{16} - 2\right]$$

$$T(\varphi) = 2\left[\left(\cos\varphi + \frac{3}{4}\right)^2 - 2\frac{9}{16}\right]$$

$$T(\varphi) = 2\left(\cos\varphi + \frac{3}{4}\right)^2 - 5\frac{1}{8}$$

- Der Term $T(\varphi)$ hat ein Minimum, wenn $\left(\cos\varphi + \frac{3}{4}\right)^2 = 0$.
  Dies ist der Fall für $\cos\varphi = -\frac{3}{4}$, also für $\varphi = 138{,}59°$ ($\varphi = 221{,}41° \notin G$).
  also: $T_{min} = -5\frac{1}{8}$ für $\varphi = 138{,}59°$

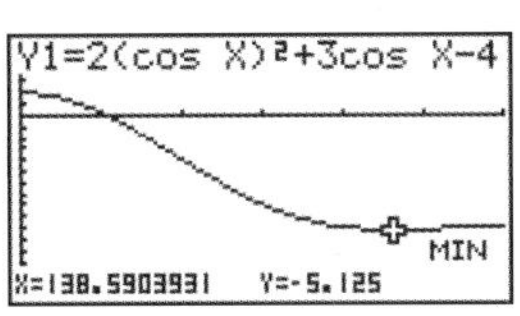

✎ Hinweise und Tipps

- Der Term $T(\varphi)$ hat ein Maximum, wenn $\left(\cos\varphi+\frac{3}{4}\right)^2$ am größten ist.
  Dies ist der Fall für $\cos\varphi=1$, also für $\varphi=0°$.
  also: $T_{max}=1$ für $\varphi=0°$

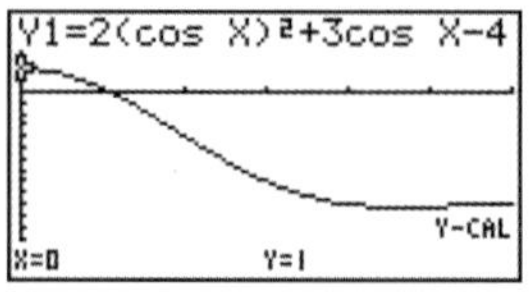


b) $T(\varphi)=4\sin^2\varphi+6\cos\varphi-8 \qquad \varphi\in[0°;\,180°]$

$T(\varphi)=4(1-\cos^2\varphi)+6\cos\varphi-8$

$T(\varphi)=4-4\cos^2\varphi+6\cos\varphi-8$

$T(\varphi)=-4\cos^2\varphi+6\cos\varphi-4$

$T(\varphi)=-4[\cos^2\varphi-\frac{3}{2}\cos\varphi+1]$

$$T(\varphi)=-4\left[\cos^2\varphi-\frac{3}{2}\cos\varphi+\left(\frac{3}{4}\right)^2-\left(\frac{3}{4}\right)^2+1\right]$$

$$T(\varphi)=-4\left[\left(\cos\varphi-\frac{3}{4}\right)^2-\frac{9}{16}+1\right]$$

$$T(\varphi)=-4\left[\left(\cos\varphi-\frac{3}{4}\right)^2+\frac{7}{16}\right]$$

$$T(\varphi)=-4\left(\cos\varphi-\frac{3}{4}\right)^2-\frac{7}{4}$$

- Der Term $T(\varphi)$ hat ein Minimum, wenn $(\cos\varphi-0{,}75)^2$ am größten ist. Dies ist der Fall für $\cos\varphi=-1$, also für $\varphi=180°$.
  also: $T_{min}=-14$ für $\varphi=180°$

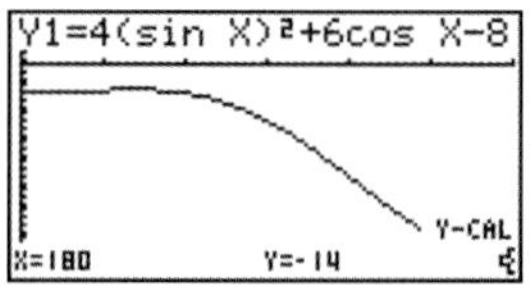


- Der Term $T(\varphi)$ hat ein Maximum, wenn $(\cos\varphi-0{,}75)^2=0$.
  Dies ist der Fall für $\cos\varphi=0{,}75$, also für $\varphi=41{,}41°$ ($\varphi=318{,}59°\notin G$).
  also: $T_{max}=-1{,}75$ für $\varphi=41{,}41°$

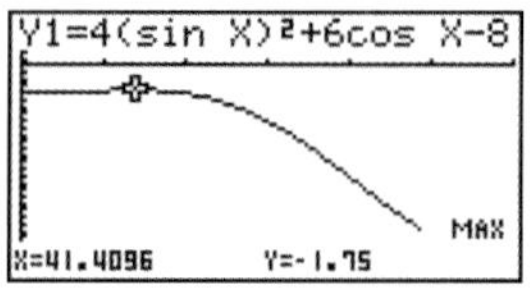


c) $T(\varphi)=-0{,}5\cos^2\varphi+4\cos\varphi+1 \qquad \varphi\in[0°;\,180°]$

$T(\varphi)=-0{,}5[\cos^2\varphi-8\cos\varphi-2]$

$T(\varphi)=-0{,}5[\cos^2\varphi-8\cos\varphi+4^2-4^2-2]$

$T(\varphi)=-0{,}5[(\cos\varphi-4)^2-16-2]$

$T(\varphi)=-0{,}5(\cos\varphi-4)^2+9$

- Der Term $T(\varphi)$ wird minimal, wenn $\cos\varphi$ den kleinsten Wert $-1$ annimmt. Dies ist für $\varphi=180°$ der Fall.
  also: $T_{min}=-0{,}5(-1-4)^2+9=-3{,}5$ für $\varphi_1=180°$

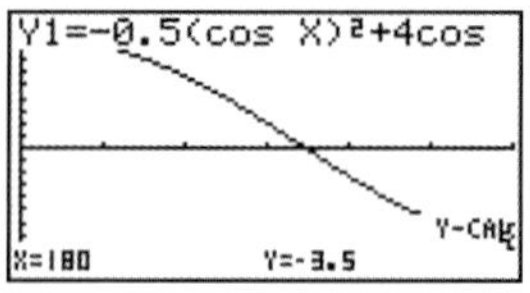


- $T(\varphi)$ wird maximal, wenn $\cos\varphi$ den größten Wert $(+1)$ annimmt. Dies ist für $\varphi=0°$ der Fall.
  also: $T_{max}=-0{,}5(+1-4)^2+9=4{,}5$ für $\varphi=0°$

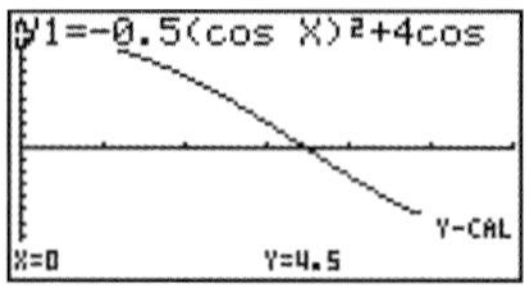

Hinweise und Tipps

**242** a) $T(\varphi) = 0{,}5\sin\varphi + 4\cos\varphi \qquad \varphi \in [0°;\ 270°]$

*Klammere den Faktor 0,5 aus.*

$$T(\varphi) = 0{,}5(\sin\varphi + 8\cos\varphi)$$

*Ersetze 8 durch $\tan\varphi = \frac{\sin\varphi}{\cos\varphi}$, wobei $\varphi = \tan^{-1}(8) = 82{,}87°$ ist.*

$$T(\varphi) = 0{,}5\left(\sin\varphi + \frac{\sin 82{,}87°}{\cos 82{,}87°}\cdot\cos\varphi\right)$$

*Klammere $\frac{1}{\cos 82{,}87°}$ aus.*

$$T(\varphi) = 0{,}5\left(\sin\varphi\cdot\frac{\cos 82{,}87°}{\cos 82{,}87°} + \frac{\sin 82{,}87°}{\cos 82{,}87°}\cdot\cos\varphi\right)$$

$$T(\varphi) = \frac{0{,}5}{\cos 82{,}87°}(\sin\varphi\cdot\cos 82{,}87° + \sin 82{,}87°\cdot\cos\varphi)$$

*Vereinfache: $\frac{0{,}5}{\cos 82{,}87°} = 4{,}03$*

$$T(\varphi) = 4{,}03\cdot(\sin\varphi\cdot\cos 82{,}87° + \cos\varphi\cdot\sin 82{,}87°)$$

*Wende ein Additionstheorem an.*

$$T(\varphi) = 4{,}03\cdot\sin(\varphi + 82{,}87°)$$

- Der Term $T(\varphi)$ hat ein Minimum, wenn $\sin(\varphi + 82{,}87°) = -1$, also für $\varphi + 82{,}87° = 270°$ bzw. $\varphi = 187{,}13°$:
  also: $T_{min} = -4{,}03$ für $\varphi = 187{,}13°$

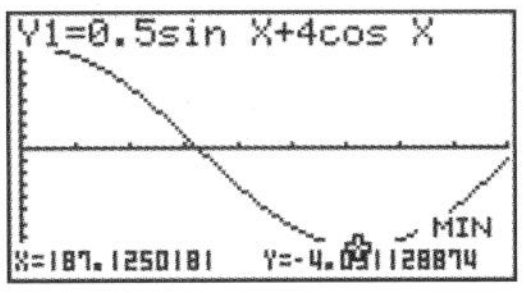


- Der Term $T(\varphi)$ hat ein Maximum, wenn $\sin(\varphi + 82{,}87°) = 1$, also für $\varphi + 82{,}87° = 90°$ bzw. $\varphi = 7{,}13°$:
  also: $T_{max} = 4{,}03$ für $\varphi = 7{,}13°$

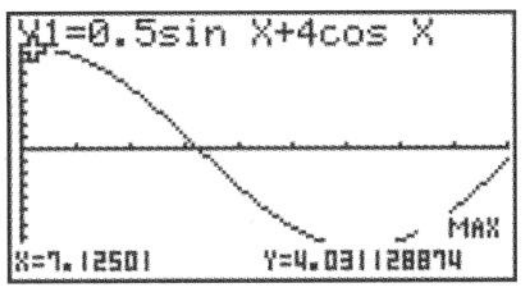


b) $T(\varphi) = \cos(\varphi - 60°) + \sin(\varphi + 30°) \qquad \varphi \in [0°;\ 360°]$

*Wende Additionstheoreme an.*

$$T(\varphi) = \cos\varphi\cos 60° + \sin\varphi\sin 60° + \sin\varphi\cos 30° + \cos\varphi\sin 30°$$

*Vereinfache.*

$$T(\varphi) = \frac{1}{2}\cos\varphi + \frac{1}{2}\sqrt{3}\sin\varphi + \frac{1}{2}\sqrt{3}\sin\varphi + \frac{1}{2}\cos\varphi$$

*Zusammenfassen*

$$T(\varphi) = \cos\varphi + \sqrt{3}\sin\varphi$$

*Ersetze $\sqrt{3} = \tan\varphi = \frac{\sin\varphi}{\cos\varphi}$, wobei $\varphi = \tan^{-1}(\sqrt{3}) = 60°$ ist.*

$$T(\varphi) = \cos\varphi + \frac{\sin 60°}{\cos 60°}\sin\varphi$$

*Klammere $\frac{1}{\cos 60°}$ aus.*

$$T(\varphi) = \frac{1}{\cos 60°}(\cos\varphi\cos 60° + \sin\varphi\sin 60°)$$

*Vereinfache $\frac{1}{\cos 60°} = 2$ und wende das Additionstheorem an.*

$$T(\varphi) = 2\cos(\varphi - 60°)$$

- Der Term $T(\varphi)$ hat ein Minimum, wenn $\cos(\varphi - 60°) = -1$, also für $\varphi - 60° = 180°$ bzw. $\varphi = 240°$:
  also: $T_{min} = -2$ für $\varphi = 240°$

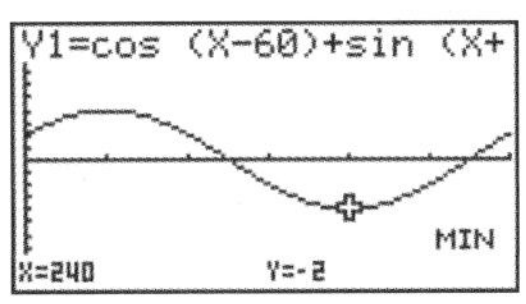


- Der Term $T(\varphi)$ hat ein Maximum, wenn $\cos(\varphi - 60°) = 1$, also für $\varphi - 60° = 0°$ bzw. $\varphi = 60°$:
  also: $T_{max} = 2$ für $\varphi = 60°$

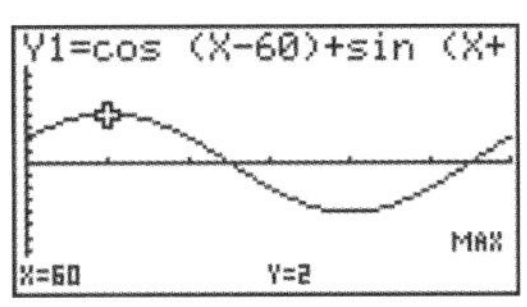

c) $T(\varphi) = \sin\varphi - \cos(30° + \varphi) + 5 \qquad \varphi \in [0°; 360°]$

$T(\varphi) = \sin\varphi - (\cos 30° \cos\varphi - \sin 30° \sin\varphi) + 5$

$T(\varphi) = \sin\varphi - \left(\frac{1}{2}\sqrt{3}\cos\varphi - \frac{1}{2}\sin\varphi\right) + 5$

$T(\varphi) = \sin\varphi - \frac{1}{2}\sqrt{3}\cos\varphi + \frac{1}{2}\sin\varphi + 5$

$T(\varphi) = \frac{3}{2}\sin\varphi - \frac{1}{2}\sqrt{3}\cos\varphi + 5$

$T(\varphi) = \frac{3}{2}\left(\sin\varphi - \frac{\sqrt{3}}{3}\cos\varphi\right) + 5$

$T(\varphi) = \frac{3}{2}\left(\sin\varphi - \frac{\sin 30°}{\cos 30°}\cos\varphi\right) + 5$

$T(\varphi) = \frac{3}{2\cos 30°}(\sin\varphi\cos 30° - \cos\varphi\sin 30°) + 5$

$T(\varphi) = \sqrt{3}\sin(\varphi - 30°) + 5$

- Der Term $T(\varphi)$ hat ein Minimum, wenn $\sin(\varphi - 30°) = -1$, also für $\varphi - 30° = 270°$ bzw. $\varphi = 300°$:
  also: $T_{min} = 3{,}27$ für $\varphi = 300°$
- Der Term $T(\varphi)$ hat ein Maximum, wenn $\sin(\varphi - 30°) = 1$, also für $\varphi - 30° = 90°$ bzw. $\varphi = 120°$:
  also: $T_{max} = 6{,}73$ für $\varphi = 120°$

**Hinweise und Tipps**

Wende ein Additionstheorem an.
Vereinfache.

Fasse zusammen.

Ersetze $\frac{\sqrt{3}}{3} = \tan\varphi = \frac{\sin\varphi}{\cos\varphi}$, wobei $\varphi = \tan^{-1}\left(\frac{\sqrt{3}}{3}\right) = 30°$ ist.

Klammere $\frac{1}{\cos 30°}$ aus.

Vereinfache $\frac{3}{2\cos 30°} = \frac{3}{\sqrt{3}} = \sqrt{3}$ und wende das Additionstheorem an.

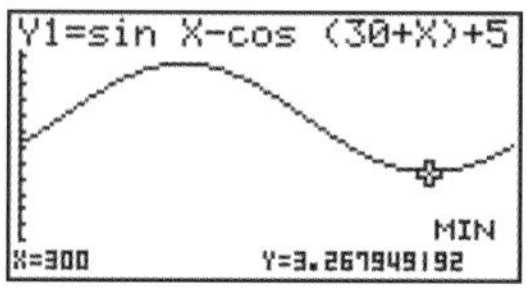


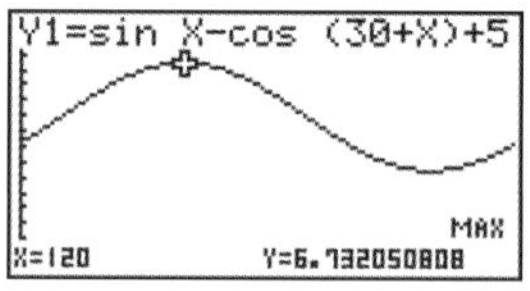


---

**243** $\sin(\varphi - 30°) = 0$

$\Leftrightarrow \quad \varphi_1 - 30° = 0° \quad \vee \quad \varphi_2 - 30° = 180°$

$\Leftrightarrow \quad \varphi_1 = 30° \quad \vee \quad \varphi_2 = 210°$

$G = ]30°; 210°[$

Das flächenkleinste Dreieck entsteht, wenn der Nennerterm $\sin(\varphi - 30°)$ im Intervall $]30°; 210°[$ seinen größten Wert annimmt. Dies ist der Fall für:

$\sin(\varphi - 30°) = 1$

$\Leftrightarrow \quad \varphi - 30° = 90°$

$\Leftrightarrow \quad \varphi = 120°$

$L = \{120°\}$

---

**244** a) $\overrightarrow{AC_1} = \begin{pmatrix} 6 + 3\sin 100° \\ 5\cos^2 100° \end{pmatrix} = \begin{pmatrix} 8{,}95 \\ 0{,}15 \end{pmatrix}$

$\overrightarrow{AC_2} = \begin{pmatrix} 6 + 3\sin 150° \\ 5\cos^2 150° \end{pmatrix} = \begin{pmatrix} 7{,}50 \\ 3{,}75 \end{pmatrix}$

$\overrightarrow{AC_3} = \begin{pmatrix} 6 + 3\sin 240° \\ 5\cos^2 240° \end{pmatrix} = \begin{pmatrix} 3{,}40 \\ 1{,}25 \end{pmatrix}$

Hinweise und Tipps

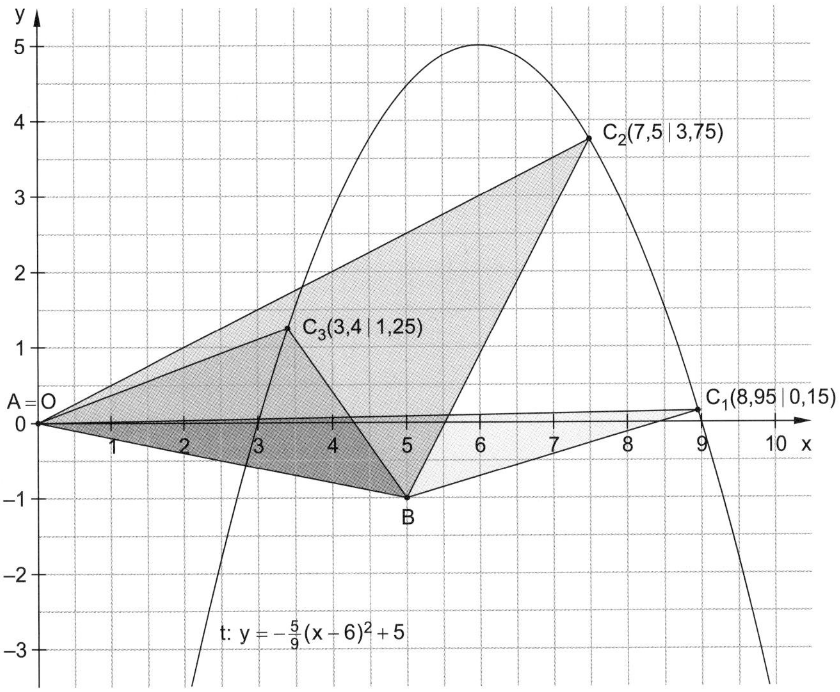


b) Berechnung des Trägergraphen von $C_n(x\,|\,y)$:

$$\overrightarrow{AC_n} = \begin{pmatrix} 6+3\sin\alpha \\ 5\cos^2\alpha \end{pmatrix}$$

$$\Leftrightarrow \begin{pmatrix} x-0 \\ y-0 \end{pmatrix} = \begin{pmatrix} 6+3\sin\alpha \\ 5\cos^2\alpha \end{pmatrix}$$

$$\Leftrightarrow \begin{vmatrix} x = 6+3\sin\alpha \\ \wedge\ y = 5\cos^2\alpha \end{vmatrix} \quad |-6$$

Löse die erste Gleichung nach $\sin\alpha$ auf und ersetze in der zweiten Gleichung den Term $\cos^2\alpha$ durch den Term $1-\sin^2\alpha$.

$$\Leftrightarrow \begin{vmatrix} x-6 = 3\sin\alpha \\ \wedge\ y = 5(1-\sin^2\alpha) \end{vmatrix} \quad \left|\cdot\frac{1}{3}\right.$$

$$\Leftrightarrow \begin{vmatrix} \sin\alpha = \frac{1}{3}(x-6) \\ \wedge\ y = 5(1-\sin^2\alpha) \end{vmatrix}$$

$$\Leftrightarrow \begin{vmatrix} \sin\alpha = \frac{1}{3}x-2 \\ \wedge\ y = 5-5\sin^2\alpha \end{vmatrix}$$

$t\colon y = 5-5\left(\frac{1}{3}x-2\right)^2$ oder: $t\colon y = 5-5\left(\frac{1}{3}\right)^2(x-6)^2$

Ersetze den Term $\sin\alpha$ durch $\frac{1}{3}x-2=\frac{1}{3}(x-6)$.

$y = 5-5\left(\frac{1}{9}x^2-\frac{4}{3}x+4\right)$ $\qquad$ $y = 5-\frac{5}{9}(x-6)^2$

$y = 5-\frac{5}{9}x^2+6\frac{2}{3}x-20$ $\qquad$ $y = -\frac{5}{9}(x-6)^2+5$

$y = -\frac{5}{9}x^2+6\frac{2}{3}x-15$

Hinweise und Tipps

c) Aufspannende Pfeile:

$\overrightarrow{AB} = \begin{pmatrix} 5 \\ -1 \end{pmatrix}$; $\overrightarrow{AC_n} = \begin{pmatrix} 6+3\sin\alpha \\ 5\cos^2\alpha \end{pmatrix}$

Berechnung des Flächeninhalts A in Abhängigkeit von $\alpha$:

$$A(\alpha) = \frac{1}{2}\begin{vmatrix} 5 & (6+3\sin\alpha) \\ (-1) & 5\cos^2\alpha \end{vmatrix} \text{ FE}$$

$$A(\alpha) = \frac{1}{2}[5\cdot 5\cos^2\alpha - (-1)(6+3\sin\alpha)] \text{ FE}$$

$$A(\alpha) = \frac{1}{2}[25(1-\sin^2\alpha)+6+3\sin\alpha] \text{ FE}$$

$$A(\alpha) = \frac{1}{2}[25-25\sin^2\alpha+6+3\sin\alpha] \text{ FE}$$

$$A(\alpha) = \left(-12\frac{1}{2}\sin^2\alpha+1\frac{1}{2}\sin\alpha+15\frac{1}{2}\right) \text{ FE}$$

Berechnung von $A_{max}$:

$$A(\alpha) = \left(-12\frac{1}{2}\sin^2\alpha+1\frac{1}{2}\sin\alpha+15\frac{1}{2}\right) \text{ FE}$$

$$A(\alpha) = -12\frac{1}{2}\left[\sin^2\alpha-\frac{3}{25}\sin\alpha-1\frac{6}{25}\right] \text{ FE}$$

$$A(\alpha) = -12\frac{1}{2}\left[\sin^2\alpha-\frac{3}{25}\sin\alpha+\left(\frac{3}{50}\right)^2-\left(\frac{3}{50}\right)^2-1\frac{6}{25}\right] \text{ FE}$$

$$A(\alpha) = -12\frac{1}{2}\left[\left(\sin\alpha-\frac{3}{50}\right)^2-1\frac{609}{2\,500}\right] \text{ FE}$$

$$A(\alpha) = \left[-12\frac{1}{2}\left(\sin\alpha-\frac{3}{50}\right)^2+15\frac{109}{200}\right] \text{ FE}$$

Der Term $A(\alpha)$ hat ein Maximum, wenn $\sin\alpha-\frac{3}{50}=0$ ist, also für $\sin\alpha=\frac{3}{50}$ bzw. $\alpha_1=3{,}44°$ oder $\alpha_2=176{,}56°$

$A_{max}=15{,}545$ FE für $\alpha_1=3{,}44°$ oder $\alpha_2=176{,}56°$

Hinweise und Tipps

## 2.4 Skalarprodukt von Vektoren

**245** a) $\vec{a} \odot \vec{b} = \begin{pmatrix} 2 \\ 1 \end{pmatrix} \odot \begin{pmatrix} 3 \\ 4 \end{pmatrix} = 2 \cdot 3 + 1 \cdot 4 = 6 + 4 = 10$

Produkt der x-Koordinaten + Produkt der y-Koordinaten

b) $\vec{a} \odot \vec{b} = \begin{pmatrix} -6 \\ 9 \end{pmatrix} \odot \begin{pmatrix} 10 \\ -5 \end{pmatrix} = -6 \cdot 10 + 9 \cdot (-5) = -60 - 45 = -105$

Produkt der x-Koordinaten + Produkt der y-Koordinaten

c) $\vec{a} \odot \vec{b} = \begin{pmatrix} -\frac{1}{2} \\ -\frac{1}{3} \end{pmatrix} \odot \begin{pmatrix} \frac{3}{4} \\ -\frac{9}{8} \end{pmatrix} = -\frac{1}{2} \cdot \frac{3}{4} + \left(-\frac{1}{3}\right) \cdot \left(-\frac{9}{8}\right)$

$= -\frac{3}{8} + \frac{9}{24}$

$= -\frac{3}{8} + \frac{3}{8}$

$= 0$

Produkt der x-Koordinaten + Produkt der y-Koordinaten

Da das Skalarprodukt den Wert null besitzt, sind die Vektoren $\vec{a}$ und $\vec{b}$ orthogonal.

d) $\vec{a} \odot \vec{b} = \begin{pmatrix} 5\sqrt{3} \\ -\sqrt{7} \end{pmatrix} \odot \begin{pmatrix} -\sqrt{3} \\ 2\sqrt{7} \end{pmatrix} = 5\sqrt{3} \cdot (-\sqrt{3}) + (-\sqrt{7}) \cdot 2\sqrt{7}$

$= -5 \cdot 3 - 2 \cdot 7$

$= -15 - 14$

$= -29$

Beachte: $\sqrt{3} \cdot (-\sqrt{3}) = -(\sqrt{3})^2 = -3$

---

**246** a) Es muss gelten:

$\overrightarrow{AB} \odot \overrightarrow{AC} = 0$

$\Leftrightarrow \quad \begin{pmatrix} 12 \\ x \end{pmatrix} \odot \begin{pmatrix} 0,5 \\ -3 \end{pmatrix} = 0$

$\Leftrightarrow \quad 12 \cdot 0,5 + x \cdot (-3) = 0$

$\Leftrightarrow \quad 6 - 3x = 0 \quad |+3x$

$\Leftrightarrow \quad 3x = 6 \quad |:3$

$\Leftrightarrow \quad x = 2$

$L = \{2\}$

Produkt der x-Koordinaten + Produkt der y-Koordinaten

Probe:
Für $x = 2$ stehen die Vektoren $\overrightarrow{AB}$ und $\overrightarrow{AC}$ aufeinander senkrecht: $12 \cdot 0,5 + 2 \cdot (-3) = 0$

b) Es muss gelten:

$\overrightarrow{AB} \odot \overrightarrow{AC} = 0$

$\Leftrightarrow \quad \begin{pmatrix} x+1 \\ 2x \end{pmatrix} \odot \begin{pmatrix} 4 \\ 5 \end{pmatrix} = 0$

$\Leftrightarrow \quad (x+1) \cdot 4 + 2x \cdot 5 = 0$

$\Leftrightarrow \quad 4x + 4 + 10x = 0$

$\Leftrightarrow \quad 14x + 4 = 0 \quad |-4$

$\Leftrightarrow \quad 14x = -4 \quad |:14$

$\Leftrightarrow \quad x = -\frac{2}{7}$

$L = \left\{-\frac{2}{7}\right\}$

Produkt der x-Koordinaten + Produkt der y-Koordinaten
Beim Ausmultiplizieren Klammern gesetzt

Probe:
Für $x = -\frac{2}{7}$ stehen die Vektoren $\overrightarrow{AB}$ und $\overrightarrow{AC}$ aufeinander senkrecht:

$\left(-\frac{2}{7} + 1\right) \cdot 4 + 2 \cdot \left(-\frac{2}{7}\right) \cdot 5 = 0$

Hinweise und Tipps

c) Es muss gelten:

$$\overrightarrow{AB} \odot \overrightarrow{AC} = 0$$

$$\Leftrightarrow \begin{pmatrix} 3 \\ \frac{1}{x} \end{pmatrix} \odot \begin{pmatrix} -\frac{1}{4}x \\ 3 \end{pmatrix} = 0$$

Produkt der x-Koordinaten + Produkt der y-Koordinaten

$$\Leftrightarrow 3 \cdot \left(-\frac{1}{4}x\right) + \frac{1}{x} \cdot 3 = 0$$

$$\Leftrightarrow -\frac{3}{4}x + \frac{3}{x} = 0 \quad \left| -\frac{3}{x}\right.$$

Zuerst die Strichumformung …

$$\Leftrightarrow -\frac{3}{4}x = -\frac{3}{x} \quad | \cdot x$$

dann die Punktumformungen.

$$\Leftrightarrow -\frac{3}{4}x^2 = -3 \quad \left| \cdot \left(-\frac{4}{3}\right)\right.$$

$$\Leftrightarrow x^2 = 4 \quad | \sqrt{\phantom{x}}$$

$$\Leftrightarrow |x| = 2$$

$x_1 = -2 \vee x_2 = 2$

$L = \{-2; 2\}$

Probe:

$x_1$: $3 \cdot \left(-\frac{1}{4} \cdot (-2)\right) + \left(\frac{1}{-2}\right) \cdot 3 = 3 \cdot \frac{1}{2} + \left(-\frac{3}{2}\right) = 0$

$x_2$: $3 \cdot \left(-\frac{1}{4} \cdot 2\right) + \frac{1}{2} \cdot 3 = 3 \cdot \left(-\frac{1}{2}\right) + \frac{3}{2} = 0$

d) Es muss gelten:

$$\overrightarrow{AB} \odot \overrightarrow{AC} = 0$$

$$\Leftrightarrow \begin{pmatrix} \frac{1}{2}x^2 + 1 \\ -3x \end{pmatrix} \odot \begin{pmatrix} 12 \\ 2x - 1 \end{pmatrix} = 0$$

$$\Leftrightarrow \left(\frac{1}{2}x^2 + 1\right) \cdot 12 + (-3x) \cdot (2x - 1) = 0$$

$$\Leftrightarrow 6x^2 + 12 - 6x^2 + 3x = 0$$

$$\Leftrightarrow 3x + 12 = 0 \quad | -12$$

$$\Leftrightarrow 3x = -12 \quad | :3$$

$$\Leftrightarrow x = -4$$

$L = \{-4\}$

Probe:

$\left[\frac{1}{2} \cdot (-4)^2 + 1\right] \cdot 12 + [-3 \cdot (-4)] \cdot [2 \cdot (-4) - 1]$

$= \left(\frac{1}{2} \cdot 16 + 1\right) \cdot 12 + 12 \cdot (-8 - 1)$

$= 9 \cdot 12 + 12 \cdot (-9)$

$= 0$

---

**247** a) Ein Rechteck liegt vor, wenn die beiden Pfeile $\overrightarrow{OB}$ und $\overrightarrow{OD_n}$ senkrecht aufeinanderstehen. Das Skalarprodukt hat dann den Wert null:

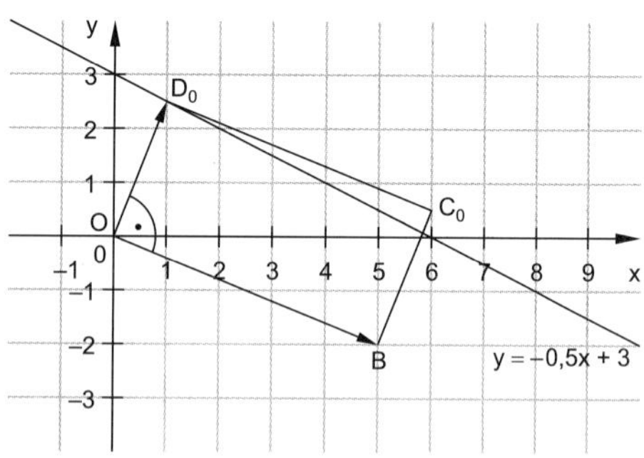


$$\overrightarrow{OB} \odot \overrightarrow{OD_0} = 0$$

$$\Leftrightarrow \begin{pmatrix} 5 \\ -2 \end{pmatrix} \odot \begin{pmatrix} x \\ -0{,}5x + 3 \end{pmatrix} = 0$$

$$\Leftrightarrow 5x + (-2) \cdot (-0{,}5x + 3) = 0$$

$$\Leftrightarrow 5x + x - 6 = 0$$

$$\Leftrightarrow 6x - 6 = 0 \quad | +6$$

$$\Leftrightarrow 6x = 6 \quad | :6$$

$$\Leftrightarrow x = 1$$

$L = \{1\}$

$D_0(1 \mid -0{,}5 \cdot 1 + 3) = D_0(1 \mid 2{,}5)$

$x = 1$ in $y = -0{,}5x + 3$ eingesetzt

b) Das Skalarprodukt der Pfeile $\overrightarrow{OB}$ und $\overrightarrow{OD_1}$ hat gemäß der Voraussetzung den Wert null:

$$\overrightarrow{OB} \odot \overrightarrow{OD_1} = 0$$

$$\Leftrightarrow \quad \begin{pmatrix} 5 \\ -2 \end{pmatrix} \odot \begin{pmatrix} 6\cos\varphi \\ 3\cos\varphi + 2 \end{pmatrix} = 0$$

$$\Leftrightarrow \quad 5 \cdot 6\cos\varphi + (-2) \cdot (3\cos\varphi + 2) = 0$$

$$\Leftrightarrow \quad 30\cos\varphi - 6\cos\varphi - 4 = 0$$

$$\Leftrightarrow \quad 24\cos\varphi - 4 = 0 \quad |+4$$

$$\Leftrightarrow \quad 24\cos\varphi = 4 \quad |:24$$

$$\Leftrightarrow \quad \cos\varphi = \frac{1}{6}$$

$\varphi_1 = 80{,}41° \vee (\varphi_2 = 360° - 80{,}41° \notin G)$

$L = \{80{,}41°\}$

$D_1(6\cos 80{,}41° \,|\, 3\cos 80{,}41° + 2) = D_1(1\,|\,2{,}5)$

Hinweise und Tipps

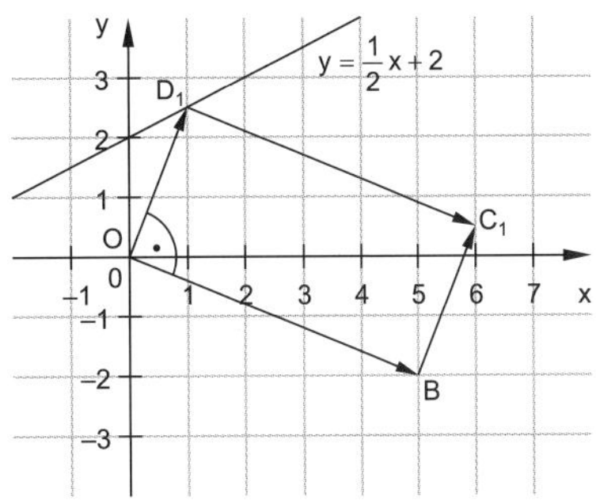


Setzt man $x = 6\cos\varphi$, folgt

$\overrightarrow{OD_n} = \begin{pmatrix} 6\cos\varphi \\ 3\cos\varphi + 2 \end{pmatrix} = \begin{pmatrix} x \\ \frac{1}{2}x + 2 \end{pmatrix}$.

Also liegen die Punkte $D_n$ auf der Geraden $y = \frac{1}{2}x + 2$.

---

**248** a)

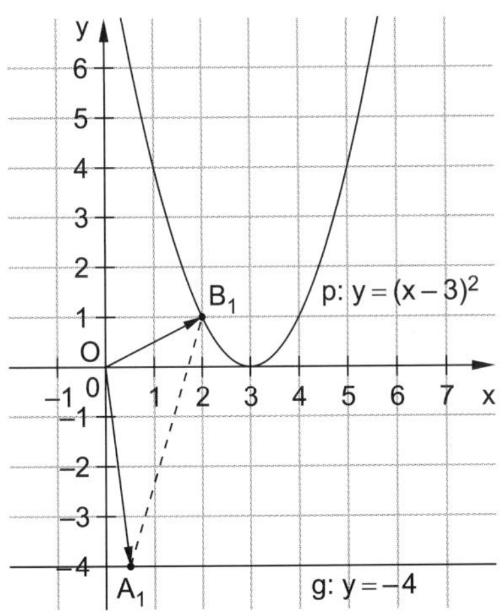


$\overrightarrow{OA_1} = \begin{pmatrix} \frac{1}{4} \cdot 2 \\ -4 \end{pmatrix} = \begin{pmatrix} \frac{1}{2} \\ -4 \end{pmatrix}$ und $\overrightarrow{OB_1} = \begin{pmatrix} 2 \\ (2-3)^2 \end{pmatrix} = \begin{pmatrix} 2 \\ 1 \end{pmatrix}$

b) Bedingung für in O rechtwinklige Dreiecke:

$$\overrightarrow{OA_n} \odot \overrightarrow{OB_n} = 0$$

$\overrightarrow{OA_n} \perp \overrightarrow{OB_n} \Leftrightarrow \overrightarrow{OA_n} \odot \overrightarrow{OB_n} = 0$

$$\Leftrightarrow \quad \begin{pmatrix} \frac{1}{4}x \\ -4 \end{pmatrix} \odot \begin{pmatrix} x \\ (x-3)^2 \end{pmatrix} = 0$$

$$\Leftrightarrow \quad \frac{1}{4}x \cdot x + (-4)(x-3)^2 = 0$$

Wende die 2. binomische Formel an.

$$\Leftrightarrow \quad \frac{1}{4}x^2 + (-4)(x^2 - 6x + 9) = 0$$

Löse die Klammer auf.

$$\Leftrightarrow \quad \frac{1}{4}x^2 - 4x^2 + 24x - 36 = 0$$

$$\Leftrightarrow \quad -3\frac{3}{4}x^2 + 24x - 36 = 0$$

Wende die Lösungsformel quadratischer Gleichungen an.

$$D = b^2 - 4ac = 24^2 - 4 \cdot \left(-3\frac{3}{4}\right) \cdot (-36) = 36$$

$$\Leftrightarrow \quad x_{1/2} = \frac{-24 \pm \sqrt{36}}{2 \cdot \left(-\frac{15}{4}\right)}$$

$x_1 = 2{,}4 \vee x_2 = 4$

$L = \{2{,}4;\ 4\}$

Es existieren somit zwei rechtwinklige Dreiecke.

Hinweise und Tipps

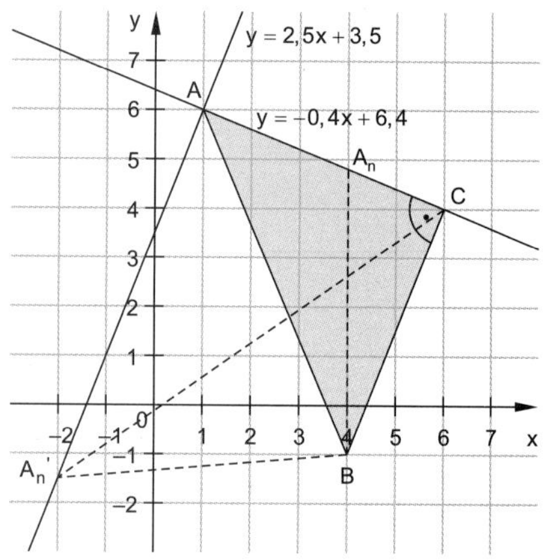


**249** Zunächst sind die Koordinaten der aufspannenden Vektoren zu berechnen:

$A(x\,|\,y);\ \overrightarrow{CA} = \begin{pmatrix} x-6 \\ y-4 \end{pmatrix};\ \overrightarrow{CB} = \begin{pmatrix} 4-6 \\ -1-4 \end{pmatrix} = \begin{pmatrix} -2 \\ -5 \end{pmatrix}$

Berechnung von A(x):

$$A(x) = \frac{1}{2} \cdot \begin{vmatrix} x-6 & -2 \\ y-4 & -5 \end{vmatrix} \text{ FE}$$

$$A(x) = \frac{1}{2} \cdot [(x-6)\cdot(-5) - (y-4)\cdot(-2)] \text{ FE}$$

$$A(x) = \frac{1}{2} \cdot [-5x + 30 + 2y - 8] \text{ FE}$$

$$A(x) = (-2{,}5x + y + 11) \text{ FE}$$

1. Bedingung: Das Dreieck hat den Flächeninhalt 14,5 FE:

$$\begin{array}{|l} A(x) = (-2{,}5x + y + 11) \text{ FE} \\ \wedge \quad A = 14{,}5 \text{ FE} \end{array}$$

$\Rightarrow\ -2{,}5x + y + 11 = 14{,}5 \quad (I = II)\ |+2{,}5x - 11$

$\Leftrightarrow\ y = 2{,}5x + 3{,}5$

Alle Punkte $A_n'$, die auf der zu BC parallelen Geraden mit der Gleichung $y = 2{,}5x + 3{,}5$ liegen, erzeugen mit den Punkten B und C Dreiecke $A_n'BC$ mit einem Flächeninhalt von 14,5 FE.

2. Bedingung: Das Dreieck ist in C rechtwinklig:

$\overrightarrow{CA} \odot \overrightarrow{CB} = 0$

$\Leftrightarrow\ \begin{pmatrix} x-6 \\ y-4 \end{pmatrix} \odot \begin{pmatrix} -2 \\ -5 \end{pmatrix} = 0$

$\Leftrightarrow\ (x-6)\cdot(-2) + (y-4)\cdot(-5) = 0$

$\Leftrightarrow\ -2x + 12 - 5y + 20 = 0$

$\Leftrightarrow\ -5y - 2x + 32 = 0 \quad |+2x - 32$

$\Leftrightarrow\ -5y = 2x - 32 \quad |:(-5)$

$\Leftrightarrow\ y = -0{,}4x + 6{,}4$

Das Skalarprodukt der Vektoren $\overrightarrow{CA}$ und $\overrightarrow{CB}$ muss den Wert null besitzen.

Produkt der x-Koordinaten + Produkt der y-Koordinaten

Alle Punkte $A_n$, die auf der auf BC senkrecht stehenden Geraden mit der Gleichung $y = -0{,}4x + 6{,}4$ links von C liegen, erzeugen mit den Punkten B und C (in C) rechtwinklige Dreiecke $A_nBC$.

Berechnung des Wertes von x, sodass die 1. und die 2. Bedingung erfüllt sind:

Schnittpunktbedingung:

$$\begin{array}{|l} y = 2{,}5x + 3{,}5 \\ \wedge \quad y = -0{,}4x + 6{,}4 \end{array}$$

$\Rightarrow\ 2{,}5x + 3{,}5 = -0{,}4x + 6{,}4 \quad (I = II)\ |+0{,}4x - 3{,}5$

$\Leftrightarrow\ 2{,}9x = 2{,}9 \quad |:2{,}9$

$\Leftrightarrow\ x = 1$

also: $A(x\,|\,y) = A(x\,|\,2{,}5x + 3{,}5) = A(1\,|\,2{,}5 \cdot 1 + 3{,}5) = A(1\,|\,6)$

Um den Punkt A zu finden, dessen Koordinaten beide Gleichungen und damit beide Bedingungen zugleich erfüllen, löst man das lineare Gleichungssystem.

**250** a) Zunächst Berechnung der Koordinaten des Lotfußpunktes Q:

Koordinaten des Pfeils $\overrightarrow{PQ}$ in Abhängigkeit von x:

$$\overrightarrow{PQ}(x) = \begin{pmatrix} x-8 \\ -2x+5-5 \end{pmatrix} = \begin{pmatrix} x-8 \\ -2x \end{pmatrix}$$

Wegen $Q \in g$ gilt: $Q(x\,|-2x+5)$

Bestimmung von $\vec{m}_g$:

$$m_g = -2 \ \Rightarrow\ \vec{m}_g = \begin{pmatrix} 1 \\ -2 \end{pmatrix}$$

Aus dem Steigungsfaktor $m_g$ lassen sich die Koordinaten des Steigungspfeils $\vec{m}_g$ direkt ableiten.

Hinweise und Tipps

Skalarprodukt:

$$\overrightarrow{PQ} \odot \vec{m}_g = 0$$

$$\Leftrightarrow \quad \begin{pmatrix} x-8 \\ -2x \end{pmatrix} \odot \begin{pmatrix} 1 \\ -2 \end{pmatrix} = 0$$

Da die Pfeile $\overrightarrow{PQ}$ und $\vec{m}_g$ senkrecht aufeinanderstehen, hat das Skalarprodukt der zugehörigen Vektoren den Wert null.

$$\Leftrightarrow \quad (x-8)\cdot 1 + (-2x)\cdot(-2) = 0$$

Multipliziere aus.

$$\Leftrightarrow \quad x - 8 + 4x = 0$$

Fasse zusammen.

$$\Leftrightarrow \quad 5x - 8 = 0 \qquad |+8$$

Löse nach x auf.

$$\Leftrightarrow \quad 5x = 8 \qquad |:5$$

$$\Leftrightarrow \quad x = 1{,}6$$

$L = \{1{,}6\}$

$Q(1{,}6 \mid -2\cdot 1{,}6 + 5) = Q(1{,}6 \mid 1{,}8)$

Einsetzen der x-Koordinate 1,6 in die Geradengleichung $y = -2x + 5$

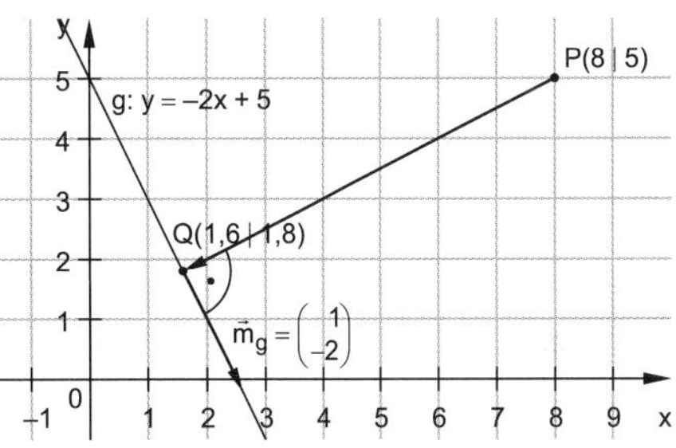


Berechnung der Streckenlänge $|\overline{PQ}|$:

Koordinaten des Pfeils $\overrightarrow{PQ}$:

$$\overrightarrow{PQ} = \begin{pmatrix} 1{,}6-8 \\ 1{,}8-5 \end{pmatrix} = \begin{pmatrix} -6{,}4 \\ -3{,}2 \end{pmatrix}$$

Für die Länge der Strecke $|\overline{PQ}|$ gilt:

$$|\overline{PQ}| = \sqrt{(-6{,}4)^2 + (-3{,}2)^2}\ \text{LE} = \sqrt{51{,}2}\ \text{LE} = 7{,}16\ \text{LE}$$

Der Abstand des Punktes P zur Geraden g beträgt 7,16 LE.

b) Zunächst Berechnung der Koordinaten des Lotfußpunktes Q:
Koordinaten des Pfeils $\overrightarrow{PQ}$ in Abhängigkeit von x:

$$\overrightarrow{PQ}(x) = \begin{pmatrix} x-3 \\ \frac{3}{2}x + 9 - (-2) \end{pmatrix} = \begin{pmatrix} x-3 \\ \frac{3}{2}x + 11 \end{pmatrix}$$

Wegen $Q \in g$ gilt: $Q\left(x \mid \frac{3}{2}x + 9\right)$

Bestimmung von $\vec{m}_g$:

$$m_g = \frac{3}{2} \Rightarrow \vec{m}_g = \begin{pmatrix} 2 \\ 3 \end{pmatrix}$$

Aus dem Steigungsfaktor $m_g$ lassen sich die Koordinaten des Steigungspfeils $\vec{m}_g$ direkt ableiten.

Skalarprodukt:

$$\overrightarrow{PQ} \odot \vec{m}_g = 0$$

$$\Leftrightarrow \quad \begin{pmatrix} x-3 \\ \frac{3}{2}x + 11 \end{pmatrix} \odot \begin{pmatrix} 2 \\ 3 \end{pmatrix} = 0$$

Da die Pfeile $\overrightarrow{PQ}$ und $\vec{m}_g$ senkrecht aufeinanderstehen, hat das Skalarprodukt der zugehörigen Vektoren den Wert null.

$$\Leftrightarrow \quad (x-3)\cdot 2 + \left(\frac{3}{2}x + 11\right)\cdot 3 = 0$$

Multipliziere aus.

$$\Leftrightarrow \quad 2x - 6 + \frac{9}{2}x + 33 = 0$$

Fasse zusammen.

$$\Leftrightarrow \quad \frac{13}{2}x + 27 = 0 \qquad |-27$$

Löse nach x auf.

$$\Leftrightarrow \quad \frac{13}{2}x = -27 \qquad \left|\cdot\left(\frac{2}{13}\right)\right.$$

$$\Leftrightarrow \quad x = -4\frac{2}{13}$$

$$L = \left\{-4\frac{2}{13}\right\}$$

$$Q\left(-4\frac{2}{13} \,\middle|\, \frac{3}{2}\cdot\left(-4\frac{2}{13}\right) + 9\right) = Q\left(-4\frac{2}{13} \,\middle|\, -6\frac{3}{13} + 9\right) = Q\left(-4\frac{2}{13} \,\middle|\, 2\frac{10}{13}\right)$$

Einsetzen der x-Koordinate $-4\frac{2}{13}$ in die Geradengleichung $y = \frac{3}{2}x + 9$

Hinweise und Tipps

Berechnung der Streckenlänge $|\overline{PQ}|$:

Koordinaten des Pfeils $\overrightarrow{PQ}$:

$$\overrightarrow{PQ} = \begin{pmatrix} -4\frac{2}{13} - 3 \\ 2\frac{10}{13} - (-2) \end{pmatrix} = \begin{pmatrix} -7\frac{2}{13} \\ 4\frac{10}{13} \end{pmatrix}$$

Für die Länge der Strecke $\overline{PQ}$ gilt:

$$|\overline{PQ}| = \sqrt{\left(-7\frac{2}{13}\right)^2 + \left(4\frac{10}{13}\right)^2}\ \text{LE} = 8{,}60\ \text{LE}$$

Der Abstand des Punktes P zur Geraden g beträgt 8,60 LE.

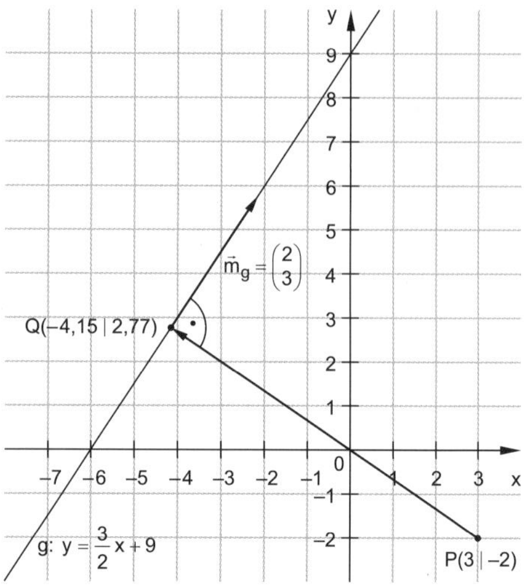


**251** a) Vorüberlegungen zur Zeichnung:

- Einzeichnen der Punkte B(−3 | −1) und D(2 | 6,5)
- Einzeichnen der Geraden g: $y = -0{,}25x + 3{,}5$
- C liegt auf der Geraden g und das Maß $\gamma$ des Winkels ∢DCB beträgt 90°. Zeichne daher den Thaleskreis über $\overline{BD}$. Einer der Schnittpunkte mit der Geraden g ist der Punkt C. Die Orientierung des Drachenvierecks ABCD zeigt an, welcher der richtige ist.
- Spiegeln des Punktes C an der Symmetrieachse BD liefert den Punkt A

Zeichnung:

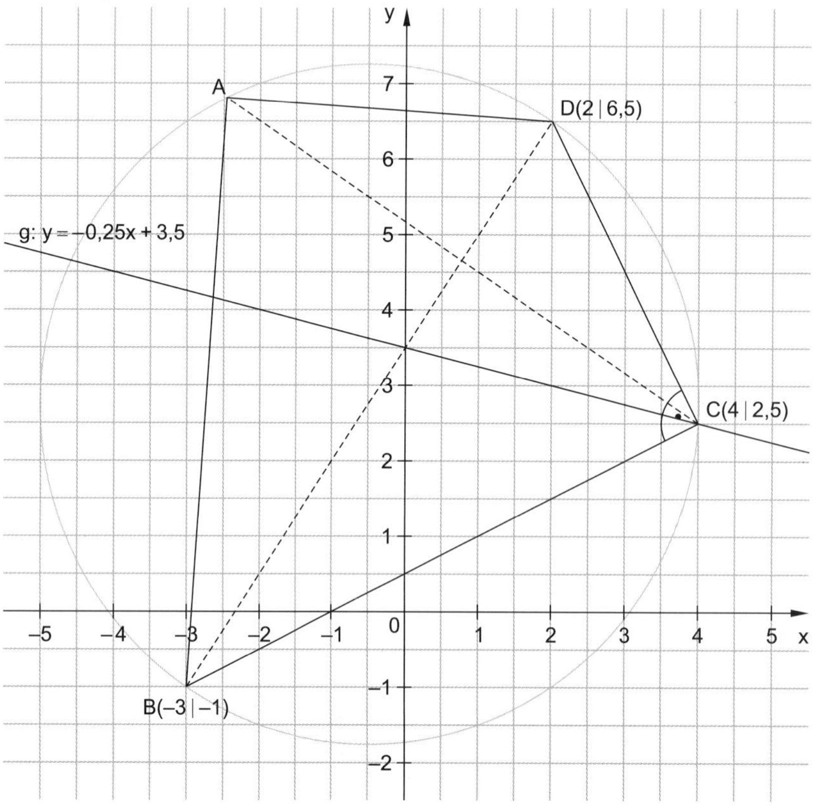

b) Bestimmung der Koordinaten des Punktes C:

1. Bedingung:
$C \in g \Rightarrow C(x\,|-0{,}25x+3{,}5)$

2. Bedingung:
$\overrightarrow{BC} \perp \overrightarrow{DC} \Leftrightarrow \overrightarrow{BC} \odot \overrightarrow{DC} = 0$

Berechnung der Koordinaten der Pfeile $\overrightarrow{BC}$ und $\overrightarrow{CD}$:

$$\overrightarrow{BC} = \begin{pmatrix} x-(-3) \\ -0,25x+3,5-(-1) \end{pmatrix} = \begin{pmatrix} x+3 \\ -0,25x+4,5 \end{pmatrix}$$

$$\overrightarrow{DC} = \begin{pmatrix} x-2 \\ -0,25x+3,5-6,5 \end{pmatrix} = \begin{pmatrix} x-2 \\ -0,25x-3 \end{pmatrix}$$

Berechnung der Koordinaten des Punktes C:

$$\overrightarrow{BC} \odot \overrightarrow{DC} = 0$$

$$\Leftrightarrow \begin{pmatrix} x+3 \\ -0,25x+4,5 \end{pmatrix} \odot \begin{pmatrix} x-2 \\ -0,25x-3 \end{pmatrix} = 0$$

$$\Leftrightarrow (x+3)\cdot(x-2)+\left(-\frac{1}{4}x+\frac{9}{2}\right)\cdot\left(-\frac{1}{4}x-3\right)=0$$

$$\Leftrightarrow x^2-2x+3x-6+\frac{1}{16}x^2+\frac{3}{4}x-\frac{9}{8}x-\frac{27}{2}=0$$

$$\Leftrightarrow \frac{17}{16}x^2+\frac{5}{8}x-\frac{39}{2}=0 \quad \left|\cdot\frac{16}{17}\right.$$

$$\Leftrightarrow x^2+\frac{10}{17}x-\frac{312}{17}=0$$

$$D=b^2-4ac=\left(\frac{10}{17}\right)^2-4\cdot1\cdot\left(-\frac{312}{17}\right)=73,76$$

$$\Leftrightarrow x_{1/2}=\frac{-\frac{10}{17}\pm\sqrt{73,76}}{2}$$

$x_1=4,00 \vee (x_2=-4,59)$

$L=\{4\}$

$C(4\,|-0{,}25\cdot 4+3{,}5)=C(4\,|\,2{,}5)$

**Hinweise und Tipps**

Der Punkt C liegt auf der Geraden g und zugleich auf dem Thaleskreis über $\overline{BD}$.

Allgemeine Koordinaten der Punkte auf der Geraden g

Orthogonalitätsbedingung

Da die Pfeile $\overrightarrow{BC}$ und $\overrightarrow{DC}$ aufeinander senkrecht stehen müssen, hat das Skalarprodukt der zugehörigen Vektoren den Wert null.

Es muss gelten: $x_C>0$.
Durch Einsetzen der x-Koordinate 4 in die Geradengleichung $y=-0{,}25x+3{,}5$ erhält man die zugehörige y-Koordinate des Punktes C.

---

**252** a) Berechnung von $\sphericalangle(\vec{a};\vec{b})=\varphi$:

$$\cos\varphi=\frac{\vec{a}\odot\vec{b}}{|\vec{a}|\cdot|\vec{b}|}$$

$$\cos\varphi=\frac{\begin{pmatrix} 8 \\ 10 \end{pmatrix}\odot\begin{pmatrix} -3 \\ 5 \end{pmatrix}}{\sqrt{8^2+10^2}\cdot\sqrt{(-3)^2+5^2}}$$

$$\cos\varphi=\frac{8\cdot(-3)+10\cdot5}{\sqrt{164}\cdot\sqrt{34}}$$

$$\cos\varphi=\frac{-24+50}{\sqrt{164\cdot34}}$$

$$\cos\varphi=\frac{26}{\sqrt{5\,576}}$$

$$\varphi=69,62°$$

Berechnung von $\sphericalangle(\vec{b};\vec{a})=\varphi^*$:

$\varphi^*=360°-\varphi=360°-69,62°=290,38°$

✎ Hinweise und Tipps

b) Berechnung von $\sphericalangle(\vec{a};\vec{b})=\varphi$:

$$\cos\varphi=\frac{\vec{a}\odot\vec{b}}{|\vec{a}|\cdot|\vec{b}|}$$

$$\cos\varphi=\frac{\begin{pmatrix}-5\\1\end{pmatrix}\odot\begin{pmatrix}-2\\-4\end{pmatrix}}{\sqrt{(-5)^2+1^2}\cdot\sqrt{(-2)^2+(-4)^2}}$$

$$\cos\varphi=\frac{-5\cdot(-2)+1\cdot(-4)}{\sqrt{26}\cdot\sqrt{20}}$$

$$\cos\varphi=\frac{10-4}{\sqrt{26\cdot 20}}$$

$$\cos\varphi=\frac{6}{\sqrt{520}}$$

$$\varphi=74{,}74°$$

Berechnung von $\sphericalangle(\vec{b};\vec{a})=\varphi^*$:

$\varphi^*=360°-\varphi=360°-74{,}74°=285{,}26°$

---

**253** Zeichnung:

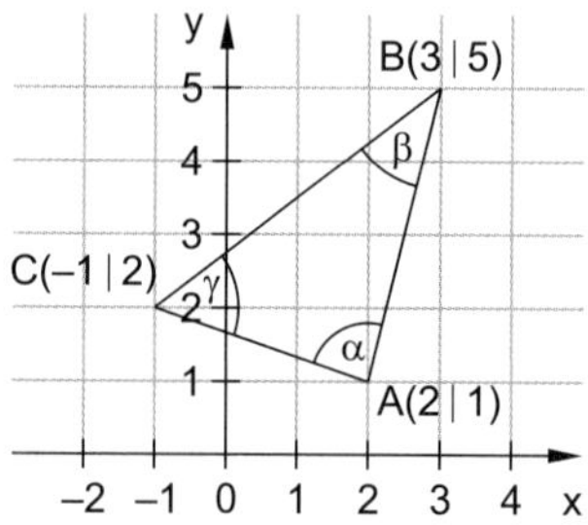


Berechnung von α:

$$\overrightarrow{AB}=\begin{pmatrix}3-2\\5-1\end{pmatrix}=\begin{pmatrix}1\\4\end{pmatrix};\ \overrightarrow{AC}=\begin{pmatrix}-1-2\\2-1\end{pmatrix}=\begin{pmatrix}-3\\1\end{pmatrix}$$

α wird als Zwischenwinkel der Vektoren $\overrightarrow{AB}$ und $\overrightarrow{AC}$ berechnet.

$$\cos\alpha=\frac{\overrightarrow{AB}\odot\overrightarrow{AC}}{|\overrightarrow{AB}|\cdot|\overrightarrow{AC}|}$$

Setze die Vektorkoordinaten ein.

$$\cos\alpha=\frac{\begin{pmatrix}1\\4\end{pmatrix}\odot\begin{pmatrix}-3\\1\end{pmatrix}}{\sqrt{1^2+4^2}\cdot\sqrt{(-3)^2+1^2}}$$

$$\cos\alpha=\frac{1\cdot(-3)+4\cdot 1}{\sqrt{17}\cdot\sqrt{10}}$$

$$\cos\alpha=\frac{-3+4}{\sqrt{17\cdot 10}}$$

$$\cos\alpha=\frac{1}{\sqrt{170}}$$

$$\alpha=85{,}60°$$

Berechnung von β:

$$\overrightarrow{BA}=\begin{pmatrix}2-3\\1-5\end{pmatrix}=\begin{pmatrix}-1\\-4\end{pmatrix};\ \overrightarrow{BC}=\begin{pmatrix}-1-3\\2-5\end{pmatrix}=\begin{pmatrix}-4\\-3\end{pmatrix}$$

β wird als Zwischenwinkel der Vektoren $\overrightarrow{BA}$ und $\overrightarrow{BC}$ berechnet.

Hinweise und Tipps

$$\cos\beta = \frac{\overrightarrow{BA} \odot \overrightarrow{BC}}{|\overrightarrow{BA}| \cdot |\overrightarrow{BC}|}$$

Setze die Vektorkoordinaten ein.

$$\cos\beta = \frac{\begin{pmatrix}-1\\-4\end{pmatrix} \odot \begin{pmatrix}-4\\-3\end{pmatrix}}{\sqrt{(-1)^2+(-4)^2} \cdot \sqrt{(-4)^2+(-3)^2}}$$

$$\cos\beta = \frac{-1\cdot(-4)+(-4)\cdot(-3)}{\sqrt{17}\cdot\sqrt{25}}$$

$$\cos\beta = \frac{4+12}{\sqrt{17\cdot 25}}$$

$$\cos\beta = \frac{16}{\sqrt{425}}$$

$$\beta = 39{,}09°$$

Berechnung von $\gamma$:

$$\gamma = 180° - (\alpha+\beta) = 180° - (85{,}60° + 39{,}09°) = 55{,}31°$$

Innenwinkelsumme im Dreieck: $\alpha+\beta+\gamma = 180°$

---

**254** Zeichnung:

Wegen $x_B = 6$ liegt der Punkt B auf der Parallelen zur y-Achse mit der Gleichung $x = 6$.

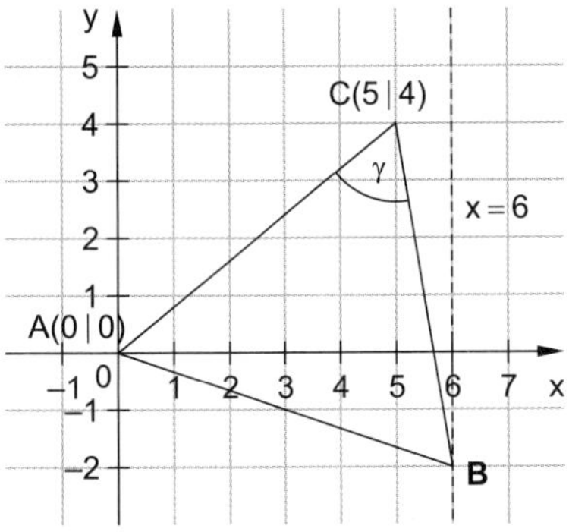


Berechnung von $y_B$:

$$\overrightarrow{CA} = \begin{pmatrix}0-5\\0-4\end{pmatrix} = \begin{pmatrix}-5\\-4\end{pmatrix};\quad \overrightarrow{CB} = \begin{pmatrix}6-5\\y_B-4\end{pmatrix} = \begin{pmatrix}1\\y_B-4\end{pmatrix}$$

Beachte: $B(6\,|\,y_B)$

$$\cos\gamma = \frac{\overrightarrow{CA} \odot \overrightarrow{CB}}{|\overrightarrow{CA}| \cdot |\overrightarrow{CB}|}$$

$$\Leftrightarrow \quad \cos 60{,}80° = \frac{\begin{pmatrix}-5\\-4\end{pmatrix} \odot \begin{pmatrix}1\\y_B-4\end{pmatrix}}{\sqrt{(-5)^2+(-4)^2}\cdot\sqrt{1^2+(y_B-4)^2}}$$

$$\Leftrightarrow \quad \cos 60{,}80° = \frac{-5\cdot 1+(-4)\cdot(y_B-4)}{\sqrt{41}\cdot\sqrt{1+y_B^2-8y_B+16}}$$

$$\Leftrightarrow \quad \cos 60{,}80° = \frac{-4y_B+11}{\sqrt{41}\cdot\sqrt{y_B^2-8y_B+17}} \qquad \Big|\cdot\left(\sqrt{41}\cdot\sqrt{y_B^2-8y_B+17}\right)$$

Löse die Gleichung nach $y_B$ auf.

$$\Leftrightarrow \quad \sqrt{41}\cdot\sqrt{y_B^2-8y_B+17}\cdot\cos 60{,}80° = -4y_B+11 \qquad |^2$$

$$\Rightarrow \quad 41\cdot(y_B^2-8y_B+17)\cdot\cos^2 60{,}80° = (-4y_B+11)^2$$

$$\Leftrightarrow \quad 9{,}76\cdot(y_B^2-8y_B+17) = 16y_B^2-88y_B+121$$

$$\Leftrightarrow \quad 9{,}76y_B^2-78{,}08y_B+165{,}92 = 16y_B^2-88y_B+121$$

$$\Leftrightarrow \quad 6{,}24y_B^2-9{,}92y_B-44{,}92 = 0$$

✐ Hinweise und Tipps

$$\Leftrightarrow \quad \sqrt{41}\cdot\sqrt{y_B^2-8y_B+17}\cdot\cos 60{,}80° = -4y_B+11 \quad |^2$$

Quadriere Links- und Rechtsterm.

$$\Rightarrow \quad 41\cdot(y_B^2-8y_B+17)\cdot\cos^2 60{,}80° = (-4y_B+11)^2$$

$\cos^2(60{,}80°) = (\cos 60{,}80°)^2 = 0{,}238\ldots$

$$\Leftrightarrow \quad 9{,}76\cdot(y_B^2-8y_B+17) = 16y_B^2-88y_B+121$$

$$\Leftrightarrow \quad 9{,}76y_B^2-78{,}08y_B+165{,}92 = 16y_B^2-88y_B+121$$

$$\Leftrightarrow \quad 6{,}24y_B^2-9{,}92y_B-44{,}92 = 0$$

$D = b^2-4ac = (-9{,}92)^2-4\cdot 6{,}24\cdot(-44{,}92) = 1\,219{,}61$

$$\Leftrightarrow \quad y_{B_{1/2}} = \frac{-(-9{,}92)\pm\sqrt{1\,219{,}61}}{2\cdot 6{,}24}$$

Anwendung der Lösungsformel für quadratische Gleichungen

$y_{B_1} = 3{,}59 \vee y_{B_2} = -2{,}00$

Wegen $0 < \cos 60{,}80° = \frac{-4y_B+11}{\sqrt{41}\cdot\sqrt{y_B^2-8y_B+17}}$ folgt $-4y_B+11>0$.

Weil $-4\cdot y_{B_1}+11 = -14{,}36+11<0$ gilt, fällt $y_{B_1} = 3{,}59$ als Lösung weg.

$L = \{-2{,}00\}$

$B(6\,|-2)$

Berechnung von β:

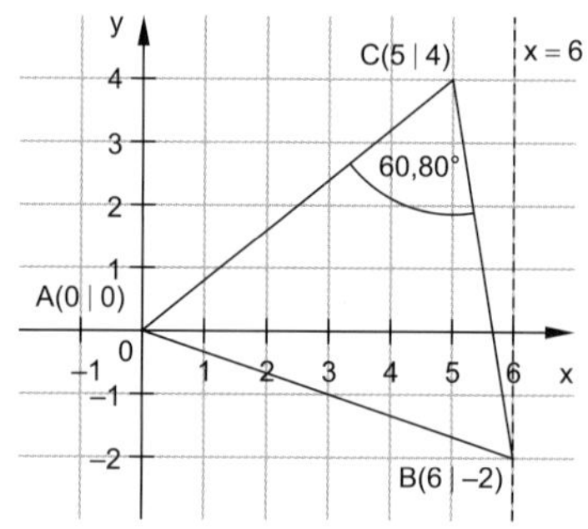


$\overrightarrow{BA} = \begin{pmatrix}0-6\\0-(-2)\end{pmatrix} = \begin{pmatrix}-6\\2\end{pmatrix};\ \overrightarrow{BC} = \begin{pmatrix}5-6\\4-(-2)\end{pmatrix} = \begin{pmatrix}-1\\6\end{pmatrix}$

$$\cos\beta = \frac{\overrightarrow{BA}\odot\overrightarrow{BC}}{|\overrightarrow{BA}|\cdot|\overrightarrow{BC}|}$$

$$\cos\beta = \frac{\begin{pmatrix}-6\\2\end{pmatrix}\odot\begin{pmatrix}-1\\6\end{pmatrix}}{\sqrt{(-6)^2+2^2}\cdot\sqrt{(-1)^2+6^2}}$$

$$\cos\beta = \frac{-6\cdot(-1)+2\cdot 6}{\sqrt{40}\cdot\sqrt{37}}$$

$$\cos\beta = \frac{6+12}{\sqrt{40\cdot 37}}$$

$$\cos\beta = \frac{18}{\sqrt{1\,480}}$$

$$\beta = 62{,}10°$$

Berechnung von α:

$\alpha = 180° - (\beta+\gamma) = 180° - (62{,}10° + 60{,}80°) = 57{,}10°$

Innenwinkelsumme im Dreieck: $\alpha+\beta+\gamma = 180°$

**255** a)

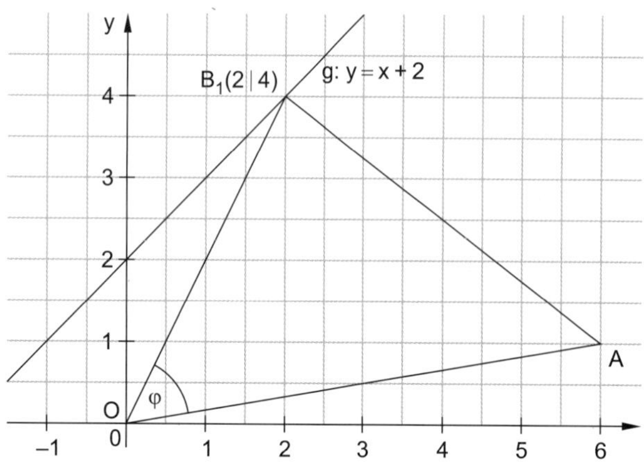

Hinweise und Tipps

b) $\overrightarrow{OA}=\begin{pmatrix}6\\1\end{pmatrix};\ \overrightarrow{OB_n}=\begin{pmatrix}x\\x+2\end{pmatrix}$

Koordinaten der Punkte $B_n \in g$: $B_n(x\,|\,x+2)$

$$\cos\varphi=\frac{\overrightarrow{OA}\odot\overrightarrow{OB}}{|\overrightarrow{OA}|\cdot|\overrightarrow{OB}|}$$

$$\Leftrightarrow\ \cos 60°=\frac{\begin{pmatrix}6\\1\end{pmatrix}\odot\begin{pmatrix}x\\x+2\end{pmatrix}}{\sqrt{6^2+1^2}\cdot\sqrt{x^2+(x+2)^2}}$$

$$\Leftrightarrow\ \cos 60°=\frac{6\cdot x+1\cdot(x+2)}{\sqrt{37}\cdot\sqrt{x^2+x^2+4x+4}}$$

$$\Leftrightarrow\ \cos 60°=\frac{7x+2}{\sqrt{37}\cdot\sqrt{2x^2+4x+4}}\qquad|\cdot(\sqrt{37}\cdot\sqrt{2x^2+4x+4})$$

$$\Leftrightarrow\ \sqrt{37}\cdot\sqrt{2x^2+4x+4}\cdot\cos 60°=7x+2\qquad|^2$$

Quadriere Links- und Rechtsterm.

$$\Rightarrow\ 37\cdot(2x^2+4x+4)\cdot\cos^2 60°=(7x+2)^2$$

$\cos^2(60°)=(\cos 60°)^2=0{,}25$

$$\Leftrightarrow\ 9{,}25\cdot(2x^2+4x+4)=49x^2+28x+4$$

$$\Leftrightarrow\ 18{,}50x^2+37x+37=49x^2+28x+4$$

$$\Leftrightarrow\ 30{,}50x^2-9x-33=0$$

$$D=b^2-4ac=(-9)^2-4\cdot 30{,}50\cdot(-33)=4\,107$$

$$\Leftrightarrow\ x_{B_{1/2}}=\frac{-(-9)\pm\sqrt{4\,107}}{2\cdot 30{,}50}$$

Anwendung der Lösungsformel für quadratische Gleichungen

$x_{B_1}=1{,}20\ \vee\ (x_{B_2}=-0{,}90)$

$L=\{1{,}20\}$

Da $\cos 60°>0$ und $7\cdot(-0{,}9)+2<0$ ist, fällt $x_{B_1}=-0{,}9$ als Lösung weg.

---

**256** g: $y=-\frac{1}{2}x+3$: $\quad m_g=-\frac{1}{2}\quad$ somit $\vec{m}_g=\begin{pmatrix}2\\-1\end{pmatrix}$

h: $y=\frac{3}{4}x-2$: $\quad m_h=\frac{3}{4}\quad$ somit $\vec{m}_h=\begin{pmatrix}4\\3\end{pmatrix}$

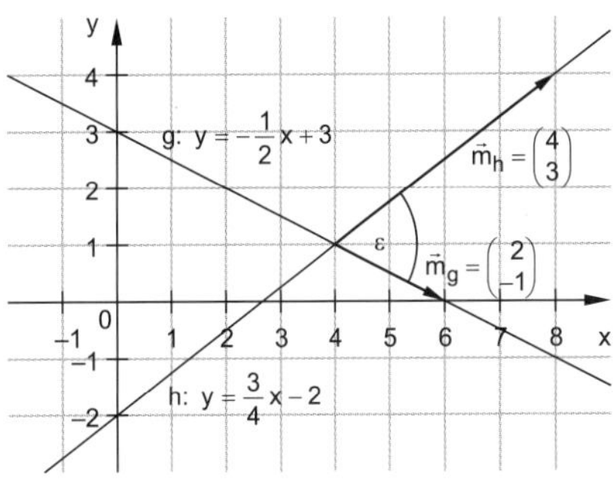


Bestimmung des Schnittwinkels:

$$\cos\varepsilon=\frac{\vec{m}_g\odot\vec{m}_h}{|\vec{m}_g|\cdot|\vec{m}_h|}$$

$$\cos\varepsilon=\frac{\begin{pmatrix}2\\-1\end{pmatrix}\odot\begin{pmatrix}4\\3\end{pmatrix}}{\sqrt{2^2+(-1)^2}\cdot\sqrt{4^2+3^2}}$$

$$\cos\varepsilon=\frac{2\cdot 4+(-1)\cdot 3}{\sqrt{5}\cdot\sqrt{25}}$$

$$\cos\varepsilon=\frac{5}{\sqrt{125}}$$

$$\varepsilon=63{,}43°$$

Für das Maß $\varepsilon^*$ des Schnittwinkels $\sphericalangle(h;\,g)$ gilt:
$\varepsilon^*=180°-\varepsilon=180°-63{,}43°=116{,}57°$

Hinweise und Tipps

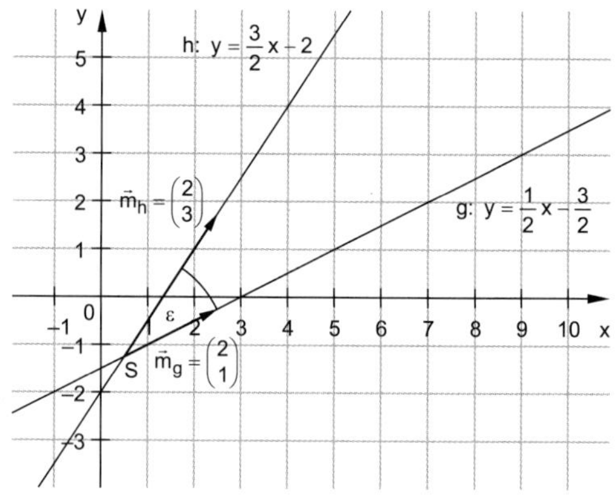


**257** a) Zunächst Bestimmung der Steigungsvektoren:

$$g:\ 2y-x=-3 \quad |+x$$
$$\Leftrightarrow \quad 2y=x-3 \quad |:2$$
$$\Leftrightarrow \quad y=\frac{1}{2}x-\frac{3}{2}$$
$$h:\ 4y-6x+8=0 \quad |+6x-8$$
$$\Leftrightarrow \quad 4y=6x-8 \quad |:4$$
$$\Leftrightarrow \quad y=\frac{3}{2}x-2$$
$$m_g=\frac{1}{2} \quad \text{somit } \vec{m}_g=\begin{pmatrix}2\\1\end{pmatrix}$$
$$m_h=\frac{3}{2} \quad \text{somit } \vec{m}_h=\begin{pmatrix}2\\3\end{pmatrix}$$

Bestimmung des Schnittwinkels:

$$\cos\varepsilon=\frac{\vec{m}_g\odot\vec{m}_h}{|\vec{m}_g|\cdot|\vec{m}_h|}$$
$$\cos\varepsilon=\frac{\begin{pmatrix}2\\1\end{pmatrix}\odot\begin{pmatrix}2\\3\end{pmatrix}}{\sqrt{2^2+1^2}\cdot\sqrt{2^2+3^2}}$$
$$\cos\varepsilon=\frac{2\cdot2+1\cdot3}{\sqrt{5}\cdot\sqrt{13}}$$
$$\cos\varepsilon=\frac{7}{\sqrt{65}}$$
$$\varepsilon=29{,}74°$$

Für das Maß ε* des Schnittwinkels ∢(h; g) gilt:
$\varepsilon^*=180°-\varepsilon=180°-29{,}74°=150{,}26°$

b) Berechnung der Koordinaten des Schnittpunktes S:
$g\cap h=\{S\}$
Schnittpunktbedingung:

$$\begin{array}{l|l} g: & y=\frac{1}{2}x-\frac{3}{2} \\ h: & \wedge\ y=\frac{3}{2}x-2 \end{array}$$
$$\Rightarrow \quad \frac{1}{2}x-\frac{3}{2}=\frac{3}{2}x-2 \quad (\text{I}=\text{II}) \quad \left|-\frac{1}{2}x+2\right.$$
$$\Leftrightarrow \quad x=\frac{1}{2}$$
$$L=\left\{\frac{1}{2}\right\}$$
$$S\left(\frac{1}{2}\,\middle|\,\frac{1}{2}\cdot\frac{1}{2}-\frac{3}{2}\right)=S\left(\frac{1}{2}\,\middle|\,-1\frac{1}{4}\right)$$

Berechnung der Winkelhalbierenden mit $P_n(x\,|\,y)\in w$:

$$\overrightarrow{SP_n}=\begin{pmatrix}x-\frac{1}{2}\\ y-\left(-1\frac{1}{4}\right)\end{pmatrix}=\begin{pmatrix}x-\frac{1}{2}\\ y+\frac{5}{4}\end{pmatrix}$$

Koordinaten des Pfeils $\overrightarrow{SP_n}$

Hinweise und Tipps

Bedingung für alle Punkte $P_n(x\,|\,y)$ auf der Winkelhalbierenden des Schnittwinkels der Geraden g und h:

Da die Winkelhalbierende den Schnittwinkel der Geraden g und h halbiert, sind die spitzen Schnittwinkel zwischen der Winkelhalbierenden und den Geraden g und h jeweils gleich groß.

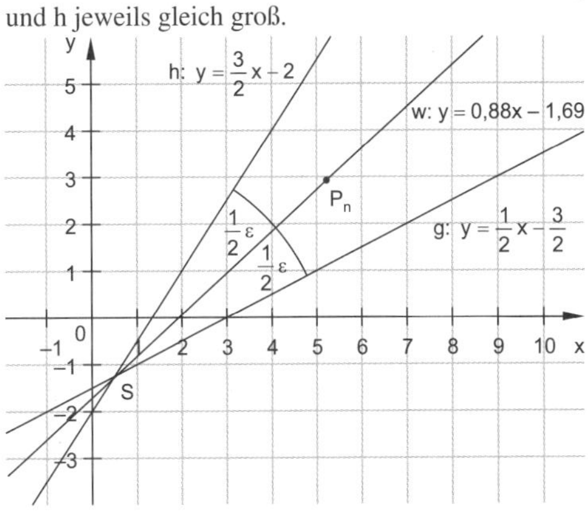


$$\frac{\vec{m}_g \odot \overrightarrow{SP_n}}{|\vec{m}_g|\cdot|\overrightarrow{SP_n}|} = \frac{\vec{m}_h \odot \overrightarrow{SP_n}}{|\vec{m}_h|\cdot|\overrightarrow{SP_n}|} \qquad |\cdot|\overrightarrow{SP_n}|$$

$$\Leftrightarrow \quad \frac{\vec{m}_g \odot \overrightarrow{SP_n}}{|\vec{m}_g|} = \frac{\vec{m}_h \odot \overrightarrow{SP_n}}{|\vec{m}_h|}$$

$$\Leftrightarrow \quad \frac{\begin{pmatrix}2\\1\end{pmatrix}\odot\begin{pmatrix}x-\frac{1}{2}\\ y+\frac{5}{4}\end{pmatrix}}{\sqrt{2^2+1^2}} = \frac{\begin{pmatrix}2\\3\end{pmatrix}\odot\begin{pmatrix}x-\frac{1}{2}\\ y+\frac{5}{4}\end{pmatrix}}{\sqrt{2^2+3^2}}$$

$$\Leftrightarrow \quad \frac{2\cdot\left(x-\frac{1}{2}\right)+1\cdot\left(y+\frac{5}{4}\right)}{\sqrt{5}} = \frac{2\cdot\left(x-\frac{1}{2}\right)+3\cdot\left(y+\frac{5}{4}\right)}{\sqrt{13}}$$

$$\Leftrightarrow \quad \frac{2x+y+\frac{1}{4}}{\sqrt{5}} = \frac{2x+3y+\frac{11}{4}}{\sqrt{13}} \qquad |\cdot(\sqrt{5}\cdot\sqrt{13})$$

$$\Leftrightarrow \quad \sqrt{13}\cdot\left(2x+y+\frac{1}{4}\right) = \sqrt{5}\cdot\left(2x+3y+\frac{11}{4}\right)$$

$$\Leftrightarrow \quad 2\sqrt{13}x+\sqrt{13}y+\frac{1}{4}\sqrt{13} = 2\sqrt{5}x+3\sqrt{5}y+\frac{11}{4}\sqrt{5} \qquad \left|-2\sqrt{13}x-\frac{1}{4}\sqrt{13}-3\sqrt{5}y\right.$$

$$\Leftrightarrow \quad \sqrt{13}y-3\sqrt{5}y = 2\sqrt{5}x-2\sqrt{13}x+\frac{11}{4}\sqrt{5}-\frac{1}{4}\sqrt{13}$$

$$\Leftrightarrow \quad -3{,}10y = -2{,}74x+5{,}25 \qquad |:(-3{,}10)$$

$$\Leftrightarrow \quad y = 0{,}88x-1{,}69$$

$w:\ y = 0{,}88x-1{,}69$

Gleichung der Winkelhalbierenden

---

**258** a) Berechnung der Pfeilkoordinaten:

$$\varphi_1 = 30°:\quad \overrightarrow{AB_1} = \begin{pmatrix}4\cdot\tan 30°\\ -\frac{1}{\tan 30°}\end{pmatrix} = \begin{pmatrix}2{,}31\\ -1{,}73\end{pmatrix}$$

$$\overrightarrow{AD_1} = \begin{pmatrix}5\cdot\tan 30°\\ \frac{3}{\tan 30°}\end{pmatrix} = \begin{pmatrix}2{,}89\\ 5{,}20\end{pmatrix}$$

$$\varphi_2 = 45°:\quad \overrightarrow{AB_2} = \begin{pmatrix}4\cdot\tan 45°\\ -\frac{1}{\tan 45°}\end{pmatrix} = \begin{pmatrix}4\\ -1\end{pmatrix}$$

$$\overrightarrow{AD_2} = \begin{pmatrix}5\cdot\tan 45°\\ \frac{3}{\tan 45°}\end{pmatrix} = \begin{pmatrix}5\\ 3\end{pmatrix}$$

Vorüberlegungen zur Zeichnung:

- Wegen $A(0\,|\,0)$ sind $\overrightarrow{AB_1} = \begin{pmatrix}2{,}31\\ -1{,}73\end{pmatrix}$, $\overrightarrow{AD_1} = \begin{pmatrix}2{,}89\\ 5{,}20\end{pmatrix}$, $\overrightarrow{AB_2} = \begin{pmatrix}4\\ -1\end{pmatrix}$ und $\overrightarrow{AD_2} = \begin{pmatrix}5\\ 3\end{pmatrix}$ Ortsvektoren. Somit gilt $B_1(2{,}31\,|\,-1{,}73)$, $D_1(2{,}89\,|\,5{,}20)$, $B_2(4\,|\,-1)$ und $D_2(5\,|\,3)$.
- Die Koordinaten von $C_1$ und $C_2$ erhält man über:
  $\overrightarrow{AC_1} = \overrightarrow{AD_1} \oplus \overrightarrow{D_1C_1} = \overrightarrow{AD_1} \oplus \overrightarrow{AB_1}$, also $C_1(5{,}20\,|\,3{,}47)$
  $\overrightarrow{AC_2} = \overrightarrow{AD_2} \oplus \overrightarrow{D_2C_2} = \overrightarrow{AD_2} \oplus \overrightarrow{AB_2}$, also $C_2(9\,|\,2)$

Im Parallelogramm $AB_nC_nD_n$ sind die gegenüberliegenden Seiten parallel. Deshalb ist $\overrightarrow{D_nC_n} = \overrightarrow{AB_n}$. Die Koordinaten von $C_n$ erhält man somit über: $\overrightarrow{AC_n} = \overrightarrow{AD_n} \oplus \overrightarrow{D_nC_n}$

Hinweise und Tipps

Zeichnung:

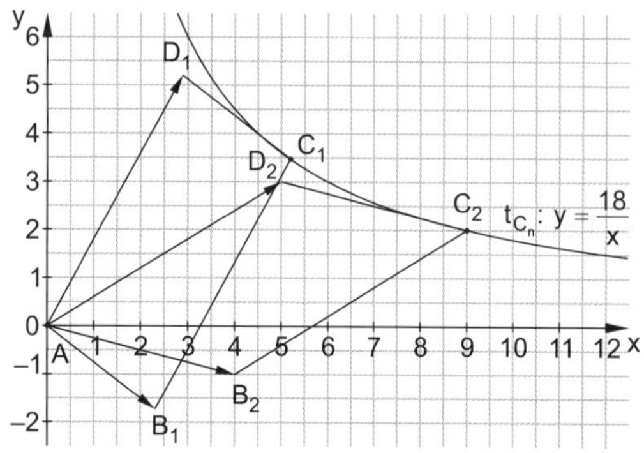


(verkleinerte Darstellung im Maßstab 1 : 2)

b) Berechnung der Gleichung des Trägergraphen $t_{C_n}$:

$\overrightarrow{OC_n} = \overrightarrow{OB_n} \oplus \overrightarrow{B_nC_n} = \overrightarrow{AB_n} \oplus \overrightarrow{AD_n}$ mit $C_n(x\,|\,y)$

Im Parallelogramm $AB_nC_nD_n$ sind gegenüberliegende Seiten parallel. Deshalb gilt:

$\overrightarrow{B_nC_n} = \overrightarrow{AD_n} = \begin{pmatrix} 5\cdot\tan\varphi \\ \frac{3}{\tan\varphi} \end{pmatrix}$

$$\Leftrightarrow \begin{pmatrix} x \\ y \end{pmatrix} = \begin{pmatrix} 4\cdot\tan\varphi \\ -\frac{1}{\tan\varphi} \end{pmatrix} \oplus \begin{pmatrix} 5\cdot\tan\varphi \\ \frac{3}{\tan\varphi} \end{pmatrix}$$

$$\Leftrightarrow \begin{pmatrix} x \\ y \end{pmatrix} = \begin{pmatrix} 9\cdot\tan\varphi \\ \frac{2}{\tan\varphi} \end{pmatrix}$$

$$\Leftrightarrow \left| \begin{array}{l} x = 9\cdot\tan\varphi \quad |:9 \\ \wedge\ y = \frac{2}{\tan\varphi} \end{array} \right.$$

Löse Gleichung I nach $\tan\varphi$ auf.

$$\Leftrightarrow \left| \begin{array}{l} \tan\varphi = \frac{x}{9} \\ \wedge\ y = \frac{2}{\frac{x}{9}} \end{array} \right.$$

Einsetzen von $\frac{x}{9}$ für $\tan\varphi$ in Gleichung II.

$\frac{2}{\frac{x}{9}} = 2 : \frac{x}{9} = 2\cdot\frac{9}{x} = \frac{18}{x}$

$$\Leftrightarrow \left| \begin{array}{l} \tan\varphi = \frac{x}{9} \\ \wedge\ y = \frac{18}{x} \end{array} \right.$$

also: $t_{C_n}: y = \frac{18}{x}$

Gleichung des Trägergraphen der Punkte $C_n$

Einzeichnen des Graphen zu $t_{C_n}$

c) Berechnung von $\varphi$, sodass ein Rechteck entsteht:

Bedingung für Rechteck:

$\overrightarrow{AB_3} \perp \overrightarrow{AD_3} \quad \Leftrightarrow \quad \overrightarrow{AB_3} \odot \overrightarrow{AD_3} = 0$

Ein Parallelogramm ist ein Rechteck, wenn zwei Seiten senkrecht aufeinanderstehen. Dies ist hier der Fall, wenn die Pfeile $\overrightarrow{AB_3}$ und $\overrightarrow{AD_3}$ orthogonal sind.

Es gilt: $\overrightarrow{AB_3}(\varphi) = \begin{pmatrix} 4\cdot\tan\varphi \\ -\frac{1}{\tan\varphi} \end{pmatrix}$; $\overrightarrow{AD_3}(\varphi) = \begin{pmatrix} 5\cdot\tan\varphi \\ \frac{3}{\tan\varphi} \end{pmatrix}$

Skalarprodukt:

$$\overrightarrow{AB_3} \odot \overrightarrow{AD_3} = 0$$

Skalarprodukt orthogonaler Vektoren

$$\Leftrightarrow \begin{pmatrix} 4\cdot\tan\varphi \\ -\frac{1}{\tan\varphi} \end{pmatrix} \odot \begin{pmatrix} 5\cdot\tan\varphi \\ \frac{3}{\tan\varphi} \end{pmatrix} = 0$$

$$\Leftrightarrow 4\cdot\tan\varphi\cdot 5\cdot\tan\varphi + \left(-\frac{1}{\tan\varphi}\right)\cdot\frac{3}{\tan\varphi} = 0$$

Hinweise und Tipps

$$20 \cdot \tan^2 \varphi - \frac{3}{\tan^2 \varphi} = 0 \qquad | \cdot \tan^2 \varphi$$

$$\Leftrightarrow \quad 20 \cdot \tan^4 \varphi - 3 = 0 \qquad | +3$$

$$\Leftrightarrow \quad 20 \cdot \tan^4 \varphi = 3 \qquad | : 20$$

$$\Leftrightarrow \quad \tan^4 \varphi = \frac{3}{20} \qquad | \sqrt[4]{\phantom{x}}$$

$$\Leftrightarrow \quad |\tan \varphi| = \sqrt[4]{\frac{3}{20}}$$

$$\Leftrightarrow \quad \left(\tan \varphi_1 = -\sqrt[4]{\frac{3}{20}} \quad \vee \right) \quad \tan \varphi_2 = \sqrt[4]{\frac{3}{20}}$$

$$\Leftrightarrow \quad \varphi = 31{,}90°$$

$$L = \{31{,}90°\}$$

---

**259** a) Berechnung der Pfeilkoordinaten:

$$\varphi_1 = 30°: \quad \overrightarrow{AD_1} = \begin{pmatrix} 5 \cdot \cos 30° \\ 6 \cdot \sin^2 30° \end{pmatrix} = \begin{pmatrix} 4{,}33 \\ 1{,}5 \end{pmatrix}$$

$$\varphi_2 = 120°: \quad \overrightarrow{AD_2} = \begin{pmatrix} 5 \cdot \cos 120° \\ 6 \cdot \sin^2 120° \end{pmatrix} = \begin{pmatrix} -2{,}5 \\ 4{,}5 \end{pmatrix}$$

Vorüberlegungen zur Zeichnung:

- Wegen $A(0|0)$ sind $\overrightarrow{AB} = \begin{pmatrix} 6 \\ -3 \end{pmatrix}$, $\overrightarrow{AD_1} = \begin{pmatrix} 4{,}33 \\ 1{,}5 \end{pmatrix}$ und $\overrightarrow{AD_2} = \begin{pmatrix} -2{,}5 \\ 4{,}5 \end{pmatrix}$ Ortsvektoren. Somit gilt $B(6|-3)$, $D_1(4{,}33|1{,}5)$ und $D_2(-2{,}5|4{,}5)$.
- Die Koordinaten von $C_1$ und $C_2$ erhält man über:
  $\overrightarrow{AC_1} = \overrightarrow{AD_1} \oplus \overrightarrow{D_1C_1} = \overrightarrow{AD_1} \oplus \overrightarrow{AB}$, also $C_1(10{,}33|-1{,}5)$
  $\overrightarrow{AC_2} = \overrightarrow{AD_2} \oplus \overrightarrow{D_2C_2} = \overrightarrow{AD_2} \oplus \overrightarrow{AB}$, also $C_2(3{,}5|1{,}5)$

Im Parallelogramm $ABC_nD_n$ sind die gegenüberliegenden Seiten parallel. Deshalb ist $\overrightarrow{D_nC_n} = \overrightarrow{AB}$. Die Koordinaten von $C_n$ erhält man somit über: $\overrightarrow{AC_n} = \overrightarrow{AD_n} \oplus \overrightarrow{D_nC_n}$

Zeichnung:

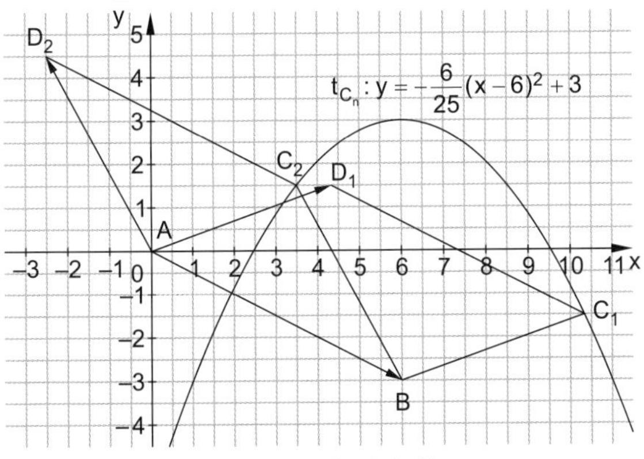


(verkleinerte Darstellung im Maßstab 1 : 2)

b) Berechnung von $\varphi$, sodass ein Rechteck entsteht:
Bedingung für Rechteck:

$$\overrightarrow{AB} \perp \overrightarrow{AD_3} \quad \Leftrightarrow \quad \overrightarrow{AB} \odot \overrightarrow{AD_3} = 0$$

Es gilt: $\overrightarrow{AB} = \begin{pmatrix} 6 \\ -3 \end{pmatrix}$; $\overrightarrow{AD_n}(\varphi) = \begin{pmatrix} 5 \cdot \cos \varphi \\ 6 \cdot \sin^2 \varphi \end{pmatrix}$

Ein Parallelogramm ist ein Rechteck, wenn zwei Seiten senkrecht aufeinander stehen. Dies ist hier der Fall, wenn die Pfeile $\overrightarrow{AB}$ und $\overrightarrow{AD_3}$ orthogonal sind.

Hinweise und Tipps

Skalarprodukt:

$$\overrightarrow{AB} \odot \overrightarrow{AD_3} = 0$$

Skalarprodukt orthogonaler Vektoren

$$\Leftrightarrow \quad \begin{pmatrix} 6 \\ -3 \end{pmatrix} \odot \begin{pmatrix} 5 \cdot \cos\varphi \\ 6 \cdot \sin^2\varphi \end{pmatrix} = 0$$

$$\Leftrightarrow \quad 6 \cdot 5 \cdot \cos\varphi + (-3) \cdot 6 \cdot \sin^2\varphi = 0$$

$$\Leftrightarrow \quad 30 \cdot \cos\varphi - 18 \cdot \sin^2\varphi = 0$$

Setze $(1 - \cos^2\varphi)$ für $\sin^2\varphi$ ein.

$$\Leftrightarrow \quad 30 \cdot \cos\varphi - 18 \cdot (1 - \cos^2\varphi) = 0$$

$$\Leftrightarrow \quad 30 \cdot \cos\varphi - 18 + 18 \cdot \cos^2\varphi = 0$$

$$\Leftrightarrow \quad 18 \cdot \cos^2\varphi + 30 \cdot \cos\varphi - 18 = 0 \quad \left| \cdot \frac{1}{18} \right.$$

$$\Leftrightarrow \quad \cos^2\varphi + \frac{5}{3} \cdot \cos\varphi - 1 = 0$$

$$D = b^2 - 4ac = \left(1\frac{1}{3}\right)^2 - 4 \cdot 1 \cdot (-1) = 6\frac{7}{9}$$

$$\Leftrightarrow \quad \cos\varphi_{1/2} = \frac{-30 \pm \sqrt{6\frac{7}{9}}}{2 \cdot 1}$$

$$\Leftrightarrow \quad \cos\varphi_1 = 0{,}47 \quad (\vee \ \cos\varphi_2 = -2{,}14)$$

$$\Rightarrow \quad \varphi_1 = 61{,}97°$$

Beachte: $-1 \leq \cos\varphi \leq +1$

$$L = \{61{,}97°\}$$

c) Berechnung von $A_{ABC_nD_n}(\varphi)$:

$$\overrightarrow{AB} = \begin{pmatrix} 6 \\ -3 \end{pmatrix}; \ \overrightarrow{AD_n}(\varphi) = \begin{pmatrix} 5 \cdot \cos\varphi \\ 6 \cdot \sin^2\varphi \end{pmatrix}$$

Aufspannende Vektoren der Parallelogramme $ABC_nD_n$

$$A_{ABC_nD_n}(\varphi) = \begin{vmatrix} 6 & 5 \cdot \cos\varphi \\ (-3) & 6 \cdot \sin^2\varphi \end{vmatrix} \text{FE}$$

Berechnung des Flächeninhalts mittels Determinante

$$A_{ABC_nD_n}(\varphi) = [6 \cdot 6\sin^2\varphi - (-3) \cdot 5 \cdot \cos\varphi] \text{ FE}$$

$$A_{ABC_nD_n}(\varphi) = [36 \cdot \sin^2\varphi + 15 \cdot \cos\varphi] \text{ FE}$$

Verwende: $\sin^2\varphi = 1 - \cos^2\varphi$

$$A_{ABC_nD_n}(\varphi) = [36 \cdot (1 - \cos^2\varphi) + 15 \cdot \cos\varphi] \text{ FE}$$

$$A_{ABC_nD_n}(\varphi) = (36 - 36 \cdot \cos^2\varphi + 15 \cdot \cos\varphi) \text{ FE}$$

$$A_{ABC_nD_n}(\varphi) = (-36 \cdot \cos^2\varphi + 15 \cdot \cos\varphi + 36) \text{ FE}$$

d) Überprüfung, ob ein Parallelogramm mit einem Flächeninhalt von 40 FE existiert:

$$\begin{vmatrix} & A_{ABC_nD_n}(\varphi) = (-36\cos^2\varphi + 15\cos\varphi + 36) \text{ FE} \\ \wedge & A_{ABC_nD_n} = 40 \text{ FE} \end{vmatrix}$$

$$\Rightarrow \quad -36 \cdot \cos^2\varphi + 15 \cdot \cos\varphi + 36 = 40 \quad (\text{I} = \text{II}) \ |-40$$

$$\Leftrightarrow \quad -36 \cdot \cos^2\varphi + 15 \cdot \cos\varphi - 4 = 0$$

$$D = b^2 - 4ac = 15^2 - 4 \cdot (-36) \cdot (-4) = -351$$

Da $D < 0$ existiert keine Lösung. Es gibt somit kein Parallelogramm mit einem Flächeninhalt von 40 FE.

e) Extremwertberechnung:

$$A_{ABC_nD_n}(\varphi) = (-36 \cdot \cos^2\varphi + 15 \cdot \cos\varphi + 36) \text{ FE}$$

Klammere den Faktor –36 vor $\cos^2\varphi$ aus.

$$A_{ABC_nD_n}(\varphi) = -36 \cdot \left(\cos^2\varphi - \frac{5}{12} \cdot \cos\varphi - 1\right) \text{FE}$$

Ergänze quadratisch.

Hinweise und Tipps

$$A_{ABC_nD_n}(\varphi) = -36 \cdot \left[\cos^2\varphi - \frac{5}{12}\cdot\cos\varphi + \left(\frac{5}{24}\right)^2 - \left(\frac{5}{24}\right)^2 - 1\right] \text{FE}$$

Wende die 2. binomischen Formel an.

$$A_{ABC_nD_n}(\varphi) = -36 \cdot \left[\left(\cos\varphi - \frac{5}{24}\right)^2 - \frac{25}{576} - 1\right] \text{FE}$$

$$A_{ABC_nD_n}(\varphi) = -36 \cdot \left[\left(\cos\varphi - \frac{5}{24}\right)^2 - 1\frac{25}{576}\right] \text{FE}$$

Multipliziere aus.

$$A_{ABC_nD_n}(\varphi) = \left[-36 \cdot \left(\cos\varphi - \frac{5}{24}\right)^2 + 37\frac{9}{16}\right] \text{FE}$$

Negativer Faktor vor der Klammer → Maximum
Wähle φ so, dass die Klammer 0 ergibt.

$A_{max} = 37\frac{9}{16}$ FE für $\cos\varphi = \frac{5}{24}$, also für $\varphi = 77{,}98°$.

f) Berechnung der Gleichung des Trägergraphen $t_{C_n}$:
$\overrightarrow{OC_n} = \overrightarrow{OB} \oplus \overrightarrow{BC_n} = \overrightarrow{AB} \oplus \overrightarrow{AD_n}$ mit $C_n(x\,|\,y)$

Im Parallelogramm $ABC_nD_n$ sind gegenüberliegende Seiten parallel. Deshalb gilt:
$\overrightarrow{BC_n} = \overrightarrow{AD_n} = \begin{pmatrix} 5\cdot\cos\varphi \\ 6\cdot\sin^2\varphi \end{pmatrix}$

$$\Leftrightarrow \begin{pmatrix} x \\ y \end{pmatrix} = \begin{pmatrix} 6 \\ -3 \end{pmatrix} \oplus \begin{pmatrix} 5\cdot\cos\varphi \\ 6\cdot\sin^2\varphi \end{pmatrix}$$

$$\Leftrightarrow \begin{pmatrix} x \\ y \end{pmatrix} = \begin{pmatrix} 6+5\cdot\cos\varphi \\ -3+6\cdot\sin^2\varphi \end{pmatrix}$$

$$\Leftrightarrow \begin{array}{|l} x = 6+5\cdot\cos\varphi \qquad |-6 \\ \wedge\; y = -3+6\cdot\sin^2\varphi \end{array}$$

Löse Gleichung I nach cos φ auf.
Verwende: $\sin^2\varphi = 1-\cos^2\varphi$

$$\Leftrightarrow \begin{array}{|l} 5\cdot\cos\varphi = x-6 \qquad |:5 \\ \wedge\; y = -3+6\cdot(1-\cos^2\varphi) \end{array}$$

$$\Leftrightarrow \begin{array}{|l} \cos\varphi = \frac{1}{5}x - \frac{6}{5} \\ \wedge\; y = 3-6\cos^2\varphi \end{array}$$

Setze $\frac{1}{5}x - \frac{6}{5}$ für cos φ in Gleichung II ein.

$$\Leftrightarrow \begin{array}{|l} \cos\varphi = \frac{1}{5}x - \frac{6}{5} \\ \wedge\; y = 3-6\cdot\left(\frac{1}{5}x - \frac{6}{5}\right)^2 \end{array}$$

also: $t_{C_n}$: $y = -6\cdot\left(\frac{1}{5}(x-6)\right)^2 + 3$

$$y = -6\cdot\left(\left(\frac{1}{5}\right)^2 (x-6)^2\right) + 3$$

$$y = -\frac{6}{25}(x-6)^2 + 3$$

Gleichung des Trägergraphen der Punkte $C_n$

oder:

$t_{C_n}$: $y = -6\cdot\left(\frac{1}{5}x - \frac{6}{5}\right)^2 + 3$

$$y = -6\cdot\left(\frac{1}{25}x^2 - \frac{12}{25}x + \frac{36}{25}\right) + 3$$

$$y = -\frac{6}{25}x^2 + \frac{72}{25}x - \frac{216}{25} + 3$$

$$y = -\frac{6}{25}x^2 + 2\frac{22}{25}x - 5\frac{16}{25}$$

Gleichung des Trägergraphen der Punkte $C_n$

Einzeichnen des Graphen zu $t_{C_n}$

Hinweise und Tipps

g) Bestätigung der oberen Intervallgrenze $\varphi < 144{,}40°$:
Im Grenzfall haben die Vektoren $\overrightarrow{AB}$ und $\overrightarrow{AD_n}$ entgegengesetzte Richtungen. Somit sind die Steigungen der Geraden AB und $AD_n$ gleich.
Berechnung der Steigungsfaktoren aus den Koordinaten der Steigungspfeile:

$$\overrightarrow{AB} = \begin{pmatrix} 6 \\ -3 \end{pmatrix}, \quad \text{also} \quad m_{AB} = \frac{-3}{6} = -\frac{1}{2}$$

$$\overrightarrow{AD_n} = \begin{pmatrix} 5 \cdot \cos\varphi \\ 6 \cdot \sin^2\varphi \end{pmatrix}, \quad \text{also} \quad m_{AD_n} = \frac{6 \cdot \sin^2\varphi}{5 \cdot \cos\varphi}$$

Gleichsetzen:

Gleichsetzen der Steigungsfaktoren

$$m_{AB} = m_{AD_n}$$

$$\Leftrightarrow \quad -\frac{1}{2} = \frac{6 \cdot \sin^2\varphi}{5 \cdot \cos\varphi} \quad \Big| \cdot (2 \cdot 5 \cdot \cos\varphi)$$

$$\Leftrightarrow \quad -1 \cdot 5 \cdot \cos\varphi = 2 \cdot 6 \cdot \sin^2\varphi$$

$$\Leftrightarrow \quad -5 \cdot \cos\varphi = 12(1 - \cos^2\varphi)$$

$$\Leftrightarrow \quad -5 \cdot \cos\varphi = 12 - 12 \cdot \cos^2\varphi \quad \Big| -12 + 12 \cdot \cos^2\varphi$$

$$\Leftrightarrow \quad 12 \cdot \cos^2\varphi - 5 \cdot \cos\varphi - 12 = 0 \quad \Big| \cdot \frac{1}{12}$$

$$\Leftrightarrow \quad \cos^2\varphi - \frac{5}{12} \cdot \cos\varphi - 1 = 0$$

$$D = b^2 - 4ac = \left(-\frac{5}{12}\right)^2 - 4 \cdot 1 \cdot (-1) = 4\frac{25}{144}$$

$$\Leftrightarrow \quad \cos\varphi_{1/2} = \frac{-\left(-\frac{5}{12}\right) \pm \sqrt{4\frac{25}{144}}}{2 \cdot 1}$$

$$\Leftrightarrow \quad (\cos\varphi_1 = 1{,}230 \ \vee) \ \cos\varphi_2 = -0{,}813$$

$-1 \le \cos\varphi \le 1$

$$\Leftrightarrow \quad \varphi = 144{,}39°$$

$L = \{144{,}39°\}$

oder:
Im Grenzfall liegen $\overline{AB}$ und $\overline{C_nD_n}$ auf einer Geraden, d. h., das Parallelogramm hat den Flächeninhalt 0 FE:

$$\begin{array}{|ll} & A_{ABC_nD_n}(\varphi) = (-36\cos^2\varphi + 15\cos\varphi + 36) \text{ FE} \\ \wedge & A_{ABC_nD_n} = 0 \text{ FE} \end{array}$$

$$\Rightarrow \quad -36 \cdot \cos^2\varphi + 15 \cdot \cos\varphi + 36 = 0 \quad (\text{I} = \text{II})$$

$$D = b^2 - 4ac = 15^2 - 4 \cdot (-36) \cdot 36 = 5\,409$$

$$\Leftrightarrow \quad \cos\varphi_{1/2} = \frac{-15 \pm \sqrt{5\,409}}{2 \cdot (-36)}$$

$$\Leftrightarrow \quad \cos\varphi_1 = -0{,}813 \ (\vee \ \cos\varphi_2 = 1{,}230)$$

$-1 \le \cos\varphi \le 1$

$$\Leftrightarrow \quad \varphi = 144{,}39°$$

$L = \{144{,}39°\}$

Hinweise und Tipps

## 2.5 Abbildungen im Koordinatensystem

**260** a) $\begin{pmatrix} 3 & 5 \\ 4 & 6 \end{pmatrix} \odot \begin{pmatrix} 2 \\ 7 \end{pmatrix} = \begin{pmatrix} 3\cdot 2+5\cdot 7 \\ 4\cdot 2+6\cdot 7 \end{pmatrix} = \begin{pmatrix} 41 \\ 50 \end{pmatrix}$ — Zeile · Spalte = Koordinate

b) $\begin{pmatrix} 3 & -6 \\ -8 & 1 \end{pmatrix} \odot \begin{pmatrix} 9 \\ 4 \end{pmatrix} = \begin{pmatrix} 3\cdot 9+(-6)\cdot 4 \\ (-8)\cdot 9+1\cdot 4 \end{pmatrix} = \begin{pmatrix} 3 \\ -68 \end{pmatrix}$ — Zeile · Spalte = Koordinate

c) $\begin{pmatrix} 0 & -2 \\ 1 & 1 \end{pmatrix} \odot \begin{pmatrix} 2 \\ 0 \end{pmatrix} = \begin{pmatrix} 0\cdot 2+(-2)\cdot 0 \\ 1\cdot 2+1\cdot 0 \end{pmatrix} = \begin{pmatrix} 0 \\ 2 \end{pmatrix}$

d) $\begin{pmatrix} -\frac{1}{2}\sqrt{2} & \frac{1}{2}\sqrt{2} \\ \frac{1}{2}\sqrt{2} & -\frac{1}{2}\sqrt{2} \end{pmatrix} \odot \begin{pmatrix} -\sqrt{2} \\ \sqrt{2} \end{pmatrix} = \begin{pmatrix} -\frac{1}{2}\sqrt{2}\cdot(-\sqrt{2})+\frac{1}{2}\sqrt{2}\cdot\sqrt{2} \\ \frac{1}{2}\sqrt{2}\cdot(-\sqrt{2})+\left(-\frac{1}{2}\sqrt{2}\right)\cdot\sqrt{2} \end{pmatrix}$ — $-\frac{1}{2}\sqrt{2}\cdot(-\sqrt{2}) = \frac{1}{2}(\sqrt{2})^2 = \frac{1}{2}\cdot 2 = 1$

$= \begin{pmatrix} 1+1 \\ -1-1 \end{pmatrix}$

$= \begin{pmatrix} 2 \\ -2 \end{pmatrix}$

---

**261** $\begin{pmatrix} x' \\ y' \end{pmatrix} = \begin{pmatrix} \cos 2\cdot 75° & \sin 2\cdot 75° \\ \sin 2\cdot 75° & -\cos 2\cdot 75° \end{pmatrix} \odot \begin{pmatrix} x \\ y \end{pmatrix}$ — Einsetzen von $\alpha = 75°$

$\Leftrightarrow \begin{pmatrix} x' \\ y' \end{pmatrix} = \begin{pmatrix} \cos 150° & \sin 150° \\ \sin 150° & -\cos 150° \end{pmatrix} \odot \begin{pmatrix} x \\ y \end{pmatrix}$

$\Leftrightarrow \begin{pmatrix} x' \\ y' \end{pmatrix} = \begin{pmatrix} -\frac{1}{2}\sqrt{3} & \frac{1}{2} \\ \frac{1}{2} & \frac{1}{2}\sqrt{3} \end{pmatrix} \odot \begin{pmatrix} x \\ y \end{pmatrix}$ — Abbildungsgleichung in Matrixform; Zeile · Spalte = Koordinate

$\Leftrightarrow \left| \begin{array}{l} x' = -\frac{1}{2}\sqrt{3}x + \frac{1}{2}y \\ \wedge\ y' = \frac{1}{2}x + \frac{1}{2}\sqrt{3}y \end{array} \right.$ — Abbildungsgleichung in Koordinatenform

---

**262** a) $g_1$: $y = 2x$

Berechnung des Winkelmaßes $\alpha$:

$\tan\alpha = 2$ — Das Maß $\alpha$ lässt sich mithilfe der Beziehung $\tan\alpha = m$ aus dem Steigungsfaktor m berechnen.

$\Rightarrow \alpha = 63{,}43°$

$\Rightarrow 2\alpha = 126{,}86°$

$\Rightarrow \cos 2\alpha = -0{,}60 \wedge \sin 2\alpha = 0{,}80$

Bestimmung der Abbildungsgleichung:

$\begin{pmatrix} x' \\ y' \end{pmatrix} = \begin{pmatrix} -0{,}60 & 0{,}80 \\ 0{,}80 & 0{,}60 \end{pmatrix} \odot \begin{pmatrix} x \\ y \end{pmatrix}$ — Matrixform

$\Leftrightarrow \left| \begin{array}{l} x' = -0{,}60x + 0{,}80y \\ \wedge\ y' = 0{,}80x + 0{,}60y \end{array} \right.$ — Koordinatenform

b) $g_2$: $y = -\frac{1}{2}x$

Berechnung des Winkelmaßes $\alpha$:

$\tan\alpha = -\frac{1}{2}$ — Berechnung des Maßes $\alpha$ des Steigungswinkels mithilfe der Beziehung $\tan\alpha = m$

$\Rightarrow \alpha = -26{,}57°$

$\Rightarrow 2\alpha = -53{,}14°$

$\Rightarrow \cos 2\alpha = 0{,}60 \wedge \sin 2\alpha = -0{,}80$

Hinweise und Tipps

Bestimmung der Abbildungsgleichung:

$$\begin{pmatrix} x' \\ y' \end{pmatrix} = \begin{pmatrix} 0,60 & -0,80 \\ -0,80 & -0,60 \end{pmatrix} \odot \begin{pmatrix} x \\ y \end{pmatrix}$$

Matrixform

$$\Leftrightarrow \quad \left| \begin{array}{l} x' = 0,60x - 0,80y \\ \wedge \; y' = -0,80x - 0,60y \end{array} \right.$$

Koordinatenform

**263** Zeichnung:

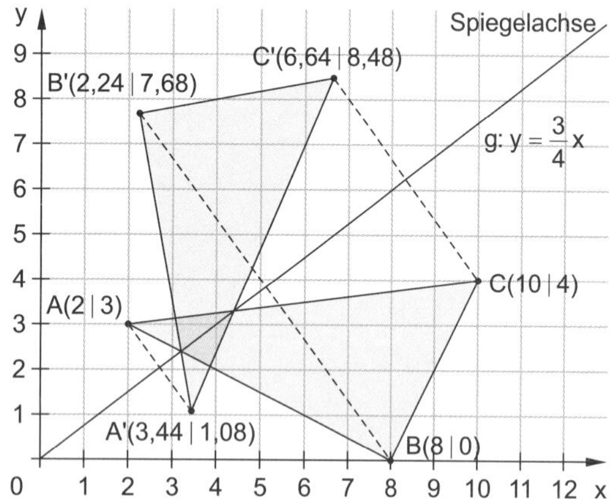


Berechnung des Winkelmaßes α:

$$g\colon\ y = \frac{3}{4}x$$

$$\tan\alpha = \frac{3}{4}$$

Berechnung des Maßes α des Steigungswinkels mithilfe der Beziehung $\tan\alpha = m$

$$\Rightarrow \quad \alpha = 36,87^\circ$$

$$\Rightarrow \quad 2\alpha = 73,74^\circ$$

$$\Rightarrow \quad \cos 2\alpha = 0,28 \;\wedge\; \sin 2\alpha = 0,96$$

Bestimmung der Abbildungsgleichung in Matrixform:

$$\begin{pmatrix} x' \\ y' \end{pmatrix} = \begin{pmatrix} \cos 2\alpha & \sin 2\alpha \\ \sin 2\alpha & -\cos 2\alpha \end{pmatrix} \odot \begin{pmatrix} x \\ y \end{pmatrix} = \begin{pmatrix} 0,28 & 0,96 \\ 0,96 & -0,28 \end{pmatrix} \odot \begin{pmatrix} x \\ y \end{pmatrix}$$

Berechnung der Koordinaten von A'(x' | y'):

$$\begin{pmatrix} x' \\ y' \end{pmatrix} = \begin{pmatrix} 0,28 & 0,96 \\ 0,96 & -0,28 \end{pmatrix} \odot \begin{pmatrix} 2 \\ 3 \end{pmatrix} = \begin{pmatrix} 0,28 \cdot 2 + 0,96 \cdot 3 \\ 0,96 \cdot 2 - 0,28 \cdot 3 \end{pmatrix} = \begin{pmatrix} 3,44 \\ 1,08 \end{pmatrix}$$

Einsetzen der Koordinaten des Urpunktes A(2 | 3)

also: A'(3,44 | 1,08)

Koordinaten des Bildpunktes A'

Berechnung der Koordinaten von B'(x' | y'):

$$\begin{pmatrix} x' \\ y' \end{pmatrix} = \begin{pmatrix} 0,28 & 0,96 \\ 0,96 & -0,28 \end{pmatrix} \odot \begin{pmatrix} 8 \\ 0 \end{pmatrix} = \begin{pmatrix} 0,28 \cdot 8 + 0,96 \cdot 0 \\ 0,96 \cdot 8 - 0,28 \cdot 0 \end{pmatrix} = \begin{pmatrix} 2,24 \\ 7,68 \end{pmatrix}$$

Einsetzen der Koordinaten des Urpunktes B(8 | 0)

also: B'(2,24 | 7,68)

Koordinaten des Bildpunktes B'

Berechnung der Koordinaten von C'(x' | y'):

$$\begin{pmatrix} x' \\ y' \end{pmatrix} = \begin{pmatrix} 0,28 & 0,96 \\ 0,96 & -0,28 \end{pmatrix} \odot \begin{pmatrix} 10 \\ 4 \end{pmatrix} = \begin{pmatrix} 0,28 \cdot 10 + 0,96 \cdot 4 \\ 0,96 \cdot 10 - 0,28 \cdot 4 \end{pmatrix} = \begin{pmatrix} 6,64 \\ 8,48 \end{pmatrix}$$

Einsetzen der Koordinaten des Urpunktes C(10 | 4)

also: C'(6,64 | 8,48)

Koordinaten des Bildpunktes C'

Hinweise und Tipps

**264** Zeichnung:

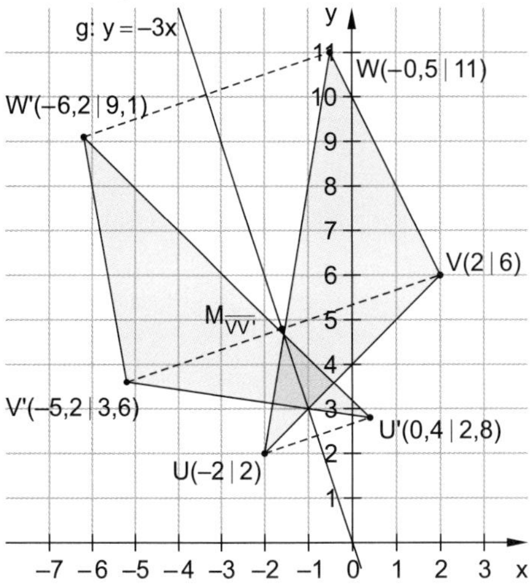


Berechnung der Mittelpunktskoordinaten von $\overline{VV'}$:

$$M_{\overline{VV'}}\left(\frac{x_V + x_{V'}}{2} \,\middle|\, \frac{y_V + y_{V'}}{2}\right) = M_{\overline{VV'}}\left(\frac{2-5,2}{2} \,\middle|\, \frac{6+3,6}{2}\right)$$
$$= M_{\overline{VV'}}(-1,6 \,|\, 4,8)$$

Die Spiegelachse g verläuft durch den Mittelpunkt $M_{\overline{VV'}}$.

Anwendung der Formel zur Ermittlung der Koordinaten des Mittelpunktes

Für den Steigungspfeil der Geraden g gilt:

$$\vec{m}_g = \overrightarrow{m_{OM_{\overline{VV'}}}} = \overrightarrow{OM_{\overline{VV'}}} = \begin{pmatrix} -1,6 \\ 4,8 \end{pmatrix}$$

also: $m_g = -\frac{4,8}{1,6} = -3$ und g: y = −3x

Die Spiegelachse ist eine Ursprungsgerade, deren Steigungsfaktor sich aus den Koordinaten von $M_{\overline{VV'}}$ berechnen lässt.

Berechnung des Winkelmaßes α:

$$\tan\alpha = -3$$
$$\Rightarrow \quad \alpha = -71,57°$$
$$\Rightarrow \quad 2\alpha = -143,14°$$
$$\Rightarrow \quad \cos 2\alpha = -0,80 \wedge \sin 2\alpha = -0,60$$

Berechnung von α mithilfe der Beziehung $\tan\alpha = m$

Bestimmung der Abbildungsgleichung in Matrixform:

$$\begin{pmatrix} x' \\ y' \end{pmatrix} = \begin{pmatrix} \cos 2\alpha & \sin 2\alpha \\ \sin 2\alpha & -\cos 2\alpha \end{pmatrix} \odot \begin{pmatrix} x \\ y \end{pmatrix} = \begin{pmatrix} -0,80 & -0,60 \\ -0,60 & 0,80 \end{pmatrix} \odot \begin{pmatrix} x \\ y \end{pmatrix}$$

Berechnung der Koordinaten von U'(x' | y'):

$$\begin{pmatrix} x' \\ y' \end{pmatrix} = \begin{pmatrix} -0,80 & -0,60 \\ -0,60 & 0,80 \end{pmatrix} \odot \begin{pmatrix} -2 \\ 2 \end{pmatrix} = \begin{pmatrix} -0,80\cdot(-2) - 0,60\cdot 2 \\ -0,60\cdot(-2) + 0,80\cdot 2 \end{pmatrix} = \begin{pmatrix} 0,40 \\ 2,80 \end{pmatrix}$$

also: U'(0,4 | 2,8)

Berechnung der Koordinaten von W(x | y):

$$\begin{pmatrix} -6,2 \\ 9,1 \end{pmatrix} = \begin{pmatrix} -0,80 & -0,60 \\ -0,60 & 0,80 \end{pmatrix} \odot \begin{pmatrix} x \\ y \end{pmatrix}$$

Einsetzen der Koordinaten von W'(−6,2 | 9,1) für x' und y'

$$\Leftrightarrow \begin{pmatrix} -6,2 \\ 9,1 \end{pmatrix} = \begin{pmatrix} -0,80\cdot x - 0,60\cdot y \\ -0,60\cdot x + 0,80\cdot y \end{pmatrix}$$

$$\Leftrightarrow \left| \begin{array}{l} -6,2 = -0,80x - 0,60y \qquad |+0,60y \\ \wedge \;\; 9,1 = -0,60x + 0,80y \end{array} \right.$$

Löse Gleichung I nach x auf.

$$\Leftrightarrow \left| \begin{array}{l} -6,2 + 0,60y = -0,80x \qquad |:(-0,80) \\ \wedge \;\; 9,1 = -0,60x + 0,80y \end{array} \right.$$

$$\Leftrightarrow \left| \begin{array}{l} x = 7,75 - 0,75y \\ \wedge \;\; 9,1 = -0,60\cdot(7,75 - 0,75y) + 0,80y \end{array} \right.$$

Einsetzen von 7,75 – 0,75y für x in Gleichung II. Löse die runde Klammer auf.

Hinweise und Tipps

$$\Leftrightarrow \left| \begin{array}{l} x = 7{,}75 - 0{,}75y \\ \wedge\ 9{,}1 = -4{,}65 + 0{,}45y + 0{,}80y \end{array} \right. \quad |+4{,}65$$

Fasse zusammen und löse Gleichung II nach y auf.

$$\Leftrightarrow \left| \begin{array}{l} x = 7{,}75 - 0{,}75y \\ \wedge\ 13{,}75 = 1{,}25y \end{array} \right. \quad |:1{,}25$$

$$\Leftrightarrow \left| \begin{array}{l} x = 7{,}75 - 0{,}75 \cdot 11 \\ \wedge\ y = 11 \end{array} \right.$$

Einsetzen von $y = 11$ für y in Gleichung I.

$$\Leftrightarrow \left| \begin{array}{l} x = -0{,}5 \\ \wedge\ y = 11 \end{array} \right.$$

$L = \{(-0{,}5 \mid 11)\}$

also: $W(-0{,}5 \mid 11)$

---

**265** a) $g\colon y = -\frac{1}{4}x - 2 \xmapsto{s:\ y = 2x} g'$

Berechnung des Winkelmaßes $\alpha$:

$$\tan\alpha = 2$$
$$\Rightarrow \quad \alpha = 63{,}43^\circ$$
$$\Rightarrow \quad 2\alpha = 126{,}86^\circ$$
$$\Rightarrow \quad \cos 2\alpha = -0{,}60 \ \wedge\ \sin 2\alpha = 0{,}80$$

Berechnung des Maßes $\alpha$ des Steigungswinkels der Ursprungsgeraden g aus dem Steigungsfaktor $m = 2$

Für die Punkte $P\left(x \mid -\frac{1}{4}x - 2\right)$ auf g und die Bildpunkte $P'(x' \mid y')$ auf g' gilt:

$$P\left(x \mid -\tfrac{1}{4}x - 2\right) \xmapsto{s:\ y = 2x} P'(x' \mid y')$$

$$\begin{pmatrix} x' \\ y' \end{pmatrix} = \begin{pmatrix} \cos 2\alpha & \sin 2\alpha \\ \sin 2\alpha & -\cos 2\alpha \end{pmatrix} \odot \begin{pmatrix} x \\ -\frac{1}{4}x - 2 \end{pmatrix}$$

Abbildung eines allgemeinen Punktes $P\left(x \mid -\frac{1}{4}x - 2\right) \in g$

$$\Leftrightarrow \begin{pmatrix} x' \\ y' \end{pmatrix} = \begin{pmatrix} -0{,}60 & 0{,}80 \\ 0{,}80 & 0{,}60 \end{pmatrix} \odot \begin{pmatrix} x \\ -\frac{1}{4}x - 2 \end{pmatrix}$$

$$\Leftrightarrow \begin{pmatrix} x' \\ y' \end{pmatrix} = \begin{pmatrix} -0{,}60 \cdot x + 0{,}80 \cdot \left(-\frac{1}{4}x - 2\right) \\ 0{,}80 \cdot x + 0{,}60 \cdot \left(-\frac{1}{4}x - 2\right) \end{pmatrix}$$

$$\Leftrightarrow \begin{pmatrix} x' \\ y' \end{pmatrix} = \begin{pmatrix} -0{,}60x - 0{,}20x - 1{,}60 \\ 0{,}80x - 0{,}15x - 1{,}20 \end{pmatrix}$$

$$\Leftrightarrow \begin{pmatrix} x' \\ y' \end{pmatrix} = \begin{pmatrix} -0{,}80x - 1{,}60 \\ 0{,}65x - 1{,}20 \end{pmatrix}$$

Übergang zur Koordinatenform

$$\Leftrightarrow \left| \begin{array}{l} x' = -0{,}80x - 1{,}60 \\ \wedge\ y' = 0{,}65x - 1{,}20 \end{array} \right. \quad |+1{,}60$$

Löse Gleichung I nach x auf.

$$\Leftrightarrow \left| \begin{array}{l} x' + 1{,}60 = -0{,}80x \\ \wedge\ \qquad y' = 0{,}65x - 1{,}20 \end{array} \right.$$

$$\Leftrightarrow \left| \begin{array}{l} x' + \frac{8}{5} = -\frac{4}{5}x \\ \wedge\ \qquad y' = \frac{13}{20}x - \frac{6}{5} \end{array} \right. \quad \left| \cdot \left(-\frac{5}{4}\right) \right.$$

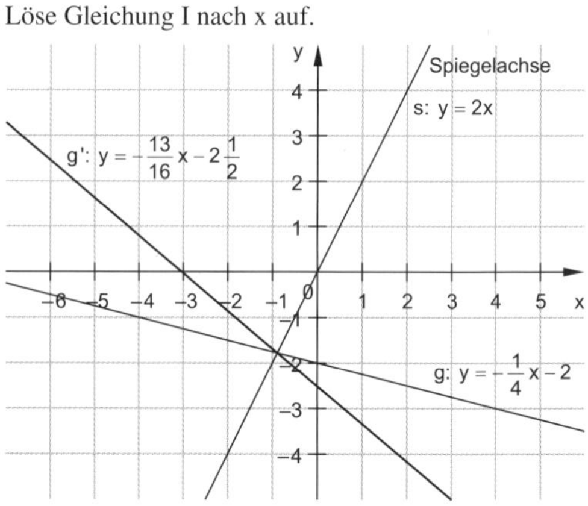

Hinweise und Tipps

$$\Leftrightarrow \left| \begin{array}{l} x = -\frac{5}{4}x' - 2 \\ \wedge\ y' = \frac{13}{20} \cdot \left(-\frac{5}{4}x' - 2\right) - \frac{6}{5} \end{array} \right.$$

Einsetzen von $-\frac{5}{4}x' - 2$ für x in Gleichung II

$$\Leftrightarrow \left| \begin{array}{l} x = -\frac{5}{4}x' - 2 \\ \wedge\ y' = -\frac{13}{16}x' - \frac{13}{10} - \frac{6}{5} \end{array} \right.$$

also: $g'\colon y = -\frac{13}{16}x - 2\frac{1}{2}$

b) $g\colon y = 2x + 1 \xmapsto{s = OP} g'$

Berechnung des Steigungsfaktors der Ursprungsgeraden $s = OP$:

$\vec{m}_{OP} = \overrightarrow{OP} = \begin{pmatrix} 3 \\ 4 \end{pmatrix}$; also $m_{OP} = \frac{4}{3}$

Es gilt $\vec{m} = \begin{pmatrix} v_x \\ v_y \end{pmatrix}$, also $m = \frac{v_y}{v_x}$.

Berechnung des Winkelmaßes $\alpha$:

$$\tan\alpha = \frac{4}{3}$$
$$\Rightarrow \quad \alpha = 53{,}13°$$
$$\Rightarrow \quad 2\alpha = 106{,}26°$$
$$\Rightarrow \quad \cos 2\alpha = -0{,}28 \ \wedge\ \sin 2\alpha = 0{,}96$$

Berechnung von $\alpha$ mithilfe der Beziehung $\tan\alpha = m$

Für die Punkte $P(x\,|\,2x+1)$ auf g und die Bildpunkte $P'(x'\,|\,y')$ auf g' gilt:

$$P(x\,|\,2x+1) \xmapsto{s = OP} P'(x'\,|\,y')$$

$$\begin{pmatrix} x' \\ y' \end{pmatrix} = \begin{pmatrix} \cos 2\alpha & \sin 2\alpha \\ \sin 2\alpha & -\cos 2\alpha \end{pmatrix} \odot \begin{pmatrix} x \\ 2x+1 \end{pmatrix}$$

Abbildung eines allgemeinen Punktes $P(x\,|\,2x+1) \in g$

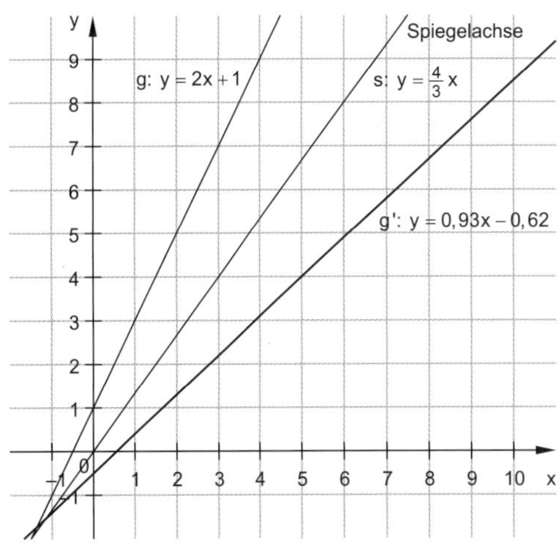


$$\Leftrightarrow \begin{pmatrix} x' \\ y' \end{pmatrix} = \begin{pmatrix} -0{,}28 & 0{,}96 \\ 0{,}96 & 0{,}28 \end{pmatrix} \odot \begin{pmatrix} x \\ 2x+1 \end{pmatrix}$$

$$\Leftrightarrow \begin{pmatrix} x' \\ y' \end{pmatrix} = \begin{pmatrix} -0{,}28 \cdot x + 0{,}96 \cdot (2x+1) \\ 0{,}96 \cdot x + 0{,}28 \cdot (2x+1) \end{pmatrix}$$

$$\Leftrightarrow \begin{pmatrix} x' \\ y' \end{pmatrix} = \begin{pmatrix} -0{,}28x + 1{,}92x + 0{,}96 \\ 0{,}96x + 0{,}56x + 0{,}28 \end{pmatrix}$$

$$\Leftrightarrow \begin{pmatrix} x' \\ y' \end{pmatrix} = \begin{pmatrix} 1{,}64x + 0{,}96 \\ 1{,}52x + 0{,}28 \end{pmatrix}$$

$$\Leftrightarrow \left| \begin{array}{l} x' = 1{,}64x + 0{,}96 \\ \wedge\ y' = 1{,}52x + 0{,}28 \end{array} \right. \quad \left| -0{,}96 \right.$$

$$\Leftrightarrow \left| \begin{array}{l} x' - 0{,}96 = 1{,}64x \\ \wedge\ \quad y' = 1{,}52x + 0{,}28 \end{array} \right. \quad \left| :1{,}64 \right.$$

$$\Leftrightarrow \left| \begin{array}{l} x = 0{,}61x' - 0{,}59 \\ \wedge\ y' = 1{,}52 \cdot (0{,}61x' - 0{,}59) + 0{,}28 \end{array} \right.$$

Einsetzen von $0{,}61x' - 0{,}59$ für x in Gleichung II

$$\Leftrightarrow \left| \begin{array}{l} x = 0{,}61x' - 0{,}59 \\ \wedge\ y' = 0{,}93x' - 0{,}90 + 0{,}28 \end{array} \right.$$

also: $g'\colon y = 0{,}93x - 0{,}62$

Hinweise und Tipps

**266** a) $f\colon y=\frac{2}{3}x+4 \xmapsto{\text{y-Achse}} f'$

Für die Punkte $P\left(x \,\middle|\, \frac{2}{3}x+4\right)$ auf f und die Bildpunkte $P'(x'|y')$ auf f' gilt:

$$P\left(x \,\middle|\, \frac{2}{3}x+4\right) \xmapsto{\text{y-Achse}} P'(x'|y')$$

Abbildung eines allgemeinen Punktes $P \in f$

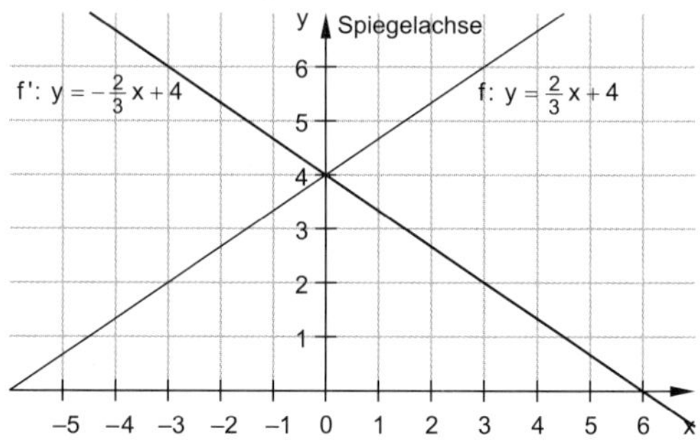


$$\begin{pmatrix}x'\\y'\end{pmatrix}=\begin{pmatrix}-1&0\\0&1\end{pmatrix}\odot\begin{pmatrix}x\\\frac{2}{3}x+4\end{pmatrix}$$

$$\Leftrightarrow \begin{pmatrix}x'\\y'\end{pmatrix}=\begin{pmatrix}-1\cdot x+0\cdot\left(\frac{2}{3}x+4\right)\\0\cdot x+1\cdot\left(\frac{2}{3}x+4\right)\end{pmatrix}$$

$$\Leftrightarrow \begin{pmatrix}x'\\y'\end{pmatrix}=\begin{pmatrix}-x\\\frac{2}{3}x+4\end{pmatrix}$$

$$\Leftrightarrow \left|\begin{array}{l} x'=-x\\ \wedge\ y'=\frac{2}{3}x+4\end{array}\right.$$

Löse Gleichung I nach x auf und setze –x' für x in Gleichung II ein.

$$\Leftrightarrow \left|\begin{array}{l} x=-x'\\ \wedge\ y'=\frac{2}{3}\cdot(-x')+4\end{array}\right.$$

also: $f'\colon y=-\frac{2}{3}x+4$

b) $f\colon y=\frac{2}{x} \xmapsto{\text{x-Achse}} f'$

$$P\left(x \,\middle|\, \frac{2}{x}\right) \xmapsto{\text{x-Achse}} P'(x'|y')$$

Abbildung eines allgemeinen Punktes $P \in f$

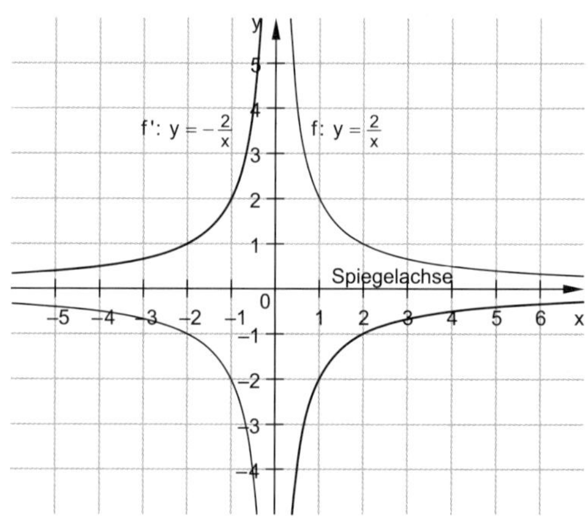


$$\begin{pmatrix}x'\\y'\end{pmatrix}=\begin{pmatrix}1&0\\0&-1\end{pmatrix}\odot\begin{pmatrix}x\\\frac{2}{x}\end{pmatrix}$$

$$\Leftrightarrow \begin{pmatrix}x'\\y'\end{pmatrix}=\begin{pmatrix}1\cdot x+0\cdot\frac{2}{x}\\0\cdot x-1\cdot\frac{2}{x}\end{pmatrix}$$

$$\Leftrightarrow \begin{pmatrix}x'\\y'\end{pmatrix}=\begin{pmatrix}x\\-\frac{2}{x}\end{pmatrix}$$

$$\Leftrightarrow \left|\begin{array}{l} x'=x\\ \wedge\ y'=-\frac{2}{x}\end{array}\right.$$

Umbenennen von x' und y' in x und y

also: $f'\colon y=-\frac{2}{x}$

c) $f\colon y=2^{x+1} \xmapsto{w_{I/III}} f'$

$$P(x\,|\,2^{x+1}) \xmapsto{w_{I/III}} P'(x'|y')$$

Abbildung eines allgemeinen Punktes $P \in f$

$$\begin{pmatrix}x'\\y'\end{pmatrix}=\begin{pmatrix}0&1\\1&0\end{pmatrix}\odot\begin{pmatrix}x\\2^{x+1}\end{pmatrix}$$

$$\Leftrightarrow \begin{pmatrix}x'\\y'\end{pmatrix}=\begin{pmatrix}0\cdot x+1\cdot 2^{x+1}\\1\cdot x+0\cdot 2^{x+1}\end{pmatrix}$$

Hinweise und Tipps

$$\Leftrightarrow \begin{pmatrix} x' \\ y' \end{pmatrix} = \begin{pmatrix} 2^{x+1} \\ x \end{pmatrix}$$

$$\Leftrightarrow \begin{array}{|l} x' = 2^{x+1} \\ \wedge\ y' = x \end{array}$$

$$\Leftrightarrow \begin{array}{|l} \log_2 x' = x+1 \quad |-1 \\ \wedge\ y' = x \end{array}$$

$$\Leftrightarrow \begin{array}{|l} x = \log_2 x' - 1 \\ \wedge\ y' = \log_2 x' - 1 \end{array}$$

also: f': $y = \log_2 x - 1$

Eliminiere die Variable x (Parameter) aus Gleichung II.

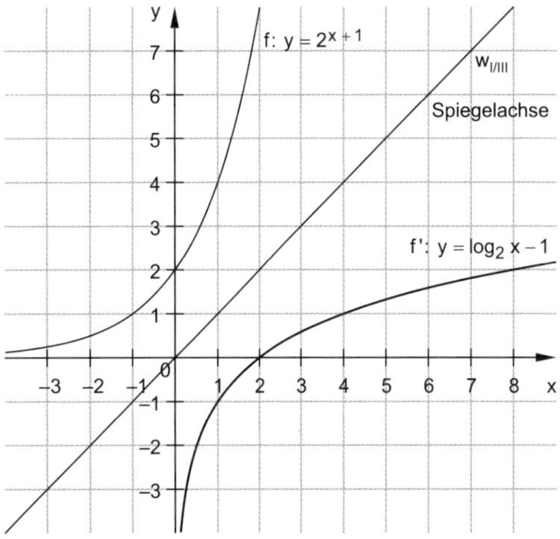


---

**267** a) Berechnung der Koordinaten von P'(x' | y'):

$$P(6|-4) \xrightarrow{O(0|0);\ \alpha = 270^\circ} P'(x'|y')$$

$$\begin{pmatrix} x' \\ y' \end{pmatrix} = \begin{pmatrix} \cos 270^\circ & -\sin 270^\circ \\ \sin 270^\circ & \cos 270^\circ \end{pmatrix} \odot \begin{pmatrix} 6 \\ -4 \end{pmatrix}$$

Einsetzen der Koordinaten des Urpunktes

$$\Leftrightarrow \begin{pmatrix} x' \\ y' \end{pmatrix} = \begin{pmatrix} 0 & 1 \\ -1 & 0 \end{pmatrix} \odot \begin{pmatrix} 6 \\ -4 \end{pmatrix}$$

$$\Leftrightarrow \begin{pmatrix} x' \\ y' \end{pmatrix} = \begin{pmatrix} 0 \cdot 6 + 1 \cdot (-4) \\ -1 \cdot 6 + 0 \cdot (-4) \end{pmatrix}$$

$$\Leftrightarrow \begin{pmatrix} x' \\ y' \end{pmatrix} = \begin{pmatrix} -4 \\ -6 \end{pmatrix}$$

also: P'(–4 | –6)

Zeichnung:

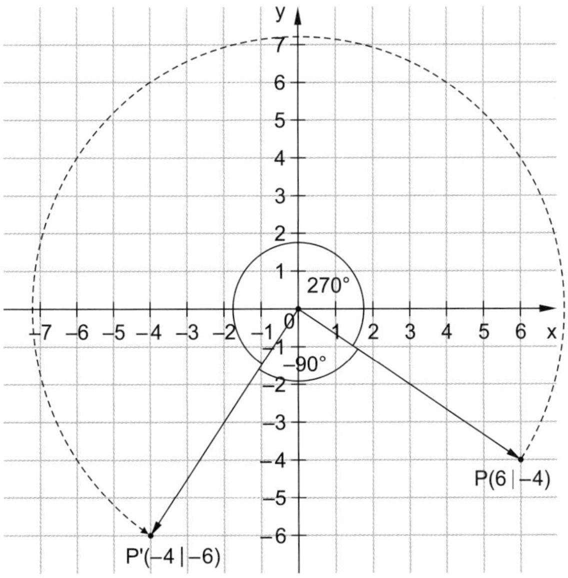

Hinweise und Tipps

b) Berechnung der Koordinaten von P'(x' | y'):

$$\begin{pmatrix} x' \\ y' \end{pmatrix} = \begin{pmatrix} \cos(-60°) & -\sin(-60°) \\ \sin(-60°) & \cos(-60°) \end{pmatrix} \odot \begin{pmatrix} -1 \\ 5 \end{pmatrix}$$

Einsetzen der Koordinaten des Urpunktes für x und y

$$\Leftrightarrow \begin{pmatrix} x' \\ y' \end{pmatrix} = \begin{pmatrix} \frac{1}{2} & \frac{1}{2}\sqrt{3} \\ -\frac{1}{2}\sqrt{3} & \frac{1}{2} \end{pmatrix} \odot \begin{pmatrix} -1 \\ 5 \end{pmatrix}$$

$$\Leftrightarrow \begin{pmatrix} x' \\ y' \end{pmatrix} = \begin{pmatrix} \frac{1}{2}\cdot(-1)+\frac{1}{2}\sqrt{3}\cdot 5 \\ -\frac{1}{2}\sqrt{3}\cdot(-1)+\frac{1}{2}\cdot 5 \end{pmatrix}$$

$$\Leftrightarrow \begin{pmatrix} x' \\ y' \end{pmatrix} = \begin{pmatrix} 3{,}83 \\ 3{,}37 \end{pmatrix}$$

also: P'(3,83 | 3,37)

Zeichnung:

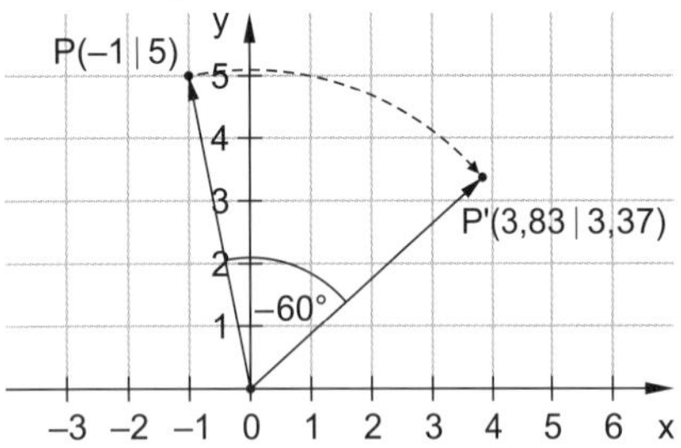


**268** a) Berechnung der Koordinaten von P(x | y):

$$\begin{pmatrix} x' \\ y' \end{pmatrix} = \begin{pmatrix} \cos 110° & -\sin 110° \\ \sin 110° & \cos 110° \end{pmatrix} \odot \begin{pmatrix} x \\ y \end{pmatrix}$$

$$\Leftrightarrow \begin{pmatrix} x \\ y \end{pmatrix} = \begin{pmatrix} \cos(-110°) & -\sin(-110°) \\ \sin(-110°) & \cos(-110°) \end{pmatrix} \odot \begin{pmatrix} x' \\ y' \end{pmatrix}$$

$$\Leftrightarrow \begin{pmatrix} x \\ y \end{pmatrix} = \begin{pmatrix} -0{,}34 & +0{,}94 \\ -0{,}94 & -0{,}34 \end{pmatrix} \odot \begin{pmatrix} -7 \\ 2 \end{pmatrix}$$

$$\Leftrightarrow \begin{pmatrix} x \\ y \end{pmatrix} = \begin{pmatrix} -0{,}34\cdot(-7)+0{,}94\cdot 2 \\ -0{,}94\cdot(-7)-0{,}34\cdot 2 \end{pmatrix}$$

$$\Leftrightarrow \begin{pmatrix} x \\ y \end{pmatrix} = \begin{pmatrix} 4{,}26 \\ 5{,}9 \end{pmatrix}$$

also: P(4,26 | 5,9)

Sind bei einer Drehung um O(0 | 0) die Koordinaten des Bildpunktes P' sowie das Maß des Drehwinkels $\alpha$ bekannt, so erhält man die Koordinaten des zugehörigen Urpunktes P durch Drehung von P' um O(0 | 0) mit dem Drehwinkelmaß $(-\alpha)$ oder $(360° - \alpha)$.

Alternativ erhält man die Lösung auch durch Einsetzen der Koordinaten von P' in die Abbildungsgleichung für das Drehwinkelmaß $\alpha$. Allerdings erfordert dieser Weg einen größeren Rechenaufwand.

b) Berechnung der Koordinaten von P(x | y):

$$\begin{pmatrix} x' \\ y' \end{pmatrix} = \begin{pmatrix} \cos(-60°) & -\sin(-60°) \\ \sin(-60°) & \cos(-60°) \end{pmatrix} \odot \begin{pmatrix} x \\ y \end{pmatrix}$$

$$\Leftrightarrow \begin{pmatrix} x \\ y \end{pmatrix} = \begin{pmatrix} \cos 60° & -\sin 60° \\ \sin 60° & \cos 60° \end{pmatrix} \odot \begin{pmatrix} x' \\ y' \end{pmatrix}$$

$$\Leftrightarrow \begin{pmatrix} x \\ y \end{pmatrix} = \begin{pmatrix} \frac{1}{2} & -\frac{1}{2}\sqrt{3} \\ \frac{1}{2}\sqrt{3} & \frac{1}{2} \end{pmatrix} \odot \begin{pmatrix} 5 \\ -5 \end{pmatrix}$$

$$\Leftrightarrow \begin{pmatrix} x \\ y \end{pmatrix} = \begin{pmatrix} \frac{1}{2}\cdot 5-\frac{1}{2}\sqrt{3}\cdot(-5) \\ \frac{1}{2}\sqrt{3}\cdot 5+\frac{1}{2}\cdot(-5) \end{pmatrix}$$

$$\Leftrightarrow \begin{pmatrix} x \\ y \end{pmatrix} = \begin{pmatrix} 6{,}83 \\ 1{,}83 \end{pmatrix}$$

also: P(6,83 | 1,83)

Hinweise und Tipps

**269** Berechnung der Koordinaten von A'(x' | y'):

$$\begin{pmatrix} x' \\ y' \end{pmatrix} = \begin{pmatrix} \cos 150° & -\sin 150° \\ \sin 150° & \cos 150° \end{pmatrix} \odot \begin{pmatrix} 2 \\ -3 \end{pmatrix}$$

Einsetzen der Koordinaten von A in die Abbildungsgleichung

$$\Leftrightarrow \begin{pmatrix} x' \\ y' \end{pmatrix} = \begin{pmatrix} \cos 150° \cdot 2 - \sin 150° \cdot (-3) \\ \sin 150° \cdot 2 + \cos 150° \cdot (-3) \end{pmatrix}$$

$$\Leftrightarrow \begin{pmatrix} x' \\ y' \end{pmatrix} = \begin{pmatrix} -0,23 \\ 3,60 \end{pmatrix}$$

also: A'(−0,23 | 3,60)

Berechnung der Koordinaten von B'(x' | y'):

$$\begin{pmatrix} x' \\ y' \end{pmatrix} = \begin{pmatrix} \cos 150° & -\sin 150° \\ \sin 150° & \cos 150° \end{pmatrix} \odot \begin{pmatrix} 6 \\ 3 \end{pmatrix}$$

Einsetzen der Koordinaten von B in die Abbildungsgleichung

$$\Leftrightarrow \begin{pmatrix} x' \\ y' \end{pmatrix} = \begin{pmatrix} \cos 150° \cdot 6 - \sin 150° \cdot 3 \\ \sin 150° \cdot 6 + \cos 150° \cdot 3 \end{pmatrix}$$

$$\Leftrightarrow \begin{pmatrix} x' \\ y' \end{pmatrix} = \begin{pmatrix} -6,70 \\ 0,40 \end{pmatrix}$$

also: B'(−6,70 | 0,40)

Berechnung der Koordinaten von C'(x' | y'):

$$\begin{pmatrix} x' \\ y' \end{pmatrix} = \begin{pmatrix} \cos 150° & -\sin 150° \\ \sin 150° & \cos 150° \end{pmatrix} \odot \begin{pmatrix} -1 \\ 5 \end{pmatrix}$$

Einsetzen der Koordinaten von C in die Abbildungsgleichung

$$\Leftrightarrow \begin{pmatrix} x' \\ y' \end{pmatrix} = \begin{pmatrix} \cos 150° \cdot (-1) - \sin 150° \cdot 5 \\ \sin 150° \cdot (-1) + \cos 150° \cdot 5 \end{pmatrix}$$

$$\Leftrightarrow \begin{pmatrix} x' \\ y' \end{pmatrix} = \begin{pmatrix} -1,63 \\ -4,83 \end{pmatrix}$$

also: C'(−1,63 | −4,83)

Zeichnung:

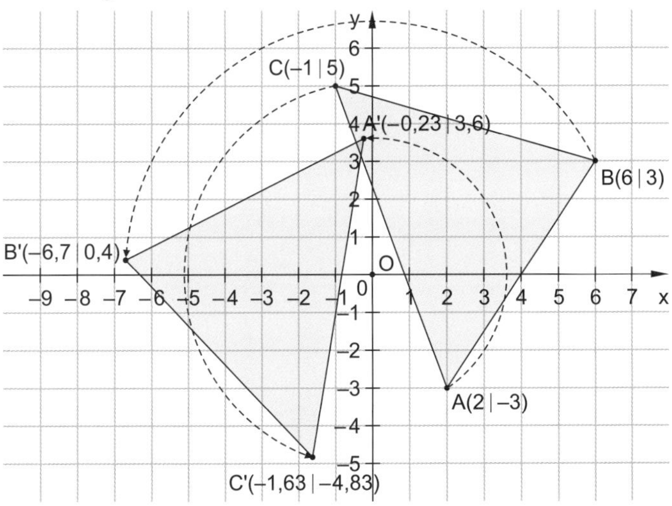


**270** Berechnung der Gleichung der Bildgeraden:

$$g\colon y = 2,5x + 5 \xrightarrow{O(0|0);\ \alpha = 323,13°} g'$$

$$P(x \mid 2,5x+5) \xrightarrow{O(0|0);\ \alpha = 323,13°} P'(x' \mid y')$$

Für jeden Punkt P(x | y) der Geraden g mit y = 2,5x + 5 gilt: P(x | 2,5x + 5)

$$\begin{pmatrix} x' \\ y' \end{pmatrix} = \begin{pmatrix} \cos 323,13° & -\sin 323,13° \\ \sin 323,13° & \cos 323,13° \end{pmatrix} \odot \begin{pmatrix} x \\ 2,5x+5 \end{pmatrix}$$

Einsetzen der Koordinaten von P(x | 2,5x + 5) in die Abbildungsgleichung

$$\Leftrightarrow \begin{pmatrix} x' \\ y' \end{pmatrix} = \begin{pmatrix} 0,80 & 0,60 \\ -0,60 & 0,80 \end{pmatrix} \odot \begin{pmatrix} x \\ 2,5x+5 \end{pmatrix}$$

Hinweise und Tipps

$\Leftrightarrow \begin{pmatrix} x' \\ y' \end{pmatrix} = \begin{pmatrix} 0,80 \cdot x + 0,60 \cdot (2,5x+5) \\ -0,60 \cdot x + 0,80 \cdot (2,5x+5) \end{pmatrix}$

$\Leftrightarrow \begin{pmatrix} x' \\ y' \end{pmatrix} = \begin{pmatrix} 0,80x + 1,50x + 3,00 \\ -0,60x + 2,00x + 4,00 \end{pmatrix}$

$\Leftrightarrow \begin{pmatrix} x' \\ y' \end{pmatrix} = \begin{pmatrix} 2,30x + 3,00 \\ 1,40x + 4,00 \end{pmatrix}$

Übergang zur Koordinatenform

$\Leftrightarrow \begin{vmatrix} x' = 2,30x + 3,00 & \mid -3,00 \\ \wedge\ y' = 1,40x + 4,00 & \end{vmatrix}$

$\Leftrightarrow \begin{vmatrix} 2,30x = x' - 3,00 & \mid :2,30 \\ \wedge\ y' = 1,40x + 4,00 & \end{vmatrix}$

Löse Gleichung I nach x auf.

$\Leftrightarrow \begin{vmatrix} x = 0,43x' - 1,30 \\ \wedge\ y' = 1,40 \cdot (0,43x' - 1,30) + 4,00 \end{vmatrix}$

Einsetzen von 0,43x' – 1,30 für x in Gleichung II

$\Leftrightarrow \begin{vmatrix} x = 0,43x' - 1,30 \\ \wedge\ y' = 0,60x' - 1,82 + 4,00 \end{vmatrix}$

$\Leftrightarrow \begin{vmatrix} x = 0,43x' - 1,30 \\ \wedge\ y' = 0,60x' + 2,18 \end{vmatrix}$

Umbenennen von x' und y' in x und y

also: g': $y = 0,60x + 2,18$

Gleichung der Bildgeraden

Zeichnung:

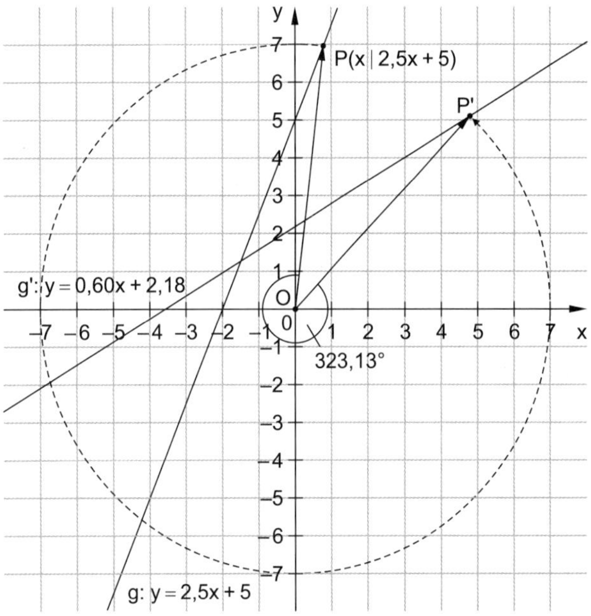


**271** Berechnung der Koordinaten von P'(x' | y'):

$\begin{pmatrix} x' \\ y' \end{pmatrix} = \begin{pmatrix} \cos 80° & -\sin 80° \\ \sin 80° & \cos 80° \end{pmatrix} \odot \begin{pmatrix} -2 \\ -5 \end{pmatrix}$

Einsetzen der Koordinaten von P in die Abbildungsgleichung

$\Leftrightarrow \begin{pmatrix} x' \\ y' \end{pmatrix} = \begin{pmatrix} \cos 80° \cdot (-2) - \sin 80° \cdot (-5) \\ \sin 80° \cdot (-2) + \cos 80° \cdot (-5) \end{pmatrix}$

$\Leftrightarrow \begin{pmatrix} x' \\ y' \end{pmatrix} = \begin{pmatrix} 4,58 \\ -2,84 \end{pmatrix}$

also: P'(4,58 | –2,84)

Hinweise und Tipps

Berechnung der Koordinaten von Q'(x' | y'):

$$\begin{pmatrix} x' \\ y' \end{pmatrix} = \begin{pmatrix} \cos 80° & -\sin 80° \\ \sin 80° & \cos 80° \end{pmatrix} \odot \begin{pmatrix} 4 \\ 1 \end{pmatrix}$$

Einsetzen der Koordinaten von Q in die Abbildungsgleichung

$$\Leftrightarrow \begin{pmatrix} x' \\ y' \end{pmatrix} = \begin{pmatrix} \cos 80° \cdot 4 - \sin 80° \cdot 1 \\ \sin 80° \cdot 4 + \cos 80° \cdot 1 \end{pmatrix}$$

$$\Leftrightarrow \begin{pmatrix} x' \\ y' \end{pmatrix} = \begin{pmatrix} -0{,}29 \\ 4{,}11 \end{pmatrix}$$

also: Q'(−0,29 | 4,11)

Berechnung der Länge der Urstrecke:

$$\overrightarrow{PQ} = \begin{pmatrix} 4-(-2) \\ 1-(-5) \end{pmatrix} = \begin{pmatrix} 6 \\ 6 \end{pmatrix}$$

$$|\overrightarrow{PQ}| = \sqrt{6^2 + 6^2} \text{ LE} = 8{,}49 \text{ LE}$$

Berechnung der Länge der Bildstrecke:

$$\overrightarrow{P'Q'} = \begin{pmatrix} -0{,}29 - 4{,}58 \\ 4{,}11 - (-2{,}84) \end{pmatrix} = \begin{pmatrix} -4{,}87 \\ 6{,}95 \end{pmatrix}$$

$$|\overrightarrow{P'Q'}| = \sqrt{(-4{,}87)^2 + 6{,}95^2} \text{ LE} = 8{,}49 \text{ LE}$$

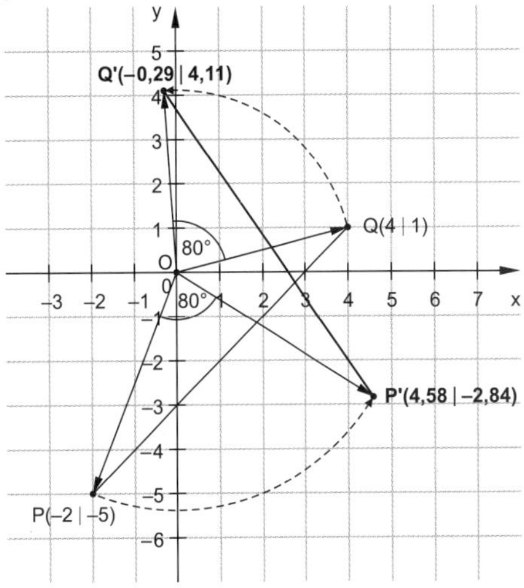


**272** Berechnung des Drehwinkelmaßes:

$$P(10 \mid 0) \xrightarrow{O(0|0);\ \alpha} P'(-8 \mid 6)$$

$$\begin{pmatrix} -8 \\ 6 \end{pmatrix} = \begin{pmatrix} \cos\alpha & -\sin\alpha \\ \sin\alpha & \cos\alpha \end{pmatrix} \odot \begin{pmatrix} 10 \\ 0 \end{pmatrix}$$

Einsetzen von Ur- und Bildpunktkoordinaten in die Abbildungsgleichung

$$\Leftrightarrow \begin{pmatrix} -8 \\ 6 \end{pmatrix} = \begin{pmatrix} \cos\alpha \cdot 10 - \sin\alpha \cdot 0 \\ \sin\alpha \cdot 10 + \cos\alpha \cdot 0 \end{pmatrix}$$

$$\Leftrightarrow \begin{pmatrix} -8 \\ 6 \end{pmatrix} = \begin{pmatrix} 10\cos\alpha \\ 10\sin\alpha \end{pmatrix}$$

Übergang zur Koordinatenform

$$\Leftrightarrow \begin{array}{|l} -8 = 10\cos\alpha \quad |:10 \\ \wedge \ \ 6 = 10\sin\alpha \quad |:10 \end{array}$$

$$\Leftrightarrow \begin{array}{|l} \cos\alpha = -0{,}8 \\ \wedge \ \sin\alpha = 0{,}6 \end{array}$$

1. Bedingung: $\cos\alpha = -0{,}8$ und 2. Bedingung: $\sin\alpha = 0{,}6$

$\Leftrightarrow \alpha_1 = 143{,}13° \vee \alpha_2 = 360° - \alpha_1 \quad \wedge \quad \alpha_3 = 36{,}87° \vee \alpha_4 = 180° - \alpha_3$

$\Leftrightarrow \alpha_1 = 143{,}13° \vee \alpha_2 = 360° - 143{,}13° \quad \wedge \quad \alpha_3 = 36{,}87° \vee \alpha_4 = 180° - 36{,}87°$

$\Leftrightarrow \alpha_1 = 143{,}13° \vee \alpha_2 = 216{,}87° \quad \wedge \quad \alpha_3 = 36{,}87° \vee \alpha_4 = 143{,}13°$

$L = \{143{,}13°\}$

Das gemeinsame Winkelmaß $\alpha = 143{,}13°$ erfüllt beide Bedingungen.

**273** Berechnung der Gleichung der Bildgeraden:

Drehung um $\alpha_1 = 90°$:

$$g \xrightarrow{O(0|0);\ \alpha_1 = 90°} g_1'$$

$$P(x \mid -3x+4) \xrightarrow{O(0|0);\ \alpha_1 = 90°} P_1'(x' \mid y')$$

Allgemeine Koordinaten von Punkten $P \in g$: $P(x \mid -3x+4)$

$$\begin{pmatrix} x' \\ y' \end{pmatrix} = \begin{pmatrix} 0 & -1 \\ 1 & 0 \end{pmatrix} \odot \begin{pmatrix} x \\ -3x+4 \end{pmatrix}$$

Einsetzen der Koordinaten von $P(x \mid -3x+4)$ in die Abbildungsgleichung

$$\Leftrightarrow \begin{pmatrix} x' \\ y' \end{pmatrix} = \begin{pmatrix} 0 \cdot x - 1 \cdot (-3x+4) \\ 1 \cdot x - 0 \cdot (-3x+4) \end{pmatrix}$$

$$\Leftrightarrow \begin{pmatrix} x' \\ y' \end{pmatrix} = \begin{pmatrix} 3x - 4 \\ x \end{pmatrix}$$

Übergang zur Koordinatenform

✐ Hinweise und Tipps

$\Leftrightarrow \left| \begin{array}{l} x' = 3x - 4 \quad |+4 \\ \wedge\ y' = x \end{array} \right.$

$\Leftrightarrow \left| \begin{array}{l} 3x = x' + 4 \quad |:3 \\ \wedge\ y' = x \end{array} \right.$

$\Leftrightarrow \left| \begin{array}{l} x = \frac{1}{3}x' + \frac{4}{3} \\ \wedge\ y' = \frac{1}{3}x' + \frac{4}{3} \end{array} \right.$

Einsetzen von $\frac{1}{3}x' + \frac{4}{3}$ für x in Gleichung II.

Gleichung der Bildgeraden: $g_1'$: $y = \frac{1}{3}x + 1\frac{1}{3}$

Umbenennen von x' und y' in x und y

Drehung um $\alpha_2 = 180°$:

$$g \xmapsto{O(0|0);\ \alpha_2 = 180°} g_2'$$

$$P(x\,|\,-3x+4) \xmapsto{O(0|0);\ \alpha_2 = 180°} P_2'(x'\,|\,y')$$

Allgemeine Koordinaten von Punkten $P \in g$: $P(x\,|\,-3x+4)$

$$\begin{pmatrix} x' \\ y' \end{pmatrix} = \begin{pmatrix} -1 & 0 \\ 0 & -1 \end{pmatrix} \odot \begin{pmatrix} x \\ -3x+4 \end{pmatrix}$$

Einsetzen der Koordinaten von $P(x\,|\,-3x+4)$ in die Abbildungsgleichung

$$\Leftrightarrow \begin{pmatrix} x' \\ y' \end{pmatrix} = \begin{pmatrix} -1 \cdot x + 0 \cdot (-3x+4) \\ 0 \cdot x - 1 \cdot (-3x+4) \end{pmatrix}$$

$$\Leftrightarrow \begin{pmatrix} x' \\ y' \end{pmatrix} = \begin{pmatrix} -x \\ 3x-4 \end{pmatrix}$$

Übergang zur Koordinatenform

$\Leftrightarrow \left| \begin{array}{l} x' = -x \quad |\cdot(-1) \\ \wedge\ y' = 3x - 4 \end{array} \right.$

$\Leftrightarrow \left| \begin{array}{l} x = -x' \\ \wedge\ y' = 3 \cdot (-x') - 4 \end{array} \right.$

Einsetzen von –x' für x in Gleichung II.

$\Leftrightarrow \left| \begin{array}{l} x = -x' \\ \wedge\ y' = -3x' - 4 \end{array} \right.$

Gleichung der Bildgeraden: $g_2'$: $y = -3x - 4$

**274** a) Zeichnung:

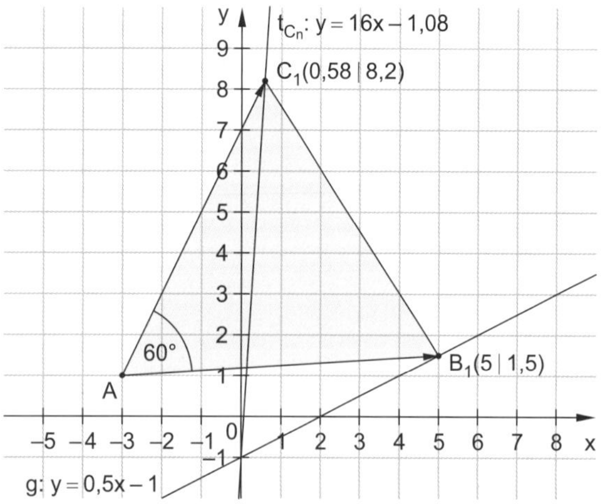


b) Berechnung der Koordinaten von $C_n(x'\,|\,y')$:

Drehung des Pfeils $\overrightarrow{AB_n}$ um A mit $\alpha = 60°$:

$$\overrightarrow{AB_n} \xmapsto{A(-3|1);\ \alpha = 60°} \overrightarrow{AC_n}$$

Das Maß α des Winkels $\sphericalangle B_nAC_n$ beträgt 60°, da dies das Maß jedes Innenwinkels im gleichseitigen Dreieck ist.

Hinweise und Tipps

$$\begin{pmatrix} x'-(-3) \\ y'-1 \end{pmatrix} = \begin{pmatrix} \cos 60° & -\sin 60° \\ \sin 60° & \cos 60° \end{pmatrix} \odot \begin{pmatrix} x-(-3) \\ 0{,}5x-1-1 \end{pmatrix}$$

$B_n(x \mid 0{,}5x-1) \in g$

$$\Leftrightarrow \quad \begin{pmatrix} x'+3 \\ y'-1 \end{pmatrix} = \begin{pmatrix} \frac{1}{2} & -\frac{1}{2}\sqrt{3} \\ \frac{1}{2}\sqrt{3} & \frac{1}{2} \end{pmatrix} \odot \begin{pmatrix} x+3 \\ \frac{1}{2}x-2 \end{pmatrix}$$

Zeile · Spalte = Koordinate

$$\Leftrightarrow \quad \begin{pmatrix} x'+3 \\ y'-1 \end{pmatrix} = \begin{pmatrix} \frac{1}{2}(x+3)-\frac{1}{2}\sqrt{3}\left(\frac{1}{2}x-2\right) \\ \frac{1}{2}\sqrt{3}(x+3)+\frac{1}{2}\left(\frac{1}{2}x-2\right) \end{pmatrix}$$

Beachte das Minuszeichen vor der Klammer.

$$\Leftrightarrow \quad \begin{pmatrix} x'+3 \\ y'-1 \end{pmatrix} = \begin{pmatrix} \frac{1}{2}x+\frac{3}{2}-\frac{1}{4}\sqrt{3}x+\sqrt{3} \\ \frac{1}{2}\sqrt{3}x+\frac{3}{2}\sqrt{3}+\frac{1}{4}x-1 \end{pmatrix}$$

$$\Leftrightarrow \quad \begin{pmatrix} x'+3 \\ y'-1 \end{pmatrix} = \begin{pmatrix} 0{,}07x+3{,}23 \\ 1{,}12x+1{,}60 \end{pmatrix}$$

$$\Leftrightarrow \quad \begin{array}{|l} x'+3 = 0{,}07x+3{,}23 \quad |-3 \\ \wedge \ y'-1 = 1{,}12x+1{,}60 \quad |+1 \end{array}$$

Löse die Gleichungen nach x' bzw. y' auf.

$$\Leftrightarrow \quad \begin{array}{|l} x' = 0{,}07x+0{,}23 \\ \wedge \ y' = 1{,}12x+2{,}6 \end{array}$$

also: $C_n(0{,}07x+0{,}23 \mid 1{,}12x+2{,}6)$

Berechnung der Gleichung des Trägergraphen $t_{C_n}$ der Punkte $C_n$:

$$\begin{array}{|l} x' = 0{,}07x+0{,}23 \quad |-0{,}23 \\ \wedge \ y' = 1{,}12x+2{,}60 \end{array}$$

Löse Gleichung I nach x auf.

$$\Leftrightarrow \quad \begin{array}{|l} 0{,}07x = x'-0{,}23 \quad |:0{,}07 \\ \wedge \ y' = 1{,}12x+2{,}60 \end{array}$$

$$\Leftrightarrow \quad \begin{array}{|l} x = 14{,}29x'-3{,}29 \\ \wedge \ y' = 1{,}12\cdot(14{,}29x'-3{,}29)+2{,}60 \end{array}$$

Einsetzen von $14{,}29x'-3{,}29$ für x in Gleichung II.

$$\Leftrightarrow \quad \begin{array}{|l} x = 14{,}29x'-3{,}29 \\ \wedge \ y' = 16{,}00x'-3{,}68+2{,}60 \end{array}$$

$$\Leftrightarrow \quad \begin{array}{|l} x = 14{,}29x'-3{,}29 \\ \wedge \ y' = 16x'-1{,}08 \end{array}$$

also: $t_{C_n}$: $y = 16x-1{,}08$

Umbenennen von x' und y' in x und y

---

**275** a) Zeichnung:

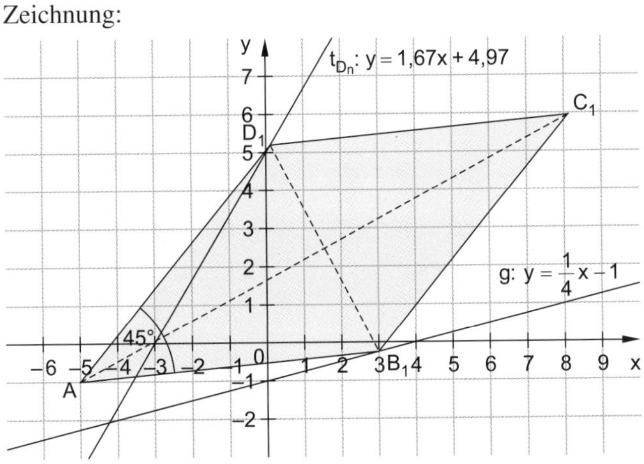

Hinweise und Tipps

b) Berechnung der Koordinaten von $D_n(x'|y')$:
Drehung des Pfeils $\overrightarrow{AB_n}$ um A mit $\alpha=45°$:

$$\overrightarrow{AB_n} \xmapsto{A(-5|-1);\ \alpha=45°} \overrightarrow{AD_n}$$

$$\begin{pmatrix} x'-(-5) \\ y'-(-1) \end{pmatrix} = \begin{pmatrix} \cos 45° & -\sin 45° \\ \sin 45° & \cos 45° \end{pmatrix} \odot \begin{pmatrix} x-(-5) \\ \frac{1}{4}x-1-(-1) \end{pmatrix}$$

$B_n\left(x \middle| \frac{1}{4}x-1\right) \in g$

$$\Leftrightarrow \begin{pmatrix} x'+5 \\ y'+1 \end{pmatrix} = \begin{pmatrix} \frac{1}{2}\sqrt{2} & -\frac{1}{2}\sqrt{2} \\ \frac{1}{2}\sqrt{2} & \frac{1}{2}\sqrt{2} \end{pmatrix} \odot \begin{pmatrix} x+5 \\ \frac{1}{4}x \end{pmatrix}$$

Zeile · Spalte = Koordinate

$$\Leftrightarrow \begin{pmatrix} x'+5 \\ y'+1 \end{pmatrix} = \begin{pmatrix} \frac{1}{2}\sqrt{2}(x+5)-\frac{1}{2}\sqrt{2}\cdot\frac{1}{4}x \\ \frac{1}{2}\sqrt{2}(x+5)+\frac{1}{2}\sqrt{2}\cdot\frac{1}{4}x \end{pmatrix}$$

Löse die Klammern auf und fasse zusammen.

$$\Leftrightarrow \begin{pmatrix} x'+5 \\ y'+1 \end{pmatrix} = \begin{pmatrix} \frac{1}{2}\sqrt{2}x+\frac{5}{2}\sqrt{2}-\frac{1}{8}\sqrt{2}x \\ \frac{1}{2}\sqrt{2}x+\frac{5}{2}\sqrt{2}+\frac{1}{8}\sqrt{2}x \end{pmatrix}$$

$$\Leftrightarrow \begin{pmatrix} x'+5 \\ y'+1 \end{pmatrix} = \begin{pmatrix} \frac{3}{8}\sqrt{2}x+\frac{5}{2}\sqrt{2} \\ \frac{5}{8}\sqrt{2}x+\frac{5}{2}\sqrt{2} \end{pmatrix}$$

$$\Leftrightarrow \left| \begin{array}{ll} x'+5=\frac{3}{8}\sqrt{2}x+\frac{5}{2}\sqrt{2} & |-5 \\ \wedge\ y'+1=\frac{5}{8}\sqrt{2}x+\frac{5}{2}\sqrt{2} & |-1 \end{array} \right.$$

Löse die Gleichungen nach x' bzw. y' auf.

$$\Leftrightarrow \left| \begin{array}{l} x'=\frac{3}{8}\sqrt{2}x-1,46 \\ \wedge\ y'=\frac{5}{8}\sqrt{2}x+2,54 \end{array} \right.$$

also: $D_n\left(\frac{3}{8}\sqrt{2}x-1,46 \middle| \frac{5}{8}\sqrt{2}x+2,54\right)$

Berechnung der Gleichung des Trägergraphen $t_{D_n}$ der Punkte $D_n$:

$$\Leftrightarrow \left| \begin{array}{ll} x'=\frac{3}{8}\sqrt{2}x-1,46 & |+1,46 \\ \wedge\ y'=\frac{5}{8}\sqrt{2}x+2,54 & \end{array} \right.$$

Löse Gleichung I nach x auf.

$$\Leftrightarrow \left| \begin{array}{ll} \frac{3}{8}\sqrt{2}x=x'+1,46 & |\cdot\frac{8}{3\sqrt{2}} \\ \wedge\ y'=\frac{5}{8}\sqrt{2}x+2,54 & \end{array} \right.$$

$$\Leftrightarrow \left| \begin{array}{l} x=1,89x'+2,75 \\ \wedge\ y'=\frac{5}{8}\sqrt{2}(1,89x'+2,75)+2,54 \end{array} \right.$$

Einsetzen von 1,89x' + 2,75 für x in Gleichung II.

$$\Leftrightarrow \left| \begin{array}{l} x=1,89x'+2,75 \\ \wedge\ y'=1,67x'+2,43+2,54 \end{array} \right.$$

$$\Leftrightarrow \left| \begin{array}{l} x=1,89x'+2,75 \\ \wedge\ y'=1,67x'+4,97 \end{array} \right.$$

also: $t_{D_n}$: $y=1,67x+4,97$

Umbenennen von x' und y' in x und y

Hinweise und Tipps

**276** a) Zeichnung:

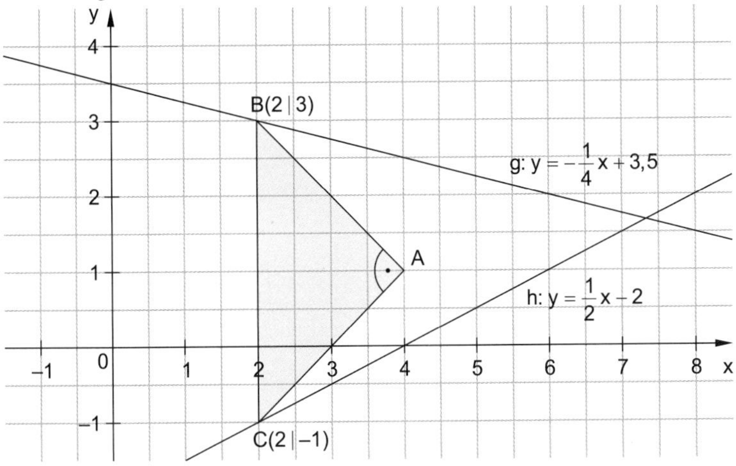


b) $\overrightarrow{AC} \xmapsto{A(4|1);\ \alpha=-90^\circ} \overrightarrow{AB}$

mit $B\left(x_B \,\middle|\, -\frac{1}{4}x_B+3\frac{1}{2}\right)$ und $C\left(x_C \,\middle|\, \frac{1}{2}x_C-2\right)$

$$\begin{pmatrix} x_B-4 \\ -\frac{1}{4}x_B+3\frac{1}{2}-1 \end{pmatrix} = \begin{pmatrix} \cos(-90^\circ) & -\sin(-90^\circ) \\ \sin(-90^\circ) & \cos(-90^\circ) \end{pmatrix} \odot \begin{pmatrix} x_C-4 \\ \frac{1}{2}x_C-2-1 \end{pmatrix}$$

Einsetzen der allgemeinen Koordinaten der Punkte B und C in die Abbildungsgleichung

$$\Leftrightarrow \quad \begin{pmatrix} x_B-4 \\ -\frac{1}{4}x_B+2\frac{1}{2} \end{pmatrix} = \begin{pmatrix} 0 & 1 \\ -1 & 0 \end{pmatrix} \odot \begin{pmatrix} x_C-4 \\ \frac{1}{2}x_C-3 \end{pmatrix}$$

$$\Leftrightarrow \quad \begin{pmatrix} x_B-4 \\ -\frac{1}{4}x_B+2\frac{1}{2} \end{pmatrix} = \begin{pmatrix} 0\cdot(x_C-4)+1\cdot\left(\frac{1}{2}x_C-3\right) \\ -1\cdot(x_C-4)+0\cdot\left(\frac{1}{2}x_C-3\right) \end{pmatrix}$$

$$\Leftrightarrow \quad \begin{pmatrix} x_B-4 \\ -\frac{1}{4}x_B+2\frac{1}{2} \end{pmatrix} = \begin{pmatrix} \frac{1}{2}x_C-3 \\ -x_C+4 \end{pmatrix}$$

Von der Vektorform zur Koordinatenform

$$\Leftrightarrow \quad \begin{array}{|rl} & x_B-4=\frac{1}{2}x_C-3 \qquad |+4 \\ \wedge & -\frac{1}{4}x_B+2\frac{1}{2}=-x_C+4 \qquad \left|+x_C+\frac{1}{4}x_B-2\frac{1}{2}\right. \end{array}$$

Löse Gleichung I nach $x_B$ auf.

Löse Gleichung II nach $x_C$ auf.

$$\Leftrightarrow \quad \begin{array}{|rl} & x_B=\frac{1}{2}x_C+1 \\ \wedge & x_C=\frac{1}{4}x_B+1\frac{1}{2} \end{array}$$

Setze $\frac{1}{2}x_C+1$ für $x_B$ in Gleichung II ein.

$$\Leftrightarrow \quad \begin{array}{|rl} & x_B=\frac{1}{2}x_C+1 \\ \wedge & x_C=\frac{1}{4}\cdot\left(\frac{1}{2}x_C+1\right)+1\frac{1}{2} \end{array}$$

$$\Leftrightarrow \quad \begin{array}{|rl} & x_B=\frac{1}{2}x_C+1 \\ \wedge & x_C=\frac{1}{8}x_C+\frac{1}{4}+\frac{3}{2} \qquad \left|-\frac{1}{8}x_C\right. \end{array}$$

Löse Gleichung II nach $x_C$ auf.

$$\Leftrightarrow \quad \begin{array}{|rl} & x_B=\frac{1}{2}x_C+1 \\ \wedge & \frac{7}{8}x_C=\frac{7}{4} \qquad \left|\cdot\frac{8}{7}\right. \end{array}$$

Hinweise und Tipps

$\Leftrightarrow \left| \begin{array}{l} x_B = \frac{1}{2}x_C + 1 \\ \wedge\ x_C = 2 \end{array} \right.$ Setze 2 für $x_C$ in Gleichung I ein.

$\Leftrightarrow \left| \begin{array}{l} x_B = 2 \\ \wedge\ x_C = 2 \end{array} \right.$

$L = \{(2|2)\}$

$x_B = 2$: $y_B = -\frac{1}{4} \cdot 2 + 3\frac{1}{2} = 3$ also: $B(2|3)$ — Koordinaten des gesuchten Punktes B

$x_C = 2$: $y_C = \frac{1}{2} \cdot 2 - 2 = -1$ also: $C(2|-1)$ — Koordinaten des gesuchten Punktes C

---

**277** a) $f\colon y = \log(x+2) + 1 \xmapsto{\vec{v} = \binom{-2}{3}} f'$

Für die Punkte $P(x|\log(x+2)+1)$ auf dem Graphen zu f und die Bildpunkte $P'(x'|y')$ auf dem Graphen zu f' gilt:

$P(x|\log(x+2)+1) \xmapsto{\vec{v} = \binom{-2}{3}} P'(x'|y')$

$\binom{x'}{y'} = \binom{x}{y} \oplus \binom{v_x}{v_y}$ — Abbildungsgleichung der Parallelverschiebung in Vektorform

$\Leftrightarrow \binom{x'}{y'} = \binom{x}{\log(x+2)+1} \oplus \binom{-2}{3}$ — Einsetzen der Koordinaten des Urpunktes $P(x|\log(x+2)+1)$ in die Abbildungsgleichung

$\Leftrightarrow \binom{x'}{y'} = \binom{x-2}{\log(x+2)+1+3}$

$\Leftrightarrow \left| \begin{array}{l} x' = x - 2 \quad |+2 \\ \wedge\ y' = \log(x+2) + 4 \end{array} \right.$ — Bestimmung der Gleichung von f' mit dem Parameterverfahren

$\Leftrightarrow \left| \begin{array}{l} x = x' + 2 \\ \wedge\ y' = \log((x'+2)+2) + 4 \end{array} \right.$ — Ersetzen des Parameters x in Gleichung II durch den Term $x' + 2$

$\Leftrightarrow \left| \begin{array}{l} x = x' + 2 \\ \wedge\ y' = \log(x'+4) + 4 \end{array} \right.$ — Umbenennen von x' und y' in x und y

also: $f'\colon y = \log(x+4) + 4$ — Gleichung der Bildfunktion

Zeichnung:

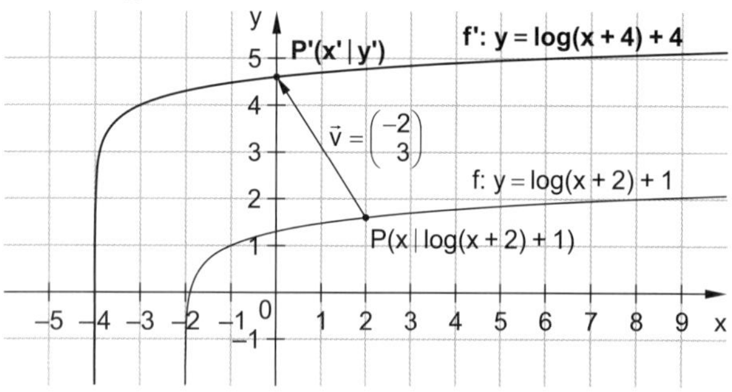


b) $f\colon y = -x^2 + 2x + 1 \xmapsto{\vec{v} = \binom{5}{1}} f'$

$P(x|-x^2+2x+1) \xmapsto{\vec{v} = \binom{5}{1}} P'(x'|y')$

Hinweise und Tipps

$$\begin{pmatrix} x' \\ y' \end{pmatrix} = \begin{pmatrix} x \\ y \end{pmatrix} \oplus \begin{pmatrix} v_x \\ v_y \end{pmatrix}$$

Abbildungsgleichung der Parallelverschiebung in Vektorform

$$\Leftrightarrow \begin{pmatrix} x' \\ y' \end{pmatrix} = \begin{pmatrix} x \\ -x^2+2x+1 \end{pmatrix} \oplus \begin{pmatrix} 5 \\ 1 \end{pmatrix}$$

Einsetzen der Koordinaten des Urpunktes $P(x\,|-x^2+2x+1)$ in die Abbildungsgleichung

$$\Leftrightarrow \begin{pmatrix} x' \\ y' \end{pmatrix} = \begin{pmatrix} x+5 \\ -x^2+2x+1+1 \end{pmatrix}$$

$$\Leftrightarrow \left| \begin{array}{l} x' = x+5 \qquad |-5 \\ \wedge\ y' = -x^2+2x+2 \end{array} \right.$$

Löse Gleichung I nach x auf.

$$\Leftrightarrow \left| \begin{array}{l} x = x'-5 \\ \wedge\ y' = -(x'-5)^2+2(x'-5)+2 \end{array} \right.$$

Ersetzen des Parameters x durch den Term $x'-5$ in Gleichung II.
Wende die 2. binomische Formel an.

$$\Leftrightarrow \left| \begin{array}{l} x = x'-5 \\ \wedge\ y' = -(x'^2-10x'+25)+2x'-10+2 \end{array} \right.$$

$$\Leftrightarrow \left| \begin{array}{l} x = x'-5 \\ \wedge\ y' = -x'^2+10x'-25+2x'-8 \end{array} \right.$$

Fasse zusammen.

$$\Leftrightarrow \left| \begin{array}{l} x = x'-5 \\ \wedge\ y' = -x'^2+12x'-33 \end{array} \right.$$

Umbenennen von x' und y' in x und y

also: f': $y = -x^2+12x-33$

Gleichung der Bildfunktion f'

Zeichnung:

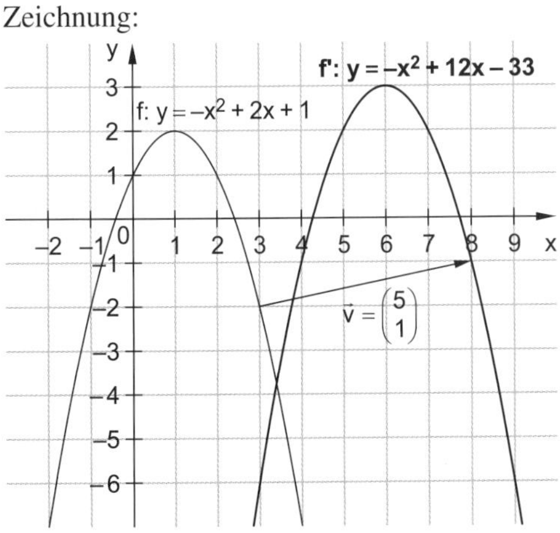


c) f: $y = 2^{x-3}+4 \xmapsto{\vec{v}=\binom{-2}{-2}} f'$

$P(x\,|\,2^{x-3}+4) \xmapsto{\vec{v}=\binom{-2}{-2}} P'(x'\,|\,y')$

$$\begin{pmatrix} x' \\ y' \end{pmatrix} = \begin{pmatrix} x \\ y \end{pmatrix} \oplus \begin{pmatrix} v_x \\ v_y \end{pmatrix}$$

Abbildungsgleichung der Parallelverschiebung in Vektorform

$$\Leftrightarrow \begin{pmatrix} x' \\ y' \end{pmatrix} = \begin{pmatrix} x \\ 2^{x-3}+4 \end{pmatrix} \oplus \begin{pmatrix} -2 \\ -2 \end{pmatrix}$$

Einsetzen der Koordinaten des Urpunktes $P(x\,|\,2^{x-3}+4)$ in die Abbildungsgleichung

$$\Leftrightarrow \begin{pmatrix} x' \\ y' \end{pmatrix} = \begin{pmatrix} x-2 \\ 2^{x-3}+4-2 \end{pmatrix}$$

$$\Leftrightarrow \left| \begin{array}{l} x' = x-2 \qquad |+2 \\ \wedge\ y' = 2^{x-3}+2 \end{array} \right.$$

Löse Gleichung I nach x auf.

$$\Leftrightarrow \left| \begin{array}{l} x = x'+2 \\ \wedge\ y' = 2^{(x'+2)-3}+2 \end{array} \right.$$

Ersetzen des Parameters x durch den Term $x'+2$ in Gleichung II.

Hinweise und Tipps

$$\Leftrightarrow \quad \begin{array}{|l} x = x' + 2 \\ \wedge \;\; y' = 2^{x'-1} + 2 \end{array}$$

also: f': $y = 2^{x-1} + 2$ — Gleichung der Bildfunktion f'

Zeichnung:

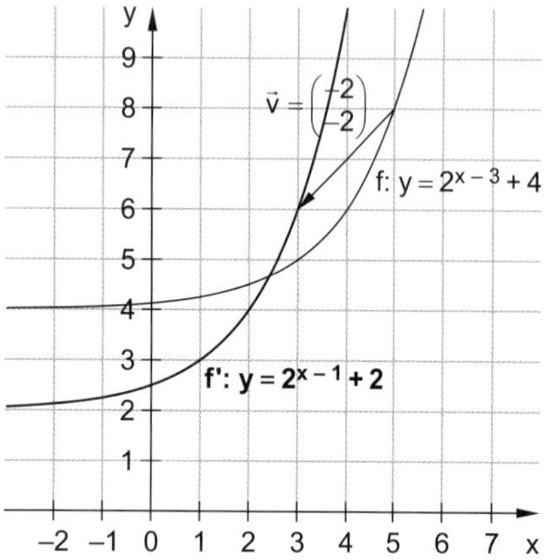


---

**278** a) f: $y = -\frac{3}{4}x + 2 \xmapsto{Z(0|0);\ k=-3} f'$

Für jeden Punkt P der Geraden g mit der Gleichung $y = -\frac{3}{4}x + 2$ gilt: $P\left(x \,\middle|\, -\frac{3}{4}x + 2\right)$

$$P\left(x \,\middle|\, -\frac{3}{4}x + 2\right) \xmapsto{Z(0|0);\ k=-3} P'(x'|y')$$

Das Streckungszentrum Z liegt nicht im Ursprung.

$$\begin{pmatrix} x' \\ y' \end{pmatrix} = k \cdot \begin{pmatrix} x \\ y \end{pmatrix}$$

Abbildungsgleichung der zentrischen Streckung in Vektorform

$$\Leftrightarrow \begin{pmatrix} x' \\ y' \end{pmatrix} = -3 \cdot \begin{pmatrix} x \\ -\frac{3}{4}x + 2 \end{pmatrix}$$

Einsetzen der Koordinaten des Urpunktes $P\left(x \,\middle|\, -\frac{3}{4}x + 2\right)$ in die Abbildungsgleichung

$$\Leftrightarrow \begin{pmatrix} x' \\ y' \end{pmatrix} = \begin{pmatrix} -3 \cdot x \\ -3 \cdot \left(-\frac{3}{4}x + 2\right) \end{pmatrix}$$

Multiplikation mit dem Streckungsfaktor $k = -3$

$$\Leftrightarrow \begin{pmatrix} x' \\ y' \end{pmatrix} = \begin{pmatrix} -3x \\ \frac{9}{4}x - 6 \end{pmatrix}$$

$$\Leftrightarrow \quad \begin{array}{|l} x' = -3x \qquad \left| \cdot \left(-\frac{1}{3}\right) \right. \\ \wedge \;\; y' = \frac{9}{4}x - 6 \end{array}$$

Löse Gleichung I nach x auf.

$$\Leftrightarrow \quad \begin{array}{|l} x = -\frac{1}{3}x' \\ \wedge \;\; y' = \frac{9}{4} \cdot \left(-\frac{1}{3}x'\right) - 6 \end{array}$$

Einsetzen von $-\frac{1}{3}x'$ für x in Gleichung II

$$\Leftrightarrow \quad \begin{array}{|l} x = -\frac{1}{3}x' \\ \wedge \;\; y' = -\frac{3}{4}x' - 6 \end{array}$$

also: f': $y = -\frac{3}{4}x - 6$

Hinweise und Tipps

Zeichnung:

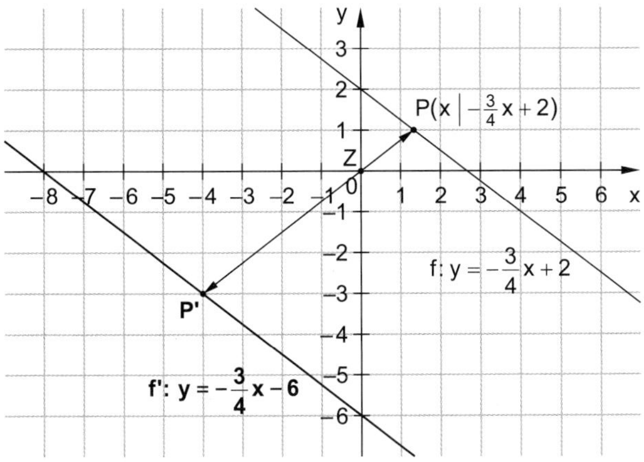


b) $f: y = -x^3 - 1 \xmapsto{Z(-5|3);\ k=2} f'$

$\overrightarrow{ZP} \xmapsto{Z(-5|3);\ k=2} \overrightarrow{ZP'}$

Das Streckungszentrum Z liegt nicht im Ursprung.

$$\begin{pmatrix} x'-x_Z \\ y'-y_Z \end{pmatrix} = k \cdot \begin{pmatrix} x-x_Z \\ y-y_Z \end{pmatrix}$$

Abbildungsgleichung der zentrischen Streckung in Vektorform

$$\Leftrightarrow \begin{pmatrix} x'-(-5) \\ y'-3 \end{pmatrix} = 2 \cdot \begin{pmatrix} x-(-5) \\ -x^3-1-3 \end{pmatrix}$$

Einsetzen der Koordinaten des Urpunktes $P(x\,|\,-x^3-1)$ in die Abbildungsgleichung

$$\Leftrightarrow \begin{pmatrix} x'+5 \\ y'-3 \end{pmatrix} = \begin{pmatrix} 2\cdot(x+5) \\ 2\cdot(-x^3-4) \end{pmatrix}$$

Multiplikation mit dem Streckungsfaktor $k = 2$

$$\Leftrightarrow \begin{pmatrix} x'+5 \\ y'-3 \end{pmatrix} = \begin{pmatrix} 2x+10 \\ -2x^3-8 \end{pmatrix}$$

Übergang zur Koordinatenform

$$\Leftrightarrow \left| \begin{array}{ll} x'+5 = 2x+10 & |-10 \\ \wedge\ y'-3 = -2x^3-8 & |+3 \end{array} \right.$$

Löse Gleichung I nach x auf.

$$\Leftrightarrow \left| \begin{array}{ll} x'-5 = 2x & |:2 \\ \wedge\ y' = -2x^3-5 & \end{array} \right.$$

$$\Leftrightarrow \left| \begin{array}{l} x = \frac{1}{2}x' - \frac{5}{2} \\ \wedge\ y' = -2\left(\frac{1}{2}x' - \frac{5}{2}\right)^3 - 5 \end{array} \right.$$

Einsetzen von $\frac{1}{2}x' - \frac{5}{2}$ für x in Gleichung II.

$$\Leftrightarrow \left| \begin{array}{l} x = \frac{1}{2}x' - \frac{5}{2} \\ \wedge\ y' = -2\left[\frac{1}{2}\cdot(x'-5)\right]^3 - 5 \end{array} \right.$$

Beachte: $(a \cdot b)^3 = a^3 \cdot b^3$

$$\Leftrightarrow \left| \begin{array}{l} x = \frac{1}{2}x' - \frac{5}{2} \\ \wedge\ y' = -2\cdot\left(\frac{1}{2}\right)^3 \cdot (x'-5)^3 - 5 \end{array} \right.$$

$$\Leftrightarrow \left| \begin{array}{l} x = \frac{1}{2}x' - \frac{5}{2} \\ \wedge\ y' = -2\cdot\frac{1}{8}(x'-5)^3 - 5 \end{array} \right.$$

✎ Hinweise und Tipps

$$\Leftrightarrow \left| \begin{array}{l} x = \frac{1}{2}x' - \frac{5}{2} \\ \wedge \ y' = -\frac{1}{4}(x'-5)^3 - 5 \end{array} \right.$$

also: $f'\colon y = -\frac{1}{4}(x-5)^3 - 5$

Zeichnung:

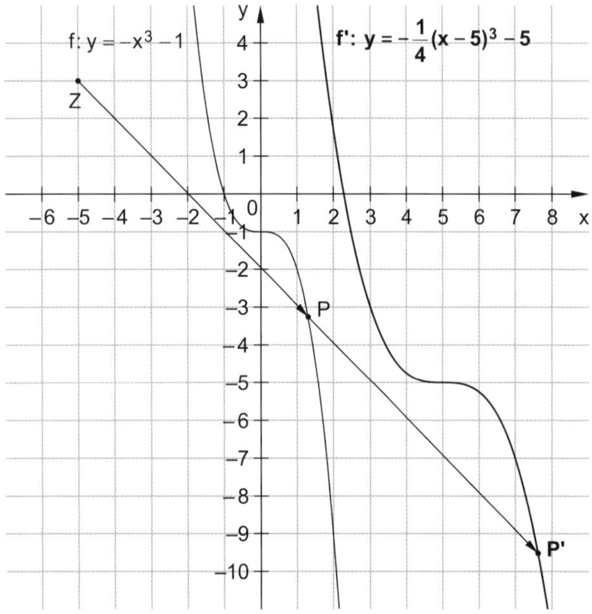


c) $f\colon y = 3x^{-2} + 4 \xmapsto{Z(-1|-1);\ k=\frac{1}{4}} f'$

$\overrightarrow{ZP} \xmapsto{Z(-1|-1);\ k=\frac{1}{4}} \overrightarrow{ZP'}$

Das Streckungszentrum Z liegt nicht im Ursprung.

$$\begin{pmatrix} x' - x_Z \\ y' - y_Z \end{pmatrix} = k \cdot \begin{pmatrix} x - x_Z \\ y - y_Z \end{pmatrix}$$

Abbildungsgleichung der zentrischen Streckung in Vektorform

$$\Leftrightarrow \begin{pmatrix} x' - (-1) \\ y' - (-1) \end{pmatrix} = \frac{1}{4} \cdot \begin{pmatrix} x - (-1) \\ 3x^{-2} + 4 - (-1) \end{pmatrix}$$

Einsetzen der Koordinaten des Urpunktes $P(x\,|\,3x^{-2}+4)$ in die Abbildungsgleichung

$$\Leftrightarrow \begin{pmatrix} x' + 1 \\ y' + 1 \end{pmatrix} = \frac{1}{4} \cdot \begin{pmatrix} x + 1 \\ 3x^{-2} + 5 \end{pmatrix}$$

Multipliziere mit dem Stauchungsfaktor $k = \frac{1}{4}$.

$$\Leftrightarrow \begin{pmatrix} x' + 1 \\ y' + 1 \end{pmatrix} = \begin{pmatrix} \frac{1}{4} \cdot (x+1) \\ \frac{1}{4} \cdot (3x^{-2} + 5) \end{pmatrix}$$

$$\Leftrightarrow \begin{pmatrix} x' + 1 \\ y' + 1 \end{pmatrix} = \begin{pmatrix} \frac{1}{4}x + \frac{1}{4} \\ \frac{3}{4}x^{-2} + \frac{5}{4} \end{pmatrix}$$

Übergang zur Koordinatenform

$$\Leftrightarrow \left| \begin{array}{ll} x' + 1 = \frac{1}{4}x + \frac{1}{4} & \left| -\frac{1}{4} \right. \\ \wedge \ y' + 1 = \frac{3}{4}x^{-2} + \frac{5}{4} & |-1 \end{array} \right.$$

Löse Gleichung I nach x auf.

$$\Leftrightarrow \left| \begin{array}{ll} x' + \frac{3}{4} = \frac{1}{4}x & |\cdot 4 \\ \wedge \ y' = \frac{3}{4}x^{-2} + \frac{1}{4} & \end{array} \right.$$

Hinweise und Tipps

$$\Leftrightarrow \quad x = 4x' + 3 \;\wedge\; y' = \frac{3}{4}(4x'+3)^{-2} + \frac{1}{4}$$

Einsetzen von 4x' + 3 für x in Gleichung II.
Beachte: $(a \cdot b)^{-2} = a^{-2} \cdot b^{-2}$

$$\Leftrightarrow \quad x = 4x' + 3 \;\wedge\; y' = \frac{3}{4}\left[4^{-2}\left(x' + \frac{3}{4}\right)^{-2}\right] + \frac{1}{4}$$

$4^{-2} = \left(\frac{1}{4}\right)^2 = \frac{1}{16}$

$$\Leftrightarrow \quad x = 4x' + 3 \;\wedge\; y' = \frac{3}{4} \cdot \frac{1}{16}\left[\left(x' + \frac{3}{4}\right)^{-2}\right] + \frac{1}{4}$$

$$\Leftrightarrow \quad x = 4x' + 3 \;\wedge\; y' = \frac{3}{64}\left(x' + \frac{3}{4}\right)^{-2} + \frac{1}{4}$$

also: $f'\!: y = \frac{3}{64}\left(x + \frac{3}{4}\right)^{-2} + \frac{1}{4}$

Umbenennen von x' und y' in x und y

Zeichnung:

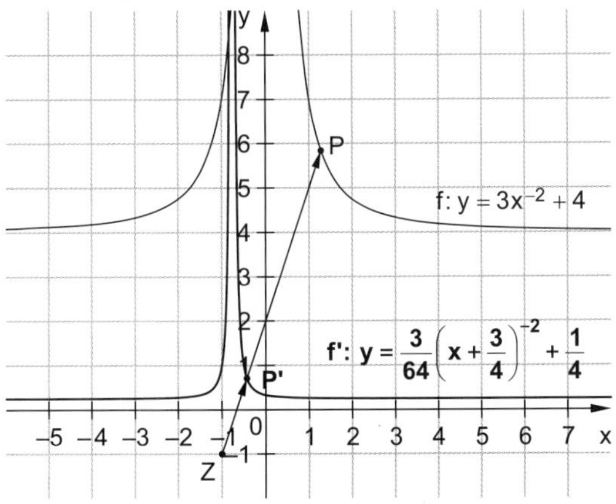

✐ Hinweise und Tipps

**279** Zeichnung:

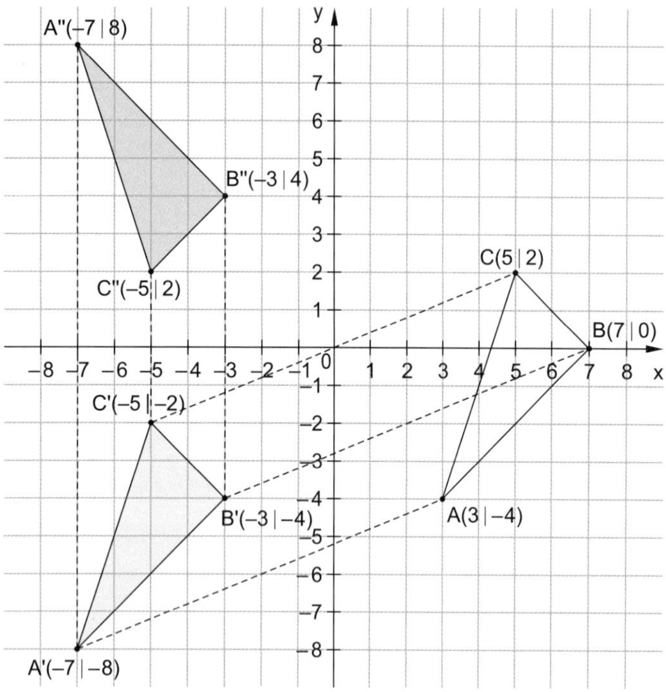


$$\Delta ABC \xmapsto{\vec{v}=\binom{-10}{-4}} \Delta A'B'C' \xmapsto{\text{x-Achse}} \Delta A''C''B''$$

1. Abbildung:
Parallelverschiebung mit dem Vektor $\vec{v}=\binom{-10}{-4}$:

$$\binom{x'}{y'}=\binom{x}{y}\oplus\binom{-10}{-4}$$

2. Abbildung:
Achsenspiegelung an der x-Achse:

$$\binom{x''}{y''}=\begin{pmatrix}1 & 0\\ 0 & -1\end{pmatrix}\odot\binom{x'}{y'}$$

Sonderfall der Achsenspiegelung, somit $\begin{pmatrix}1 & 0\\ 0 & -1\end{pmatrix}$

Ersatzabbildung:

$$\binom{x''}{y''}=\begin{pmatrix}1 & 0\\ 0 & -1\end{pmatrix}\odot\left[\binom{x}{y}\oplus\binom{-10}{-4}\right]$$

Berechnung der Koordinaten von A":

Setze die Koordinaten von A(3 | −4) in die Gleichung der Ersatzabbildung ein.

$$\binom{x_{A''}}{y_{A''}}=\begin{pmatrix}1 & 0\\ 0 & -1\end{pmatrix}\odot\left[\binom{x_A}{y_A}\oplus\binom{-10}{-4}\right]$$

Berechne zuerst die eckige Klammer.

$$\Leftrightarrow \binom{x_{A''}}{y_{A''}}=\begin{pmatrix}1 & 0\\ 0 & -1\end{pmatrix}\odot\left[\binom{3}{-4}\oplus\binom{-10}{-4}\right]$$

$$\Leftrightarrow \binom{x_{A''}}{y_{A''}}=\begin{pmatrix}1 & 0\\ 0 & -1\end{pmatrix}\odot\binom{-7}{-8}$$

$$\Leftrightarrow \binom{x_{A''}}{y_{A''}}=\binom{1\cdot(-7)+0\cdot(-8)}{0\cdot(-7)-1\cdot(-8)}$$

$$\Leftrightarrow \binom{x_{A''}}{y_{A''}}=\binom{-7}{8}$$

also: A"(−7 | 8)

Hinweise und Tipps

Berechnung der Koordinaten von B":

$$\begin{pmatrix} x_{B''} \\ y_{B''} \end{pmatrix} = \begin{pmatrix} 1 & 0 \\ 0 & -1 \end{pmatrix} \odot \left[ \begin{pmatrix} 7 \\ 0 \end{pmatrix} \oplus \begin{pmatrix} -10 \\ -4 \end{pmatrix} \right]$$

$$\Leftrightarrow \begin{pmatrix} x_{B''} \\ y_{B''} \end{pmatrix} = \begin{pmatrix} 1 & 0 \\ 0 & -1 \end{pmatrix} \odot \begin{pmatrix} -3 \\ -4 \end{pmatrix}$$

$$\Leftrightarrow \begin{pmatrix} x_{B''} \\ y_{B''} \end{pmatrix} = \begin{pmatrix} 1 \cdot (-3) + 0 \cdot (-4) \\ 0 \cdot (-3) - 1 \cdot (-4) \end{pmatrix}$$

$$\Leftrightarrow \begin{pmatrix} x_{B''} \\ y_{B''} \end{pmatrix} = \begin{pmatrix} -3 \\ 4 \end{pmatrix}$$

also: B"(–3 | 4)

Einsetzen der Koordinaten von B(7 | 0) in:

$$\begin{pmatrix} x_{B''} \\ y_{B''} \end{pmatrix} = \begin{pmatrix} 1 & 0 \\ 0 & -1 \end{pmatrix} \odot \left[ \begin{pmatrix} x_B \\ y_B \end{pmatrix} \oplus \begin{pmatrix} -10 \\ -4 \end{pmatrix} \right]$$

Berechnung der Koordinaten von V":

$$\begin{pmatrix} x_{C''} \\ y_{C''} \end{pmatrix} = \begin{pmatrix} 1 & 0 \\ 0 & -1 \end{pmatrix} \odot \left[ \begin{pmatrix} 5 \\ 2 \end{pmatrix} \oplus \begin{pmatrix} -10 \\ -4 \end{pmatrix} \right]$$

$$\Leftrightarrow \begin{pmatrix} x_{C''} \\ y_{C''} \end{pmatrix} = \begin{pmatrix} 1 & 0 \\ 0 & -1 \end{pmatrix} \odot \begin{pmatrix} -5 \\ -2 \end{pmatrix}$$

$$\Leftrightarrow \begin{pmatrix} x_{C''} \\ y_{C''} \end{pmatrix} = \begin{pmatrix} 1 \cdot (-5) + 0 \cdot (-2) \\ 0 \cdot (-5) - 1 \cdot (-2) \end{pmatrix}$$

$$\Leftrightarrow \begin{pmatrix} x_{C''} \\ y_{C''} \end{pmatrix} = \begin{pmatrix} -5 \\ 2 \end{pmatrix}$$

also: C"(–5 | 2)

Einsetzen der Koordinaten von C(5 | 2) in:

$$\begin{pmatrix} x_{C''} \\ y_{C''} \end{pmatrix} = \begin{pmatrix} 1 & 0 \\ 0 & -1 \end{pmatrix} \odot \left[ \begin{pmatrix} x_C \\ y_C \end{pmatrix} \oplus \begin{pmatrix} -10 \\ -4 \end{pmatrix} \right]$$

---

**280** 1. Abbildung:
Achsenspiegelung an g mit $y = \frac{1}{2}x$

2. Abbildung:
Drehung um O(0 | 0) und $\varphi = 30°$

$$P(x \mid y) \xmapsto{g:\ y = \frac{1}{2}x} P^* \xmapsto{Z = O(0 \mid 0);\ \varphi = 30°} P'(x' \mid y')$$

Berechnung des Winkelmaßes α:

$$\tan\alpha = m_g = \frac{1}{2}$$

$$\Rightarrow \quad \alpha = 26{,}57°$$

$$\Rightarrow \quad 2\alpha = 53{,}14°$$

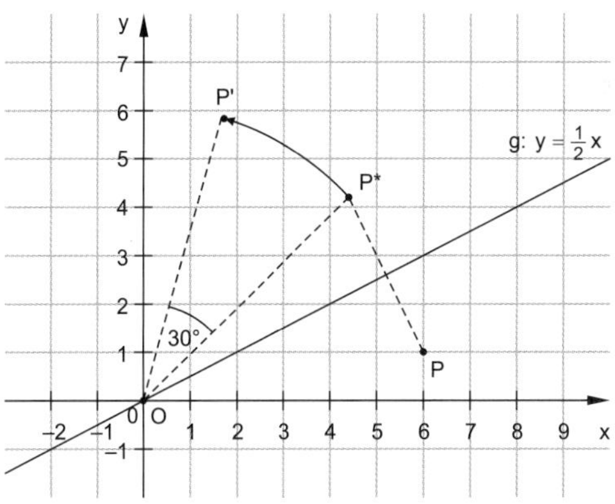


Berechnung der allgemeinen Koordinaten:

$$\begin{pmatrix} x' \\ y' \end{pmatrix} = \underbrace{\begin{pmatrix} \cos\varphi & -\sin\varphi \\ \sin\varphi & \cos\varphi \end{pmatrix} \odot \underbrace{\left[ \begin{pmatrix} \cos 2\alpha & \sin 2\alpha \\ \sin 2\alpha & -\cos 2\alpha \end{pmatrix} \odot \begin{pmatrix} x \\ y \end{pmatrix} \right]}_{\text{1. Abbildung: Achsenspiegelung}}}_{\text{2. Abbildung: Drehung}}$$

$$\Leftrightarrow \begin{pmatrix} x' \\ y' \end{pmatrix} = \begin{pmatrix} \cos 30° & -\sin 30° \\ \sin 30° & \cos 30° \end{pmatrix} \odot \left[ \begin{pmatrix} \cos 53{,}14° & \sin 53{,}14° \\ \sin 53{,}14° & -\cos 53{,}14° \end{pmatrix} \odot \begin{pmatrix} x \\ y \end{pmatrix} \right]$$

Einsetzen der Winkelmaße in die Abbildungsgleichung:
$\varphi = 30°$ (Drehung);
$\alpha = 53{,}14°$ (Achsenspiegelung)

$$\Leftrightarrow \begin{pmatrix} x' \\ y' \end{pmatrix} = \begin{pmatrix} \frac{1}{2}\sqrt{3} & -\frac{1}{2} \\ \frac{1}{2} & \frac{1}{2}\sqrt{3} \end{pmatrix} \odot \left[ \begin{pmatrix} 0{,}60 & 0{,}80 \\ 0{,}80 & -0{,}60 \end{pmatrix} \odot \begin{pmatrix} x \\ y \end{pmatrix} \right]$$

$$\Leftrightarrow \begin{pmatrix} x' \\ y' \end{pmatrix} = \begin{pmatrix} \frac{1}{2}\sqrt{3} & -\frac{1}{2} \\ \frac{1}{2} & \frac{1}{2}\sqrt{3} \end{pmatrix} \odot \begin{pmatrix} 0{,}60x + 0{,}80y \\ 0{,}80x - 0{,}60y \end{pmatrix}$$

Zeile · Spalte = Koordinate

Hinweise und Tipps

$$\Leftrightarrow \begin{pmatrix} x' \\ y' \end{pmatrix} = \begin{pmatrix} \frac{1}{2}\sqrt{3}(0,60x+0,80y) - \frac{1}{2}(0,80x-0,60y) \\ \frac{1}{2}(0,60x+0,80y) + \frac{1}{2}\sqrt{3}(0,80x-0,60y) \end{pmatrix}$$

$$\Leftrightarrow \begin{pmatrix} x' \\ y' \end{pmatrix} = \begin{pmatrix} 0,52x+0,69y-0,40x+0,30y \\ 0,30x+0,40y+0,69x-0,52y \end{pmatrix}$$

$$\Leftrightarrow \begin{pmatrix} x' \\ y' \end{pmatrix} = \begin{pmatrix} 0,12x+0,99y \\ 0,99x-0,12y \end{pmatrix}$$

Koordinaten von P' in Abhängigkeit von x und y

also: $P'(0,12x+0,99y \,|\, 0,99x-0,12y)$

**281** Zeichnung:

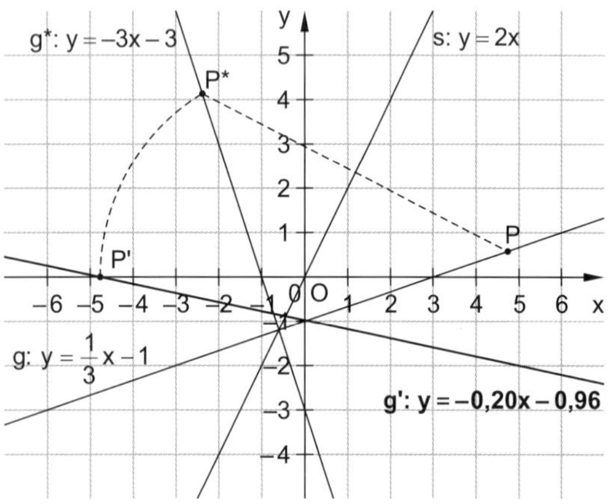


$$g\colon y = \frac{1}{3}x - 1 \xmapsto{s:\, y=2x} g^* \xmapsto{O(0|0);\ \varphi=60^\circ} g'$$

1. Abbildung:
Achsenspiegelung an der Ursprungsgeraden mit $y = 2x$:

$$\begin{pmatrix} x^* \\ y^* \end{pmatrix} = \begin{pmatrix} \cos 2\alpha & \sin 2\alpha \\ \sin 2\alpha & -\cos 2\alpha \end{pmatrix} \odot \begin{pmatrix} x \\ y \end{pmatrix}$$

2. Abbildung:
Drehung um O mit $\varphi = 60^\circ$:

$$\begin{pmatrix} x' \\ y' \end{pmatrix} = \begin{pmatrix} \cos\varphi & -\sin\varphi \\ \sin\varphi & \cos\varphi \end{pmatrix} \odot \begin{pmatrix} x^* \\ y^* \end{pmatrix}$$

Ersatzabbildung:

$$\begin{pmatrix} x' \\ y' \end{pmatrix} = \underbrace{\begin{pmatrix} \cos\varphi & -\sin\varphi \\ \sin\varphi & \cos\varphi \end{pmatrix} \odot \Bigg[ \underbrace{\begin{pmatrix} \cos 2\alpha & \sin 2\alpha \\ \sin 2\alpha & -\cos 2\alpha \end{pmatrix} \odot \begin{pmatrix} x \\ y \end{pmatrix}}_{\text{1. Abbildung: Achsenspiegelung}} \Bigg]}_{\text{2. Abbildung: Drehung}}$$

Berechnung des Winkelmaßes $\alpha$:

$$\tan\alpha = m_g = 2$$

$$\Rightarrow \quad \alpha = 63,43^\circ$$

$$\Rightarrow \quad 2\alpha = 126,86^\circ$$

Hinweise und Tipps

Berechnung der Gleichung der Geraden g':

$$\begin{pmatrix} x' \\ y' \end{pmatrix} = \begin{pmatrix} \cos 60° & -\sin 60° \\ \sin 60° & \cos 60° \end{pmatrix} \odot \left[ \begin{pmatrix} \cos 126{,}86° & \sin 126{,}86° \\ \sin 126{,}86° & -\cos 126{,}86° \end{pmatrix} \odot \begin{pmatrix} x \\ \frac{1}{3}x - 1 \end{pmatrix} \right]$$

Einsetzen der Winkelmaße in die Abbildungsgleichung: $\alpha = 126{,}86°$ (Achsenspiegelung); $\varphi = 60°$ (Drehung)

$$\Leftrightarrow \begin{pmatrix} x' \\ y' \end{pmatrix} = \begin{pmatrix} \cos 60° & -\sin 60° \\ \sin 60° & \cos 60° \end{pmatrix} \odot \begin{pmatrix} -0{,}60x + 0{,}80 \cdot \left(\frac{1}{3}x - 1\right) \\ 0{,}80x + 0{,}60 \cdot \left(\frac{1}{3}x - 1\right) \end{pmatrix}$$

$$\Leftrightarrow \begin{pmatrix} x' \\ y' \end{pmatrix} = \begin{pmatrix} \cos 60° & -\sin 60° \\ \sin 60° & \cos 60° \end{pmatrix} \odot \begin{pmatrix} -0{,}60x + 0{,}27x - 0{,}80 \\ 0{,}80x + 0{,}20x - 0{,}60 \end{pmatrix}$$

$$\Leftrightarrow \begin{pmatrix} x' \\ y' \end{pmatrix} = \begin{pmatrix} \frac{1}{2} & -\frac{1}{2}\sqrt{3} \\ \frac{1}{2}\sqrt{3} & \frac{1}{2} \end{pmatrix} \odot \begin{pmatrix} -0{,}33x - 0{,}80 \\ x - 0{,}60 \end{pmatrix}$$

$$\Leftrightarrow \begin{pmatrix} x' \\ y' \end{pmatrix} = \begin{pmatrix} \frac{1}{2} \cdot (-0{,}33x - 0{,}80) - \frac{1}{2}\sqrt{3} \cdot (x - 0{,}60) \\ \frac{1}{2}\sqrt{3} \cdot (-0{,}33x - 0{,}80) + \frac{1}{2} \cdot (x - 0{,}60) \end{pmatrix}$$

Löse die Klammern auf.

$$\Leftrightarrow \begin{pmatrix} x' \\ y' \end{pmatrix} = \begin{pmatrix} -0{,}17x - 0{,}40 - 0{,}87x + 0{,}52 \\ -0{,}29x - 0{,}69 + 0{,}5x - 0{,}30 \end{pmatrix}$$

Fasse zusammen.

$$\Leftrightarrow \begin{pmatrix} x' \\ y' \end{pmatrix} = \begin{pmatrix} -1{,}04x + 0{,}12 \\ 0{,}21x - 0{,}99 \end{pmatrix}$$

$$\Leftrightarrow \begin{array}{|l} x' = -1{,}04x + 0{,}12 \quad | +1{,}04x - x' \\ \wedge\ y' = 0{,}21x - 0{,}99 \end{array}$$

Löse Gleichung I nach x auf.

$$\Leftrightarrow \begin{array}{|l} 1{,}04x = -x' + 0{,}12 \quad | :1{,}04 \\ \wedge\ y' = 0{,}21x - 0{,}99 \end{array}$$

$$\Leftrightarrow \begin{array}{|l} x = -0{,}96x' + 0{,}12 \\ \wedge\ y' = 0{,}21 \cdot (-0{,}96x' + 0{,}12) - 0{,}99 \end{array}$$

Einsetzen von $-0{,}96x' + 0{,}12$ für x in Gleichung II.

$$\Leftrightarrow \begin{array}{|l} x = -0{,}96x' + 0{,}12 \\ \wedge\ y' = -0{,}20x' + 0{,}03 - 0{,}99 \end{array}$$

$$\Leftrightarrow \begin{array}{|l} x = -0{,}96x' + 0{,}12 \\ \wedge\ y' = -0{,}20x' - 0{,}96 \end{array}$$

Umbenennen von x' und y' in x und y

also: g'': $y = -0{,}20x - 0{,}96$

Hinweise und Tipps

**282** a) Zeichnung:

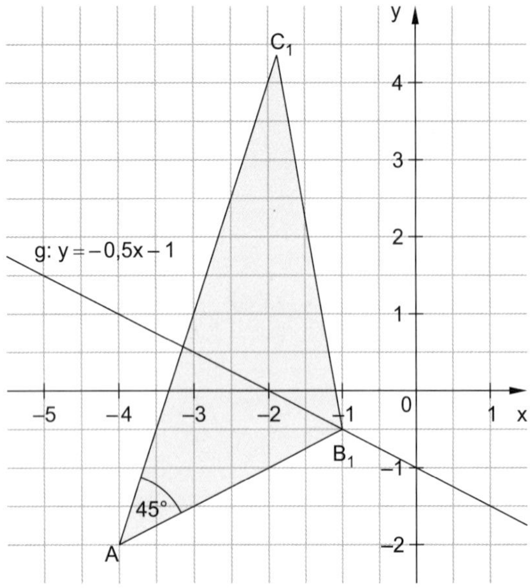


b) 1. Abbildung:
Die Pfeile $\overrightarrow{AB_n}$ werden um A mit dem Winkelmaß $\alpha = 45°$ gedreht

2. Abbildung:
und anschließend mit dem Faktor $k = 2$ am Zentrum A gestreckt:

$$\overrightarrow{AB_n} \xmapsto{A(-4|-2);\ \alpha = 45°} \overrightarrow{AB_n^*} \xmapsto{A(-4|-2);\ k=2} \overrightarrow{AC_n}$$

mit $C_n(x'|y')$

$$\overrightarrow{AC_n} = \begin{pmatrix} x'-(-4) \\ y'-(-2) \end{pmatrix} = \begin{pmatrix} x'+4 \\ y'+2 \end{pmatrix};\ \overrightarrow{AB_n} = \begin{pmatrix} x-(-4) \\ -\frac{1}{2}x-1-(-2) \end{pmatrix} = \begin{pmatrix} x+4 \\ -\frac{1}{2}x+1 \end{pmatrix}$$

$B_n\left(x \middle| -\frac{1}{2}x-1\right)$

$$\begin{pmatrix} x'+4 \\ y'+2 \end{pmatrix} = 2 \cdot \underbrace{\left[\underbrace{\begin{pmatrix} \cos 45° & -\sin 45° \\ \sin 45° & \cos 45° \end{pmatrix} \odot \begin{pmatrix} x+4 \\ -\frac{1}{2}x+1 \end{pmatrix}}_{\text{1. Abbildung: Drehung}}\right]}_{\text{2. Abbildung: Zentrische Streckung}}$$

$$\Leftrightarrow \begin{pmatrix} x'+4 \\ y'+2 \end{pmatrix} = 2 \cdot \left[\begin{pmatrix} \frac{1}{2}\sqrt{2} & -\frac{1}{2}\sqrt{2} \\ \frac{1}{2}\sqrt{2} & \frac{1}{2}\sqrt{2} \end{pmatrix} \odot \begin{pmatrix} x+4 \\ -\frac{1}{2}x+1 \end{pmatrix}\right]$$

$$\Leftrightarrow \begin{pmatrix} x'+4 \\ y'+2 \end{pmatrix} = 2 \cdot \left[\begin{pmatrix} \frac{1}{2}\sqrt{2} \cdot (x+4) - \frac{1}{2}\sqrt{2}\left(-\frac{1}{2}x+1\right) \\ \frac{1}{2}\sqrt{2} \cdot (x+4) + \frac{1}{2}\sqrt{2}\left(-\frac{1}{2}x+1\right) \end{pmatrix}\right]$$

Minuszeichen vor der Klammer beachten

$$\Leftrightarrow \begin{pmatrix} x'+4 \\ y'+2 \end{pmatrix} = 2 \cdot \left[\begin{pmatrix} \frac{1}{2}\sqrt{2}x + 2\sqrt{2} + \frac{1}{4}\sqrt{2}x - \frac{1}{2}\sqrt{2} \\ \frac{1}{2}\sqrt{2}x + 2\sqrt{2} - \frac{1}{4}\sqrt{2}x + \frac{1}{2}\sqrt{2} \end{pmatrix}\right]$$

Fasse die gleichartigen Summanden zusammen.

$$\Leftrightarrow \begin{pmatrix} x'+4 \\ y'+2 \end{pmatrix} = 2 \cdot \begin{pmatrix} \frac{3}{4}\sqrt{2}x + \frac{3}{2}\sqrt{2} \\ \frac{1}{4}\sqrt{2}x + \frac{5}{2}\sqrt{2} \end{pmatrix}$$

Multipliziere den Vektor mit dem Skalar 2.

$$\Leftrightarrow \begin{pmatrix} x'+4 \\ y'+2 \end{pmatrix} = \begin{pmatrix} \frac{3}{2}\sqrt{2}x + 3\sqrt{2} \\ \frac{1}{2}\sqrt{2}x + 5\sqrt{2} \end{pmatrix}$$

$$\Leftrightarrow \left| \begin{array}{ll} x'+4=\frac{3}{2}\sqrt{2}x+3\sqrt{2} & |-4 \\ \wedge\ y'+2=\frac{1}{2}\sqrt{2}x+5\sqrt{2} & |-2 \end{array} \right.$$

Hinweise und Tipps

Löse Gleichung I nach x' auf.

Löse Gleichung II nach y' auf.

$$\Leftrightarrow \left| \begin{array}{l} x'=2{,}12x+0{,}24 \\ \wedge\ y'=0{,}71x+5{,}07 \end{array} \right.$$

also: $C_n(2{,}12x+0{,}24 \mid 0{,}71x+5{,}07)$

Koordinaten von $C_n$ in Abhängigkeit von der Abszisse x der Punkte $B_n$

---

**283** a) Zeichnung:

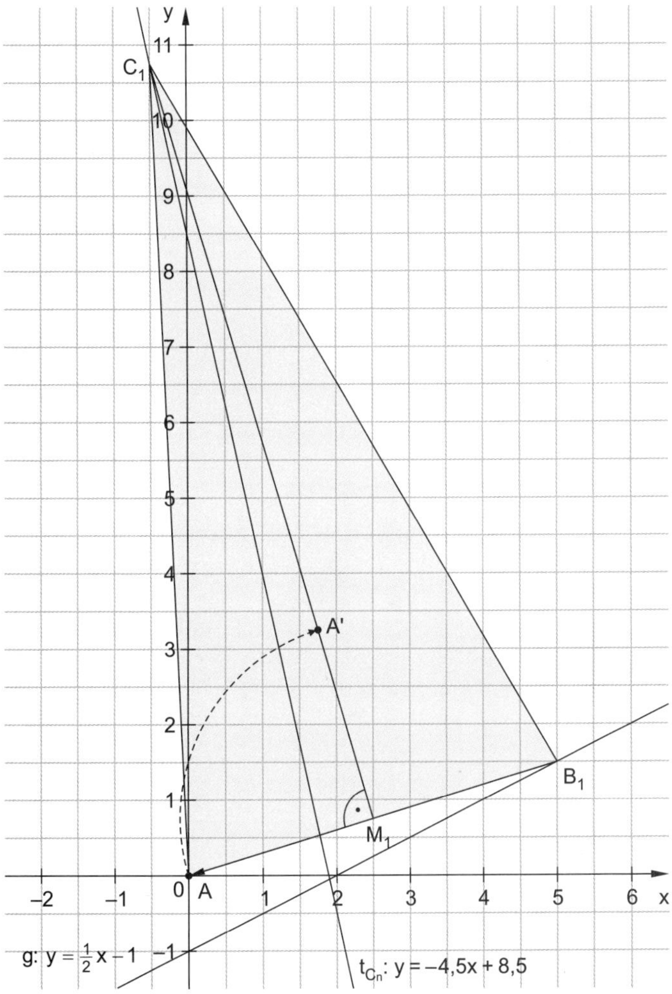


b) $\overrightarrow{AC_n} = \overrightarrow{AM_n} \oplus \overrightarrow{M_nC_n}$

1. Abbildung:
Drehung von A um $M_n$ mit $\varphi=-90°$

2. Abbildung:
Zentrische Streckung von $\overrightarrow{M_nA'}$ mit $Z=M_n$ und $k=4$

$\overrightarrow{M_nA} \xmapsto{M_n;\ \varphi=-90°} \overrightarrow{M_nA'} \xmapsto{M_n;\ k=4} \overrightarrow{M_nC_n}$

mit $C_n(x' \mid y')$

✎ Hinweise und Tipps

Zunächst Berechnung der Koordinaten der Punkte $M_n$ in Abhängigkeit von x:

$$M_n\left(\frac{x_A + x_B}{2} \;\middle|\; \frac{y_A + y_B}{2}\right) = M_n\left(\frac{0 + x}{2} \;\middle|\; \frac{0 + \frac{1}{2}x - 1}{2}\right) = M_n\left(\frac{1}{2}x \;\middle|\; \frac{1}{4}x - \frac{1}{2}\right)$$

also: $\overrightarrow{M_nA} = \begin{pmatrix} -\frac{1}{2}x \\ -\frac{1}{4}x + \frac{1}{2} \end{pmatrix}$

Berechnung der Koordinaten der Punkte $C_n$:

$$\overrightarrow{AC_n} = \overrightarrow{AM_n} \oplus \overrightarrow{M_nC_n}$$

$\overrightarrow{M_nC_n} = 4 \cdot \overrightarrow{M_nA'}$

$$\Leftrightarrow \begin{pmatrix} x' \\ y' \end{pmatrix} = \begin{pmatrix} \frac{1}{2}x \\ \frac{1}{4}x - \frac{1}{2} \end{pmatrix} \oplus \underbrace{4 \cdot \left[ \underbrace{\begin{pmatrix} \cos(-90^\circ) & -\sin(-90^\circ) \\ \sin(-90^\circ) & \cos(-90^\circ) \end{pmatrix} \odot \begin{pmatrix} -\frac{1}{2}x \\ -\frac{1}{4}x + \frac{1}{2} \end{pmatrix}}_{\text{1. Abbildung: Drehung}} \right]}_{\text{2. Abbildung: Zentrische Streckung}}$$

$$\Leftrightarrow \begin{pmatrix} x' \\ y' \end{pmatrix} = \begin{pmatrix} \frac{1}{2}x \\ \frac{1}{4}x - \frac{1}{2} \end{pmatrix} \oplus 4 \cdot \left[ \begin{pmatrix} 0 & 1 \\ -1 & 0 \end{pmatrix} \odot \begin{pmatrix} -\frac{1}{2}x \\ -\frac{1}{4}x + \frac{1}{2} \end{pmatrix} \right]$$

Erst Drehung, dann Streckung

$$\Leftrightarrow \begin{pmatrix} x' \\ y' \end{pmatrix} = \begin{pmatrix} \frac{1}{2}x \\ \frac{1}{4}x - \frac{1}{2} \end{pmatrix} \oplus 4 \cdot \begin{pmatrix} 0 \cdot \left(-\frac{1}{2}x\right) + 1 \cdot \left(-\frac{1}{4}x + \frac{1}{2}\right) \\ -1 \cdot \left(-\frac{1}{2}x\right) + 0 \cdot \left(-\frac{1}{4}x + \frac{1}{2}\right) \end{pmatrix}$$

$$\Leftrightarrow \begin{pmatrix} x' \\ y' \end{pmatrix} = \begin{pmatrix} \frac{1}{2}x \\ \frac{1}{4}x - \frac{1}{2} \end{pmatrix} \oplus 4 \cdot \begin{pmatrix} -\frac{1}{4}x + \frac{1}{2} \\ \frac{1}{2}x \end{pmatrix}$$

$$\Leftrightarrow \begin{pmatrix} x' \\ y' \end{pmatrix} = \begin{pmatrix} \frac{1}{2}x \\ \frac{1}{4}x - \frac{1}{2} \end{pmatrix} \oplus \begin{pmatrix} -x + 2 \\ 2x \end{pmatrix}$$

$$\Leftrightarrow \begin{pmatrix} x' \\ y' \end{pmatrix} = \begin{pmatrix} -\frac{1}{2}x + 2 \\ 2\frac{1}{4}x - \frac{1}{2} \end{pmatrix}$$

also: $C_n\left(-\frac{1}{2}x + 2 \;\middle|\; 2\frac{1}{4}x - \frac{1}{2}\right)$

c) Berechnung der Gleichung des Trägergraphen der Punkte $C_n$:

$$\begin{pmatrix} x' \\ y' \end{pmatrix} = \begin{pmatrix} -\frac{1}{2}x + 2 \\ 2\frac{1}{4}x - \frac{1}{2} \end{pmatrix}$$

$$\Leftrightarrow \left| \begin{array}{ll} x' = -\frac{1}{2}x + 2 & \left| + \frac{1}{2}x - x' \right. \\ \wedge\; y' = \frac{9}{4}x - \frac{1}{2} & \end{array} \right.$$

Löse Gleichung I nach x auf.

$$\Leftrightarrow \left| \begin{array}{ll} \frac{1}{2}x = -x' + 2 & \left| \cdot 2 \right. \\ \wedge\; y' = \frac{9}{4}x - \frac{1}{2} & \end{array} \right.$$

$$\Leftrightarrow \left| \begin{array}{l} x = -2x' + 4 \\ \wedge\; y' = \frac{9}{4}(-2x' + 4) - \frac{1}{2} \end{array} \right.$$

Einsetzen von $-2x' + 4$ für x in Gleichung II.

Hinweise und Tipps

$$\Leftrightarrow \left| \begin{array}{l} x = -2x' + 4 \\ \wedge \;\; y' = -\frac{9}{2}x' + 9 - \frac{1}{2} \end{array} \right.$$

$$\Leftrightarrow \left| \begin{array}{l} x = -2x' + 4 \\ \wedge \;\; y' = -4\frac{1}{2}x' + 8\frac{1}{2} \end{array} \right.$$

also: $t_{C_n}: y = -4\frac{1}{2}x + 8\frac{1}{2}$

Umbenennen von x' und y' in x und y

---

**284** a) Zeichnung:

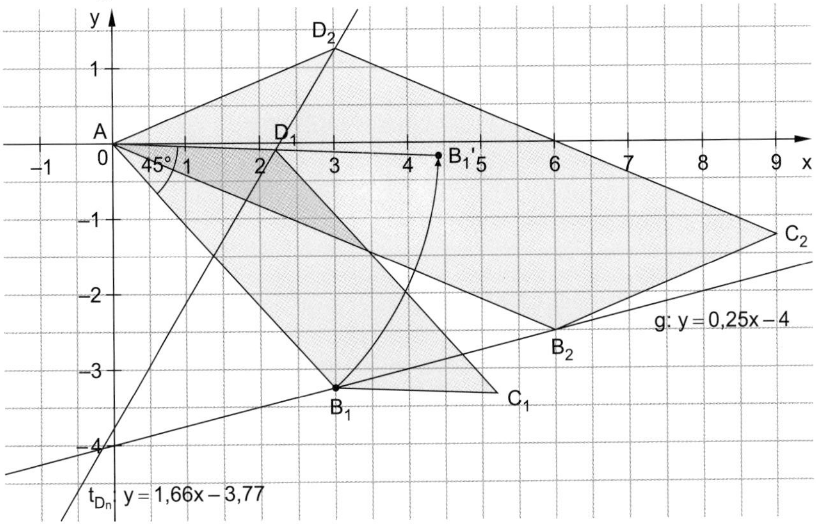


b) 1. Abbildung:
Drehung von $\overrightarrow{AB_n}$ um A(0 | 0) mit φ = 45°.

2. Abbildung:
Zentrische Streckung von $\overrightarrow{AB_n}'$ mit Z = A(0 | 0) und $k = \frac{1}{2}$.

$$\overrightarrow{AB_n} \xrightarrow{A(0|0);\ \varphi = 45^\circ} \overrightarrow{AB_n}' \xrightarrow{Z = A(0|0);\ k = \frac{1}{2}} \overrightarrow{AD_n}$$

mit $D_n(x'|y')$

$$\begin{pmatrix} x' \\ y' \end{pmatrix} = \underbrace{\frac{1}{2} \cdot \left[ \underbrace{\begin{pmatrix} \cos 45^\circ & -\sin 45^\circ \\ \sin 45^\circ & \cos 45^\circ \end{pmatrix} \odot \begin{pmatrix} x \\ \frac{1}{4}x - 4 \end{pmatrix}}_{\text{1. Abbildung: Drehung}} \right]}_{\text{2. Abbildung: Zentrische Streckung}}$$

Beachte: $\overrightarrow{AD_n} = \frac{1}{2} \cdot \overrightarrow{AB_n}$

$$\Leftrightarrow \begin{pmatrix} x' \\ y' \end{pmatrix} = \frac{1}{2} \cdot \left[ \begin{pmatrix} \frac{1}{2}\sqrt{2} & -\frac{1}{2}\sqrt{2} \\ \frac{1}{2}\sqrt{2} & \frac{1}{2}\sqrt{2} \end{pmatrix} \odot \begin{pmatrix} x \\ \frac{1}{4}x - 4 \end{pmatrix} \right]$$

$$\Leftrightarrow \begin{pmatrix} x' \\ y' \end{pmatrix} = \frac{1}{2} \cdot \left[ \begin{pmatrix} \frac{1}{2}\sqrt{2} \cdot x - \frac{1}{2}\sqrt{2} \cdot \left(\frac{1}{4}x - 4\right) \\ \frac{1}{2}\sqrt{2} \cdot x + \frac{1}{2}\sqrt{2} \cdot \left(\frac{1}{4}x - 4\right) \end{pmatrix} \right]$$

$$\Leftrightarrow \begin{pmatrix} x' \\ y' \end{pmatrix} = \frac{1}{2} \cdot \begin{pmatrix} \frac{1}{2}\sqrt{2}x - \frac{1}{8}\sqrt{2}x + 2\sqrt{2} \\ \frac{1}{2}\sqrt{2}x + \frac{1}{8}\sqrt{2}x - 2\sqrt{2} \end{pmatrix}$$

Fasse zusammen.

$$\Leftrightarrow \begin{pmatrix} x' \\ y' \end{pmatrix} = \frac{1}{2} \cdot \begin{pmatrix} \frac{3}{8}\sqrt{2}x + 2\sqrt{2} \\ \frac{5}{8}\sqrt{2}x - 2\sqrt{2} \end{pmatrix}$$

Hinweise und Tipps

$$\Leftrightarrow \begin{pmatrix} x' \\ y' \end{pmatrix} = \begin{pmatrix} \frac{3}{16}\sqrt{2}x + \sqrt{2} \\ \frac{5}{16}\sqrt{2}x - \sqrt{2} \end{pmatrix}$$

also: $D_n\left(\frac{3}{16}\sqrt{2}x + \sqrt{2} \,\middle|\, \frac{5}{16}\sqrt{2}x - \sqrt{2}\right)$

Koordinaten der Punkte $D_n$ in Abhängigkeit von x

c) Berechnung der Gleichung des Trägergraphen $t_{D_n}$:

$$\begin{pmatrix} x' \\ y' \end{pmatrix} = \begin{pmatrix} \frac{3}{16}\sqrt{2}x + \sqrt{2} \\ \frac{5}{16}\sqrt{2}x - \sqrt{2} \end{pmatrix}$$

$$\Leftrightarrow \left| \begin{array}{ll} x' = \frac{3}{16}\sqrt{2}x + \sqrt{2} & |-\sqrt{2} \\ \wedge\ y' = \frac{5}{16}\sqrt{2}x - \sqrt{2} & \end{array} \right.$$

Löse Gleichung I nach x auf.

$$\Leftrightarrow \left| \begin{array}{ll} \frac{3}{16}\sqrt{2}x = x' - \sqrt{2} & \left| \cdot \frac{16}{3\sqrt{2}} \right. \\ \wedge\ y' = \frac{5}{16}\sqrt{2}x - \sqrt{2} & \end{array} \right.$$

$$\Leftrightarrow \left| \begin{array}{l} x = \frac{16}{3\sqrt{2}}x' - \frac{16}{3} \\ \wedge\ y' = \frac{5}{16}\sqrt{2}\left(\frac{16}{3\sqrt{2}}x' - \frac{16}{3}\right) - \sqrt{2} \end{array} \right.$$

Einsetzen von $\frac{16}{3\sqrt{2}}x' - \frac{16}{3}$ für x in Gleichung II.

$$\Leftrightarrow \left| \begin{array}{l} x = \frac{16}{3\sqrt{2}}x' - \frac{16}{3} \\ \wedge\ y' = \frac{5}{3}x' - \frac{5}{3}\sqrt{2} - \sqrt{2} \end{array} \right.$$

$$\Leftrightarrow \left| \begin{array}{l} x = \frac{16}{3\sqrt{2}}x' - \frac{16}{3} \\ \wedge\ y' = 1\frac{2}{3}x' - 3{,}77 \end{array} \right.$$

also: $t_{D_n}$: $y = 1\frac{2}{3}x - 3{,}77$

**285** a) Zeichnung:

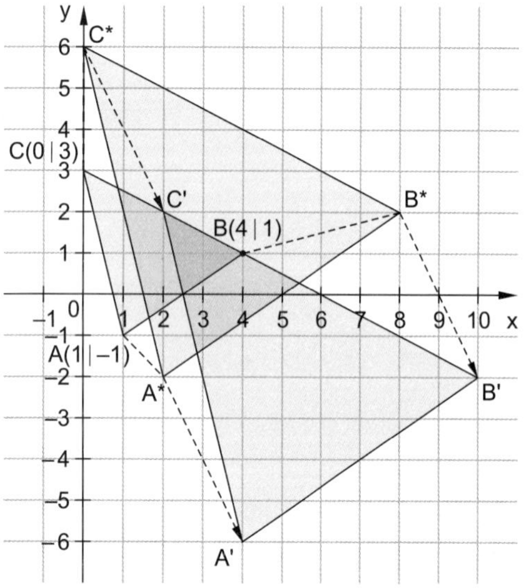

Hinweise und Tipps

$$P(x\,|\,y) \xmapsto[\;]{\substack{\text{1. Abbildung: } Z(0|0);\ k=2 \\ \text{2. Abbildung: } \vec{v}=\binom{2}{-4}}} P'(x'\,|\,y')$$

Abbildungsvorschrift:

$$\underbrace{\underbrace{\binom{x'}{y'} = 2\cdot\binom{x}{y}}_{\text{1. Abbildung}} \oplus \binom{2}{-4}}_{\text{2. Abbildung}}$$

b) Berechnung der Koordinaten von A':

$$\binom{x_{A'}}{y_{A'}} = 2\cdot\binom{1}{-1} \oplus \binom{2}{-4} = \binom{2\cdot 1}{2\cdot(-1)} \oplus \binom{2}{-4} = \binom{2+2}{-2-4} = \binom{4}{-6}$$

Einsetzen der Koordinaten von A(1 | –1) in die Abbildungsgleichung

also: A'(4 | –6)

c) Berechnung der Fixpunktkoordinaten von F:

$$\binom{x'}{y'} = 2\cdot\binom{x}{y} \oplus \binom{2}{-4}$$

Fixpunktbedingung F(x' | y') = F(x | y):

$$\binom{x}{y} = \binom{2\cdot x}{2\cdot y} \oplus \binom{2}{-4}$$

Ersetze: $\binom{x'}{y'}$ durch $\binom{x}{y}$

$$\Leftrightarrow \binom{x}{y} = \binom{2\cdot x+2}{2\cdot y-4}$$

$$\Leftrightarrow \begin{array}{|l} x = 2x+2 \quad |-x-2 \\ \wedge\ y = 2y-4 \quad |-y+4 \end{array}$$

$$\Leftrightarrow \begin{array}{|l} x = -2 \\ \wedge\ y = 4 \end{array}$$

$L = \{(-2\,|\,4)\}$

also: F(–2 | 4)

d) Berechnung der Geradengleichung von BC:

$$\overrightarrow{BC} = \vec{m}_{BC} = \binom{0-4}{3-1} = \binom{-4}{2}$$

also: $m_{BC} = \frac{2}{-4} = -\frac{1}{2}$

Einsetzen in die Normalform:

$$C(0\,|\,3) \in BC:\ y = m_{BC}\cdot x + t \quad \Leftrightarrow \quad 3 = -\frac{1}{2}\cdot 0 + t$$

$$\Leftrightarrow \quad t = 3$$

oder: Aus C(0 | 3) ∈ g lässt sich auch sofort erkennen, dass der y-Achsenabschnitt t = 3 ist.

Geradengleichung von BC: $y = -\frac{1}{2}x + 3$

$$BC \xmapsto[\;]{\substack{\text{1. Abbildung: } Z(0|0);\ k=2 \\ \text{2. Abbildung: } \vec{v}=\binom{2}{-4}}} B'C'$$

Stimmen die Gleichungen von BC und B'C' überein, ist BC eine Fixgerade.

Mit $P\left(x\,\middle|\,-\frac{1}{2}x+3\right)$ auf BC und P'(x' | y') auf B'C' gilt:

$$\binom{x'}{y'} = 2\cdot\begin{pmatrix} x \\ -\frac{1}{2}x+3 \end{pmatrix} \oplus \binom{2}{-4}$$

$$\Leftrightarrow \binom{x'}{y'} = \begin{pmatrix} 2\cdot x \\ 2\cdot\left(-\frac{1}{2}x+3\right) \end{pmatrix} \oplus \binom{2}{-4}$$

Hinweise und Tipps

$$\Leftrightarrow \begin{pmatrix} x' \\ y' \end{pmatrix} = \begin{pmatrix} 2x+2 \\ -x+6-4 \end{pmatrix}$$

$$\Leftrightarrow \begin{pmatrix} x' \\ y' \end{pmatrix} = \begin{pmatrix} 2x+2 \\ -x+2 \end{pmatrix}$$

$$\Leftrightarrow \left| \begin{array}{ll} x' = 2x+2 & |-2 \\ \wedge\ y' = -x+2 & \end{array} \right.$$

Löse Gleichung I nach x auf.

$$\Leftrightarrow \left| \begin{array}{ll} 2x = x'-2 & |:2 \\ \wedge\ y' = -x+2 & \end{array} \right.$$

$$\Leftrightarrow \left| \begin{array}{l} x = \frac{1}{2}x'-1 \\ \wedge\ y' = -\left(\frac{1}{2}x'-1\right)+2 \end{array} \right.$$

Einsetzen von $\frac{1}{2}x'-1$ für x in Gleichung II.

also: $y' = -\frac{1}{2}x'+1+2$

also: B'C': $y = -\frac{1}{2}x+3$

Umbenennen von x' und y' in x und y

Die Gleichungen von BC und B'C' stimmen überein:
B'C' ist eine Fixgerade.

---

**286** a)

$$\left| \begin{array}{l} x' = -\frac{1}{2}x+3 \\ \wedge\ y' = -\frac{1}{2}y+1\frac{1}{2} \end{array} \right.$$

Fixpunktbedingung $(x' \mid y') = (x \mid y)$:

Für die Fixpunktkoordinaten gilt: $x' = x \wedge y' = y$
Ersetze also x' und y' durch x und y

$$\Leftrightarrow \left| \begin{array}{ll} x = -\frac{1}{2}x+3 & \left|+\frac{1}{2}x\right. \\ \wedge\ y = -\frac{1}{2}y+1\frac{1}{2} & \left|+\frac{1}{2}y\right. \end{array} \right.$$

Löse Gleichung I nach x auf.

Löse Gleichung II nach y auf.

$$\Leftrightarrow \left| \begin{array}{ll} \frac{3}{2}x = 3 & \left|\cdot\frac{2}{3}\right. \\ \wedge\ \frac{3}{2}y = \frac{3}{2} & \left|\cdot\frac{2}{3}\right. \end{array} \right.$$

$$\Leftrightarrow \left| \begin{array}{l} x = 2 \\ \wedge\ y = 1 \end{array} \right.$$

$L = \{(2 \mid 1)\}$

also: $F(2 \mid 1)$

b) Berechnung der Koordinaten von A':

$$\left| \begin{array}{l} x' = -\frac{1}{2}x+3 \\ \wedge\ y' = -\frac{1}{2}y+1\frac{1}{2} \end{array} \right.$$

Setze die Koordinaten von $A(-5 \mid 1)$ für x und y ein.

$$\Leftrightarrow \left| \begin{array}{l} x' = -\frac{1}{2}\cdot(-5)+3 \\ \wedge\ y' = -\frac{1}{2}\cdot 1+1\frac{1}{2} \end{array} \right.$$

Hinweise und Tipps

$$\Leftrightarrow \begin{array}{|l} x' = 5\frac{1}{2} \\ \wedge\; y' = 1 \end{array}$$

$$L = \left\{\left(5\frac{1}{2} \,\middle|\, 1\right)\right\}$$

also: $A'\left(5\frac{1}{2} \,\middle|\, 1\right)$

c) Überprüfung, ob g Fixgerade ist (Parameterverfahren):

$$\begin{array}{|l} x' = -\frac{1}{2}x + 3 \\ \wedge\; y' = -\frac{1}{2}y + 1\frac{1}{2} \end{array}$$

Für jeden Punkt P der Geraden g gilt: $P\left(x \,\middle|\, -\frac{1}{2}x + 2\right)$

$$\Leftrightarrow \begin{array}{|l} x' = -\frac{1}{2}x + 3 \\ \wedge\; y' = -\frac{1}{2}\cdot\left(-\frac{1}{2}x + 2\right) + 1\frac{1}{2} \end{array} \quad \left| +\frac{1}{2}x - x' \right.$$

Einsetzen der x- bzw. y-Koordinate des allgemeinen Geradenpunkts in die Abbildungsgleichung

$$\Leftrightarrow \begin{array}{|l} \frac{1}{2}x = -x' + 3 \\ \wedge\; y' = \frac{1}{4}x - 1 + 1\frac{1}{2} \end{array} \quad |\cdot 2$$

Löse Gleichung I nach x (Parameter) auf.

$$\Leftrightarrow \begin{array}{|l} x = -2x' + 6 \\ \wedge\; y' = \frac{1}{4}x + \frac{1}{2} \end{array}$$

Setze $-2x' + 6$ für x in Gleichung II ein.

$$\Leftrightarrow \begin{array}{|l} x = -2x' + 6 \\ \wedge\; y' = \frac{1}{4}(-2x' + 6) + \frac{1}{2} \end{array}$$

$$\Leftrightarrow \begin{array}{|l} x = -2x' + 6 \\ \wedge\; y' = -\frac{1}{2}x' + \frac{3}{2} + \frac{1}{2} \end{array}$$

$$\Leftrightarrow \begin{array}{|l} x = -2x' + 6 \\ \wedge\; y' = -\frac{1}{2}x' + 2 \end{array}$$

also: $g'\!: y = -\frac{1}{2}x + 2$

Umbenennen von x' und y' in x und y

Die Bildgerade g' besitzt dieselbe Gleichung wie die Urgerade g. Damit ist gezeigt, dass die Gerade g Fixgerade ist.

Die Fixgerade verläuft durch das Zentrum Z(2 | 1) der zentrischen Streckung mit $k = \frac{1}{2}$.

d) Zeichnung:

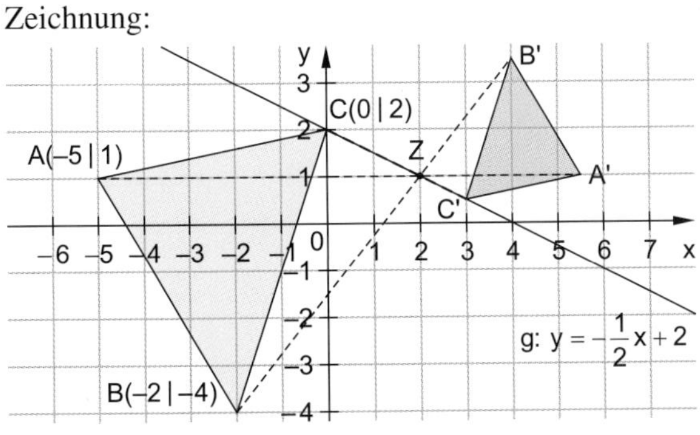

✎ Hinweise und Tipps

## 2.6 Pfadregeln in Baumdiagrammen

**287**

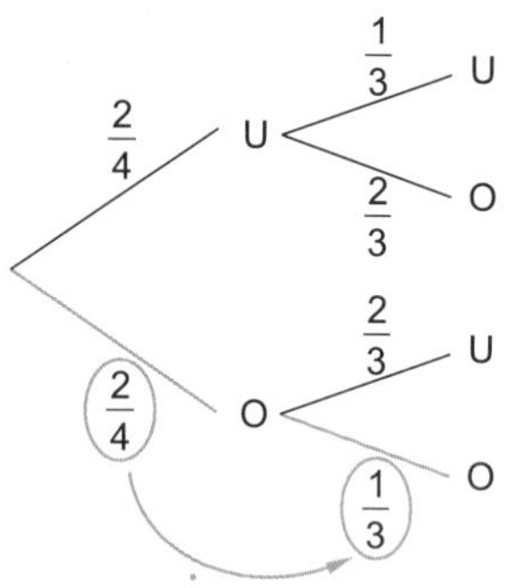


Die Wahrscheinlichkeit für das Ergebnis „Zweimal Ober“ beträgt dann nach der Pfad-Multiplikationsregel:

$$P(OO) = \frac{2}{4} \cdot \frac{1}{3} = \frac{2}{12} = \frac{1}{6}$$

Beachte: Nach dem 1. Zug ändern sich die Wahrscheinlichkeiten, da nur noch 3 Karten übrig sind.

---

**288** Es ergibt sich eine Wahrscheinlichkeit von:

$$P = \frac{8}{32} \cdot \frac{7}{31} \cdot \frac{6}{30} \cdot \frac{5}{29} \cdot \frac{4}{28} \cdot \frac{3}{27} \cdot \frac{2}{26} \cdot \frac{1}{25}$$

$$= \frac{40\,320}{424\,097\,856\,000} = \frac{1}{10\,518\,300}$$

Bei der 1. Karte hat man noch 8 Möglichkeiten (bei 32 Karten) – entweder einen der 4 Ober oder einen der 4 Unter. Bei der 2. Karte hat man noch 7 Möglichkeiten (bei 31 Karten) usw.

---

**289** a)

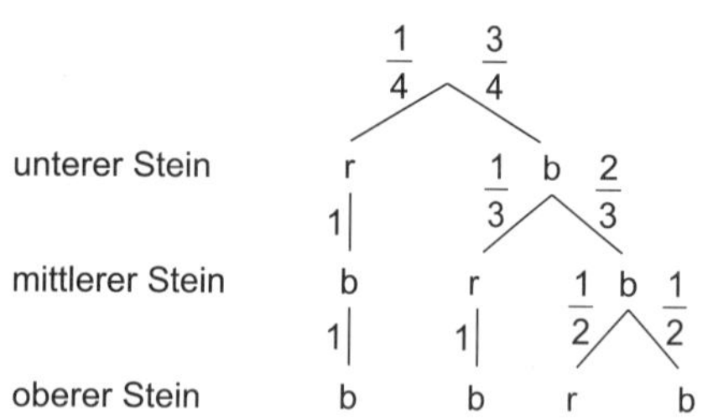


Abzählen ergibt insgesamt 4 Möglichkeiten.

b) $P(\text{„blau-blau-rot“}) = \frac{3}{4} \cdot \frac{2}{3} \cdot \frac{1}{2} = \frac{6}{24} = \frac{1}{4}$

Verwende die Pfad-Multiplikationsregel.

---

**290**

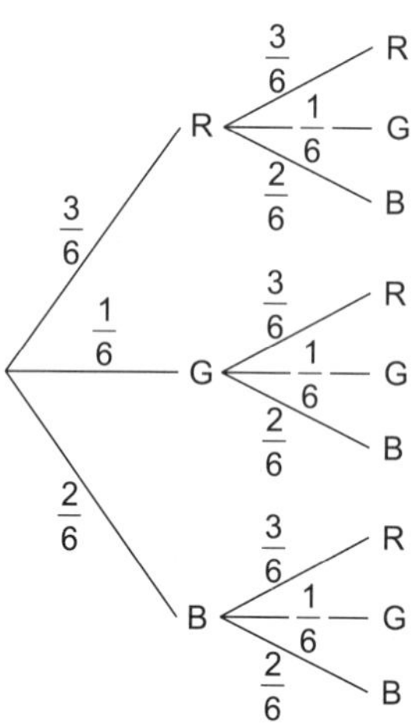

Hinweise und Tipps

a) $P(RG) = \frac{3}{6} \cdot \frac{1}{6} = \frac{3}{36} = \frac{1}{12}$

Nur das Ergebnis RG ist günstig. Dessen Wahrscheinlichkeit ergibt sich mit der Pfad-Multiplikationsregel.

b) $P(RG) = \frac{1}{12}$ (vgl. Teilaufgabe a)

$P(GR) = \frac{1}{6} \cdot \frac{3}{6} = \frac{1}{12}$

Da die Reihenfolge egal ist, gibt es jetzt zwei günstige Ergebnisse, die zu dem Ereignis gehören: RG und GR

P(„eine rote und eine grüne“) $= \frac{1}{12} + \frac{1}{12} = \frac{1}{6}$

Nach der Pfad-Additionsregel addiert man diese beiden Wahrscheinlichkeiten.

---

**291** a)

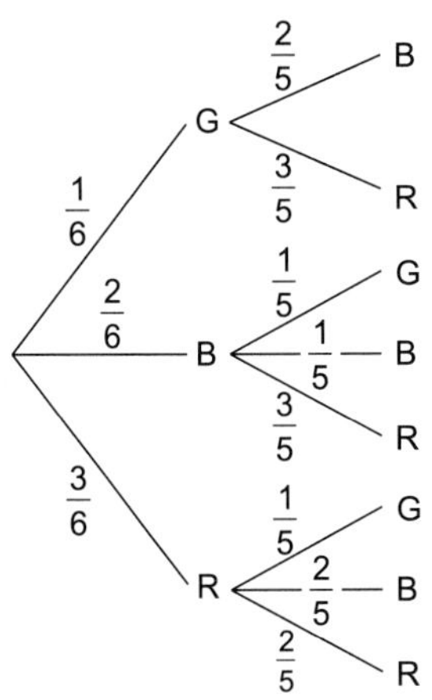


b) i) $P(GB) = \frac{1}{6} \cdot \frac{2}{5} = \frac{2}{30} = \frac{1}{15}$

ii) $P(BB) = \frac{2}{6} \cdot \frac{1}{5} = \frac{2}{30} = \frac{1}{15}$

iii) $P(GR) = \frac{1}{6} \cdot \frac{3}{5} = \frac{3}{30}$

$P(RG) = \frac{3}{6} \cdot \frac{1}{5} = \frac{3}{30}$

P(„eine rote und eine gelbe“) $= \frac{3}{30} + \frac{3}{30} = \frac{6}{30} = \frac{1}{5}$
$= 20\,\%$

---

**292** a) $P(RR) = \frac{5}{12} \cdot \frac{4}{11} = \frac{5}{33} = 15{,}15\,\%$

Das Zeichnen eines Baumdiagramms ist nicht verlangt. Stattdessen hilft folgende Überlegung: Beim 1. Zug sind 5 von 12 Kugeln rot, beim 2. Zug 4 von 11.

b) $P(RB) = \frac{5}{12} \cdot \frac{4}{11} = \frac{5}{33} = 15{,}15\,\%$

Beim 1. Zug sind 5 von 12 Kugeln rot. Beim 2. Zug sind 4 von 11 Kugeln blau.

c) $P(BR) = \frac{4}{12} \cdot \frac{5}{11} = \frac{5}{33} = 15{,}15\,\%$

Beim 1. Zug sind 4 von 12 Kugeln blau. Beim 2. Zug sind 5 von 11 Kugeln rot.

P(„eine blaue und eine rote“) $= 15{,}15\,\% + 15{,}15\,\%$
$= 30{,}30\,\%$

Zusammen mit der Wahrscheinlichkeit aus Teilaufgabe b und der Pfad-Additionsregel ergibt sich die gesuchte Wahrscheinlichkeit.

Hinweise und Tipps

d) $P(RR) = \frac{5}{12} \cdot \frac{4}{11}$

$P(BB) = \frac{4}{12} \cdot \frac{3}{11}$

$P(WW) = \frac{3}{12} \cdot \frac{2}{11}$

$$\begin{aligned} P(\text{„verschiedene Farben“}) &= 1 - P(\text{„gleiche Farben“}) \\ &= 1 - (P(RR) + P(BB) + P(WW)) \\ &= 1 - \left(\frac{5}{12} \cdot \frac{4}{11} + \frac{4}{12} \cdot \frac{3}{11} + \frac{3}{12} \cdot \frac{2}{11}\right) \\ &= \frac{47}{66} = 71{,}21\,\% \end{aligned}$$

Das Gegenereignis zum Ereignis E: „verschiedene Farben“ ist $\overline{E}$: „gleiche Farbe“.
Um die Wahrscheinlichkeiten für $\overline{E}$ zu erhalten, benötigt man die drei Wahrscheinlichkeiten, die zu gleichen Farben führen.

Die Wahrscheinlichkeiten von Ereignis und Gegenereignis ergeben addiert 100 % oder 1.
Um die Wahrscheinlichkeit von E zu erhalten, zieht man also die Wahrscheinlichkeit von $\overline{E}$ von 1 ab.

**293** a) $100\,\% - 8\,\% = 92\,\%$ der Männer sind nicht farbenblind.

$P(\text{„keiner farbenblind“}) = 0{,}92 \cdot 0{,}92 \cdot 0{,}92 \cdot 0{,}92 = 0{,}72$

Die Wahrscheinlichkeit, dass vier zufällig ausgewählte Männer nicht farbenblind sind, beträgt also 72 %.

Die Wahrscheinlichkeit, dass man viermal nacheinander einen Mann wählt, der nicht farbenblind ist, berechnet man mit der Pfad-Multiplikationsregel.

b) Das Gegenereignis zu E: „mindestens einer farbenblind“ ist: $\overline{E}$: „keiner farbenblind“

$$\begin{aligned} P(\text{„mindestens einer farbenblind“}) &= P(E) \\ &= 1 - P(\overline{E}) \\ &= 1 - 72\,\% = 28\,\% \end{aligned}$$

Stelle dir den Ergebnisraum vor:

$\underbrace{(f, f, f, f), (f, n, n, n), (f, f, n, n,), (f, f, f, n),}_{\text{mindestens einmal farbenblind (f) dabei}}$

$\underbrace{(f, f, f, f), \ldots, (n, n, n, f),}_{\text{mindestens einmal farbenblind dabei}}$ $\underbrace{(n, n, n, n)}_{\text{keiner farbenblind (n)}}$

Die Wahrscheinlichkeiten von Ereignis und Gegenereignis ergeben addiert 100 %.

**294** a) Baumdiagramm-Ausschnitt:

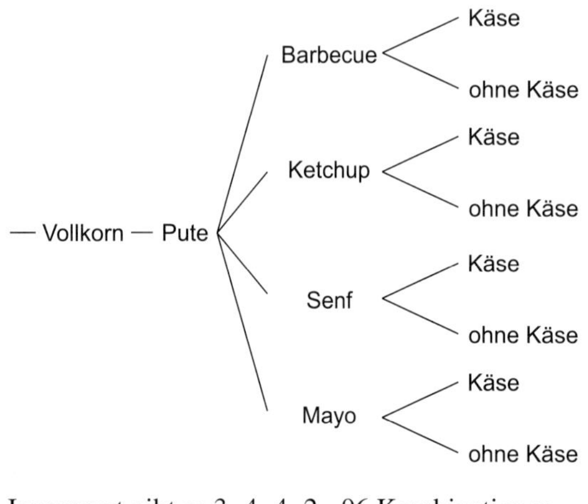


Es gibt 8 Kombinationen mit Vollkornsemmel und Pute.

b) Insgesamt gibt es $3 \cdot 4 \cdot 4 \cdot 2 = 96$ Kombinationen.

Es werden kombiniert: 3 Semmeln, 4 Beläge, 4 Soßen und die 2 Wahlmöglichkeiten „mit Käse“ oder „ohne Käse“.

c) $P(\text{„mit Tofu, Ketchup und Käse“}) = \frac{3}{3} \cdot \frac{1}{4} \cdot \frac{1}{4} \cdot \frac{1}{2} = \frac{1}{32}$

Gehe davon aus, dass alle Kombinationen gleich wahrscheinlich sind (Laplace-Experiment) und nutze die Pfad-Multiplikationsregel:
Auf der 1. Stufe sind alle 3 von 3 Semmeln günstig.
Auf der 2. Stufe ist 1 von 4 Belägen günstig (Tofu).
Auf der 3. Stufe ist 1 von 4 Soßen günstig (Ketchup).
Auf der 4. Stufe ist 1 von 2 Wahlmöglichkeiten günstig (mit Käse).

Hinweise und Tipps

kurz: P(„mit Tofu, Ketchup und Käse“) $= \frac{1}{4} \cdot \frac{1}{4} \cdot \frac{1}{2} = \frac{1}{32}$

Du kannst die Rechnung abkürzen und die Stufen, bei denen alle Möglichkeiten günstig sind, weglassen.

d) P(„Weißmehl mit Rindfleisch“) $= \frac{1}{3} \cdot \frac{1}{4} = \frac{1}{12}$

Auf der 1. Stufe ist 1 von 3 Semmeln günstig.
Auf der 2. Stufe ist 1 von 4 Belägen günstig.
Bei den anderen Stufen ist jede Möglichkeit günstig.

P(„mit Hühnchen und Senf“) $= \frac{1}{4} \cdot \frac{1}{4} = \frac{1}{16}$

Auf der 2. Stufe ist 1 von 4 Belägen günstig.
Auf der 3. Stufe ist 1 von 4 Soßen günstig.
Bei den anderen Stufen ist jede Möglichkeit günstig.

Wahrscheinlichkeit, mit der man entweder einen Weißmehl-Burger mit Rindfleisch oder ein Hühnchen-Burger mit Senf erhält:

$$P = \frac{1}{12} + \frac{1}{16} = \frac{16}{192} + \frac{12}{192} = \frac{28}{192} = \frac{7}{48}$$

Nutze die Pfad-Additionsregel.

---

**295** a) Es gibt $3 \cdot 4 \cdot 3 = 36$ Varianten.

b) P(Diesel – Rot – Business) $= \frac{1}{36}$

Gehe davon aus, dass alle Optionen gleich wahrscheinlich geklickt werden (Laplace-Experiment).
Die Variante „Roter Diesel mit Business-Paket“ ist 1 von 36 Varianten.

Oder mit der Pfad-Multiplikationsregel:

P(Diesel – Rot – Business) $= \frac{1}{3} \cdot \frac{1}{4} \cdot \frac{1}{3} = \frac{1}{36}$

c) P(E-Motor – Blau) $= \frac{1}{3} \cdot \frac{1}{4} = \frac{1}{12}$

Pfad-Multiplikationsregel:
Auf der 1. Stufe ist 1 von 3 Motorvarianten günstig (E-Motor). Auf der 2. Stufe ist 1 von 4 Farben günstig (Blau). Auf der 3. Stufe sind alle Ausstattungslinien günstig.

Diese Wahrscheinlichkeit entspricht nicht 20 % $= \frac{1}{5}$.

d) Baumdiagramm-Ausschnitt:

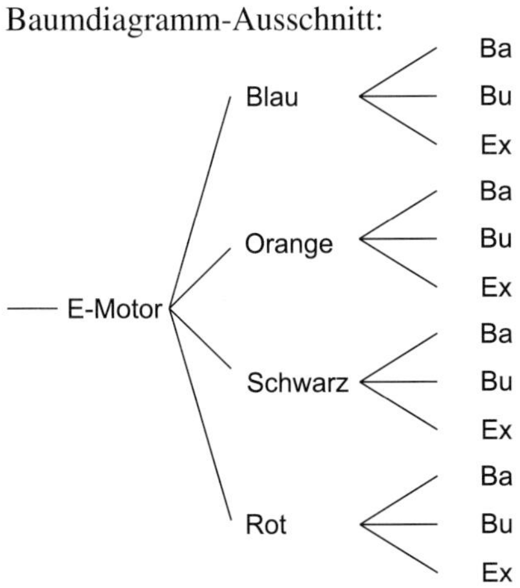


Es gibt also 12 Varianten mit E-Motor.

e) $P(\text{Schwarz} - \text{Basic}) = \frac{1}{4} \cdot \frac{1}{3} = \frac{1}{12}$

$P(\text{Diesel} - \text{Orange}) = \frac{1}{3} \cdot \frac{1}{4} = \frac{1}{12}$

Gesuchte Wahrscheinlichkeit mit der Pfad-Additionsregel:

$P = \frac{1}{12} + \frac{1}{12} = \frac{1}{6}$

Hinweise und Tipps

Pfad-Multiplikationsregel:
Auf der 1. Stufe sind alle 3 Motorvarianten günstig.
Auf der 2. Stufe ist 1 von 4 Farben günstig (Schwarz).
Auf der 3. Stufe ist 1 von 3 Ausstattungslinien günstig (Basic).

*Alternative ohne Pfadregeln:* Stellt man sich das vollständige Baumdiagramm vor, erkennt man, dass es 3 verschiedene Varianten mit „Schwarz – Basic" gibt. 3 von 36 ergibt eine Wahrscheinlichkeit von $\frac{3}{36} = \frac{1}{12}$.

Pfad-Multiplikationsregel:
Auf der 1. Stufe ist 1 von 3 Motorvarianten günstig (Diesel).
Auf der 2. Stufe ist 1 von 4 Farben günstig (Orange).
Auf der 3. Stufe ist jede Möglichkeit günstig.

Man addiert die beiden Wahrscheinlichkeiten.

---

**296** a) $0,95 \cdot 0,95 \cdot 0,95 = 0,857$

Also wirkt der Impfstoff mit einer Wahrscheinlichkeit von ca. 85,7 % bei allen drei Personen.

b) $0,05 \cdot 0,05 \cdot 0,05 = 0,0001$

Also wirkt der Impfstoff mit einer Wahrscheinlichkeit von ca. 0,01 % bei keiner der drei Personen.

c) E: „wirkt mindestens einmal nicht" ist das Gegenereignis zu $\overline{E}$: „wirkt bei allen drei Personen".

$P(E) = 1 - P(\overline{E}) = 100\,\% - 85,7\,\% = 14,3\,\%$

Also wirkt der Impfstoff mit einer Wahrscheinlichkeit von ca. 14,3 % mindestens einmal nicht.

---

**297** a) Die Wahrscheinlichkeit, alle richtig (r) zu erraten, beträgt:

$P(rrrr) = \frac{1}{3} \cdot \frac{1}{3} \cdot \frac{1}{3} \cdot \frac{1}{3} = \frac{1}{81} = 0,012 = 1,2\,\%$

b) Die Wahrscheinlichkeit, immer falsch (f) zu raten, beträgt:

$P(ffff) = \frac{2}{3} \cdot \frac{2}{3} \cdot \frac{2}{3} \cdot \frac{2}{3} = \frac{16}{81} = 0,198 = 19,8\,\%$

Hinweise und Tipps

c)

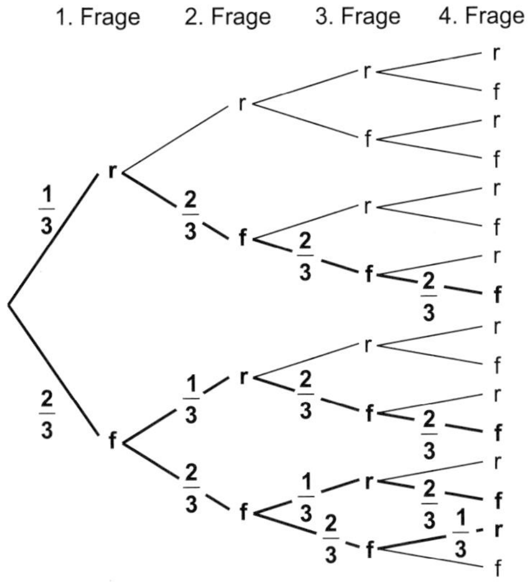


Die Wahrscheinlichkeit, genau eine richtige Antwort zu geben, beträgt:

$P(rfff, frff, ffrf, fffr)$

$= \frac{1}{3}\cdot\frac{2}{3}\cdot\frac{2}{3}\cdot\frac{2}{3} + \frac{2}{3}\cdot\frac{1}{3}\cdot\frac{2}{3}\cdot\frac{2}{3} + \frac{2}{3}\cdot\frac{2}{3}\cdot\frac{1}{3}\cdot\frac{2}{3}$

$+ \frac{2}{3}\cdot\frac{2}{3}\cdot\frac{2}{3}\cdot\frac{1}{3}$

$= 4\cdot\left(\frac{1}{3}\cdot\frac{2}{3}\cdot\frac{2}{3}\cdot\frac{2}{3}\right) = \frac{32}{81} = 0{,}395 = 39{,}5\ \%$

Es gibt 4 Ergebnisse, die genau eine richtige Antwort enthalten.

Die Wahrscheinlichkeiten für diese Ergebnisse werden nach der Pfad-Additionsregel addiert.

d) Das Ereignis „mindestens eine richtige Antwort“ ist das Gegenereignis von „keine richtige Antwort“.

$P(ffff) = 19{,}8\ \%$

(siehe Teilaufgabe b)

Also: P(„mindestens einmal r“) $= 100\ \% - 19{,}8\ \% = 80{,}2\ \%$

---

**298** a)

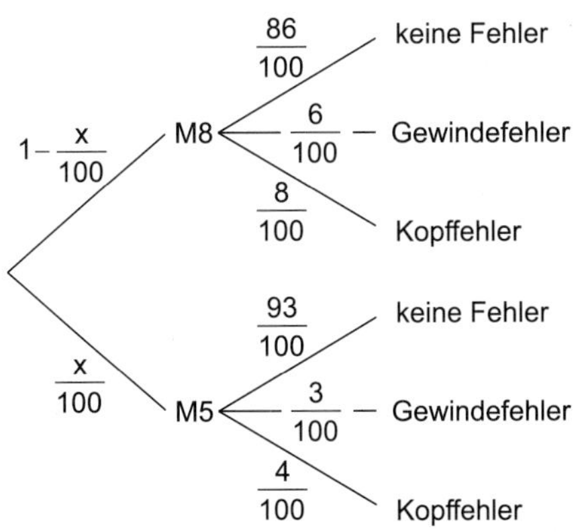


Von den M8-Schrauben sind fehlerfrei:
$100\ \% - (6\ \% + 8\ \%) = 86\ \%$

Von den M5-Schrauben sind fehlerfrei:
$100\ \% - (3\ \% + 4\ \%) = 93\ \%$

b) Anteil der M5-Schrauben an allen Schrauben: $\frac{x}{100}$

Anteil der M5-Schrauben mit Gewindefehler:
$\frac{x}{100}\cdot\frac{3}{100}$

Anteil der M5-Schrauben mit Kopffehler:
$\frac{x}{100}\cdot\frac{4}{100}$

} ≙ 2 % aller Schrauben

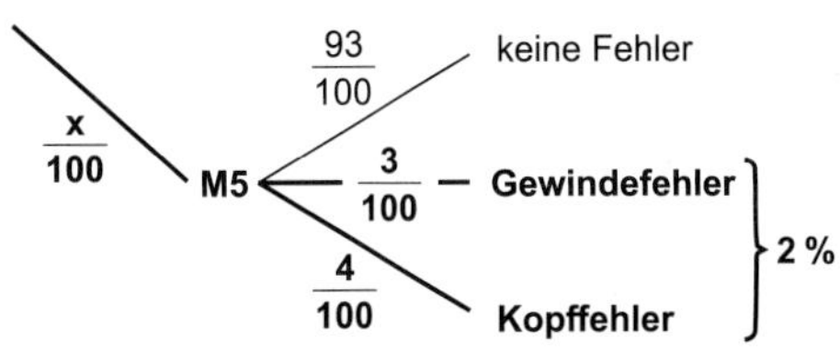

Hinweise und Tipps

Das führt zu folgender Gleichung:

$$\frac{2}{100}=\frac{x}{100}\cdot\frac{3}{100}+\frac{x}{100}\cdot\frac{4}{100}$$

$$0,02=(0,03+0,04)\cdot\frac{x}{100}$$

$$0,02=0,07\cdot\frac{x}{100} \qquad |\cdot 100$$

$$2=0,07\cdot x \qquad |:0,07$$

$$x=28,57$$

Der Anteil beträgt ca. 28,57 %.

---

**299** a)

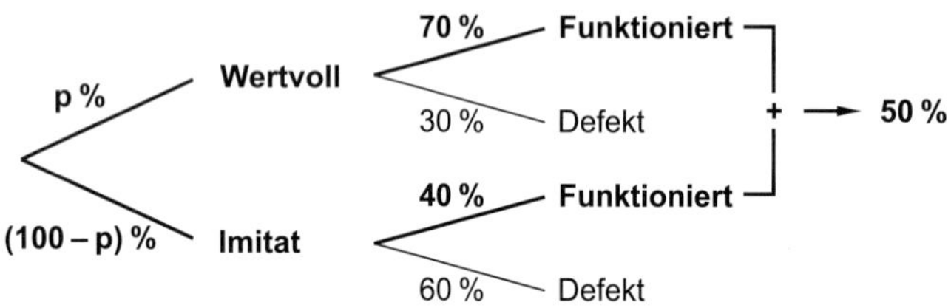


b) $$0,5=0,7\cdot\frac{p}{100}+0,4\cdot\left(1-\frac{p}{100}\right)$$

$$0,5=0,7\cdot\frac{p}{100}+0,4-0,4\cdot\frac{p}{100}$$

$$0,5=0,3\cdot\frac{p}{100}+0,4 \qquad |-0,4$$

$$0,1=0,3\cdot\frac{p}{100} \qquad |\cdot 100$$

$$10=0,3\cdot p \qquad |:0,3$$

$$p=33,\overline{3}$$

Ein Drittel der Uhren sind wertvolle Originale.

# Beispielaufgaben

## Teil A

✎ Hinweise und Tipps

### Aufgabe A 1

Baumdiagramm:

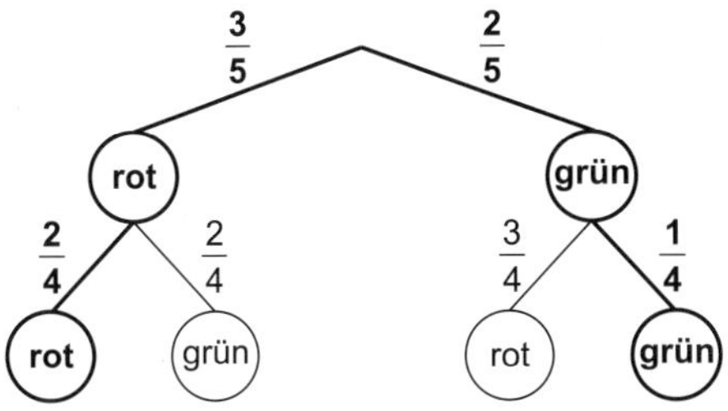


Wahrscheinlichkeit für 2 gleichfarbige Kugeln:

$$\frac{3}{5}\cdot\frac{2}{4}+\frac{2}{5}\cdot\frac{1}{4}=\frac{6}{20}+\frac{2}{20}=\frac{8}{20}$$

Die verwendeten Pfade sind in der Zeichnung **hervorgehoben**.

oder:

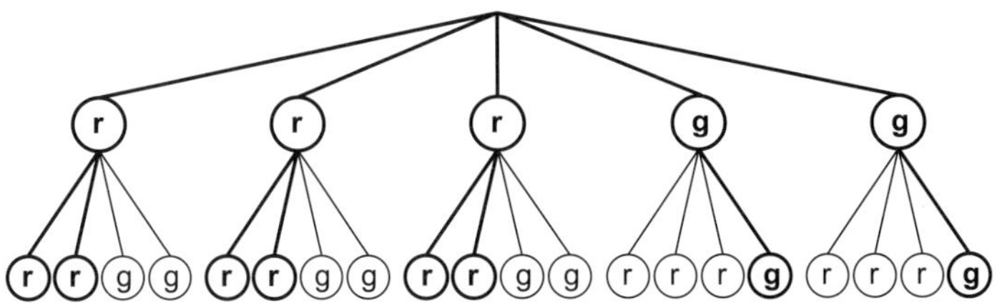


In 8 von 20 Fällen erhält man 2 gleichfarbige Kugeln. Folglich werden 2 gleichfarbige Kugeln mit einer Wahrscheinlichkeit von $\frac{8}{20}$ gezogen.

Auch gleichwertige Lösungen wie z. B. 40 %, 0,4 oder $\frac{2}{5}$ sind bei derartigen Aufgaben gültig.

---

### Aufgabe A 2

Bestimmung der Gleichung der Umkehrfunktion:

$$x=\log_3(y-1{,}5) \qquad x\in\mathbb{R};\ y\in\mathbb{R};\ y>1{,}5$$

$$\Leftrightarrow \quad 3^x=y-1{,}5 \qquad |+1{,}5$$

$$\Leftrightarrow \quad 3^x+1{,}5=y$$

$$f^{-1}:\ y=3^x+1{,}5$$

---

### Aufgabe A 3

Berechnung von $|\overline{AB}|$ mit dem Pythagoras:

$$|\overline{AB}|^2=\left(\frac{|\overline{AC}|}{2}\right)^2+\left(\frac{|\overline{BD}|}{2}\right)^2 \qquad |\sqrt{\ }$$

$$|\overline{AB}|=\sqrt{\left(\frac{|\overline{AC}|}{2}\right)^2+\left(\frac{|\overline{BD}|}{2}\right)^2} \qquad \text{mit } |\overline{BD}|=|\overline{AC}|=6\text{ cm}$$

$$|\overline{AB}|=\sqrt{\left(\frac{6}{2}\right)^2+\left(\frac{6}{2}\right)^2}\text{ cm}$$

Hinweise und Tipps

$|\overline{AB}| = \sqrt{3^2 + 3^2}$ cm

$|\overline{AB}| = \sqrt{2 \cdot 3^2}$ cm

$|\overline{AB}| = 3 \cdot \sqrt{2}$ cm

---

**Aufgabe A 4.1**

Im rechtwinkligen Dreieck $DCP_n$ gilt:

$$\cos\varphi = \frac{|\overline{CD}|}{|\overline{CP_n}|} \quad \Big| \cdot \frac{|\overline{CP_n}|}{\cos\varphi}$$

$$|\overline{CP_n}| = \frac{|\overline{CD}|}{\cos\varphi} \qquad \text{mit } |\overline{CD}| = |\overline{AB}|$$

$$|\overline{CP_n}|(\varphi) = \frac{8}{\cos\varphi}\ \text{cm} \qquad \varphi \in [0°; 41{,}19°]$$

Berechnung des Flächeninhalts A der Dreiecke $BCP_n$:

$$A = 0{,}5 \cdot |\overline{BC}| \cdot |\overline{CP_n}|$$

$$A(\varphi) = 0{,}5 \cdot 6 \cdot \frac{8}{\cos\varphi}\ \text{cm}^2 \qquad \varphi \in [0°; 41{,}19°]$$

$$A(\varphi) = \frac{24}{\cos\varphi}\ \text{cm}^2$$

Das Dreieck DCS steht senkrecht auf der Grundfläche ABCD. Daher gilt $\sphericalangle P_nCB = 90°$.
Somit gilt für den Flächeninhalt A der Dreiecke $BCP_n$:
$A = 0{,}5 \cdot |\overline{BC}| \cdot |\overline{CP_n}|$
Zunächst wird $|\overline{CP_n}|$ in Abhängigkeit von $\varphi$ ermittelt.

---

**Aufgabe A 4.2**

Zeichnen des Schrägbildes der Pyramide ABCDS

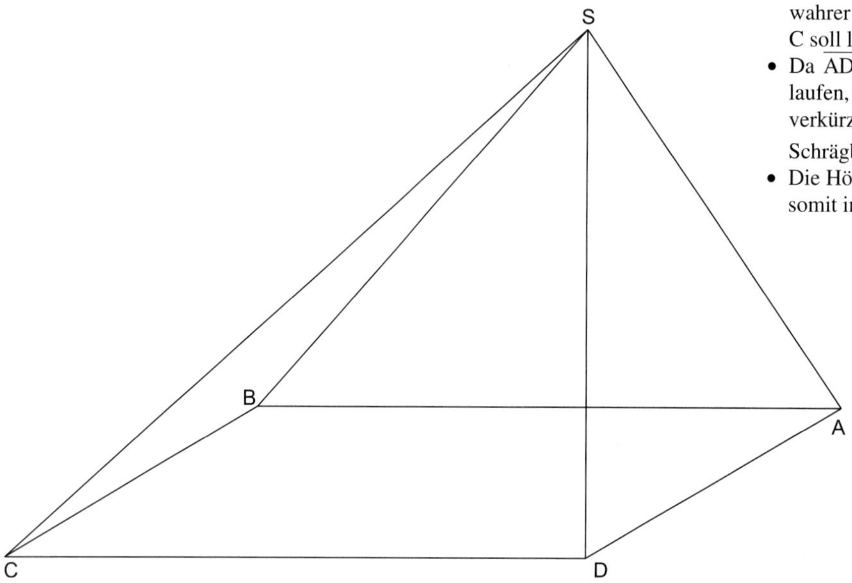


- Da $\overline{CD}$ auf der Schrägbildachse liegt, wird $\overline{CD}$ in wahrer Länge ($|\overline{CD}| = |\overline{AB}| = 8$ cm) angetragen. C soll links von D liegen.
- Da $\overline{AD}$ und $\overline{BC}$ senkrecht zur Zeichenebene verlaufen, werden $\overline{AD}$ und $\overline{BC}$ mit dem Faktor $q = \frac{2}{3}$ verkürzt ($\frac{2}{3} \cdot 6$ cm = 4 cm). Sie schließen mit der Schrägbildachse jeweils den Winkel $\omega = 30°$ ein.
- Die Höhe $\overline{DS}$ liegt in der Zeichenebene und wird somit in wahrer Länge angetragen.

# Teil B

## Aufgabe B 1.1

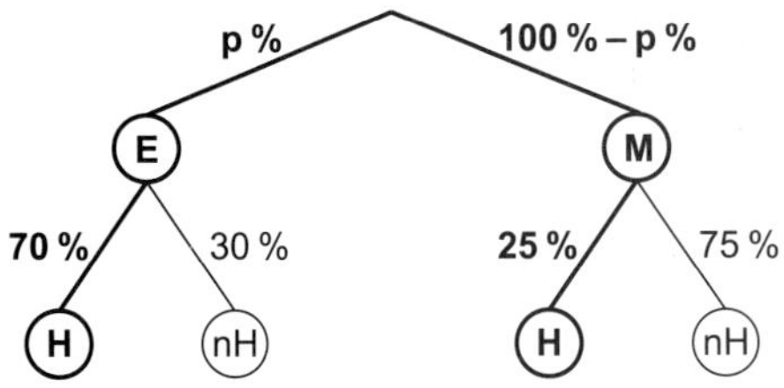


Hinweise und Tipps

Da sowohl die Erwachsenen als auch die Minderjährigen in „Fans" und „nicht Fans" unterteilt werden, ist die erste Ebene des Baumdiagramms die Unterscheidung nach Erwachsenen und Minderjährigen.

Da der Anteil der Erwachsenen p % beträgt, ist der Anteil der Minderjährigen 100 % – p %.

## Aufgabe B 1.2

$$0{,}65 = \frac{p}{100} \cdot 0{,}7 + \left(1 - \frac{p}{100}\right) \cdot 0{,}25 \qquad p \in \mathbb{R}^+$$

$$\Leftrightarrow \quad 0{,}65 = 0{,}7 \cdot \frac{p}{100} + 0{,}25 - 0{,}25 \cdot \frac{p}{100} \qquad | \cdot 100$$

$$\Leftrightarrow \quad 65 = 0{,}7p + 25 - 0{,}25p \qquad | -25$$

$$\Leftrightarrow \quad 40 = 0{,}45p \qquad | : 0{,}45$$

$$\Leftrightarrow \quad p = 89$$

$\mathbb{L} = \{89\}$

Der Anteil der erwachsenen Zuschauer beträgt gerundet 89 %.

Die verwendeten Pfade sind in der Zeichnung **hervorgehoben**.

## Aufgabe B 1.3

Anteil der Zuschauer, die Fans der Heimmannschaft sind:
65 % (vgl. Angabe zu Teilaufgabe B 1.2)

Anteil der Zuschauer, die erwachsen und Fans der Heimmannschaft sind:
$0{,}89 \cdot 70\ \% = 62\ \%$

Wahrscheinlichkeit, mit der der zufällig ausgewählte Fan der Heimmannschaft erwachsen ist:

$$\frac{62\ \%}{65\ \%} = 0{,}95 = 95\ \%$$

## Aufgabe B 2.1

Es sei $F_n$ der jeweilige Fußpunkt des Lotes von C auf $\overline{B_nE_n}$.

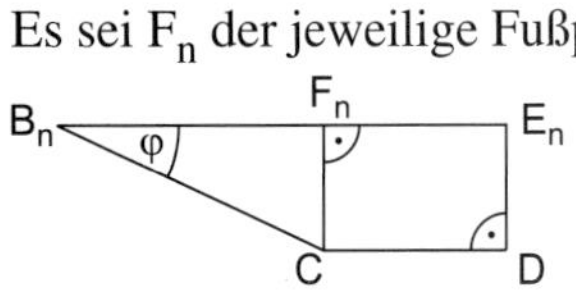


Berechnung von $|\overline{B_nF_n}|$ im rechtwinkligen Dreieck $B_nCF_n$ in Abhängigkeit von φ:

$$\cos\varphi = \frac{|\overline{B_nF_n}|}{|\overline{B_nC}|} \qquad | \cdot |\overline{B_nC}|$$

$$|\overline{B_nF_n}| = |\overline{B_nC}| \cdot \cos\varphi$$

$$|\overline{B_nF_n}|(\varphi) = 4 \cdot \cos\varphi \text{ cm} \qquad \varphi \in \left]0°; 90°\right[$$

Da $|\overline{B_nE_n}| = |\overline{B_nF_n}| + |\overline{CD}|$, ermittelt man zunächst $|\overline{B_nF_n}|$.

Hinweise und Tipps

Berechnung von $|\overline{B_nE_n}|$ in Abhängigkeit von φ:

$$|\overline{B_nE_n}| = |\overline{B_nF_n}| + |\overline{CD}|$$

$$|\overline{B_nE_n}|(\varphi) = (4 \cdot \cos\varphi + 2{,}5)\text{ cm} \qquad \varphi \in ]0°; 90°[$$

---

## Aufgabe B 2.2

Mit $V_{Halbkugel} = \frac{1}{2} \cdot \frac{4}{3} \cdot r_2^{\,3} \cdot \pi$ folgt:

$$135\text{ cm}^3 = \frac{1}{2} \cdot \frac{4}{3} \cdot r_2^{\,3} \cdot \pi \qquad \Big| \cdot \frac{3}{2\pi}$$

$$\Leftrightarrow \quad r_2^{\,3} = \frac{405}{2\pi}\text{cm}^3 \qquad \Big| \sqrt[3]{\phantom{x}}$$

$$\Leftrightarrow \quad r_2 = \sqrt[3]{\frac{405}{2\pi}}\text{ cm}$$

$$\Leftrightarrow \quad r_2 = 4{,}01\text{ cm}$$

Berechnung von φ:

$$|\overline{B_nE_n}|(\varphi) = 4{,}01\text{ cm} \qquad \varphi \in ]0°; 90°[$$

$$\Leftrightarrow \quad 4 \cdot \cos\varphi + 2{,}5 = 4{,}01 \qquad |-2{,}5$$

$$\Leftrightarrow \quad 4 \cdot \cos\varphi = 1{,}51 \qquad |:4$$

$$\Leftrightarrow \quad \cos\varphi = \frac{1{,}51}{4}$$

$$\Leftrightarrow \quad \varphi = 67{,}82°$$

$\mathbb{L} = \{67{,}82°\}$

---

## Aufgabe B 3.1

Einzeichnen der Geraden g und h

g hat die Steigung 0,25 und den y-Achsenabschnitt 6.
h hat die Steigung 1 und den y-Achsenabschnitt –1.

Einzeichnen des Drachenvierecks $A_1B_1C_1D_1$ für $x = 2$

- $D_1$ hat die x-Koordinate 2 und liegt auf der Geraden h, also $D_1(2\,|\,1)$.
- $A_1$ hat eine um 2 kleinere Abszisse als $D_1$ und liegt auf der Geraden g, also $A_1(0\,|\,6)$.
- Da $A_1C_1$ die Symmetrieachse des Drachenvierecks $A_1B_1C_1D_1$ ist, gilt $|\overline{A_1D_1}| = |\overline{A_1B_1}|$. Da weiterhin $\sphericalangle B_1A_1D_1 = 90°$ gilt, erhält man $B_1$ durch Drehung von $D_1$ um $A_1$ mit dem Winkel –90°.
- Es sei $M_1$ der Mittelpunkt von $\overline{B_1D_1}$. Dann liegt $C_1$ auf der Geraden $A_1M_1$ und es gilt $|\overline{A_1C_1}| = 1{,}5 \cdot |\overline{B_1D_1}|$.
  Da das Dreieck $A_1B_1M_1$ rechtwinklig-gleichschenklig ist, gilt $|\overline{A_1M_1}| = 0{,}5 \cdot |\overline{B_1D_1}|$. Man trägt also ausgehend von $A_1$ die Länge $|\overline{A_1C_1}| = |\overline{A_1M_1}| + |\overline{B_1D_1}|$ auf der Geraden $A_1M_1$ ab und erhält somit den Punkt $C_1$.

Einzeichnen des Drachenvierecks $A_2B_2C_2D_2$ für $x = 7$

- $D_2$ hat die x-Koordinate 7 und liegt auf der Geraden h, also $D_2(7\,|\,6)$.
- $A_2$ hat eine um 2 kleinere Abszisse als $D_2$ und liegt auf der Geraden g, also $A_2(5\,|\,7{,}25)$.
- Da $A_2C_2$ die Symmetrieachse des Drachenvierecks $A_2B_2C_2D_2$ ist, gilt $|\overline{A_2D_2}| = |\overline{A_2B_2}|$. Da weiterhin $\sphericalangle B_2A_2D_2 = 90°$ gilt, erhält man $B_2$ durch Drehung von $D_2$ um $A_2$ mit dem Winkel –90°.
- Es sei $M_2$ der Mittelpunkt von $\overline{B_2D_2}$. Dann liegt $C_2$ auf der Geraden $A_2M_2$ und es gilt $|\overline{A_2C_2}| = 1{,}5 \cdot |\overline{B_2D_2}|$.
  Da das Dreieck $A_2B_2M_2$ rechtwinklig-gleichschenklig ist, gilt $|\overline{A_2M_2}| = 0{,}5 \cdot |\overline{B_2D_2}|$. Man trägt also ausgehend von $A_2$ die Länge $|\overline{A_2C_2}| = |\overline{A_2M_2}| + |\overline{B_2D_2}|$ auf der Geraden $A_2M_2$ ab und erhält somit den Punkt $C_2$.

Hinweise und Tipps

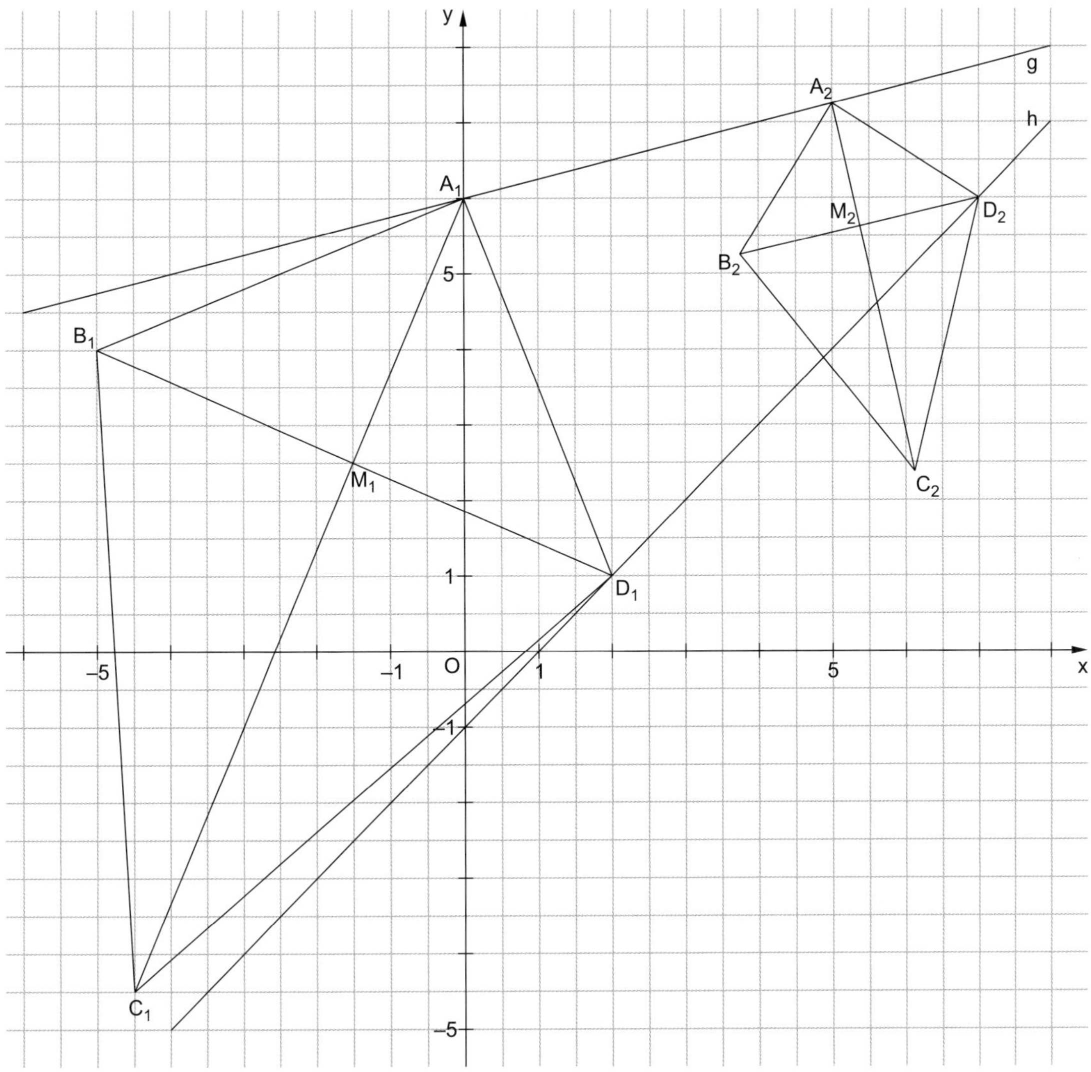


## Aufgabe B 3.2

Berechnung der Koordinaten der Punkte $A_n$:

$A_n(x-2\,|\,0{,}25\cdot(x-2)+6)$ $\quad x \in \mathbb{R}$

$A_n(x-2\,|\,0{,}25x-0{,}5+6)$

$A_n(x-2\,|\,0{,}25x+5{,}5)$

Die Abszisse von $A_n$ ist um 2 kleiner als die Abszisse von $D_n$ und somit $x-2$. Da $A_n$ auf der Geraden g liegt, erhält man die Ordinate von $A_n$ durch Ersetzen von x in der Geradengleichung von g durch $x-2$.

Berechnung von $\overrightarrow{A_nD_n}$ in Abhängigkeit von x:

$$\overrightarrow{A_nD_n}(x)=\begin{pmatrix} x-(x-2) \\ x-1-(0{,}25x+5{,}5) \end{pmatrix} \quad x \in \mathbb{R}$$

$$\overrightarrow{A_nD_n}(x)=\begin{pmatrix} 2 \\ 0{,}75x-6{,}5 \end{pmatrix}$$

Um die Koordinaten von $B_n$ mithilfe von $\overrightarrow{OB_n}=\overrightarrow{OA_n}\oplus\overrightarrow{A_nB_n}$ ermitteln zu können, bestimmt man $\overrightarrow{A_nB_n}$ durch Drehung von $\overrightarrow{A_nD_n}$ um –90°.

Hinweise und Tipps

Berechnung von $\overrightarrow{A_nB_n}$ in Abhängigkeit von x:

$$\overrightarrow{A_nD_n} \xmapsto{O;\ \varphi=-90^\circ} \overrightarrow{A_nB_n}$$

$$\overrightarrow{A_nB_n}(x)=\begin{pmatrix}\cos(-90^\circ) & -\sin(-90^\circ)\\ \sin(-90^\circ) & \cos(-90^\circ)\end{pmatrix}\odot\begin{pmatrix}2\\ 0{,}75x-6{,}5\end{pmatrix} \qquad x\in\mathbb{R}$$

$$\overrightarrow{A_nB_n}(x)=\begin{pmatrix}0 & 1\\ -1 & 0\end{pmatrix}\odot\begin{pmatrix}2\\ 0{,}75x-6{,}5\end{pmatrix}$$

$$\overrightarrow{A_nB_n}(x)=\begin{pmatrix}0{,}75x-6{,}5\\ -2\end{pmatrix}$$

Berechnung der Koordinaten der Punkte $B_n$ in Abhängigkeit von x:

$$\overrightarrow{OB_n}=\overrightarrow{OA_n}\oplus\overrightarrow{A_nB_n}$$

$$\overrightarrow{OB_n}(x)=\begin{pmatrix}x-2\\ 0{,}25x+5{,}5\end{pmatrix}\oplus\begin{pmatrix}0{,}75x-6{,}5\\ -2\end{pmatrix} \qquad x\in\mathbb{R}$$

$$\overrightarrow{OB_n}(x)=\begin{pmatrix}1{,}75x-8{,}5\\ 0{,}25x+3{,}5\end{pmatrix}$$

$B_n(1{,}75x-8{,}5\,|\,0{,}25x+3{,}5)$

---

## Aufgabe B 3.3

Berechnung der Steigung $m_{B_nD_n}$ in Abhängigkeit von x:

$$\overrightarrow{B_nD_n}(x)=\begin{pmatrix}x-(1{,}75x-8{,}5)\\ x-1-(0{,}25x+3{,}5)\end{pmatrix} \qquad x\in\mathbb{R}$$

$$\overrightarrow{B_nD_n}(x)=\begin{pmatrix}-0{,}75x+8{,}5\\ 0{,}75x-4{,}5\end{pmatrix}$$

$$m_{B_nD_n}(x)=\frac{0{,}75x-4{,}5}{-0{,}75x+8{,}5}$$

Im Drachenviereck $A_3B_3C_3D_3$ entspricht die Steigung der Geraden $B_3D_3$ der Steigung der Geraden g, d. h., es gilt $m_{B_3D_3}=m_g=0{,}25$.
Um die Abszisse des Punktes $D_3$ zu bestimmen, ermittelt man die Steigung $m_{B_nD_n}$ in Abhängigkeit von x mithilfe der Pfeile $\overrightarrow{B_nD_n}$.

Berechnung des Wertes für x mit $m_{B_nD_n}(x)=0{,}25$:

$$\frac{0{,}75x-4{,}5}{-0{,}75x+8{,}5}=0{,}25 \qquad |\cdot(-0{,}75x+8{,}5) \qquad x\in\mathbb{R}$$

$$\Leftrightarrow \quad 0{,}75x-4{,}5=0{,}25\cdot(-0{,}75x+8{,}5)$$

$$\Leftrightarrow \quad 0{,}75x-4{,}5=-0{,}19x+2{,}13 \qquad |+0{,}19x+4{,}5$$

$$\Leftrightarrow \quad 0{,}94x=6{,}63 \qquad |:0{,}94$$

$$\Leftrightarrow \quad x=7{,}05$$

$\mathbb{L}=\{7{,}05\}$

Rechnet man mit nicht gerundeten Werten und rundet erst am Schluss, erhält man x = 7,07.

---

## Aufgabe B 3.4

Berechnung von $|\overrightarrow{B_nD_n}|(x)$ mithilfe von $\overrightarrow{B_nD_n}(x)$ aus Teilaufgabe B 3.3:

$$|\overrightarrow{B_nD_n}|(x)=\sqrt{(-0{,}75x+8{,}5)^2+(0{,}75x-4{,}5)^2}\ \text{LE} \qquad x\in\mathbb{R}$$

$$|\overrightarrow{B_nD_n}|(x)=\sqrt{0{,}56x^2-12{,}75x+72{,}25+0{,}56x^2-6{,}75x+20{,}25}\ \text{LE}$$

$$|\overrightarrow{B_nD_n}|(x)=\sqrt{1{,}12x^2-19{,}5x+92{,}5}\ \text{LE}$$

Da $|\overrightarrow{A_nC_n}|=1{,}5\cdot|\overrightarrow{B_nD_n}|$, benötigt man zur Bestimmung des Flächeninhalts $A=0{,}5\cdot|\overrightarrow{A_nC_n}|\cdot|\overrightarrow{B_nD_n}|$ lediglich die Länge $|\overrightarrow{B_nD_n}|$.

Hinweise und Tipps

Berechnung des Flächeninhalts der Drachenvierecke $A_nB_nC_nD_n$ in Abhängigkeit von x:

$A = 0{,}5 \cdot |\overline{A_nC_n}| \cdot |\overline{B_nD_n}| \quad \text{mit } |\overline{A_nC_n}| = 1{,}5 \cdot |\overline{B_nD_n}|$

$A = 0{,}5 \cdot 1{,}5 \cdot |\overline{B_nD_n}|^2$

$A(x) = 0{,}5 \cdot 1{,}5 \cdot (1{,}12x^2 - 19{,}5x + 92{,}5)$ FE $\qquad x \in \mathbb{R}$

$A(x) = (0{,}84x^2 - 14{,}63x + 69{,}38)$ FE

## Aufgabe B 4.1

Gleichung der Asymptote: $y = -3$

Einzeichnen des Graphen zu $f_1$, z. B. mithilfe folgender Wertetabelle

| x | –3 | –2 | –1 | 0 | 1 |
|---|---|---|---|---|---|
| $y = 0{,}12 \cdot 0{,}5^{x-3} - 3$ | 4,68 | 0,84 | –1,08 | –2,04 | –2,52 |
| x | 2 | 3 | 4 | 5 | 6 |
| $y = 0{,}12 \cdot 0{,}5^{x-3} - 3$ | –2,76 | –2,88 | –2,94 | –2,97 | –2,99 |

Einzeichnen des Graphen zu $f_2$, z. B. mithilfe folgender Wertetabelle

| x | –3 | –2 | –1 | 0 | 1 |
|---|---|---|---|---|---|
| $y = 0{,}6 \cdot 0{,}5^{x} + 2$ | 6,8 | 4,4 | 3,2 | 2,6 | 2,3 |
| x | 2 | 3 | 4 | 5 | 6 |
| $y = 0{,}6 \cdot 0{,}5^{x} + 2$ | 2,15 | 2,08 | 2,04 | 2,02 | 2,01 |

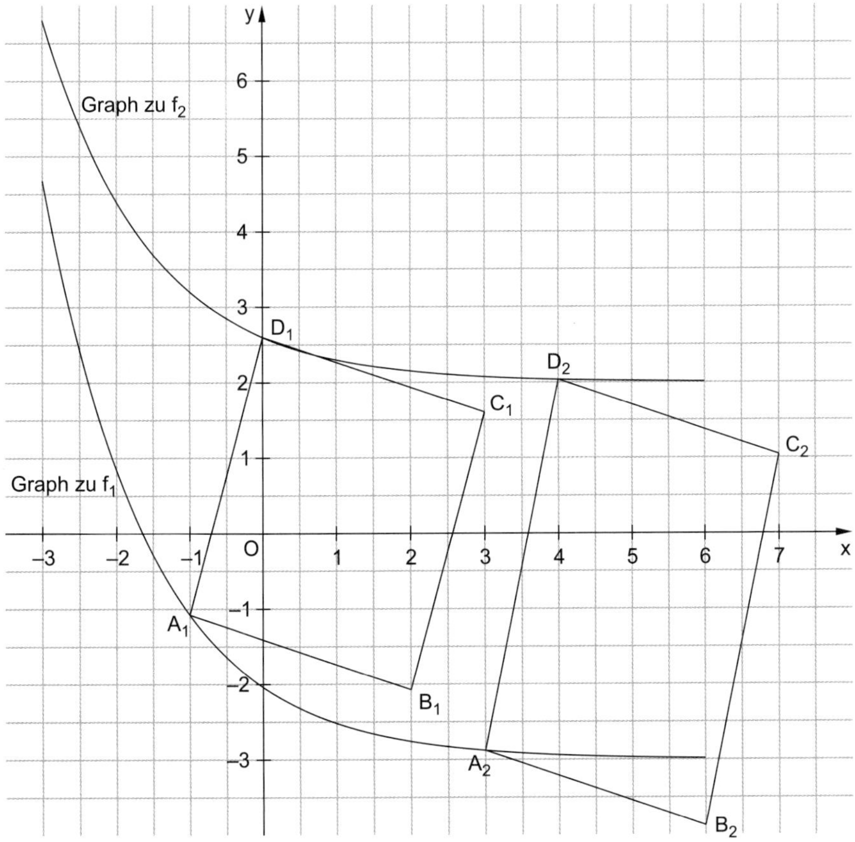

## Aufgabe B 4.2

Einzeichnen der Parallelogramme $A_1B_1C_1D_1$ für $x=-1$

Hinweise und Tipps

- $A_1$ hat die x-Koordinate –1 und liegt auf dem Graphen zu $f_1$, also $A_1(-1\,|\,-1{,}08)$.
- Es gilt $\overrightarrow{A_1B_1}=\begin{pmatrix}3\\-1\end{pmatrix}$, also $B_1(2\,|\,-2{,}08)$.
- $D_1$ liegt auf dem Graphen zu $f_2$ und hat eine um 1 größere x-Koordinate als $A_1$, also $D_1(0\,|\,2{,}6)$.
- Da die Vierecke Parallelogramme sind, gilt $\overrightarrow{D_1C_1}=\overrightarrow{A_1B_1}=\begin{pmatrix}3\\-1\end{pmatrix}$, also $C_1(3\,|\,1{,}6)$.

Einzeichnen der Parallelogramme $A_2B_2C_2D_2$ für $x=3$

- $A_2$ hat die x-Koordinate 3 und liegt auf dem Graphen zu $f_1$, also $A_2(3\,|\,-2{,}88)$.
- Es gilt $\overrightarrow{A_2B_2}=\begin{pmatrix}3\\-1\end{pmatrix}$, also $B_2(6\,|\,-3{,}88)$.
- $D_2$ liegt auf dem Graphen zu $f_2$ und hat eine um 1 größere x-Koordinate als $A_2$, also $D_2(4\,|\,2{,}04)$.
- Da die Vierecke Parallelogramme sind, gilt $\overrightarrow{D_2C_2}=\overrightarrow{A_2B_2}=\begin{pmatrix}3\\-1\end{pmatrix}$, also $C_2(7\,|\,1{,}04)$.

## Aufgabe B 4.3

$A_n(x\,|\,0{,}12\cdot 0{,}5^{x-3}-3)$ $\quad x\in\mathbb{R};\ x>-3{,}01$

$D_n(x+1\,|\,0{,}6\cdot 0{,}5^{x+1}+2)$ $\quad x\in\mathbb{R};\ x>-3{,}01$

Die Abszisse von $D_n$ ist um 1 größer als die Abszisse von $A_n$ und somit $x+1$. Da $D_n$ auf dem Graphen zu $f_2$ liegt, erhält man die Ordinate von $D_n$ durch Ersetzen von x in der Funktionsgleichung von $f_2$ durch $x+1$.

Somit gilt:

$$\overrightarrow{A_nD_n}(x)=\begin{pmatrix}x+1-x\\0{,}6\cdot 0{,}5^{x+1}+2-(0{,}12\cdot 0{,}5^{x-3}-3)\end{pmatrix}\quad x\in\mathbb{R};\ x>-3{,}01$$

$$\overrightarrow{A_nD_n}(x)=\begin{pmatrix}1\\0{,}6\cdot 0{,}5\cdot 0{,}5^{x}+2-0{,}12\cdot 0{,}5^{-3}\cdot 0{,}5^{x}+3\end{pmatrix}$$

$$\overrightarrow{A_nD_n}(x)=\begin{pmatrix}1\\0{,}3\cdot 0{,}5^{x}-0{,}96\cdot 0{,}5^{x}+5\end{pmatrix}$$

$$\overrightarrow{A_nD_n}(x)=\begin{pmatrix}1\\-0{,}66\cdot 0{,}5^{x}+5\end{pmatrix}$$

## Aufgabe B 4.4

Berechnung des Flächeninhalts der Parallelogramme $A_nB_nC_nD_n$:

$$A=\left|\ \overrightarrow{A_nB_n}\quad \overrightarrow{A_nD_n}\ \right|\text{FE}$$

$$A(x)=\begin{vmatrix}3 & 1\\-1 & -0{,}66\cdot 0{,}5^{x}+5\end{vmatrix}\text{FE}\quad x\in\mathbb{R};\ x>-3{,}01$$

$$A(x)=[3\cdot(-0{,}66\cdot 0{,}5^{x}+5)-(-1)\cdot 1]\ \text{FE}$$

$$A(x)=(-1{,}98\cdot 0{,}5^{x}+15+1)\ \text{FE}$$

$$A(x)=(-1{,}98\cdot 0{,}5^{x}+16)\ \text{FE}$$

Es gilt: $A(x)=(\underbrace{\underbrace{-1{,}98\cdot 0{,}5^{x}}_{<0}+16}_{<16})\ \text{FE}\quad x\in\mathbb{R};\ x>-3{,}01$

Somit ist A(x) stets kleiner als 16 FE.

Hinweise und Tipps

## Aufgabe B 4.5

Im Rechteck $A_3B_3C_3D_3$ gilt:

$$\overrightarrow{A_3B_3} \odot \overrightarrow{A_3D_3} = 0$$

$$\Leftrightarrow \quad \begin{pmatrix} 3 \\ -1 \end{pmatrix} \odot \begin{pmatrix} 1 \\ b \end{pmatrix} = 0 \qquad b \in \mathbb{R}$$

$$\Leftrightarrow \quad 3 \cdot 1 + (-1) \cdot b = 0$$

$$\Leftrightarrow \quad 3 - b = 0 \qquad | + b$$

$$\Leftrightarrow \quad b = 3$$

$L = \{3\}$

Da die x-Koordinate von $D_3$ um 1 größer ist als die Abszisse x von $A_3$, gilt: $\overrightarrow{A_3D_3} = \begin{pmatrix} 1 \\ b \end{pmatrix}$ mit noch zu bestimmendem $b \in \mathbb{R}$

Im Rechteck $A_3B_3C_3D_3$ stehen $\overrightarrow{A_3B_3}$ und $\overrightarrow{A_3D_3}$ senkrecht aufeinander.

Somit folgt: $\overrightarrow{A_3D_3} = \begin{pmatrix} 1 \\ 3 \end{pmatrix}$

Mit $\overrightarrow{A_3B_3} = \begin{pmatrix} 3 \\ -1 \end{pmatrix}$ folgt: $|\overrightarrow{A_3B_3}| = |\overrightarrow{A_3D_3}|$

Somit ist das Rechteck $A_3B_3C_3D_3$ ein Quadrat.

Es gilt: $|\overrightarrow{A_3D_3}| = \sqrt{1^2 + 3^2} = \sqrt{10}$ und $|\overrightarrow{A_3B_3}| = \sqrt{3^2 + (-1)^2} = \sqrt{10}$

Bestimmung der x-Koordinate von $A_3$:

$$-0{,}66 \cdot 0{,}5^x + 5 = 3 \qquad | -5 \qquad x \in \mathbb{R};\ x > -3{,}01$$

$$\Leftrightarrow \quad -0{,}66 \cdot 0{,}5^x = -2 \qquad | : (-0{,}66)$$

$$\Leftrightarrow \quad 0{,}5^x = 3{,}03$$

$$\Leftrightarrow \quad x = \log_{0{,}5} 3{,}03$$

$$\Leftrightarrow \quad x = \frac{\lg 3{,}03}{\lg 0{,}5}$$

$$\Leftrightarrow \quad x = -1{,}60$$

$L = \{-1{,}60\}$

Gesucht ist der Wert für x mit $\overrightarrow{A_nD_n}(x) = \overrightarrow{A_3D_3}$, d. h., man setzt die y-Koordinaten der Pfeile $\overrightarrow{A_nD_n}(x)$ und $\overrightarrow{A_3D_3}$ gleich.

# Musterprüfung

## Teil A

✎ Hinweise und Tipps

### Aufgabe A 1.1

$$\frac{1}{3}\cdot\frac{1}{3}\cdot\frac{1}{3}=\frac{1}{27}$$

---

### Aufgabe A 1.2

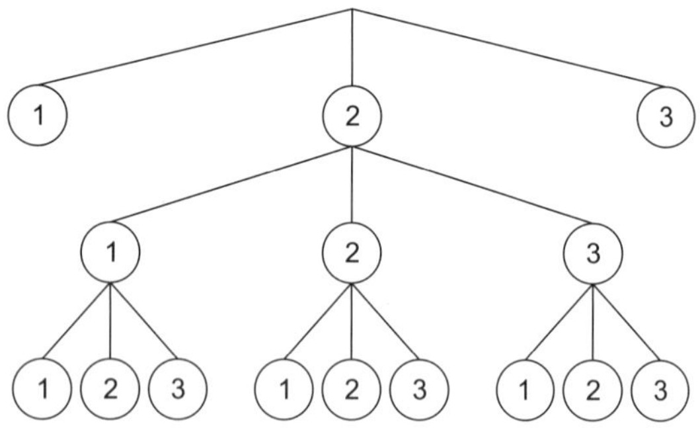


Es sind nur alle Pfade von der Zahl 2 aus anzugeben.

---

### Aufgabe A 1.3

$$P(3\,3\,2)+P(3\,2\,3)+P(2\,3\,3)=\frac{1}{3}\cdot\frac{1}{3}\cdot\frac{1}{3}+\frac{1}{3}\cdot\frac{1}{3}\cdot\frac{1}{3}+\frac{1}{3}\cdot\frac{1}{3}\cdot\frac{1}{3}$$

$$=\frac{1}{27}+\frac{1}{27}+\frac{1}{27}$$

$$=\frac{3}{27}$$

Die Summe 8 kann nur durch die Zahlen 3, 3, 2 gebildet werden: $3+3+2$; $3+2+3$; $2+3+3$

Auch gleichwertige Lösungen wie z. B. $\frac{1}{9}$ oder $11,\overline{1}\ \%$ sind bei derartigen Aufgaben gültig.

---

### Aufgabe A 2.1

Im rechtwinkligen Dreieck $D_nCS$ gilt:

$$\tan\varphi=\frac{|\overline{CD_n}|}{|\overline{CS}|} \qquad \Big|\cdot|\overline{CS}|$$

$$|\overline{CD_n}|=|\overline{CS}|\cdot\tan\varphi$$

$$|\overline{CD_n}|(\varphi)=3\cdot\tan\varphi\ \text{cm} \qquad \varphi\in\,]0°;\,90°[$$

---

## Aufgabe A 2.2

$V = V_{Zylinder} + V_{Kegel}$

$V = |\overline{E_nC}|^2 \cdot \pi \cdot |\overline{CB_n}| + \frac{1}{3} \cdot |\overline{CD_n}|^2 \cdot \pi \cdot |\overline{CS}|$

$V = \left(\frac{1}{2} \cdot |\overline{CD_n}|\right)^2 \cdot \pi \cdot 2 \cdot |\overline{CD_n}| + \frac{1}{3} \cdot |\overline{CD_n}|^2 \cdot \pi \cdot |\overline{CS}|$

$V(\varphi) = \left[\left(\frac{1}{2} \cdot 3 \cdot \tan\varphi\right)^2 \cdot \pi \cdot 2 \cdot 3 \cdot \tan\varphi + \frac{1}{3} \cdot (3 \cdot \tan\varphi)^2 \cdot \pi \cdot 3\right] \text{cm}^3 \quad \varphi \in \,]0°; 90°[$

$V(\varphi) = \left[\frac{9}{4} \cdot (\tan\varphi)^2 \cdot \pi \cdot 6 \cdot \tan\varphi + \frac{1}{3} \cdot 9 \cdot (\tan\varphi)^2 \cdot \pi \cdot 3\right] \text{cm}^3$

$V(\varphi) = [13{,}5\pi \cdot (\tan\varphi)^3 + 9\pi \cdot (\tan\varphi)^2]\ \text{cm}^3$

✎ Hinweise und Tipps

Durch die Rotation des Rechtecks $A_nB_nCE_n$ erhält man einen Zylinder mit dem Radius $|\overline{E_nC}| = \frac{1}{2} \cdot |\overline{CD_n}|$ und der Höhe $|\overline{CB_n}| = 2 \cdot |\overline{CD_n}|$.

Durch die Rotation des Dreiecks $D_nCS$ erhält man einen Kegel mit dem Radius $|\overline{CD_n}|$ und der Höhe $|\overline{CS}|$.

---

## Aufgabe A 3

Im rechtwinkligen Dreieck WKR gilt:

$\cos\sphericalangle WRK = \frac{|\overline{KR}|}{|\overline{WR}|} \quad \left| \cdot \frac{|\overline{WR}|}{\cos\sphericalangle WRK}\right.$

$|\overline{WR}| = \frac{|\overline{KR}|}{\cos\sphericalangle WRK}$

$|\overline{WR}| = \frac{134}{\cos 60°}\ \text{km}$

$|\overline{WR}| = \frac{134}{0{,}5}\ \text{km}$

$|\overline{WR}| = 268\ \text{km}$

oder:

Da $\sphericalangle WRK = 60°$ und $\sphericalangle RKW = 90°$, ist das Dreieck WKR ein „halbes gleichseitiges“ Dreieck. Somit gilt:

$|\overline{WR}| = 2 \cdot |\overline{KR}|$

$|\overline{WR}| = 2 \cdot 134\ \text{km}$

$|\overline{WR}| = 268\ \text{km}$

---

# Teil B

Hinweise und Tipps

## Aufgabe B 1.1

Die Konzentration reduziert sich in einer Woche um 7 %.

Die Basis 0,93 gibt an, dass sich die Konzentration in einer Woche auf 93 % verringert. Der gesuchte Prozentsatz, um den verringert wird, beträgt also: 100 % − 93 % = 7 %

---

## Aufgabe B 1.2

$y = 55 \cdot 0{,}93^3$

$y = 44{,}24$

Nach 21 Tagen beträgt die Konzentration an Vitamin D bei Andreas $44{,}24\,\frac{\text{ng}}{m\ell}$.

21 Tage sind 3 Wochen.

---

## Aufgabe B 1.3

$0{,}5 \cdot 55 = 55 \cdot 0{,}93^x \quad |:55 \qquad x \in \mathbb{R}_0^+$

$\Leftrightarrow \quad 0{,}5 = 0{,}93^x$

$\Leftrightarrow \quad x = \log_{0{,}93} 0{,}5$

$\Leftrightarrow \quad x = \dfrac{\lg 0{,}5}{\lg 0{,}93}$

$\Leftrightarrow \quad x = 9{,}6$

$L = \{9{,}6\}$

Die Konzentration an Vitamin D halbiert sich in der 10. Woche.

Gesucht ist die Belegung von x, für die $y = 55 \cdot 0{,}93^x$ die Hälfte der Anfangskonzentration ergibt.

---

## Aufgabe B 1.4

Stephans Anfangswert ist kleiner und nimmt schneller ab als der von Andreas. Die Konzentrationen können folglich niemals gleichzeitig den gleichen Wert erreichen.

oder: $\underbrace{55}_{>51} \cdot \underbrace{\overbrace{0{,}93}^{>0{,}91}{}^x}_{>0{,}91^x} > 51 \cdot 0{,}91^x \qquad x \in \mathbb{R}_0^+$

Die Konzentrationen können folglich niemals gleichzeitig den gleichen Wert erreichen.

Andreas „startet" mit einer Anfangskonzentration von $55\,\frac{\text{ng}}{m\ell}$, die wöchentlich um 7 % abnimmt. Stephan „startet" mit einer Anfangskonzentration von $51\,\frac{\text{ng}}{m\ell}$, die wöchentlich um 9 % abnimmt.

---

## Aufgabe B 2.1

Aufgrund der Innenwinkelsumme im Dreieck $DE_nF_n$ gilt:

$\sphericalangle DF_nE_n = 180° - \sphericalangle F_nE_nD - \sphericalangle E_nDF_n$

$\sphericalangle DF_nE_n = 180° - 90° - (90° - \varphi)$

$\sphericalangle DF_nE_n = \varphi$

Das Viereck ABCD ist ein Rechteck. Somit gilt: $\sphericalangle E_nDF_n = \sphericalangle ADC - \varphi = 90° - \varphi$

---

## Aufgabe B 2.2

Im rechtwinkligen Dreieck $AE_nD$ gilt:

$$\cos\varphi = \frac{|\overline{AD}|}{|\overline{DE_n}|} \qquad \Big| \cdot \frac{|\overline{DE_n}|}{\cos\varphi}$$

$$|\overline{DE_n}| = \frac{|\overline{AD}|}{\cos\varphi}$$

$$|\overline{DE_n}|(\varphi) = \frac{3}{\cos\varphi}\ \text{cm} \qquad \varphi \in [24{,}30°; 65{,}70°]$$

Im rechtwinkligen Dreieck $DE_nF_n$ gilt:

$$\sin\varphi = \frac{|\overline{DE_n}|}{|\overline{DF_n}|} \qquad \Big| \cdot \frac{|\overline{DF_n}|}{\sin\varphi}$$

$$|\overline{DF_n}| = \frac{|\overline{DE_n}|}{\sin\varphi} \qquad \text{mit } |\overline{DE_n}|(\varphi) = \frac{3}{\cos\varphi}\ \text{cm}$$

$$|\overline{DF_n}|(\varphi) = \frac{\frac{3}{\cos\varphi}}{\sin\varphi}\ \text{cm} \qquad \varphi \in [24{,}30°; 65{,}70°]$$

$$|\overline{DF_n}|(\varphi) = \frac{3}{\sin\varphi \cdot \cos\varphi}\ \text{cm}$$

Damit ist:

$$|\overline{CF_n}| = |\overline{CD}| - |\overline{DF_n}| \qquad \text{mit } |\overline{CD}| = |\overline{AB}|$$

$$|\overline{CF_n}|(\varphi) = \left(8 - \frac{3}{\sin\varphi \cdot \cos\varphi}\right)\text{cm} \qquad \varphi \in [24{,}30°; 65{,}70°]$$

✎ Hinweise und Tipps

Da $|\overline{CF_n}| = |\overline{CD}| - |\overline{DF_n}| = |\overline{AB}| - |\overline{DF_n}|$, benötigt man noch $|\overline{DF_n}|$.

Hierzu ermittelt man zunächst $|\overline{DE_n}|$ im rechtwinkligen Dreieck $AE_nD$, um dann im rechtwinkligen Dreieck $DE_nF_n$ die Streckenlänge $|\overline{DF_n}|$ zu bestimmen.

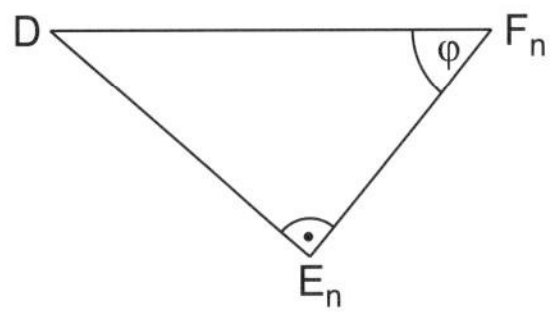


---

## Aufgabe B 2.3

Für $\varphi = 50°$ ergibt sich:

$$|\overline{CF_1}| = \left(8 - \frac{3}{\sin 50° \cdot \cos 50°}\right)\text{cm}$$

$$|\overline{CF_1}| = 1{,}91\ \text{cm}$$

---

## Aufgabe B 3.1

Definitionsmenge von $f_1$:

$D = \{x \mid x > -1\}$

Gleichung der Asymptote h:

$x = -1$

Zeichnen des Graphen zu $f_1$, z. B. mithilfe einer Wertetabelle

| x | −0,5 | 0 | 1 | 2 | 3 |
|---|---|---|---|---|---|
| $y = 2 \cdot \log_3(x+1) - 2$ | −3,26 | −2 | −0,74 | 0 | 0,52 |

| x | 4 | 6 | 8 | 9 |
|---|---|---|---|---|
| $y = 2 \cdot \log_3(x+1) - 2$ | 0,93 | 1,54 | 2 | 2,19 |

Hinweise und Tipps

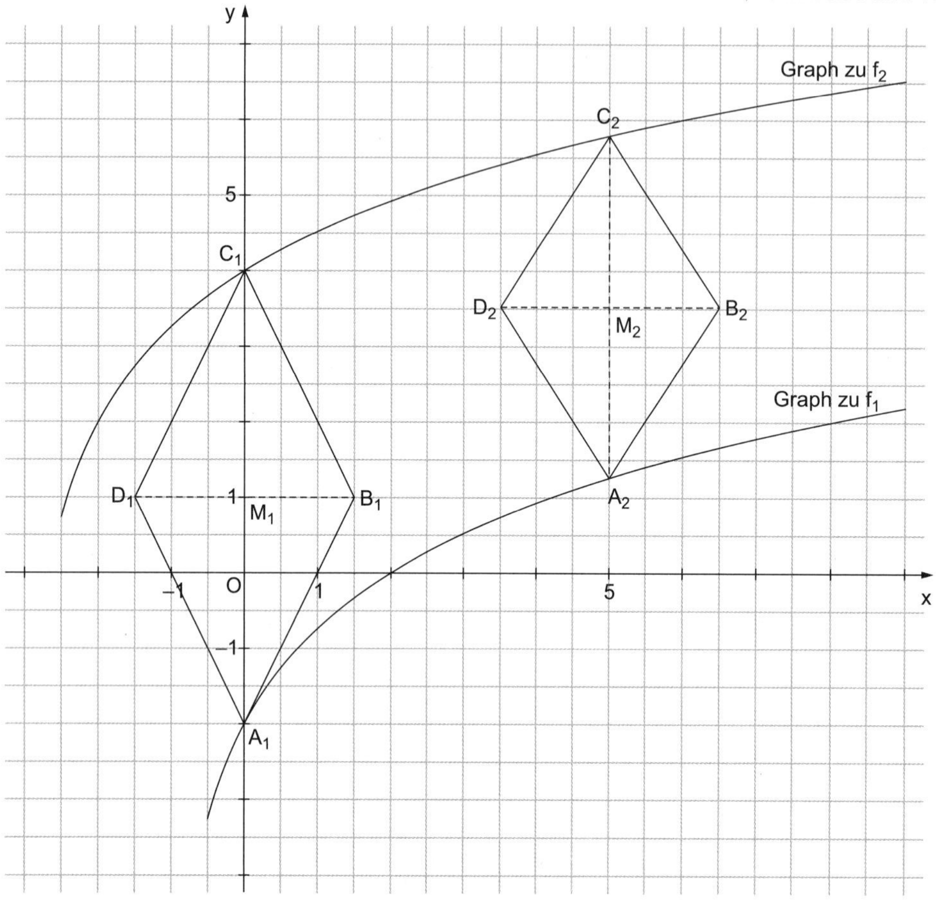


## Aufgabe B 3.2

Da P(0 | 4) auf dem Graphen zu $f_2$ liegt, muss gelten:

$$\overrightarrow{OP} = \begin{pmatrix} x \\ 2 \cdot \log_3(x+1) - 2 \end{pmatrix} \oplus \vec{v} \qquad a \in \mathbb{R};\ x \in \mathbb{R};\ x > -1$$

$$\Leftrightarrow \quad \begin{pmatrix} 0 \\ 4 \end{pmatrix} = \begin{pmatrix} x \\ 2 \cdot \log_3(x+1) - 2 \end{pmatrix} \oplus \begin{pmatrix} a \\ 4 \end{pmatrix}$$

$$\Leftrightarrow \quad \begin{array}{|l} 0 = x + a \\ \wedge \quad 4 = 2 \cdot \log_3(x+1) - 2 + 4 \end{array} \quad \begin{array}{|l} -a \\ -2 \end{array}$$

$$\Leftrightarrow \quad \begin{array}{|l} x = -a \\ \wedge \quad 2 = 2 \cdot \log_3(x+1) \end{array} \quad |:2$$

$$\Leftrightarrow \quad \begin{array}{|l} x = -a \\ \wedge \quad 1 = \log_3(x+1) \end{array}$$

$$\Leftrightarrow \quad \begin{array}{|l} x = -a \\ \wedge \quad 3^1 = x + 1 \end{array} \quad |-1$$

$$\Leftrightarrow \quad \begin{array}{|l} x = -a \\ \wedge \quad x = 2 \end{array}$$

$$\Rightarrow \quad a = -2$$

Also: $\vec{v} = \begin{pmatrix} -2 \\ 4 \end{pmatrix}$

✎ Hinweise und Tipps

Bestimmung der Funktionsgleichung für $f_2$:

$$\begin{pmatrix} x' \\ y' \end{pmatrix} = \begin{pmatrix} x \\ 2 \cdot \log_3(x+1) - 2 \end{pmatrix} \oplus \begin{pmatrix} -2 \\ 4 \end{pmatrix} \qquad x', y' \in \mathbb{R};\ x \in \mathbb{R};\ x > -1$$

$$\Leftrightarrow \quad \begin{array}{|l} x' = x - 2 \qquad |+2 \\ \wedge\ y' = 2 \cdot \log_3(x+1) + 2 \end{array}$$

$$\Leftrightarrow \quad \begin{array}{|l} x = x' + 2 \\ \wedge\ y' = 2 \cdot \log_3(x'+2+1) + 2 \end{array}$$

$f_2$: $\quad y = 2 \cdot \log_3(x+3) + 2$

Einzeichnen des Graphen zu $f_2$, z. B. mithilfe folgender Wertetabelle

| x | –2,5 | –1,5 | –0,5 | 0 | 1 | 2 |
|---|---|---|---|---|---|---|
| $y = 2 \cdot \log_3(x+3) + 2$ | 0,74 | 2,74 | 3,67 | 4 | 4,52 | 4,93 |
| x | 3 | 4 | 6 | 8 | 9 | |
| $y = 2 \cdot \log_3(x+3) + 2$ | 5,26 | 5,54 | 6 | 6,37 | 6,52 | |

## Aufgabe B 3.3

Einzeichnen der Raute $A_1B_1C_1D_1$

- $A_1$ liegt auf dem Graphen zu $f_1$ und hat die x-Koordinate 0, also $A_1(0\,|\,-2)$.
- $C_1$ liegt auf dem Graphen zu $f_2$ und hat ebenfalls die x-Koordinate 0, also $C_1(0\,|\,4)$.
- Die Strecke $\overline{B_1D_1}$ mit der Länge 3 LE steht senkrecht auf der Strecke $\overline{A_1C_1}$ und die Strecken halbieren sich gegenseitig.

Einzeichnen der Raute $A_2B_2C_2D_2$

- $A_2$ liegt auf dem Graphen zu $f_1$ und hat die x-Koordinate 5, also $A_2(5\,|\,1{,}26)$.
- $C_2$ liegt auf dem Graphen zu $f_2$ und hat ebenfalls die x-Koordinate 5, also $C_2(5\,|\,5{,}79)$.
- Die Strecke $\overline{B_2D_2}$ mit der Länge 3 LE steht senkrecht auf der Strecke $\overline{A_2C_2}$ und die Strecken halbieren sich gegenseitig.

## Aufgabe B 3.4

$$M_n\left(\frac{x+x}{2} \,\middle|\, \frac{2 \cdot \log_3(x+1) - 2 + 2 \cdot \log_3(x+3) + 2}{2}\right) \qquad x \in \mathbb{R};\ x > -1$$

$$M_n\left(\frac{2x}{2} \,\middle|\, \frac{2 \cdot \log_3(x+1) + 2 \cdot \log_3(x+3)}{2}\right)$$

$M_n(x\,|\,\log_3(x+1) + \log_3(x+3))$

$M_n(x\,|\,\log_3[(x+1) \cdot (x+3)])$

$M_n(x\,|\,\log_3(x^2 + 4x + 3))$

Die Punkte $M_n$ sind die Mittelpunkte der Strecken $\overline{A_nC_n}$.

Hinweise und Tipps

## Aufgabe B 3.5

Für die y-Koordinate des Punktes $M_3$ gilt:

$$\log_3(x^2+4x+3)=0 \qquad x\in \mathbb{R};\ x>-1$$

$$\Leftrightarrow \quad x^2+4x+3=3^0$$

$$\Leftrightarrow \quad x^2+4x+3=1 \qquad |-1$$

$$\Leftrightarrow \quad x^2+4x+2=0$$

$$\Leftrightarrow \quad x=\frac{-4-\sqrt{4^2-4\cdot 1\cdot 2}}{2\cdot 1} \vee x=\frac{-4+\sqrt{4^2-4\cdot 1\cdot 2}}{2\cdot 1}$$

$$\Leftrightarrow \quad (x=-3{,}41 \vee)\ x=-0{,}59$$

$L=\{-0{,}59\}$

$M_3$ soll auf der x-Achse liegen, d. h., die y-Koordinate von $M_3$ muss 0 sein.

Berechnung der Koordinaten des Punktes $B_3$:

$B_3(-0{,}59+1{,}5\,|\,0)$, also: $B_3(0{,}91\,|\,0)$

Der Punkt $B_3$ liegt 1,5 LE rechts von $M_3$.

Berechnung der Koordinaten der Punktes $C_3$:

$C_3(-0{,}59\,|\,2\cdot\log_3(-0{,}59+3)+2)$, also: $C_3(-0{,}59\,|\,3{,}60)$

Der Punkt $C_3$ besitzt die Abszisse $-0{,}59$.

## Aufgabe B 4.1

Zeichnen des Schrägbildes des Prismas ABCDEF und der Strecke $\overline{BN}$

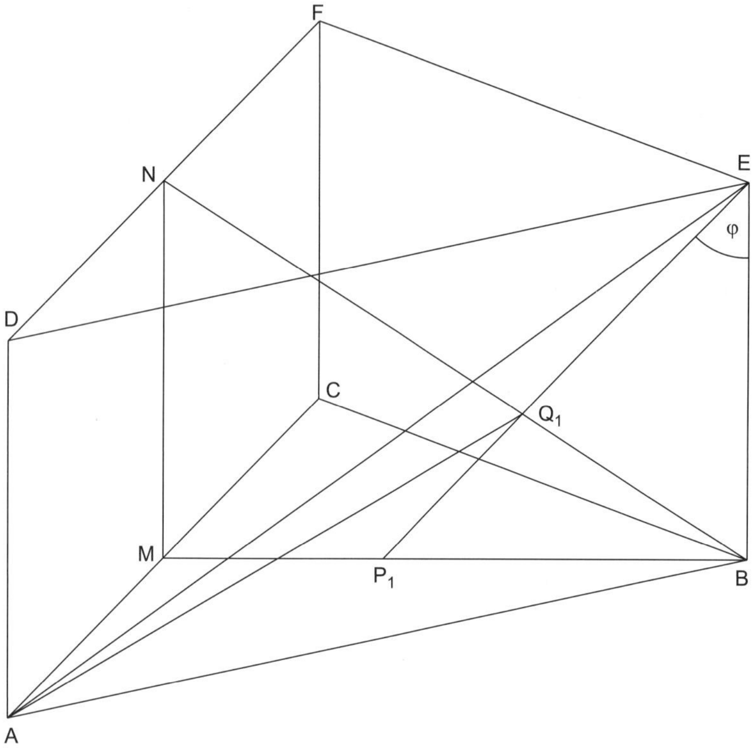


- Da $\overline{MB}$ auf der Schrägbildachse liegt, wird $\overline{MB}$ in wahrer Länge eingezeichnet. M soll links von B liegen.
- Die Strecke $\overline{MB}$ ist eine Höhe im gleichschenkligen Dreieck ABC und steht senkrecht auf $\overline{AC}$. Somit verläuft $\overline{AC}$ senkrecht zur Zeichenebene. Daher wird $\overline{AC}$ mit dem Faktor $q=\frac{1}{2}$ verkürzt eingezeichnet und $\overline{AC}$ schließt mit der Schrägbildachse den Winkel $\omega=45°$ ein. M ist der Mittelpunkt von $\overline{AC}$.
- Da die Höhen $\overline{AD}$, $\overline{BE}$, $\overline{CF}$ und $\overline{MN}$ in der bzw. parallel zur Zeichenebene verlaufen, werden diese in wahrer Länge eingezeichnet.

Im rechtwinkligen Dreieck MBN gilt:

$$\tan\sphericalangle NBM=\frac{|\overline{MN}|}{|\overline{MB}|} \qquad \text{mit } |\overline{MN}|=|\overline{AD}|$$

$$\tan\sphericalangle NBM=\frac{5}{8}$$

$$\sphericalangle NBM=32{,}01°$$

Hinweise und Tipps

**Aufgabe B 4.2**

Einzeichnen der Strecke $\overline{EP_1}$ und des Punktes $Q_1$ für $\varphi = 45°$

Die obere Intervallgrenze $\varphi_{max}$ ergibt sich im rechtwinkligen Dreieck MBE:

$$\tan \varphi_{max} = \frac{|\overline{MB}|}{|\overline{BE}|} \qquad \text{mit } |\overline{BE}| = |\overline{AD}|$$

$$\tan \varphi_{max} = \frac{8}{5}$$

$$\varphi_{max} = 57{,}99°$$

oder:

Aufgrund der Symmetrie im Rechteck MBEN gilt:

$$\varphi \leq 90° - ∢NEM \qquad \text{mit } ∢NEM = ∢NBM$$

$$\varphi \leq 90° - 32{,}01°$$

$$\varphi \leq 57{,}99°$$

Der Winkel $\varphi$ wird am größten, wenn $P_n$ auf M liegt.

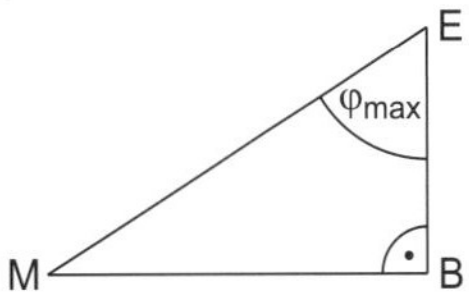


**Aufgabe B 4.3**

Berechnung von $∢EBQ_n$:

$$∢EBQ_n = 90° - ∢NBM$$

$$∢EBQ_n = 90° - 32{,}01°$$

$$∢EBQ_n = 57{,}99°$$

Berechnung von $|\overline{EQ_n}|$ in Abhängigkeit von $\varphi$ mithilfe des Sinussatzes im Dreieck $Q_nBE$:

$$\frac{|\overline{EQ_n}|}{\sin ∢EBQ_n} = \frac{|\overline{BE}|}{\sin ∢BQ_nE} \qquad | \cdot \sin ∢EBQ_n$$

$$|\overline{EQ_n}| = \frac{\sin ∢EBQ_n \cdot |\overline{BE}|}{\sin ∢BQ_nE} \qquad \text{mit } ∢BQ_nE = 180° - (\varphi + ∢EBQ_n) \text{ (Innenwinkelsumme in } \Delta Q_nBE)$$

$$|\overline{EQ_n}|(\varphi) = \frac{\sin 57{,}99° \cdot 5}{\sin(180° - (\varphi + 57{,}99°))} \text{ cm}$$

$$|\overline{EQ_n}|(\varphi) = \frac{4{,}24}{\sin(\varphi + 57{,}99°)} \text{ cm} \qquad \text{(Supplementbeziehung)}$$

Um $|\overline{EQ_n}|$ mithilfe des Sinussatzes im Dreieck $Q_nBE$ berechnen zu können, ermittelt man zunächst das Maß des Winkels $EBQ_n$.

Bestimmung der Länge $|\overline{EQ_0}|$:

$$|\overline{EQ_0}| = 4{,}24 \text{ cm}$$

$|\overline{EQ_n}|(\varphi)$ wird minimal, wenn $\sin(\varphi + 57{,}99°)$ am größten wird, also $\sin(\varphi + 57{,}99°) = 1$ gilt. In diesem Fall ist $Q_0$ der Fußpunkt des Lotes von E auf $\overline{BN}$.

Bestimmung von $|\overline{NQ_0}|$ mit dem Pythagoras im rechtwinkligen Dreieck $NQ_0E$:

$$|\overline{NE}|^2 = |\overline{NQ_0}|^2 + |\overline{EQ_0}|^2$$

$$|\overline{NQ_0}| = \sqrt{|\overline{NE}|^2 - |\overline{EQ_0}|^2} \qquad \text{mit } |\overline{NE}| = |\overline{MB}|$$

$$|\overline{NQ_0}| = \sqrt{8^2 - 4{,}24^2} \text{ cm}$$

$$|\overline{NQ_0}| = 6{,}78 \text{ cm}$$

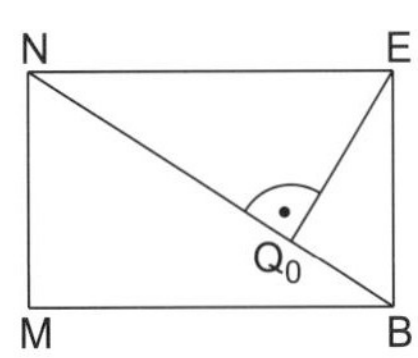

Hinweise und Tipps

## Aufgabe B 4.4

Einzeichnen der Pyramide $Q_1BEA$

Berechnung des Volumens der Pyramiden $Q_nBEA$ in Abhängigkeit von φ:

$$V = \frac{1}{3} \cdot A_{\Delta Q_nBE} \cdot |\overline{AM}|$$

$$V = \frac{1}{3} \cdot \frac{1}{2} \cdot |\overline{EQ_n}| \cdot |\overline{BE}| \cdot \sin\varphi \cdot |\overline{AM}| \qquad \text{mit } |\overline{BE}| = |\overline{AD}|;\ |\overline{AM}| = \frac{1}{2} \cdot |\overline{AC}|$$

$$V(\varphi) = \left(\frac{1}{3} \cdot \frac{1}{2} \cdot \frac{4{,}24}{\sin(\varphi + 57{,}99°)} \cdot 5 \cdot \sin\varphi \cdot 6\right) \text{cm}^3 \qquad \varphi \in\ ]0°; 57{,}99°]$$

$$V(\varphi) = \frac{21{,}2 \cdot \sin\varphi}{\sin(\varphi + 57{,}99°)} \text{cm}^3$$

Die Pyramide $Q_1BEA$ hat die dreieckige Grundfläche $Q_1BE$ und die Spitze A. Da die Grundfläche in der Ebene des Rechtecks MBEN liegt, ist die Höhe der Pyramide das Lot von A auf die Ebene des Rechtecks MBEN, also $\overline{AM}$.

## Aufgabe B 4.5

Berechnung des Volumens des Prismas ABCDEF:

$$V_{ABCDEF} = A_{\Delta ABC} \cdot |\overline{AD}|$$

$$V_{ABCDEF} = \frac{1}{2} \cdot |\overline{AC}| \cdot |\overline{MB}| \cdot |\overline{AD}|$$

$$V_{ABCDEF} = \frac{1}{2} \cdot 12 \cdot 8 \cdot 5 \text{ cm}^3$$

$$V_{ABCDEF} = 240 \text{ cm}^3$$

Berechnung von φ:

$$\frac{21{,}2 \cdot \sin\varphi}{\sin(\varphi + 57{,}99°)} = 0{,}05 \cdot 240 \qquad |\cdot \sin(\varphi + 57{,}99°) \qquad \varphi \in\ ]0°; 57{,}99°]$$

$$\Leftrightarrow \quad 21{,}2 \cdot \sin\varphi = 12 \cdot \sin(\varphi + 57{,}99°)$$

$$\Leftrightarrow \quad 21{,}2 \cdot \sin\varphi = 12 \cdot (\sin\varphi \cdot \cos 57{,}99° + \cos\varphi \cdot \sin 57{,}99°) \quad \text{(Additionstheorem)}$$

$$\Leftrightarrow \quad 21{,}2 \cdot \sin\varphi = 12 \cdot (\sin\varphi \cdot 0{,}53 + \cos\varphi \cdot 0{,}85)$$

$$\Leftrightarrow \quad 21{,}2 \cdot \sin\varphi = 6{,}36 \cdot \sin\varphi + 10{,}2 \cdot \cos\varphi \qquad |-6{,}36 \cdot \sin\varphi$$

$$\Leftrightarrow \quad 14{,}84 \cdot \sin\varphi = 10{,}2 \cdot \cos\varphi \qquad |:(14{,}84 \cdot \cos\varphi)$$

$$\Leftrightarrow \quad \frac{\sin\varphi}{\cos\varphi} = \frac{10{,}2}{14{,}84}$$

$$\Leftrightarrow \quad \tan\varphi = \frac{10{,}2}{14{,}84}$$

$$\Leftrightarrow \quad \varphi = 34{,}50°$$

$L = \{34{,}50°\}$

Da das Volumen V(φ) um 95 % kleiner als $V_{ABCDEF}$ sein soll, muss gelten: $V(\varphi) = 0{,}05 \cdot V_{ABCDEF}$

Rundungsbedingte Abweichungen sind möglich.